MINITAB을 활용한

현대실험계획법

제3판

박성현·김종욱 공저

Modern *Design of Experiments* Using MINITAB

민영사

머리말

우리나라가 세계 10대 과학기술 강국의 반열에 차츰 접어들면서 대학, 연구소, 기업의 생산현장, 공공기관 등에서 어떤 결론에 이르기 위하여 자료의 통계적 분석을 통한 근거제시를 점점 더 강하게 요구하고 있다. 그 자료 중에는 실험의 계획을 통해서 얻어진 것들이 많고, 그 중에는 이 책에서 주로 다루고 있는 실험계획법(Design of Experiments)에 의한 분석을 이용한 것이 큰 비중을 차지하고 있다. 문제는 이와 같이 비중이 크고 활용도가 높은 실험계획법이 통계적 분포이론과 방법론에 바탕을 두고 있어서 일반인이 이해하기 쉽지 않고, 통계 패키지를 사용하는 것도 힘들다는 것이다.

그 동안 〈현대실험계획법〉(박성현 저, 민영사 출판)이 실험계획법의 보급과 활용에 기여하여 왔으나 일반 연구자나 기술자들이 실험으로 얻어지는 통계 데이터를 분석하기 쉽고 기업에서 접근하기 쉬운 MINITAB을 사용하여 분석하는 방법을 알기 쉽게 설명하는 책이 필요하였다. 이 책을 쓴 목적은 첫째로 통계학 전공자가 아니라서 통계적 기초이론에 약한 이들이 실험의 계획과 분석 원리를 올바로 이해하여 널리 활용할 수 있게 하는 것이다. 둘째로 통계학 전공자나 기초통계학을 이수한 통계학도들이 실험계획법의 기본 개념과 그 분석방법을 쉽게 습득할 수 있게 하는 것이다.

책의 내용은 〈현대실험계획법〉을 근거로 하여 실험계획법의 설명은 중요한 것만을 간추려 하고, 사례를 MINITAB을 통하여 분석한 후에 이를 알기 쉽게 설명하는 방법을 택하였다. 따라서 실험계획법의 활용이 목적인 연구원이나 기술자들은 이해하기 힘든 이론을 굳이 이해하려 애쓰지 않고도 책에 소개한 분석절차를 참고하여 예제의 분석부분만을 따라 해가면 통계이론을 깊이 모르고도 자료를 쉽게, 그리고 올바르게 분석하고 해석할 수 있을 것이다.

이 책을 쓰게 된 동기는 그 동안 현장에서 실험계획법의 지도와 교육에 심혈을 기울여 온 스탯솔루션즈(StatSolutions)의 김종욱 대표 컨설턴트가 〈현대실험계획법〉의 저자 박성현 교수와 만나 이러한 책의 필요성을 공감하고, 민영사가 책을 출판하겠다는 의지를 보이면서 시작되었다. 필자들은 MINITAB을 활용한 실험계획법 책을 쓰도록 도움을 주신 SKC의 SQMS 추진팀 여러분들과 롯데 중앙연구소의 장현수 님, 대상(주) 중앙연구소의 김호정 님께 감사드린다. 또한 민영사의 김동현 사장께도 고마움을 전하고 싶다. 이들의 따뜻한 배려가 없었다면 이 책이 출판되기 어려웠을 것이다.

마지막으로 감사함과 열정을 가지고 일할 수 있도록 힘주시는 우리 주 하나님 아버지께 영광을 올리고 싶다. 우리에게 주시는 하나님의 사랑과 평강이 없었다면 이러한 책을 발간하기 어려웠을 것이다.

2018년 2월

저자 씀

차례

01

실험계획법의 개념

학습목표

1. 실험의 계획과정과 분석절차를 이해한다.
2. 실험계획법에 의한 실험과 경험에 의한 실험의 차이를 이해한다.
3. 실험의 기본원칙(랜덤화의 원칙, 블록의 원칙, 반복의 원칙)을 이해한다.
4. 실험계획법의 발생과 발전 배경을 이해한다.
5. 실험계획법의 전략적 선택방법을 이해한다.

1. 실험계획법이란 무엇인가?

1) 실험계획법의 정의

실험계획법(DOE: Design Of Experiments)이란 '실험에 대한 계획방법을 의미하는 것으로, 해결하고자 하는 문제에 대하여 실험을 어떻게 행하고, 데이터를 어떻게 취하며, 어떠한 통계적 방법으로 데이터를 분석하면 최소의 실험횟수에서 최대의 정보를 얻을 수 있는가를 계획하는 것'이다.

실험계획법(DOE: Design of Experiments)은 영국의 통계학자 R. A. Fisher가 로담스테드 실험 농장(Rothamsted Experimental Station)에서 작물수확에 영향을 주는 주요 인자를 연구하기 위한 방법으로 구체화 하였다. 초기에는 주로 농업 실험에 적용되었으나 지금은 기계, 생물, 전자, 화학, 제약, 식품 등 다양한 산업에서 연구개발 및 품질개선 도구로 활용되고 있다.

실험계획법에 기본적으로 사용되는 용어로 다음과 같은 것들이 있다.

- 특성치(characteristic value): 실험에서 데이터의 형태로 측정되는 결과치
- 인자(factor): 특성치에 영향을 준다고 생각되는 무수히 많은 원인들 중에서 직접 실험에서 취급되는 원인
- 수준(level): 실험을 하기 위한 인자의 조건
- 반복(replication): 실험에 취급되는 인자들의 동일한 수준조합에서 2회 이상 실험이 행해지는 것.

염색공장 색상 실험: 실험계획법의 간단한 예를 들어 보자. 어떤 염색공장에서 색상의 명암에 대한 고객의 요구를 충분히 만족하지 못하여 주문이 줄고 있다. 색상의 명암은 염색온도에 민감하게 좌우되므로 염색온도를 조정하여 주문에 따른 명암을 목표에 근접시키고 싶다. 이 경우에 명암은 특성치이고, 염색온도는 인자이며, 염색온도를 80℃, 85℃, 90℃ 등으로 바꾸어 실험한다면 이들 온도가 수준이다. 이들 수준에서 2회 이상 실험을 한다면 반복회수가 2회 이상 있는 것이다.

2) 실험계획법의 목적

실험계획법을 사용하는 목적으로 다음과 같은 것들이 있다.

① 앞의 염색공장 색상실험에서 본 바와 같이 인자(염색온도)와 특성치(명암)의 관계 규명을 위해서이다.

② 특성치를 가장 좋게 하는 인자의 최적조건을 구하기 위해서이다.

③ 어떤 특성치에 영향을 주는 인자가 많은 경우에 중요 인자를 선별하기 위해서이다.

④ 비교실험을 위해서이다. 예를 들어, 새로운 진통제를 개발한 연구팀은 기존의 진통제 X, Y, Z와 새로 개발된 진통제간의 진통효과를 비교하고자 한다. 이를 위하여 비슷한 여건의 환자를 대상으로 각각의 진통제를 복용한 후 진통효과가 나타날 때까지 걸리는 시간을 측정하는 실험을 실시하여, 진통제 간에 차이가 있는지를 보는 실험이다.

2. 실험계획법의 기본원리

1) 실험 프로세스

실험대상이 되는 프로세스를 그림으로 나타내 보면 [도표 1]과 같이 표현할 수 있다.

도표1 실험 프로세스의 모형도

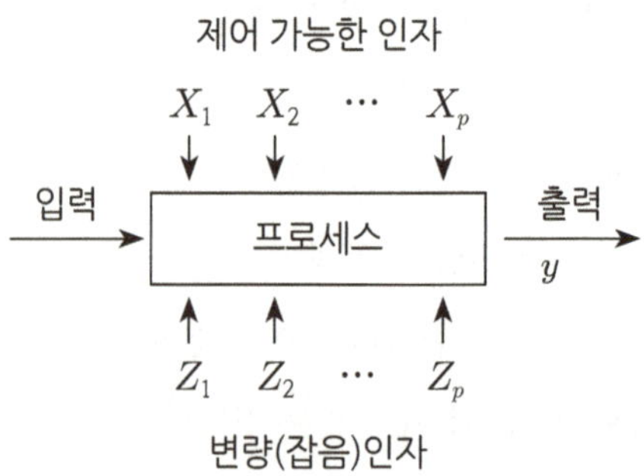

이때 제어 가능한 인자를 모수인자(fixed factor)라고 하며, 공정온도, 촉매량 등과 같이 제어(control)가 용이하고, 재현성이 있으며, 기술적 의미를 갖는 인자를 말한다. 변량인자(random factor)는 제어가 가능하지 않은 인자로 실험날짜 또는 이유를 파악하기 어려운 잡음(noise)을 주는 원인들을 말한다.

이와 같이 프로세스가 주어진 경우 설계된 실험이란 제어 가능한 인자를 연구자가 조절하였을 때 출력이 어떻게 변화하는지를 관찰하고 조사하여 프로세스를 보다 잘 이해하려는 시도로 볼 수 있다.

2) 실험계획법의 기본원리

실험에 의하여 정보가 효율적으로 획득되기 위해서는 실험설계가 먼저 제대로 이루어져야 한다. 또한 실험설계 방법에 따라서 얻어진 자료에 대한 통계적 분석방법이 달라지므로 실험설계와 통계적 분석은 서로 밀접한 관계를 갖고 있다. 실험을 통한 정보의 효율적 획득과 적절한 통계분석을 가능케 하는 기본원리로는 랜덤화, 반복, 블록화를 들 수 있다. 아무리 복잡한 실험이라도 계획된 실험이라면 이 세 가지 원리의 반복적인 적용이다.

(1) 랜덤화

랜덤화(randomization)는 실험단위의 배정 또는 실험순서들을 임의로, 또는 랜덤하게 결정하는 것으로 선택된 인자 외에 기타 원인들의 영향이 실험결과에 편향되게 미치는 것을 막기 위한 방안이다.

만약 실험을 랜덤한 순서로 하지 않고 규칙적으로 차례대로 행한다면, 예를 들어 실험의 숙련도나 실험실의 기온 등과 같이 실험에서 고려하지 않은 원인들이 실험결과에 영향을 끼칠 수 있으므로 어느 것이 참다운 원인인지 모르게 된다. 반면에 실험을 랜덤한 순서로 행하면 선택된 인자 외에 기타 원인들의 영향을 어느 정도 상쇄시킬 수 있으므로 객관성을 유지할 수 있다.

(2) 반복

반복(replication)은 인자(들)의 동일한 조건(수준) 하에서 실험을 두 번 이상 행함을 뜻한다. 동일한 조건 하에서 수행한 실험이라도 실험결과가 반드시 동일하지는 않다. 제어 불가능한 오차가 항상 수반되기 때문이다.

반복실험을 하면 실험오차(experimental error)를 추정할 수 있게 되며, 실험오차의 추정값은 관측된 인자 효과의 차이가 통계적으로 의미 있는 차이인지를 판단하는데 근거가 된다. 또한 반복을 하면 인자 효과를 추정하는데 평균을 사용할 수 있으므로 좀 더 정밀한 효과의 추정량을 얻을 수 있다.

그러나 반복을 실시하여 실험의 횟수가 증가하면 비용이 많이 소요되므로 적절한 반복수를 결정하여야 한다. 만약 실험에서 작은 요인 효과의 차이도 검출해야 한다면 상대적으로 반복수가 커져야 하며, 실험이 관리상태 하에 있어서 동일한 조건에서 비슷한 실험결과가 나온다면 비교적 작은 반복수도 무난할 것이다. 이와 같이 반복수는 실험오차, 비용, 요구되는 통계적 정밀도(precision) 등을 고려하여 적절히 결정하여야 한다.

(3) 블록화

실험 전체를 될 수 있는 한 동질적인 부분으로 나누어 여러 블록으로 나눈 후, 각 블록 내에서 인자 효과를 조사하는 것을 블록화(blocking)라고 한다. 블록화는 조사연구에서 층화(stratification)와 유사한 개념이다.

예를 들어 여러 품종의 감자 수확량을 비교하고 싶을 때, 땅의 비옥한 정도에 따라 수확량의 차이가 크다는 사실을 알고 있다면 비옥한 땅, 보통, 척박한 땅을 블록으로 잡으면 된다. 각 블록마다 모든 품종의 감자를 다 심고, 나중에 분석할 때에 비옥한 정도의 차이 때문에 생긴 블록효과를 제거해버리면 순수한 품종효과만 걸러지게 된다. 만약 블록화를 하지 않고 그대로 랜덤화하면 어떤 품종은 예를 들어 척박한 땅에만 배치되는 등 제대로 비교가 안 될 수도 있다.

모든 실험설계마다 반드시 블록화를 해야 하는 것은 아니다. 그러나 블록효과가 실제로 큰 경우, 블록화를 하지 않는다면 실험오차가 과장되게 되어 유의한 인자 효과를 검출하지 못하는 경우가 있을 수 있다. 블록화를 하면 블록 내에서는 동질성이 유지되며, 블록 간에는 이질적이 된다. 결국, 블록화는 관심 있는 인자의 효과차이를 더 뚜렷하게 밝혀내기 위한 것으로 블록 간 차이가 크면 클수록 오차 분산을 줄일 수 있게 되어 블록화의 효율은 증대된다.

앞에서 실험계획법의 기본원리로 랜덤화, 반복, 블록화를 알아보았는데, 여기에 추가하여 직교화의 원리, 교락의 원리가 있다. 이들 추가적인 두 개의 원리에 대해서는 뒤에 설명하기로 한다.

3. 실험계획법의 분류

실험계획법의 종류는 무수히 많지만 비교적 많이 사용되는 것들을 실험 배치하는 형에 의하여 다음과 같이 분류할 수 있다.

(1) **요인배치법**(factorial design)

인자의 각 수준의 모든 조합에 대하여 실험을 행하는 것으로 실험순서는 랜덤하게 정한다. 인자의 수에 따라서 인자가 하나인 경우는 일원배치법(one-way factorial design), 인자가 둘인 경우는 이원배치법(two-way factorial design), 그리고 인자가 세 개 이상인 경우는 다원배치법(multi-way factorial design)이라고 부른다.

인자수가 n개 있고 각 인자가 다같이 2수준인 경우는 2^n형 요인배치법(2^n factorial design), 3수준인 경우는 3^n형 요인배치법이라 부른다. 만약 p개의 인자는 2수준이고 q개의 인자는 3수준이면 2^p3^q형 요인배치법이라고 부른다.

이처럼 인자 각 수준의 모든 조합에서 실험이 행해지며, 실험순서가 완전히 랜덤하게 행해지는 실험계획법을 완비형배치법이라고 부르기도 한다.

(2) **분할법**(split-plot design)

요인배치법에서 실험순서가 완전히 랜덤하게 정해지지 않고, 실험전체를 몇 단계로 나누어서 단계별로 랜덤화하는 실험계획법을 분할법이라고 부른다. 따라서 분할법은 실험순서를 정하는 방법에 있어서 요인배치법과 다르다. 예를 들어 A(i 수준), B(m 수준) 2인자의 실험을 이원배치법으로 한다면 $i\times m$개의 조합 전체를 랜덤화하여 주어야 한다. 그런데 실험에 취급되는 인자의 종류에 따라 완전 랜덤화가 극히 곤란한 경우가 있다. 인자 A가 극히 높은 수준의 가열온도라고 하고 B는 원료의 종류라고 하자. 높은 가열온도는 수시로 바꾸기 곤란하므로 우선 A에 대하여 랜덤화하고 다음에 B에 대하여 랜덤화하여, 하나의 가열온도 수준에서 모든 원료에 대하여 실험을 끝마치고 다른 가열온도 수준으로 옮기면 편리할 것이다. 이것은 A, B를 두 단계로 나누어 랜덤화하였다고 볼 수 있다.

이와 같은 분할법의 경우는 요인배치법과 데이터의 나열은 동일하나 분석방법에 차이가 있다.

(3) **교락법**(confounding method)

요인배치법의 실험에서는 인자간의 모든 교호작용이 검출되지만 고차의 교호작용은 구하지 않아도 좋을 때가 많다. 검출할 필요가 없는 교호작용을 다른 요인(특히 블록을 많이 사용함)과 교락하도록 배치하는 방법을 교락법이라고 한다. 이 실험은 실험횟수를 늘리지 않고도 전체 실험을 블록화하여 간편하게 실험할 수 있는 장점이 있다.

(4) **일부실시법**(fractional factorial design)

불필요한 교호작용이나 고차의 교호작용은 구하지 않고 각 인자의 조합 중에서 일부만 선택하여 실험을 실시하는 방법을 일부실시법이라고 한다. 교락법에서는 블록과 교호작용을 교락시키거나 일부실시법에서는 불필요한 교호작용을 중요한 요인들과 교락시켜 주는 것이 보통이다. 이 실험계획법은 실험횟수를 가능한 한 적게 하고자 할 때 사용된다. 일부실시법을 계획할 때에는 직교배열표(orthogonal array table)를 사용하는 것이 편리하다. 라틴방격법(latin square design)도 일부실시법에 속한다고 볼 수 있다.

(5) **불완비블록계획법**(incomplete block design)

같은 실험의 장(이것을 보통 블록으로 취급함)에서 비교하고자 하는 인자수준의 조합이 모두 들어있지 않는 실험계획법을 불완비블록계획법이라고 한다. 수준수와 블록수가 많을 때 실험횟수를 줄이기 위하여 사용된다.

(6) **반응표면계획법**(response surface design)

통계적 분석방법의 하나인 반응표면분석(response surface analysis)을 염두에 두고 데이터 수집계획을 세울 때 사용되는 실험계획법으로 최근에 화학공장 등에서 공정최적조건을 찾기 위해 많이 쓴다. 중심합성계획법(central composite design), 회전계획법(rotatable design), EVOP법, 심플렉스법(simplex design) 등이 여기에 속한다.

(7) **혼합물 실험계획법**(mixture design)

인자(변수)들의 배합비율을 조사하는 실험계획으로, 인자들의 배합비의 합이 100%를 이루는 혼합물에 관한 실험이다. 위의 반응표면계획법과 이 실험계획법은 취급된 인자들의 최적조건을 찾는 것이 주 목적으로 중회귀모형이 흔히 사용된다.

(8) **로버스트 실험계획법**(robust design)

일본의 다구찌 박사가 제안한 실험계획법으로 파라미터 설계(parameter design), 허용차 설계(tolerance design) 등이 주축을 이루며, 모수인자와 잡음인자 등이 동시에 사용되고 직교배열표가 애용되는 실험계획법이다.

이제까지 실험계획법을 여덟 가지로 분류하여 보았는데, 모든 실험계획법이 이 여덟 가지 중의 어느 하나에만 반드시 속하는 것은 아니다. 일부실시법을 짜면서 교락의 원리를 적용시키면 일부실시법도 되고 교락법도 될 수 있다. 마찬가지로 분할법과 일부실시법을 혼용할 수도 있다.

4. 실험계획법의 순서

1) 실험의 단계

이제 실험 설계의 순서에 관하여 생각해 보자. 실험을 설계하고 분석하기 위한 통계적 접근법을 잘 사용하려면 무엇보다도 연구대상이 무엇인지, 자료를 어떻게 얻을 것인지, 어떤 자료 분석법을 써야하는지 등에 대해서 명확한 이해가 선행되어야 한다. 실험설계의 순서는 일반적으로 [도표 2]와 같은 절차를 따르는 것이 바람직하다.

도표2 실험계획의 순서

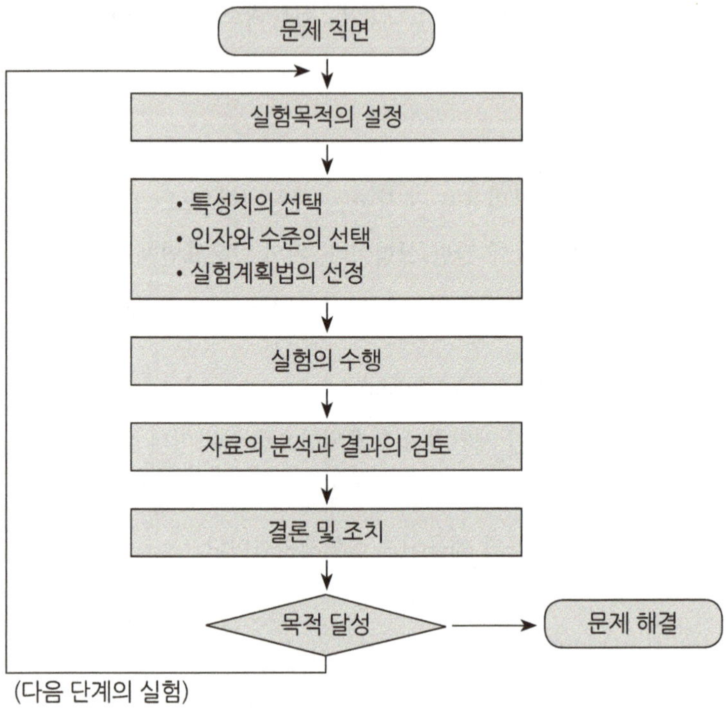

2) 실험의 각 단계에 대한 설명

(1) 문제에 대한 이해와 목적의 설정

연구대상과 무엇이 문제인가를 명확히 하여 실험의 목적을 구체적으로 설정한다. 예를 들면 실험결과에 영향을 줄 수 있는 많은 인자 중에 몇 개의 인자를 선별하는 것이 실험의 목적이라면 나중에 다루게 될 일부실시법(fractional factorial design)을 사용하는 설계를 구상해야 할 것이고, 만약 선택된 비교적 소수의 인자에 대하여 최적조건을 구하는 것이 목적이라면 반응표면분석 등과 같이 좀 더 정밀한 실험이 바람직할 것이다. 이와 같이 목적에 따라 실험설계가 달라진다.

(2) 특성치의 선택

반응값으로 무엇을 측정할 것인지 정한다. 실험을 실시한 후에 자료의 형태로 얻어지는 값을 특성치 또는 반응변수(response variable)의 값이라고 한다. 반응변수의 값을 재는 척도를 잘 선택해야 한다. 예를 들어 한 그루 사과나무에서 생산되는 사과 생산량을 잰다고 할 때, 일일이 수확되는 사과의 개수를 셀지, 몇 상자가 생산되는지를 셀지, 수확된 사과의 총무게로 평가할지 등을 결정해야 한다. 어느 경우든 실험의 목적에 가장 적합한 척도를 선정해야 한다.

반응변수에 대한 측정시스템의 타당성을 확보해야 한다. 예를 들어 계측자간의 차이에 의해 변동이 발생하는가를 나타내는 재현성(reproducibility)과 계측기가 시간의 흐름에도 불구하고 얼마나 일관성 있게 측정해 주는가를 나타내는 안정성(stability)등을 검토하여 측정시스템을 평가한다. 만약 선정된 반응변수의 측정이 어려운 경우에는 대체 특성을 고려해 볼 수도 있다.

(3) 인자와 수준의 선택

초기단계의 실험에서는 흔히 특성요인도(cause and effect diagram) 등을 작성하여 필요하다고 생각되는 모든 인자 중에서 적절한 인자를 선택하여야 한다. 이 때 인자는 될 수 있는 대로 서로 독립적이라고 생각될 수 있는 것을 택하는 것이 좋다. 선택된 인자의 수가 너무 많은 경우에는 실험의 크기가 커져 비용이 많아지고 시간이 장시간 걸리며 실험을 관리하기 어려워지는 등 많은 문제가 발생하게 되고, 만약 중요한 인자가 빠진다면 실험의 목적을 달성하기 어렵게 된다.

수준은 연구자의 관심영역(region of interest) 내에서 선택하게 되는데 수준간격을 너무 넓게 잡으면 인자 수준의 조합에서 생기는 효과인 교호작용(interaction)이 지나치게 일어나기 쉽고, 실험자체의 의미가 없어지는 경우도 있을 수 있다. 또한 너무 좁게 잡으면 수준간의 차이가 없게 되어 실험의 효율이 떨어진다. 실제로 사용하기 어려운 조건은 수준에서 제외시키고, 최적이라고 예상되는 조건이 있으면 수준에 포함시킨다.

(4) 실험계획법의 선택

다음 단계는 구체적인 실험설계방식을 수립하는 것이다. 인자와 수준이 선택되면 실험오차, 비용, 요구되는 통계적 정밀도 등을 고려하여 반복수를 결정한다. 인자들의 수준조합과 반복수가 결정되면 총 실험횟수가 얻어진다.

총 실험횟수가 얻어지면 어떻게 랜덤화 할 것인지를 결정하여 실험 순서를 정한다. 실험전체를 랜덤한 순서로 행하는 것이 원칙이지만, 예를 들어 어떤 인자가 수준변경이 곤란하거나 비용이 많이 든다면 분할실험(split-plot design)설계를 사용할 수 있다. 이와 같이 실험환경에 따라 랜덤화 하는 방법을 정하고, 이에 따라 분석방법도 달라지게 된다.

블록화를 고려해야 하는지를 결정하고, 해야 한다면 어떤 것을 블록으로 취할 것인지를 정한다.

(5) 실험의 수행

실험을 수행할 때는 처음에 설계된 대로 단계별로 제대로 진행되는지 잘 관리하여야 한다. 실험의 인자로 선택된 조건(수준)들 이외에 다른 조건들은 동일한 조건으로 유지시켜야 한다. 만약 실험을 설계한 사람과 실험자가 다르다면 실험하는 방법에 대하여 충분히 숙지시킨 후 실시해야 신뢰할 수 있는 자료를 얻을 수 있다.

출력되는 반응변수의 값 이외에도 예를 들어 기온, 실험자의 이름, 원료의 품질 등과 같이 실험에 관련된 자료는 기록해 두는 것이 좋다. 이는 후에 실험의 관리 상태를 검토하고, 특이한 자료(outlier) 등이 나왔을 때 그 원인을 파악하는데 도움이 될 수 있다.

(6) 자료의 분석과 결과의 검토

얻어진 자료에 대한 통계적 분석을 함으로써 의사결정 과정에서 객관성을 확보할 수 있게 된다. 실험결과 얻은 자료는 실시된 실험설계에 대응되는 모형에 따라 적법하게 분석하여야 한다. 예를 들어 랜덤화 방법에 따라 실험설계는 전혀 다르지만 얻어진 자료의 형태는 같을 수 있으므로, 정리된 자료만 보고 모형을 결정하는 것은 매우 위험하다.

그래프 분석을 통하여 실험결과에 대한 대략적인 결론을 도출하고, 실험설계에서는 주로 분산분석(ANOVA, analysis of variance)을 통하여 실험자료를 분석한다. 분석할 때 통계 소프트웨어만 무조건 의존하는 것보다는 창의적 생각, 기술적 지식, 상식의 바탕 하에서 분석하여야 한다.

(7) 결론과 조치 그리고 새로운 시작

일단 자료를 분석하면 분석결과를 토대로 실제적인 결론을 내리고 이에 따른 조치를 취할 수 있어야 한다. 만약 어떤 시스템의 최적 조건을 구하는 것이 실험의 목적이었다면 구해진 최적조건에 대하여 기술적, 경제적으로 문제가 없는지 검토하고 재현성을 갖는지 확인 실험한 후 이 조건이 유지될 수 있도록 사후관리를 하여야 한다.

실험과 분석을 통하여 얻어진 결론과 실패한 것까지도 다음 실험에서 반영되고 개선될 수 있도록 또는 손실 없이 지식이 축적될 수 있도록 그 내용을 보고서로 잘 정리해 두어야 한다.

대부분 통계실험은 한 번에 끝나지 않는다. 한 번에 대규모의 실험을 통해서 모든 것을 얻겠다는 것은 매우 위험한 일이다. 적정규모의 실험을 축차적으로 수행함으로써 얻어진 지식이 다음 실험에 피드백(feedback)되고, 실험을 여러 단계에 걸쳐 반복할 때 효율적으로 실험의 최종목적을 달성할 수 있다. 실험의 목적을 달성하기 전까지는 한 단계의 실험이 끝났다는 것은 다음 단계 실험의 새로운 시작을 의미한다. 왜냐하면 실험결과에 따라 최적조건이 있으리라 기대되는 영역이 다른 것으로 변화할 수 있고 반응변수에 영향을 주리라 예상되어 포함되었던 인자가 탈락하고 새로운 인자가 추가될 수도 있다. 또한 조사목적이 실험이 진행되는 동안 바뀔 수도 있기 때문이다.

5. 가상적인 실험계획법의 추진 사례

가상적인 시나리오를 통하여 실험의 절차에 대하여 정리해보면 다음과 같다.

(1) 문제의식

어느 전자부품을 만드는 회사에서 로트(lot)당 불량률을 조사한 결과 1% 정도인 것으로 추정되었고, 이에 따른 폐기 비용 등의 손실액이 로트 당 약 520만 원 정도인 것으로 추정되었다. 원가절감을 위하여 로트 당 불량률을 줄이는 것이 시급한 문제임을 인식한 회사는 불량원인을 파악하고 불량을 줄이기 위한 최적공정조건을 도출하기로 하였다.

(2) 특성치와 인자의 선택

공정관리자, 엔지니어들이 모여 프로젝트팀을 구성한 후 로트당 불량률을 낮추기 위하여 토의한 결과 다음과 같이 사실이 파악되었다.

불량원인에 대한 파레토도(Pareto diagram)를 그려본 결과 불량 원인이 80% 정도가 전체 공정 중 마지막 납땜과정에서 일어나는 납땜불량으로 파악되었다.

납땜불량을 개선 프로젝트로 정하고 개선을 위한 특성값을 납땜불량률로 정하였다.

다음 단계로, 납땜불량에 대한 특성요인도를 작성하여 팀 토의 결과 납땜온도, 납에 들어가는 첨가제의 함량, 라인속도가 잠재적인 인자로 예상되었다. 잠재인자가 반응(납땜 불량률)에 영향을 주는 인자인지 조사하기 위해 실험을 통하여 핵심 인자를 선별하고 최적조건을 구하기로 하였다.

(3) 실험의 설계

실험의 구체적인 설계방식은 다음과 같이 수립하였다. 우선, 인자에 대한 실험조건인 수준은 납땜온도와 첨가제의 함량의 경우 현재 작업조건을 기준으로 하여 3수준으로 하고, 라인속도는 현재 조건과 약간 늦춘 것을 비교하기 위하여 2수준으로 결정하였다.

공정이 비교적 안정되어 있으므로 인자가 3개인 3원배치법을 선택하고, 실험회수는 18(3×3×2)개의 처리조합에서 반복 없이 실험전체를 랜덤한 순서로 실험하기로 하였다.

(4) 실험의 실시

실험은 작업이 없는 일요일에 진행하고, 실험조건만 변화시키고 나머지 실험환경은 가능한 균일 조건을 이루도록 노력하였다.

(5) 얻어진 자료의 분석결과

- 통계 소프트웨어인 MINITAB을 활용하여 분석결과를 얻었다.
- 납땜온도와 첨가제의 함량은 불량률에 유의한 영향을 주었다.

- 라인속도를 늦출 경우 불량률이 줄기는 하지만 예상보다 크게 줄지는 않았다.
- 얻어진 자료를 바탕으로 반응표면 분석을 이용하여 등고선 그림을 작성한 결과, 납땜온도와 첨가제의 함량에 대한 최적조건을 구하였다.

(6) 결론 및 조치

분석결과를 토대로 다음과 같이 조치를 취하였다.

① 라인속도는 생산성에 영향을 주므로 현행대로 유지하기로 하였다.
② 납땜온도와 첨가제의 함량에 대한 최적조건에서 재현성 실험을 한 결과 재현성이 확인되었다.
③ 구해진 최적조건을 바탕으로 새로운 공정조건과 허용한계를 설정하고, 문서화하였다.

실험을 통하여 공정을 개선한 결과 로트당 불량률은 1%에서 0.6%로 감소되었고, 로트당 손실액은 210만 원 정도 감소되었음을 확인할 수 있었다.

(7) 새로운 시작

이 회사는 공정개선을 통하여 원가절감을 이루었지만 아직 만족할 만한 수준은 아니다. 원가절감과 자재의 원활한 수급을 위하여 미국에서 수입해 쓰던 주요자재를 국산으로 대체하는 방안이 검토되었는데, 자재를 바꾸는 것이 불량률을 높이는 새로운 계기가 될까 우려되었다. 이 문제에 대한 올바른 의사결정을 위해서 다음과 같이 실험을 실시하였다.

- 새로 개선된 공정조건 하에서 미제, 국산자재간의 비교실험을 실시하여 분산분석한 결과 유의한 차이를 발견하지 못했다.
- 분석결과를 바탕으로 자재는 국산으로 대체하여 원가절감과 자재공급의 수월성을 확보하기로 하였고, 자재공급업체에 대한 관리를 철저히 하기 위한 구체적인 계획을 수립하였다.
- 자재를 국산으로 대체함으로써 로트당 약 35만 원의 원가절감을 이룰 수 있었다. 금액 산출은 회계부문의 검토와 자문을 받았다.

- 프로젝트 결과에 고무되어, 프로젝트팀은 실험설계 등의 통계적 기법의 활용을 통하여 불량률 제로화에 도전하기로 하였다.

6. 효율적인 실험을 위한 가이드

1) 통계소프트웨어를 활용한 실험의 계획과 분석

실험계획법(DOE)은 제품설계, 아이디어 테스트, 제품 최적화, 품질개선, 기술개발, 공정 최적화를 위한 과학적인 실험방법으로 산업계에서 널리 사용되고 있으나 실험계획법의 종류가 다양하고 엔지니어들이 익숙하지 않은 통계학을 이용한 분석이 많아 자신의 실험에 적합한 실험계획법을 선택하고 실험결과를 분석하는 데 어려움이 있었다. 다행히도 근래에 실험의 계획 뿐 아니라 분석을 쉽게 할 수 있는 통계 소프트웨어 MINITAB, JMP, Design Expert, SPSS, SAS 등을 쉽게 접할 수 있어서 통계학에 익숙하지 않은 실험자들도 이전보다 훨씬 수월하게 실험계획법을 활용할 수 있게 되었다.

통계소프트웨어는 복잡한 통계적 분석과정을 간단히 하여 분석결과를 제시해 주고 다양한 그래프와 그래픽 효과를 이용한 분석을 함께 제공하여 분석결과에 대한 이해를 도와준다.

2) 실험 목적이 실험 계획보다 앞선다

일반적으로 계획은 어떤 목적을 달성하기 위한 행위의 산물이다. 즉, 실험을 계획 한다 함은 실험목적이 있고 그 목적을 달성하기 위한 실험방식을 정한다는 것을 말한다. 따라서 실험을 계획할 때 가장먼저 해야 할 것은 실험목적을 구체화 하는 것이다.

피셔(R. A. Fisher)는 "실험 전에 통계학자에게 도움을 청하지 않고 실험을 다 끝낸 후에 통계학자에게 도움을 청하는 것은 사람이 죽은 후에 의사를 부르는 것과 같다"고 했다. 이 말은 실험을 설계 할 때 계획단계가 매우 중요하다는 것을 말해주고 있다.

목적이 명확하지 않은 상태에서 자신의 방법대로 실험을 마친 후 실험계획 전문가에게 도움을 청한다면 실험계획 전문가는 실험이 잘못되었다는 말 밖에 할 것이 없다는 얘기이다.

실험자가 실험을 계획 할 때 가장 먼저 생각 해야 할 것은 실험을 통해 얻고자 하는 바가 무엇인가를 자문하고 실험의 목적을 명확히 하는 것이다.

3) 실험의 목적

공학실험의 목적은 크게 세 가지로 구분할 수 있다.

(1) 반응에 영향을 주는 중요인자를 찾음

기존 제품과 매우 다른 유형의 혁신적인 제품이나 새로운 기술을 적용한 생산공정을 개발하는 엔지니어는 확인해야 할 많은 수의 실험인자를 갖는 것이 일반적이다. 특히 새로운 아이디어가 적용되는 제품이나 이전에 없던 제품을 개발하는 경우의 초기 실험에서는 반응 값에 영향을 주는 중요인자를 찾는 것이 주된 관심사가 된다.

중요인자를 찾는 실험에서는 실험범위를 정할 때 특히 주의해야 한다. 실험범위가 너무 좁으면 실험인자의 효과를 충분히 파악할 수 없는 문제가 발생할 수 있다. 실험범위는 비교적 넓게 잡아주는 것이 실험인자의 효과를 파악하는데 더 유리한 경우가 많다.

(2) 반응이 개선되는 방향을 찾음

중요인자가 파악되면 만족할 수준의 반응 값이 나오는 적절한 수준 조합을 정하고 실험을 끝낼 수도 있으나, 현재의 실험영역 밖에서 반응이 개선되는지 알아보고 싶다면 실험범위를 변경하면서 몇 번의 실험을 더하는 경우도 있다. 이러한 실험은 실험을 한 번에 끝내지 않고 2수준의 실험으로 실험범위를 이동해 가면서 최적해가 있는 영역에 빠르게 도달하는 것이 목적이다.

(3) 반응을 최적화 함

기존 제품과 유사한 제품을 개발하거나 기존 기술로 공정을 개선하는 실험의 경우 실험자는 중요 인자를 알고 있는 경우가 많으므로 최소의 실험횟수로 최적해를 찾는 실험을 하고 싶을 것이다. 이와 같이 실험조건에 대한 이해가 높은 경우 최적 반응 값을 찾는 것이 실험의 목적이 된다.

4) 실험계획법 선택 가이드

실험환경에 대한 이해가 부족한 경우 가능한 한 많은 수의 실험 인자로 실험을 하되 실험목적에 해가 되지 않는 범위 안에서 최대한 실험횟수를 줄일 수 있는 실험법이 적합하다. 이러한 목적으로 가장 많이 사용되는 것이 2수준 요인 실험계획법, 일부실시법, 직교배열표를 이용한 실험법이다.

중요인자를 찾기 위한 실험은 매우 효율적이긴 하나 실험결과로부터 얻을 수 있는 정보는 주효과와 관심있는 소수의 교호작용 정도로 만족해야 한다.

반응이 개선되는 방향을 찾기 위한 실험 설계에 축차적 실험(sequential experiments)이 많이 이용된다. 축차적 실험은 마치 등산을 할 때 산 밑에서 정상을 향해 한 걸음씩 올라가는 것처럼 2수준의 실험을 통해 반응이 개선되는 방향(최대경사방향)을 찾아 연속적으로 실험을 하다가 반응의 곡면성이 확인 되는 지점에서 중심합성 계획법(CCD)과 같이 2차 다항회귀 모형을 구할 수 있는 실험을 통해 반응모델을 구하고 최적해를 구한다.

축차적 실험은 주요인자를 찾는 실험과 최적화 실험을 모두 활용하는 실험방법으로서 고유기술에 대한 지식이 부족하거나 탐색적 연구를 해야 하는 경우에 적합하다.

실험인자와 반응과의 관계에 대한 이해도가 높고 반응에 중요한 실험인자를 알고 있는 경우라면 최적해를 구하기 위한 실험을 할 수 있다. 최적해는 소수의 중요한 인자로 독립변수(실험인자)와 종속변수(반응)의 관계를 보다 세밀하게 분석할 수 있는 곡선 반응모델(주로 2차 다항회귀모델)을 만들고 등고선분석, 정준분석 등을 통해 구한다. 최적해를 구하기 위한 실험으로 3수준 요인실험, 중심합성계획(CCD), Box-Behnken 실험, D-optimal 실험 등이 많이 사용되고 있다. 실험인자가 혼합물 성분인 경우 혼합물실험의 심플렉스 실험, 꼭지점 실험, D-Optimal 실험 등이 있다.

02

기초적 통계이론

학습목표

1. 확률통계, 랜덤샘플링, 표본분포에 대한 개념을 이해한다.
2. 실험의 가설을 수립하고 통계적 방법으로 검정할 수 있다.
3. 두 모집단의 표본 평균에 대한 t-검정을 할 수 있다.
4. 쌍체비교가 적용되는 상황을 이해하고 통계적 검정을 할 수 있다.
5. 모평균에 대한 신뢰구간을 이용하여 평균 차이를 분석할 수 있다.
6. 합동 표준편차의 개념을 이해하고 통계검정에 적용할 수 있다.

1. 확률표본과 표본분포

이 장은 기초통계학을 배우지 않은 이들을 위하여 실험계획법의 이해와 분산분석에 필요한 통계학의 기초개념을 소개하는 것이다. 그 목적으로 실제 자료의 분석을 통해 모집단 및 표본 등에 관한 기초적 통계용어와 확률표본의 의미 및 몇 가지 표본분포의 성질에 대해 알아보고, 한 모집단 및 두 모집단의 평균에 관한 추론을 통해 추정과 가설검정의 기본 원리를 요약 정리한다.

1) 모집단과 표본

기초통계 이론에서 기본적으로 사용되는 용어로 다음과 같은 것들이 있다.

- 모집단(population): 어떤 종류의 데이터이든지 간에 그 데이터가 얻어지는 대상이 있으며, 이 데이터의 대상이 되는 전체 집단
- 표본(sample): 모집단으로부터 일부분의 데이터를 랜덤하게 추출하여 모집단을 대표하는 것으로 삼는 일부의 데이터
- 표본설계(sampling design): 모집단에서 표본을 추출하기 위한 설계

예를 들어 설명하기로 하자. 1999년 어느 대학교 남학생의 평균 키는 170cm이었다. 2009년에는 평균 키가 10년 전보다 더 커졌으리라 예상되어 이를 확인하고자 이 대학교 남학생 중 30명을 무작위로 추출하여 키를 측정하였더니 다음과 같았다. 이 자료로부터 이 대학교 남학생의 2009년 평균 키는 얼마일 것이라고 추측할 수 있을까? 또 10년 전보다 키가 커졌다는 결론을 내릴 수 있을까?

도표1 ┆ 표본 데이터

181.1	172.2	177.5	174.1	177.8	167.9	161.9	166.3	172.6	172.6
177.7	170.9	174.8	170.9	174.2	175.7	180.0	164.2	171.3	171.7
175.3	177.7	177.4	170.4	172.1	179.4	183.1	186.5	170.6	165.4

이 예제에서 어느 대학교 남학생 키 전체를 모집단(population), 무작위(random)로 뽑힌 30명의 키를 표본(sample)이라 한다. 모집단의 키의 평균이나 분산 등을 모수(population parameter)라 하며, 표본으로부터 모수에 관한 추측이나 결론을 이끌어 내는 과정을 통계적 추론(statistical inference)이라고 한다. 통계적 추론은 모집단의 모수나 분포에 관한 추측을 하는 추정(estimation)과 모집단에 관한 어떤 가설에 대한 반증의 강도를 제공하는 가설검정(hypothesis testing)이 있다.

2) 확률표본, 확률변수와 확률분포

30명을 무작위로 추출한다는 것은 어떤 남학생도 30명의 표본에 들어갈 확률이 같게 뽑는다는 의미이고, 이를 어떤 모집단으로부터

크기 $n=30$의 확률표본(random sample) $X_1, X_2, \cdots, X_n$

을 얻는다고 표현한다. 이 예제의 자료는 확률표본의 실제 데이터이다. 확률표본의 $X_i(i=1, 2, \cdots, n)$를 확률변수(random variable)라고 하는데, 확률변수는 일종의 실수값 함수이다. 일반적으로 확률변수는 대문자로, 그 실제 데이터는 소문자로 표현한다.

확률변수 X의 실현가능한 모든 값 x들의 분포 $p(x)$를 확률분포(probability distribution function; pdf)라 한다. 확률변수 X의 확률분포가 $p(x)$로 주어졌을 때 확률변수 X의 기대값(expected value)을 $E(X)$로 나타내며, X의 실현치 x가 이산형으로 나타나는 이산확률변수의 경우에는

$$E(X)=\sum_x xp(x)$$

로, 연속형으로 나타나는 연속확률변수의 경우에는

$$E(X)=\int_{-\infty}^{\infty} xp(x)dx$$

로 정의한다.

기대값 $E(X)$는 확률변수 X의 평균(mean) μ를 의미하며, 분포의 중심위치를 나타낸다. 확률변수 X의 산포를 나타내는 분산(variance) σ^2은

$$\sigma^2 = E[(X-\mu)^2]$$

으로, 표준편차(standard deviation)는 분산의 양의 제곱근 σ로 정의된다.

이 어떤 모집단으로부터의 확률표본이란 $X_i (i=1, 2, \cdots, n)$들의 분포가 모두 같고(identical) 독립임을 의미한다. 또, 확률표본 $X_1, X_2, \cdots, X_n$의 함수

$$f(X_1, X_2, \cdots, X_n)$$

를 통계량(statistics)이라 하는데, 통계량도 확률변수이다.

예를 들어, 통계적 추론에서 가장 빈번하게 쓰이는 표본평균(sample mean) $\overline{X}$와 표본분산(sample variance) S^2 등도 통계량이며 확률변수 $X_1, X_2, \cdots, X_n$이다. 여기서

$$\overline{X} = \frac{\sum_{i=1}^{n} X_i}{n}, \quad S^2 = \frac{\sum_{i=1}^{n}(X_i - \overline{X})^2}{n-1}$$

이며, 통계량 $\overline{X}$와 S^2의 실현치는 $\overline{x}$와 s^2과 같이 소문자로 나타낸다. s^2의 분자에 있는 통계량($\sum_{i=1}^{n}(X_i - \overline{X})^2$)을 표본 제곱합(sum of squares)이라고 하며, 이의 실현치를 S로 쓴다. 따라서 앞으로 이들의 차이점에 대하여 유의하여야 한다. [도표1]의 데이터 평균, 표본 제곱합, 분산, 표준편차를 계산하면 다음과 같다.

① 평균($\overline{x}$)

$$= \frac{\sum_{i=1}^{30} X_i}{30} = \frac{181.1 + 172.2 + \cdots + 165.4}{30} = 173.78$$

② 표본 제곱합(S)

$$= \sum_{i=1}^{30}(X_i - \overline{X})^2$$

$$= (181.1 - 173.78)^2 + (172.2 - 173.78)^2 + \cdots + (165.4 - 173.78)^2$$

$$= 905.51$$

③ 분산(s^2)

$$= \frac{\sum_{i=1}^{30}(X_i - \overline{X})^2}{30-1}$$

$$= \frac{(181.1-173.78)^2+(172.2-173.78)^2+\cdots+(165.4-173.78)^2}{30-1}$$

$$= 31.2245$$

④ 표준편차(s)

$$= \sqrt{s^2} = \sqrt{31.2245} = 5.59$$

2. 확률분포

1) 정규분포

표본평균과 관련된 대표적인 연속확률분포로 정규분포(normal distribution)를 들 수 있는데, 확률변수 X가 평균이 μ이고 분산이 σ^2인 정규분포를 따를 경우 $X \sim N(\mu, \sigma^2)$과 같이 표현하고 X의 확률분포 $p(x)$를 확률밀도함수(probability density function; pdf)라 하며

$$p(x) = \frac{1}{\sqrt{2\pi}\sigma} e^{-\frac{1}{2\sigma^2}(x-\mu)^2}, \quad -\infty < x < \infty$$

와 같이 정의된다.

정규분포곡선은 평균 μ를 중심으로 좌우대칭이며 자료의 99.73%가 $\mu \pm 3\sigma$ 범위 안에 있다. 통계적 추론에서 정규확률변수 X에 대하여 확률 $P(X>x)$의 값에 관심이 많은데, 이 값은 μ와 σ^2의 값에 무관하도록

$$P(X>x) = P\left(\frac{X-\mu}{\sigma} > \frac{x-\mu}{\sigma}\right) = P(Z>z)$$

와 같이 변환하여 계산하면 편리하다. 여기서 확률변수

$$Z = \frac{X-\mu}{\sigma} \qquad (2\cdot1)$$

는 평균이 0이고 분산이 1인 표준정규확률변수로 표준정규분포(standard normal distribution) $N(0, 1)$를 따르며 $Z \sim N(0, 1)$과 같이 표현한다.

정규분포곡선은 좌우대칭이므로 식

$$P(X>x)=1-P(X\leq x)\,,\quad P(Z>z)=1-P(Z\leq z)$$

를 만족한다. [도표2]는 통계적 추론에서 주로 쓰이는 수치와 그 범위 안의 확률을 같이 표시한 표준정규분포의 그래프이다.

도표2 ¦ 표준정규분포의 그래프

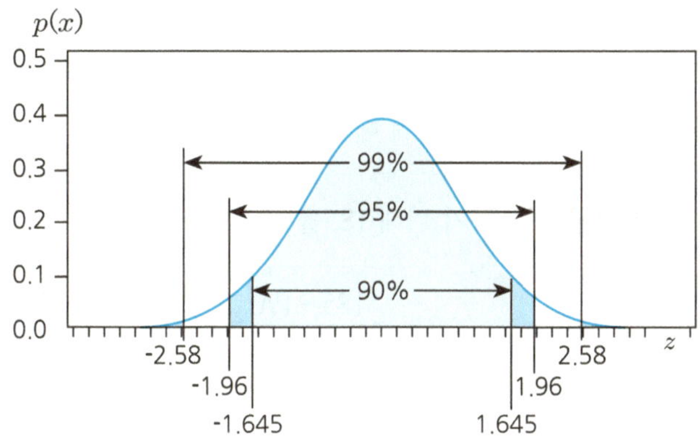

[도표2]에서 $P(-1.96<Z<1.96)=0.95$이므로 $P(Z>1.96)=0.025$임을 알 수 있다. $P(Z>z_\alpha)=\alpha$는 [도표3]과 같이 표준정규분포에서 z_α이상의 확률이 α임을, 또는 상위 $100\alpha\%$ 점이 z_α임을 의미한다.

도표3 ¦ 표준정규분포에서 $P(Z\geq z_\alpha)=\alpha$

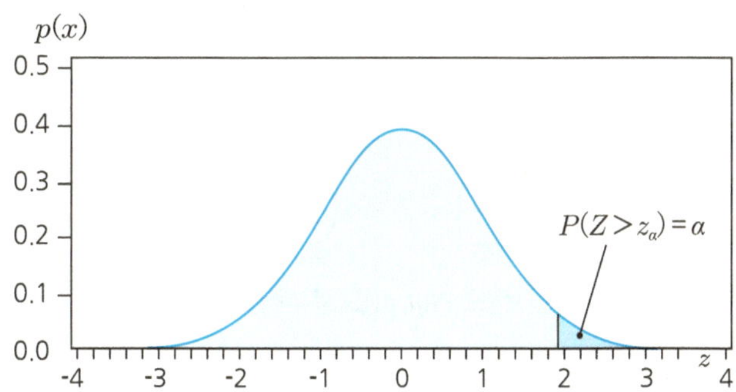

통계적 추론에서 주로 쓰이는 α와 z_α를 [도표 2]와 [도표 3]을 연관시켜 예로 들면

$$z_{0.05} = 1.645$$
$$z_{0.025} = 1.96$$
$$z_{0.005} = 2.58$$

과 같다.

예제 2·1

20대의 키는 평균이 170cm이고 표준편차가 6인 정규분포를 따른다고 하면 키가 185cm인 사람은 분포의 어느 위치에 해당할까?

풀이 표준정규분포를 이용하기 위해 185를 표준화하면

$$z = \frac{185 - 170}{6} = 2.5$$

가 되고

$$P(Z \geqq 2.5) = 1 - P(Z < 2.5) = 1 - 0.9938 = 0.0062$$

이므로 키가 185cm인 사람은 상위 0.62%에 해당하여 키가 특이하게 큰 사람으로 볼 수 있다.

모집단의 분포가 정규분포를 따른다면 표본평균 $\overline{X}$의 분포는 어떤 분포를 따를까? 다음 성질과 중심극한정리(central limit theorem)는 표본평균 $\overline{X}$와 관련된 통계적 추론에서 필수적인 것이다.

성질

평균이 μ이고 분산이 σ^2인 정규분포 $N(\mu, \sigma^2)$으로부터 크기 n의 확률표본 $X_1, X_2, \cdots, X_n$을 얻었을 때 표본평균 $\overline{X}$의 분포는 평균이 μ이고 분산이 σ^2/n인 정규분포를 따른다.

중심극한정리

모집단이 정규분포를 따르지 않더라도 표본의 크기가 커지면($n \to \infty$) $\overline{X}$의 분포는 성질 2와 같은 정규분포에 근사하게 되는데 이를 중심극한정리라 한다.

위의 '성질'에서 표본평균 $\overline{X}$를 평균이 0이고 분산이 1인 확률변수로 표준화한 확률변수

$$Z = \frac{\overline{X} - \mu}{\sigma/\sqrt{n}} \tag{2·2}$$

는 표준정규분포를 따른다.

예제 2·2

어떤공장에서 제조되는 특수제품은 공정온도 200℃에서 만들어지며 제품의 강도는 $N(73.7,\ 1^2)$와 같은 분포를 한다고 알려져 있다. 공정온도를 조금 바꾸어서 제품을 생산하여 보았더니 표준편차는 변함이 없으나 평균강도에 차이가 있어 보인다. 바꾸어진 공정온도에서 생산된 제품 중 16개를 추출하여 강도를 재어 보았더니 표본 평균이 75.1㎏이었다. 공정온도가 달라짐으로 인하여 생산되는 제품의 평균강도가 달라진다고 말할 수 있는가? 유의수준 $\alpha = 0.05$를 사용하여 검정하시오.

풀이 (1) 통계분포 결정

제품강도는 분산이 1 kg 인 정규분포 $N(73.7,\ 1^2)$를 하는 것으로 알고 있는 경우이므로 평균값 차이 검정에 Z-검정을 이용한다.

(2) 검정을 위한 가설 설정

공정온도 변경 후 제품강도 평균이 공정온도 변경 전 대비 차이가 있는지 검정하기 위한 대립가설은 $H_1 : \mu \neq 73.7\text{kg}$ 으로 쓰고, 통계검정을 위한 가설을 설정하면 다음과 같다.

귀무가설 $(H_0): \mu = 73.7\text{kg}$

대립가설 $(H_1): \mu \neq 73.7\text{kg}$

(3) 검정 통계량 계산

공정온도 변경 후 16개의 시료에 대한 제품강도는 평균이 75.1 kg 이고 분산이 1인 정규분포를 따르며 유의수준은 0.05이므로 $\bar{x} = 75.1$, $\sigma = 1$, $n = 16$, $\alpha = 0.05$이다.

검정통계량 값을 계산하면,

$$z_0 = \frac{\bar{x} - \mu_0}{\frac{\sigma}{\sqrt{n}}} = \frac{75.1 - 73.7}{\frac{1}{\sqrt{16}}} = 5.6$$

(4) 판정

양쪽검정이므로 $z_{\alpha/2} = z_{0.025} = 1.96$이 된다. 앞에서 구한 검정 통계량 값 $z_0 = 5.6$은 1.96 보다 커서 $|z_0| = 5.6 > 1.96$이 성립하므로 귀무가설은 기각된다. 즉, 공정온도의 변화에 따라 제품평균 강도가 달라졌다고 말할 수 있다.

▣ MINITAB 1-표본 Z 검정

▶ **통계분석 > 기초통계 > 1-표본 Z검정**

- 요약 데이터
- 표본크기 : 16
- 표본평균 : 75.1
- 알려진 표준편차 : 1

▶ **가설검정수행**

- 가설평균 : 73.7
- 옵션
- 신뢰수준 : 95.0
- 대립가설 : 평균≠가설평균

▶ 확인

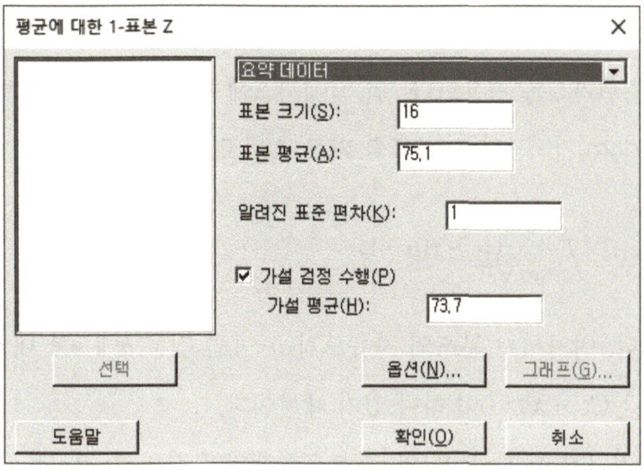

▶ MINITAB 결과

기술 통계량

N	평균	평균의 표준 오차	μ에 대한 95% CI
16	75.100	0.250	(74.610, 75.590)

μ: 표본의 평균
알려진 표준 편차 = 1

검정

귀무 가설 $H_0 : \mu = 73.7$
대립 가설 $H_1 : \mu \neq 73.7$

Z-값	P-값
5.60	0.000

해설:

유의확률(p-값)이 0.000 이다. 유의수준($\alpha = 0.05$)보다 작으므로 귀무가설(H_0 : 평균은 73.7 이다)은 기각된다. 공정온도 변경으로 제품 평균강도가 달라졌다고 할 수 있다.

2) t 분포

통계적 추론에서는 실제로 모표준편차 σ를 모르기 때문에 일반적으로 대신 그 추정량인 표본표준편차 s를 사용한다. 위 식에서 σ에 s를 대입하면 이 통계량은 자유도(degree of freedom)가 $n-1$인 t 분포를 따르게 되고 기호로는

$$T=\frac{\overline{X}-\mu}{s/\sqrt{n}}\sim t(n-1) \tag{2·3}$$

과 같이 나타낸다. 여기서, t 분포의 자유도가 $n-1$인 것은 σ에 s를 대입하면서 s^2식에 있는 제약조건 $\sum_{i=1}^{n}(X_i-\overline{X})=0$이 하나 있기 때문이다.

t 분포는 표준정규분포(Z-분포)와 그 분포형태가 유사하고, 평균도 0으로 같으나 분산이 표준정규분포보다 크다. 그러나 표본의 크기가 커지면 t 분포는 표준정규분포에 근사하게 된다. 자유도가 □인 t 분포에서 상위 $100\alpha\%$인 점을 $t_{\square,\alpha}$로 나타낸다. 따라서 $P(T\geqq t_{\square,\alpha})=\alpha$의 관계식이 성립하고 이를 표준정규분포곡선과 함께 도시하면 [도표4]와 같다.

도표4 ¦ t 분포와 표준정규분포

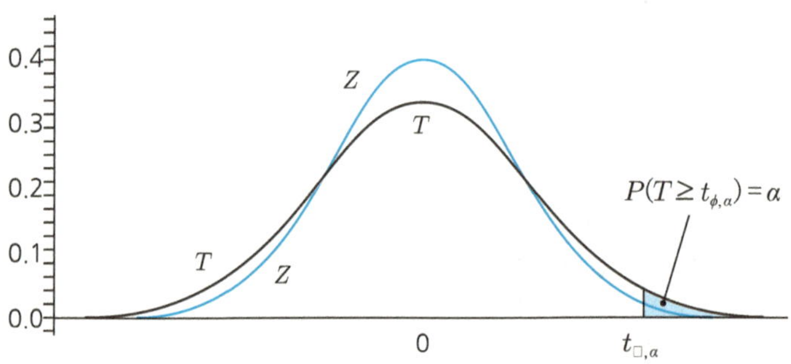

2) χ^2 분포와 F 분포

두 정규모집단의 분산이 같은가의 검정은 F 검정을 통해서 했는데 이와 관련된 표본분포에 대해 알아보자. $X_1, X_2, \cdots, X_n$을 정규분포 $N(\mu, \sigma^2)$으로부터의 확률표본이라 하

면 표본분산 S^2과 관련된 통계량

$$V = \frac{\sum_i (X_i - \overline{X})^2}{\sigma^2} = \frac{(n-1)S^2}{\sigma^2}$$

은 자유도가 $(n-1)$인 χ^2분포를 따른다.

두 개의 확률변수 V_1과 V_2가 서로 독립인 χ^2분포를 따르며 자유도가 각각 $(n-1)$과 $(m-1)$이면 확률변수

$$F = \frac{V_1 / (n-1)}{V_2 / (m-1)}$$

는 자유도가 $(n-1, m-1)$인 F 분포를 따르고 $F \sim F(n-1, m-1)$와 같이 나타낸다.

3. 통계적 추정

샘플을 취하여 모집단의 평균 μ와 분산 σ^2에 대하여 알아보는 과정을 통계적 추정이라고 말하며, 추정방법으로는 모수 값을 구하는 점추정(point estimation)과 모수가 포함된 구간의 크기를 추정하는 구간추정(interval estimation)이 있다. 점추정은 모수를 하나의 값으로 추정하는 것을 말하며, 구간추정은 구간으로 추정한다. 구간으로 추정할 경우에 이 구간을 신뢰구간(confidence interval)이라고 한다.

식 (2.3)에 있는 확률변수 T가 자유도가 $n-1$인 t 분포를 따를 경우

$$P(-t_{n-1,\,\alpha/2} \leqq T \leqq t_{n-1,\,\alpha/2}) = 1 - \alpha$$

이고, 모집단의 분포가 정규분포를 따른다면

$$P(-t_{n-1,\,\alpha/2} \leqq \frac{\overline{X} - \mu}{s/\sqrt{n}} \leqq t_{n-1,\,\alpha/2}) = 1 - \alpha$$

이므로 괄호 안의 부등식을 μ에 대해서 풀면

$$P(\overline{X} - t_{n-1,\,\alpha/2}\frac{s}{\sqrt{n}} \leqq \mu \leqq \overline{X} + t_{n-1,\,\alpha/2}\frac{s}{\sqrt{n}}) = 1 - \alpha$$

가 된다. 이는 모집단의 평균 μ가

$$(\overline{X}-t_{n-1,\,\alpha/2}\frac{s}{\sqrt{n}},\ \overline{X}+t_{n-1,\,\alpha/2}\frac{s}{\sqrt{n}})$$

의 범위 안에 들어갈 확률이 $(1-\alpha)$가 된다는 의미이고, 이 범위를 모평균 μ의 $100(1-\alpha)\%$ 신뢰구간이라 한다. 신뢰구간의 실제적 의미는 표본을 추출하여 신뢰구간을 구하는 과정을 되풀이 하였을 때 확률적으로 $100(1-\alpha)\%$의 신뢰구간이 모평균을 포함한다는 것이다.

[도표1]의 기술통계량을 이용하여 모평균 μ에 대한 95% 신뢰구간을 계산해보자. 표본의 크기(n)가 30이므로 자유도는 29이고 $\alpha=0.05$이므로, 식 $P(T \leqq t_{29,\,0.025})=0.975$를 만족하는 $t_{29,\,0.025}$를 구하면 2.04523이다. 또 표본평균은 $\overline{x}=173.777$, 표준오차는 $s/\sqrt{n}=1.019$이므로 모평균의 95% 신뢰구간은

$$\overline{X} \pm t_{n-1,\,\alpha/2}\frac{s}{\sqrt{n}} \equiv 173.777 \pm (2.04523 \times 1.019)$$
$$\equiv (171.692,\ 175.862)$$

이 된다. 여기서 171.692와 175.862를 각각 95% 신뢰구간의 신뢰하한과 신뢰상한이라 부른다.

예제 2·3

비누공장에서 생산되는 어떤 특수한 비누의 무게가 정규분포를 한다고 알려져 있는데 평균 μ와 분산 σ^2은 정확히 알려져 있지 않다. 평균 μ를 구간추정하기 위해 다음과 같은 크기 $n=9$인 표본을 얻었다. 95% 신뢰구간을 구하시오.

표본의 자료(단위: g) : 9.0, 9.1, 8.8, 9.1, 9.0, 9.4, 9.2, 8.8, 8.6

풀이 분산 σ^2를 모르는 상황이므로 모집단의 평균 μ에 대한 구간추정에 t-분포를 사용한다.

■ MINITAB 1-표본 T 검정

▶ 통계분석 > 기초통계 > 1-표본 t 검정

- 하나 이상의 표본, 한 열에 하나씩
- 비누무게

▶ 확인

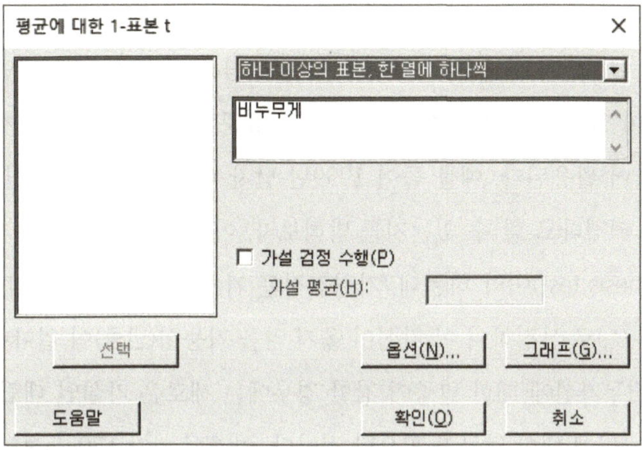

▶ MINITAB 결과

1-표본 T 검정: 비누무게

기술 통계량

N	평균	표준 편차	평균의 표준 오차	μ에 대한 95% CI
9	9.0000	0.2398	0.0799	(8.8157, 9.1843)

μ: 비누무게의 평균

해설 :

모평균의 95% 신뢰구간$=\mu \pm t(n-1,\ \alpha/2)\times\dfrac{s}{\sqrt{n}}$이므로,

$$95\%\ 신뢰구간 = 9 \pm t(8;\ 0.025)\times\frac{0.2398}{\sqrt{9}}$$
$$= 9 \pm (2.360\times 0.08)$$
$$= 9 \pm 0.184$$
$$= (8.816,\ 9.184)$$

결론:

평균에 대한 95% 신뢰구간은 (8.816, 9.184)이다.

4. 통계적 가설검정

1) 한 개의 모집단 평균에 대한 가설검정

실험에서 실험인자와 수준을 하나로 하는 실험은 모집단이 한 개인 경우에 해당하며 주로 이미 알고 있는 모수값(주로 평균과 표준편차)과 비교하여 차이가 있는지 검정하는데 많이 활용된다. 예를 들어 1999년 남자 대학생들의 평균 키가 10년 전의 키 170cm보다 커졌다고 할 수 있는지를 밝혀보자. 이를 밝히기 위한 통계적 과정을 가설검정(hypothesis test)이라 하는데, 가설검정은 기존의 이론이나 법칙을 귀무가설(null hypothesis; H_0)로 상정하여 이 가설이 옳지 않을 가능성(반증)이 얼마나 큰가를 밝히는 과정이다. 귀무가설에 대한 반증이 강할 경우에는 새로운 가설인 대립가설(alternative hypothesis; H_1)에 대한 탐구가 필요할 것이다. 여기서 키가 170cm보다 클 것이라는 주장은 과거와는 다른 새로운 주장이므로 귀무가설과 대립가설을 각각

$$H_0 : \mu = 170$$
$$H_1 : \mu > 170$$

과 같이 설정한다. 위 대립가설처럼 관심이 평균값의 한쪽에만 있는 검정을 한쪽검정이라 하고, $H_1 : \mu \neq 170$ 같이 관심이 평균값의 양쪽에 다 있는 검정을 양쪽검정이라 한다.

이 예제의 경우에는 표본평균 $\overline{X}$의 값이 170보다 크면 클수록 귀무가설 $H_0 : \mu = 170$이 옳지 않을 것으로 예측된다. 이는 $(\overline{X} - 170)$의 값이 0보다 크면 클수록 귀무가설이 옳지 않을 확률이 높다는 뜻과 같고, 대학생들의 평균 키가 정규분포를 따른다고 가정하면, 산포를 고려하여 표준화한 통계량

$$T = \frac{(\overline{X} - 170)}{s/\sqrt{n}}$$

의 값이 0보다 크면 클수록 귀무가설이 옳지 않을 확률이 높다는 것과 같다. 이 때 통계량 T를 검정통계량(test statistic)이라 한다.

이와 같은 직관을 바탕으로 가설검정을 하며, 검정통계량 T의 값이 $t = 3.705$인데 이

값은 크다고 할 수 있을까? 이의 판별은 귀무가설이 참인 경우의 t 분포에서 이 값의 위치가 어디 쯤 인가를 나타내는 유의확률(significance probability), 또는 P-값 $P_{H_0}(T \geq t) = p$를 구하며, 이 유의확률 p 값이 작을수록 귀무가설이 옳지 않을 확률이 높은 것이다. 이 유의확률을 계산하면 0.0005가 얻어 진다.

이 유의확률이 얼마나 작아야 귀무가설을 기각할 것인가는 검정과정에서 미리 정해야 한다(이것이 유의수준 α이다). 그 기준 값으로 보통 0.05나 0.01 또는 0.10을 사용하는데 이 값을 유의수준(significance level)이라고 하며 흔히 α로 나타낸다. 0.05라는 것은 표본을 추출하여 검정하는 과정을 되풀이 했을 때 "귀무가설이 참인데도 참이 아니다"라고 잘못 판정할 횟수가 확률적으로 100번 중 5번 이하라는 의미이다. 따라서 잘못 판정했을 때의 위험이 크다면 유의수준을 낮게 설정해야 할 것이다.

유의수준을 $\alpha = 0.05$로 정했다면 이 유의확률 $p = 0.0005$는 유의수준보다 훨씬 작아 "유의수준 5%에서 귀무가설을 기각하고 2009년도의 대학생 남자의 신장이 10년 전에 비해 커졌다"는 결론을 내린다.

예제 2·4

어떤 기계에 의하여 만들어지는 제품의 평균무게가 2g인지를 검정하고 싶다. 표본을 취하여 표본평균 무게를 구하니 1.96g이고 표본표준편차는 0.05g이다. 표본의 크기가 25이고 유의수준은 5%로 잡아주면 제품의 평균무게가 2g이라는 가설이 맞는가, 아니면 2g보다 작다는 것이 옳은가?

풀이 ■ **MINITAB 1 - 표본 t 검정**

▶ 통계분석 > 기초통계 > 1 - 표본 t 검정

- 요약데이터

  표본크기 : 25

  표본평균 : 1.96

  표준편차 : 0.05

- 가설검정 수행

  가설평균 : 2

- 옵션

  신뢰수준 : 95.0

  대립가설 : 평균 < 가설평균

▶ 확인

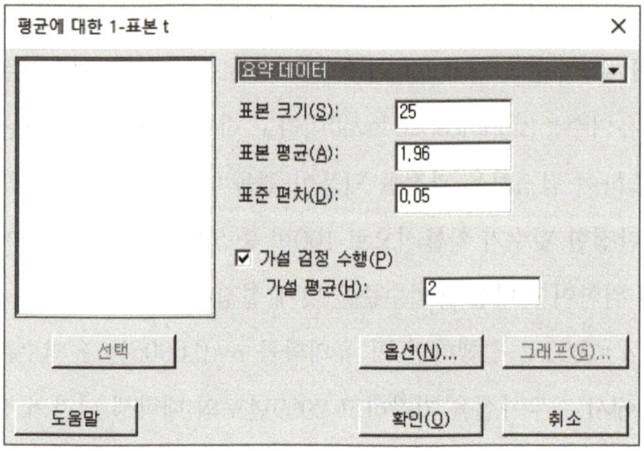

▶ MINITAB 결과

1-표본 T 검정

기술 통계량

N	평균	표준 편차	평균의 표준 오차	μ에 대한 95% 상한
25	1.960	0.0500	0.0100	1.9771

μ: 표본의 평균

검정

귀무 가설 $H_0 : \mu = 2$
대립 가설 $H_1 : \mu < 2$

T-값	P-값
-4.00	0.000

해설:

유의확률(p-값)은 0.000이다. 유의확률이 유의수준($\alpha = 0.05$)보다 작으므로 귀무가설(H_0 : 평균은 2이다)은 기각된다.

결론:

평균은 2보다 작다고 할 수 있다.

2) 두 개의 모집단 평균 차이에 대한 가설검정

실험계획에서 두 개 모집단에 대한 평균 차이 검정이 가능한 경우는 실험인자 하나(예: 온도)로 하는 실험 수준을 두 개(예: 10℃, 20℃)로 하여 측정된 데이타로 2개 수준간 차이를 비교하거나 2개 이상의 실험인자로부터 측정된 데이터로 두 수준간 반응평균의 차이를 비교하는 실험이다.

첫 모집단으로부터 크기 n_1인 확률표본이 주어지고, 이와는 독립적으로 둘째 모집단에서 n_2개의 확률표본이 주어졌다고 하자. 이와 같은 자료의 구조는 다음과 같은 실험계획에 의하여 결정된다. 모두 n_1+n_2개의 실험단위를 크기 n_1과 n_2개의 모임으로 임의로 나누고 첫 n_1개의 실험단위에는 처리 1을, 나머지 n_2개의 실험단위에는 처리 2를 적용시킨 것이다.

표본의 크기가 작은 경우에는 두 모집단 모두 정규분포를 따른다는 가정이 필요하고 더욱이 두 모집단은 모두 동일한 모분산(population variance)을 갖는다는 가정, 즉 $\sigma_1{}^2=\sigma_2{}^2=\sigma^2$이라는 가정이 필요하다. 이를 요약하여 표현하면 다음과 같다.

표본의 크기가 작은 경우의 가정:

① $X_1, X_2, \cdots, X_{n1}$; $N(\mu_1, \sigma^2)$의 분포를 갖는 모집단 1에서 추출된 확률표본

② $Y_1, Y_2, \cdots, Y_{n2}$; $N(\mu_2, \sigma^2)$의 분포를 갖는 모집단 2에서 추출된 확률표본

③ $X_1, X_2, \cdots, X_{n1}$과 $Y_1, Y_2, \cdots, Y_{n2}$는 서로 독립이다.

두 모집단이 모두 정규분포를 따른다는 가정으로부터 $\overline{X}$의 분포는 $N(\mu_1, \sigma^2/n_1)$, $\overline{Y}$의 분포는 $N(\mu_2, \sigma^2/n_2)$이고, $\overline{X}$와 $\overline{Y}$는 서로 독립이므로 통계량 $\overline{X}-\overline{Y}$는 평균과 분산이 각각

$$E(\overline{X}-\overline{Y})=E(\overline{X})-E(\overline{Y})=\mu_1-\mu_2$$

$$\begin{aligned}Var(\overline{X}-\overline{Y})&=Var(\overline{X})+Var(\overline{Y})\\&=\sigma^2\left(\frac{1}{n_1}+\frac{1}{n_2}\right)\end{aligned}$$

인 정규분포를 한다. 두 모집단이 공통인 분산 σ^2을 갖고 있으므로 σ^2을 추정하는 경우에는 두 표본을 모두 함께 사용하게 된다. 먼저 $\sum_{i=1}^{n_1}(X_i-\overline{X})^2$은 첫 표본으로부터의 σ^2에 대한 정보를, 또 $\sum_{i=1}^{n_1}(Y_i-\overline{Y})^2$는 둘째 표본으로부터의 σ^2에 대한 정보를 제공하고 자유도의 합은 $(n_1-1)+(n_2-1)=n_1+n_2-2$가 된다. 따라서 공통인 분산 σ^2에 대한 결합추정량(joint estimator) ${s_p}^2$은

$$
{s_p}^2=\frac{\sum(X_i-\overline{X})^2+\sum(Y_i-\overline{Y})^2}{n_1+n_2-2} \tag{2·4}
$$

이다. 여기서

$$
{s_1}^2=\sum(X_i-\overline{X})^2/(n_1-1)
$$
$$
{s_2}^2=\sum(Y_i-\overline{Y})^2/(n_2-1)
$$

로 놓으면 ${s_p}^2$은 다음과 같이 표현된다.

$$
{s_p}^2=\frac{(n_1-1){s_1}^2+(n_2-1){s_2}^2}{n_1+n_2-2} \tag{2·5}
$$

앞에서 구한 바와 같이 $(\overline{X}-\overline{Y})\sim N\left[\mu_1-\mu_2,\ \sigma^2\left(\frac{1}{n_1}+\frac{1}{n_2}\right)\right]$ 이므로

$$
\frac{(\overline{X}-\overline{Y})-(\mu_1-\mu_2)}{\sigma\sqrt{\frac{1}{n_1}+\frac{1}{n_2}}}\sim N(0,\ 1) \tag{2·6}
$$

을 따른다. 표준편차 σ를 s_p(합동표준편차)로 추정하면 t-분포를 얻게 되고 이는 $\mu_1-\mu_2$의 추론에 기본이 된다. 즉,

$$
\frac{(\overline{X}-\overline{Y})-(\mu_1-\mu_2)}{s_p\sqrt{\frac{1}{n_1}+\frac{1}{n_2}}}\sim t(n_1+n_2-2) \tag{2·7}
$$

을 따르게 된다. 위의 결론을 종합하여 $\mu_1-\mu_2$에 대한 신뢰구간 및 가설검정을 다음과 같이 구할 수 있다.

[신뢰구간]

$\mu_1 - \mu_2$에 대한 $100(1-\alpha)\%$ 신뢰구간은

$$(\overline{X}-\overline{Y}) \pm t(n_1+n_2-2\,;\frac{\alpha}{2}) \cdot s_p \cdot \sqrt{\frac{1}{n_1}+\frac{1}{n_2}}$$

로서 주어진다.(여기서 s_p는 합동 표준편차)

[가설검정]

아래의 가설들에 대한 검정방법에서의 검정통계량은

$$t_0 = \frac{(\overline{X}-\overline{Y})-\delta_0}{s_p\sqrt{\frac{1}{n_1}+\frac{1}{n_2}}}\ , \quad \text{자유도} = n_1+n_2-2$$

로서 주어진다. 여기서 δ_0는 주어진 어떤 상수의 값이다.

귀무가설	대립가설	유의수준 α 에서의 기각역
$H_0 : \mu_1-\mu_2 \le \delta_0$	$H_1 : \mu_1-\mu_2 > \delta_0$	$t_0 \ge t(n_1+n_2-2\,;\alpha)$
$H_0 : \mu_1-\mu_2 \ge \delta_0$	$H_1 : \mu_1-\mu_2 < \delta_0$	$t_0 \le -t(n_1+n_2-2\,;\alpha)$
$H_0 : \mu_1-\mu_2 = \delta_0$	$H_1 : \mu_1-\mu_2 \ne \delta_0$	$\|t_0\| \ge t(n_1+n_2-2\,;\frac{\alpha}{2})$

예제 2·5

25마리의 젖소를 키우는 목장에서 두 종류의 사료가 우유생산량에 미치는 영향을 비교하려고 한다. 25마리 중 임의로 선택된 13마리에게는 한 종류의 사료를 주고 나머지에게는 다른 종류의 사료를 주어 3주일간 조사한 결과가 다음과 같이 주어졌다.

사료 1 : 44, 44, 56, 46, 47, 38, 58, 53, 49, 35, 46, 30, 41

사료 2 : 35, 47, 55, 29, 40, 39, 32, 41, 42, 57, 51, 39

(1) 이들 사료에 따른 우유생산량의 차이에 대한 95% 신뢰구간을 구하시오.

(2) 사료에 따른 우유생산량에 차이가 있는가 없는가를 유의수준 5%로 가설 검정하시오.

풀이 ■ MINITAB 2 - 표본 t-검정

▶ 통계분석 > 기초통계 > 2 - 표본 t검정

· 각 표본이 자체적인 열에 있는 경우

표본1(S) : 사료1

표본2(A) : 사료2

표준편차 : 0.05

· 옵션:

신뢰수준 : 95.0

귀무가설에서의 차이(H) : 0.0

대립가설 : 차이 ≠ 귀무가설 에서의 차이

등분산 가정

▶ 확인

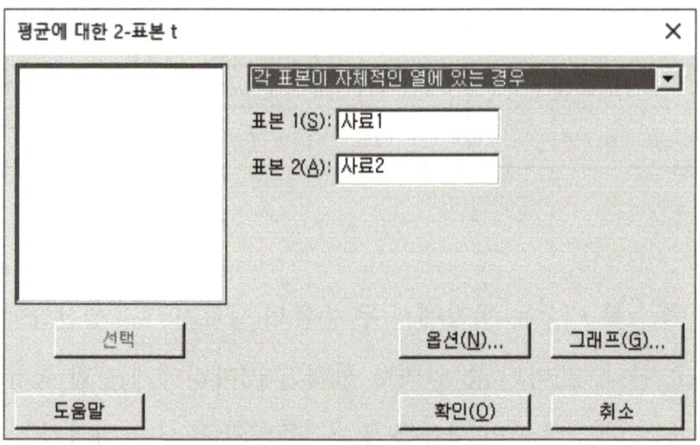

▶ MINITAB 결과

2-표본 T 검정 및 CI: 사료1, 사료2

방법

μ_1: 사료1의평균
μ_2: 사료2의평균
차이: $\mu_1 - \mu_2$
이 분석에서는분산이 같다고 가정합니다.

기술 통계량

표본	N	평균	표준 편차	평균의 표준 오차
사료1	13	45.15	8.00	2.2
사료2	12	42.25	8.74	2.5

차이 추정치

차이	합동 표준 편차	차이에 대한 95% CI
2.90	8.36	(-4.02, 9.83)

검정

귀무 가설 $H_0 : \mu_1 - \mu_2 = 0$
대립 가설 $H_1 : \mu_1 - \mu_2 \neq 0$

T-값	DF	P-값
0.87	23	0.395

해설:

유의확률(P-값)이 0.395이다. 유의확률이 유의수준($\alpha = 0.05$) 보다 커서 귀무가설(H_0: 사료 1과 사료 2의 우유 생산량은 같다)을 기각할 수 없다. 차이에 대한 95% 신뢰구간=(-4.02, 9.83)

결론:

사료1과 사료2의 우유생산량은 차이가 있다고 할 수 없다.

3) 대응되는 두 데이터의 모평균 비교

두 모집단을 비교하는 경우에 실험단위 들이 동질적이어서 반응측정값의 차이가 처리효과 만에 의한 차이로 나타내는 것이 바람직하다. 만일 반응에 영향을 주게 되는 요인들이 실험자가 조절할 수 없는 상태로 변동이 심하게 되면 이로 인한 측정값들 간에 큰 산포가 생기므로 실제 처리효과들 간의 차이를 알기 어렵게 된다.

예를 들어, 두 작업자가 하루에 한 번씩 증발탑으로부터 시료를 취하여 각 작업자의 고유의 기술로써 처리한 후 얻어진 데이터가 있다 하자. 이 데이터는 같은 시료에서 나왔으므로 두 작업자의 처리에 의한 차이는 있으나 다른 차이는 없다고 할 수 있을 것이다. 그러나 시료는 매일 달라지므로 날짜에 따라서 시료간에 차이가 생기게 된다. 이런 경우에 날짜에 따라서 두 개의 대응되는 데이터가 있다고 하며 앞 절에서 실시한 모평균간의 유의차 검정방법은 s_1^2과 s_2^2이 커져서 검출력이 나쁜 검정결과가 된다. 따라서 이와 같은 경우에는 대응되는 두 개의 데이터의 차를 잡아서 유의차검정을 하거나 신뢰구간을 구하여 준다.

데이터의 구조가 다음과 같이 되어 있고 $(X_1, Y_1), (X_2, Y_2), \cdots, (X_n, Y_n)$은 서로 독립이라고 가정하자.

쌍	처리 1	처리 2	차 이
1	X_1	Y_1	$D_1 = X_1 - Y_1$
2	X_2	Y_2	$D_2 = X_2 - Y_2$
⋮	⋮	⋮	⋮
n	X_n	Y_n	$D_n = X_n - Y_n$

사용되는 통계량은 차이 D_i들의 평균과 표본분산

$$\overline{D} = \frac{1}{n}\sum_{i=1}^{n} D_i$$

$$s_D^{\,2} = \frac{\sum_{i=1}^{n}(D_i - \overline{D})^2}{n-1} \qquad (2\cdot8)$$

으로 표현된다. 이 때 이들의 차이 $D_i = X_i - Y_i,\ i = 1, 2, \cdots, n$은 대응되는 다른 요인을 제거하기 때문에 이들이 평균 δ, 분산 $\sigma_D^{\,2}$인 한 모집단에서 취해진 확률표본이라고 간주해도 무방하다. 즉,

$$E(D_i) = E(X_i - Y_i) = \delta$$

$$Var(D_i) = Var(X_i - Y_i) - \sigma_D^{\,2},\ i = 1, 2, \cdots, n$$

만약 평균의 차인 δ가 0이라면 두 처리효과가 동등하다고 여길 수 있겠다.

$D_i = X_i - Y_i,\ i = 1, 2, \cdots, n$이 서로 독립이고 $N(\delta, \sigma_D^{\,2})$인 정규분포를 따른다면 δ 에 관한 추론은 다음과 같다.

① δ에 관한 $100(1-\alpha)\%$ 신뢰구간 :

$$\overline{D} \pm t\left(n-L\,;\frac{\alpha}{2}\right)\sqrt{\frac{{s_D}^2}{n}} \qquad (2\cdot9)$$

② $H_0:\delta=\delta_0,\ H_1:\delta\neq\delta_0$에 관한 가설검정은 검정통계량으로

$$t_0=\frac{\overline{D}-\delta_0}{\frac{s_D}{\sqrt{n}}} \qquad (2\cdot10)$$

이 사용되며 만약 t_0의 값이 $|t_0| \geq t(n-1\,;\frac{\alpha}{2})$이면 귀무가설을 기각한다. 만약, 표본의 크기 n이 큰 경우에는 모집단이 정규분포한다는 가정은 필요 없게 되며, 위에서 t-분포 대신에 표준정규분포인 Z-분포를 사용하여도 좋다.

예제 2·6

특정된 피임약이 사용자의 혈압을 저하시키는가를 조사하고자 한다. 이를 위해 15명의 부인들을 대상으로 평상시의 혈압을 측정한 뒤, 이들에게 이 피임약을 일정 기간 동안 사용한 후에 이들의 혈압을 측정한 결과를 기록했다. 얻어진 데이터는 다음과 같다.

부인 :	1	2	3	4	5	6	7	8	9	10	11	12	13	14	15
사용전(x) :	70	80	72	76	76	76	72	78	82	64	74	92	74	68	84
사용후(y) :	68	72	62	70	58	66	68	52	64	72	74	60	74	72	74

위의 표에서 i번째 데이터 $(x_i,\ y_i)$는 i번째 부인이라는 동질성을 가지고 있으며 서로 대응되는 데이터이다. 확률변수나 통계량은 대문자 $X_i,\ Y_i,\ D$ 등으로 표현하였으나 이들의 측정값은 소문자 $x_i,\ y_i,\ d_i$ 등으로 표시하니 유의하여야 한다.

풀이

■ MINITAB 쌍체 T-검정

▶ 통계분석 > 기초통계 > 쌍체 t검정

· 각표본이 한 열에있음

표본1(S): 사용전

표본2(A): 사용후

· 옵션:

신뢰수준: 95.0

귀무가설 에서의 차이(H): 0.0

대립가설(A): 차이 > 귀무가설 에서의 차이

▶ 확인

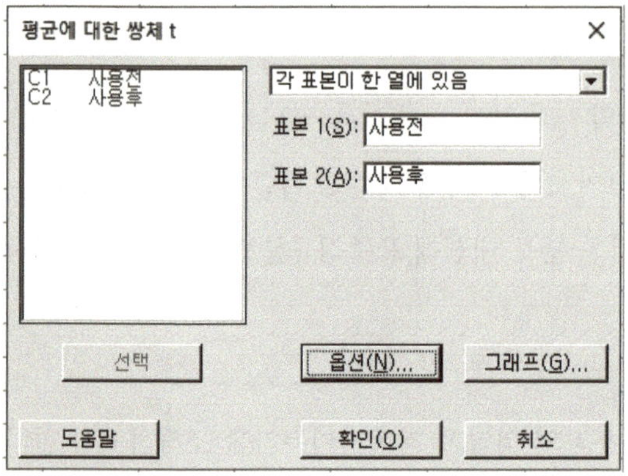

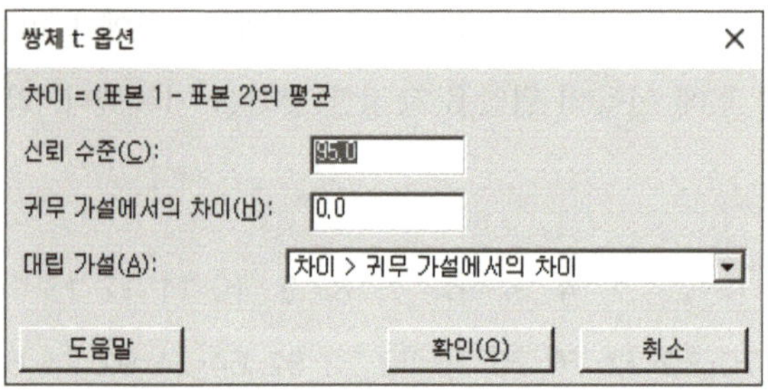

▶ MINITAB 결과

쌍체 T 검정 및CI: 사용전, 사용후

기술 통계량

표본	N	평균	표준 편차	평균의 표준 오차
사용전	15	75.87	6.86	1.77
사용후	15	67.07	6.67	1.72

쌍체 차이 추정치

평균	표준 편차	평균의 표준 오차	μ 차이에 대한 95% 하한
8.80	10.98	2.83	3.81

μ_차이: (사용전 − 사용후)의 평균

검정

귀무 가설 H_0 : μ_차이= 0
대립 가설 H_1 : μ_차이 > 0

T-값	P-값
3.11	0.004

해설:

MINITAB의 쌍체 T 검정을 이용하여 분석한다.

유의확률 (P-값)이 0.004이다. 유의확률값이 유의수준($\alpha = 0.05$)보다 작으므로 귀무가설(H_0: 피임약 사용전 후의 혈압 차이는 0이다)이 기각된다.

귀무가설(H_0) : 피임약 사용 전후의 혈압 차이는 0이다.

대립가설(H_1) : 피임약 사용 전후의 혈압 차이는 0보다 크다.

결론:

피임약을 복용하면 혈압이 떨어진다.

연습문제

2 1 같은 주사위를 두 번 던지는 시행을 고려하여 보자. 주사위의 눈을 1, 2, 3, 4, 5, 6으로 표시하면 한 시행의 결과는 두 개의 숫자로 표현될 것이다. 첫 번째 숫자는 처음 던진 주사위의 눈금이고 두 번째 숫자는 두 번째 던진 주사위의 눈금이다.

(1) 이 시행에 대한 표본공간을 정의하시오.

▶ 풀이

No	주사위1	주사위2	No	주사위1	주사위2	No	주사위1	주사위2
1	1	1	13	3	1	25	5	1
2	1	2	14	3	2	26	5	2
3	1	3	15	3	3	27	5	3
4	1	4	16	3	4	28	5	4
5	1	5	17	3	5	29	5	5
6	1	6	18	3	6	30	5	6
7	2	1	19	4	1	31	6	1
8	2	2	20	4	2	32	6	2
9	2	3	21	4	3	33	6	3
10	2	4	22	4	4	34	6	4
11	2	5	23	4	5	35	6	5
12	2	6	24	4	6	36	6	6

(2) 두 숫자의 합을 X로 정의할 경우 X의 확률밀도 함수를 구하시오.

▶ 풀이

No	x	$p(x)$	No	x	$p(x)$
1	2	1/36	7	8	5/36
2	3	2/36	8	9	4/36
3	4	3/36	9	10	3/36
4	5	4/36	10	11	2/36
5	6	5/36	11	12	1/36
6	7	6/36			

(3) 두 숫자의 차이를 Y로 정의할 경우 Y의 확률밀도 함수를 구하시오.

▶ 풀이

No	y	$p(y)$	No	y	$p(y)$
1	0	6/36	4	3	6/36
2	1	10/36	5	4	4/36
3	2	8/36	6	5	2/36

(4) 사상 A, B를 다음과 같이 정의하자.

A = {첫 번째 주사위의 눈금이 짝수일 경우}

B = {두 번째 주사위의 눈금이 홀수일 경우}

사상 A, B에 각각 어떠한 근원사상이 있는지 쓰시오.

▶ 풀이

· 사상 A = {(2,1), (2,2), (2,3), (2,4), (2,5), (2,6), (4,1), (4,2), (4,3), (4,4), (4,5), (4,6), (6,1), (6,2), (6,3), (6,4), (6,5), (6,6)}

· 사상 B = {(1,1) (2,1), (3,1), (4,1), (5,1), (6,1), (1,3), (2,3), (3,3), (4,3), (5,3), (6,3), (1,5), (2,5), (3,5), (4,5), (5,5), (6,5)}

(5) 위의 (4)에서 사상 A, B가 동시에 일어나는 사상을 $A \cap B$로 표현할 때, $A \cap B$에는 어떤 근원사상이 있는가? $A \cap B$가 일어날 확률 $P(A \cap B)$를 구하시오.

▶ 풀이

· $A \cap B$ = {(2,1), (2,3), (2,5), (4,1), (4,3), (4,5), (6,1), (6,3), (6,5)}
9가지가 있다.

· $P(A \cap B)$ = 첫 번째 주사위가 짝수가 나오고 두 번째 주사위가 홀수 가 나올 확률은 9/36이다.

2 2 한 여름 낮의 온도 가 평균 28℃이고 표준편차 4℃를 갖는 정규분포를 한다고 하자 어느 한여름 낮을 임의로 선택하였을 때

(1) 온도 T가 24℃에서 28℃ 사이에 있을 확률을 구하시오.

▶ MINITAB 정규분포 누적 확률

↓	C1	C2
	온도(<T)	확률
1	24	0.158655
2	28	0.500000
3	32	0.841345
4	36	0.977250

▶ 풀이

Pr(24≤온도≤28)

= P(온도≤28) − Pr(온도≤24)}

= P(Z≤0) − Pr(Z≤−1)

= 0.5 − 0.158655

= 0.3413

⇒ 온도가 24℃에서 28℃ 사이일 확률은 34.13%이다.

(2) 온도 T가 36℃ 이상이 될 확률을 구하시오.

▶ 풀이

Pr(온도≥36)

= 1 − Pr(온도<36) = 1 − 0.977250 = 0.02275

⇒ 온도가 36℃ 이상일 확률은 2.275%이다.

(3) 온도 T가 32℃에서 36℃ 사이일 확률을 구하시오.

▶ 풀이

Pr(32≤온도≤36)

= Pr(온도≤36) – Pr(온도≤32)

= 0.977250 – 0.841345

= 0.135905

⇒ 온도가 32℃에서 36℃ 사이에 있을 확률은 13.59%이다.

2 3 한강에서 모래를 채취하여 모래를 운반하는 데 한 트럭당 실려 있는 모래 양이 평균 3톤이고 표준편차가 0.5톤인 정규분포를 한다고 한다.

(1) 모래를 운반하는 트럭 9대를 임의추출 할 때 표본의 평균 $\bar{x}$가 갖는 분포를 구하시오.

▶ 풀이

$X \sim N(3,\ 0.5^2)$이므로, $\bar{x} \sim \left(3,\ \left(\frac{0.5}{\sqrt{9}}\right)^2\right)$이다.

(2) 위의 (1)의 경우에 평균이 2.5톤 미만일 확률을 구하시오.

▶ 풀이

$\Pr(\bar{x} < 2.5) = (\Pr(Z < (2.5 - 3) / (0.166667)) = \Pr(Z < -3)$

$= 0.0013499$

⇒ 평균이 2.5톤 미만일 확률은 0.135%이다.

2 4 어떤 원료에서 만들어지는 제품의 순도(단위: %)를 구간 추정하고 싶다. 표본을 조사하니 다음과 같았다.

표본제품의 순도 : 74.9, 75.5, 72.5, 73.4, 78.2, 77.8

순도의 모평균에 대한 95% 신뢰구간을 추정하시오. 제품의 순도들은 정규분포를 한다고 가정한다.

▶ 풀이

$$\text{평균에 대한 95\% 신뢰구간} = 72.383 \pm t(5\,;0.025) \times (2.292/\sqrt{6})$$
$$= 72.383 \pm 2.4057$$
$$= 72.978 \sim 77.789$$

여기서 $t(5\,;0.025) \times (2.292)/\sqrt{6} = 2.571 \times 0.9357 = 2.4057$

▶ MINITAB 결과

1-표본 T 검정:순도

기술 통계량

N	평균	표준 편차	평균의 표준 오차	μ에 대한 95% CI
6	75.383	2.292	0.936	(72.978, 77.789)

μ: 순도의 평균

해설:

제품의 순도 평균은 75.383이며 95% 신뢰구간은 (72.978, 77.789)이다.

2 5 매년 수천 개의 전구를 소비하는 어느 회사에서 지금까지 A사의 제품을 사용하여 왔다. A사 제품의 평균수명은 1,000시간이었다. 그런데, B사에서 싼 값으로 전구가 생산되어 이 새로운 전구의 평균수명이 유의수준 $\alpha = 0.05$에서 1,000시간보다 적다는 것이 증명되지만 않는다면 B사 제품을 사용하기로 하고 64개의 표본을 조사한 결과, 평균수명 $\bar{x} = 985$시간, 표본표준편차 $s = 75$시간을 얻었다. B사 제품의 평균수명이 1,000시간보다 적다고 할 수 있겠는가? 유의수준 $\alpha = 0.05$에서 검정하라(전구수명은 Z-분포를 한다고 가정한다).

▶ MINITAB 1 - 표본 Z-검정

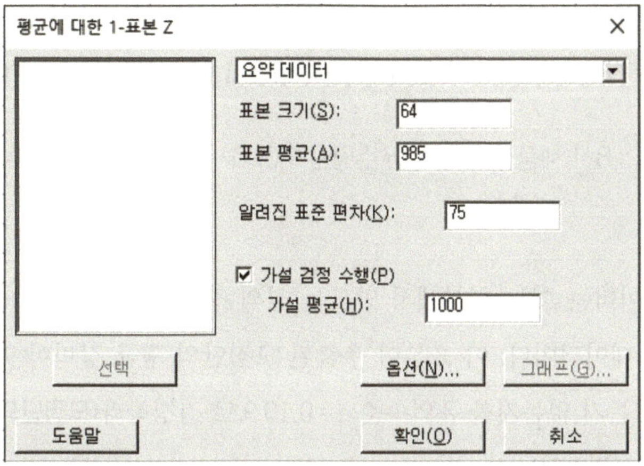

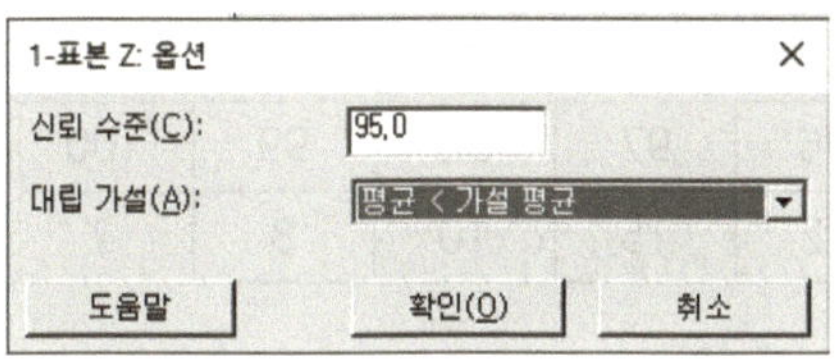

▶ MINITAB 결과

1-표본 Z 검정

기술 통계량

N	평균	평균의 표준 오차	μ에 대한 95% 상한
64	985.00	9.38	1000.42

μ: 표본의 평균
알려진 표준 편차 = 75

검정

귀무 가설 $H_0 : \mu = 1000$
대립 가설 $H_1 : \mu < 1000$

Z-값	P-값
−1.60	0.055

해설:

Z-검정 결과 유의확률(P-값)이 0.055이므로 유의수준 (α=0.05)에서 귀무가설(H_0 : B사 제품의 평균 수명은 1,000시간이다)을 기각할 수 없다.

결론 : B사 제품 전구의 평균수명은 1,000시간보다 작다고 할 수 없다.

2 6 오른쪽 데이터는 어느 회사에서 만드는 실의 장력(단위: kg/cm^2)을 알아보기 위한 표본의 데이터이다. 이 표본이 추출된 모집단의 평균 장력이 98.5kg/cm^{2}이라고 할 수 있는지 없는지를 유의수준 α=0.10으로 검정하라(모집단의 분산이 1.5kg/cm^{2}이라고 가정한다).

장력	95	96	97	98	99	100	합계
도수	2	12	15	10	8	3	50

▶ MINITAB 결과

1-표본 Z 검정:장력

기술 통계량

N	평균	표준 편차	평균의 표준 오차	μ에 대한 95% CI
50	97.380	1.292	0.173	(97.095, 97.665)

μ: 장력의 평균
알려진 표준 편차 = 1.22475

검정

귀무 가설 H_0 : μ = 98.5
대립 가설 H_1 : μ ≠ 98.5

Z-값	P-값
-6.47	0.000

해설:

Z-검정결과 유의확률(P-값)이 0.000이다. 유의확률이 유의수준(α=0.1)

보다 작으므로 귀무가설(H_0 : 평균 장력은 98.5kg/cm^{2}이다)은 기각된다.

결론 : 평균장력은 98.5kg/cm^{2}가 아니다.

27 특정한 기술의 교육 방법 두 가지를 비교하기 위해 20명을 대상으로 10명을 임의 추출하여 방법 Ⅰ을, 나머지는 방법 Ⅱ를 적용하여 교육시킨 후 실제 일을 끝내는 데에 소요되는 시간을 기록한 결과가 다음과 같다.

방법 Ⅰ:	15	20	11	20	16	21	18	16	27	24
방법 Ⅱ:	23	31	13	19	23	17	28	26	25	28

(1) 이 자료로부터 방법 Ⅰ에 의한 교육 후의 평균 작업시간이 방법 Ⅱ에 의한 경우보다 작다고 결론을 내릴 수 있는가?(유의수준 $\alpha = 0.05$)

▶ MINITAB 결과

2-표본 T 검정 및 CI: 방법1, 방법2

방법

μ_1: 방법1의평균
μ_2: 방법2의평균
차이: $\mu_1 - \mu_2$
이 분석에서는 분산이 같다고 가정합니다.

기술 통계량

표본	N	평균	표준 편차	평균의 표준 오차
방법1	10	18.80	4.64	1.5
방법2	10	23.30	5.56	1.8

차이 추정치

차이	합동 표준 편차	차이에 대한 95% 상한
-4.50	5.12	-0.53

검정

귀무 가설 $H_0 : \mu_1 - \mu_2 = 0$
대립 가설 $H_1 : \mu_1 - \mu_2 < 0$

T-값	DF	P-값
-1.97	18	0.032

해설:

유의확률(P-값)은 0.032이다. 유의확률이 유의수준(α=0.05)보다 작으므로 귀무가설(H_0 : 방법 1과 방법 2에 의한 소요시간 차이는 0이다.)은 기각된다.

결론:

방법 Ⅰ이 방법 Ⅱ보다 평균작업 시간이 작다.

(2) 앞의 질문에 대한 답의 과정에서 모집단에 대한 가정을 쓰시오.

▶ 풀이

두 방법 Ⅰ과 방법 Ⅱ의 작업시간은 정규분포를 하며 분산이 같다.

(3) 두 교육 방법에 따른 평균작업시간의 차에 대한 95% 신뢰구간을 구하시오.

▶ 풀이

평균작업시간 차이 95% 신뢰구간은

$$(\overline{X}-\overline{Y}) \pm t(n_1+n_2-2\,;\frac{\alpha}{2}) \times s_p \times \sqrt{\frac{1}{n_1}+\frac{1}{n_2}}$$

$$=(18.80-23.30) \pm t(18;0.025) \times 5.1191 \times \sqrt{\frac{1}{10}+\frac{1}{10}}$$

$$=-4.5 \pm (2.101 \times 5.1191 \times 0.4472)$$

$$=-4.5 \pm 4.810$$

$$=(-9.310,\ 0.310)$$

결론:

방법 Ⅰ과 방법 Ⅱ 차이에 대한 95% 신뢰구간은 (-9.310, 0.310)이다.

28 서로 다른 두 종류의 치료방법에 대한 환자의 회복시간의 차이에 대해 조사하고자 하여 82명을 대상으로 40명을 임의추출 하여 치료방법 A를, 나머지는 치료방법 B를 적용한 결과 다음과 같은 결과를 얻었다.

	A	B
평균 회복시간	7.3	8.9
표준편차	1.1	1.2

이 자료에 의해 두 치료 방법에 의한 평균 회복시간의 차이가 있는지 유의수준 5%로 검정하시오.

▶ MINITAB 결과

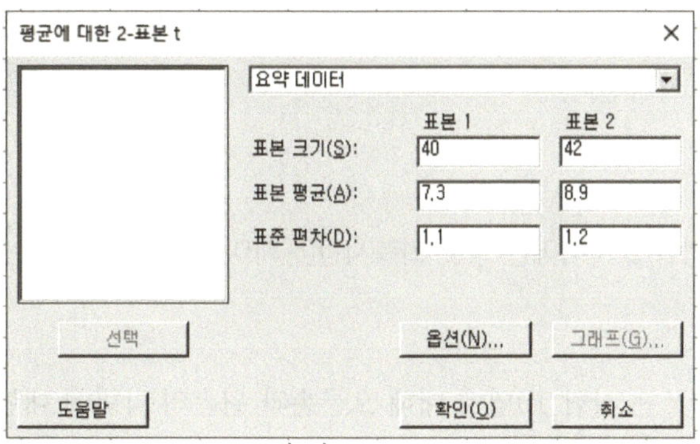

2-표본 T 검정 및 CI

방법

μ_1: 표본1의평균
μ_2: 표본2의평균
차이: $\mu_1 - \mu_2$
이 분석에서는 분산이 같다고 가정합니다.

기술 통계량

표본	N	평균	표준 편차	평균의 표준 오차
표본1	40	7.30	1.10	0.17
표본2	42	8.90	1.20	0.19

차이 추정치

차이	합동 표준 편차	차이에 대한 95% CI
-1.600	1.152	(-2.107, -1.093)

검정

귀무 가설 $H_0: \mu_1 - \mu_2 = 0$
대립 가설 $H_1: \mu_1 - \mu_2 \neq 0$

T-값	DF	P-값
-6.28	80	0.000

해설:

2표본 t-검정 결과 유의확률(P-값)이 0.000이다. 유의확률이 유의수준($\alpha = 0.05$)보다 작으므로 귀무가설(H_0: 치료방법 A와 B의 회복시간은 같다)은 기각된다.

결론:

치료방법 A, B 사이에는 평균 회복시간에 차이가 있다.

29 왼손으로 글을 쓰는 사람 10명에 대해 오른손과 왼손의 악력에 대한 측정을 한 결과 다음과 같았다.

사람	1	2	3	4	5	6	7	8	9	10
왼손	140	90	125	130	95	121	85	97	131	110
오른손	138	87	110	132	96	120	86	90	129	100

(1) 이 자료에 의하면 왼손으로 글을 쓰는 사람들은 왼손의 악력이 오른손보다 강하다고 할 수 있는가?($\alpha=0.05$)

▶ MINITAB 결과

쌍체 T 검정 및CI: 왼손, 오른손

기술 통계량

표본	N	평균	표준 편차	평균의 표준 오차
왼손	10	112.40	19.57	6.19
오른손	10	108.80	19.76	6.25

쌍체 차이 추정치

평균	표준 편차	평균의 표준 오차	μ 차이에 대한 95% 하한
3.60	5.46	1.73	0.43

μ_차이: (왼손 - 오른손)의 평균

검정

귀무 가설 H_0 : μ_차이= 0
대립 가설 H_1 : μ_차이 > 0

T-값	P-값
2.08	0.033

해설:

쌍체 t-검정결과 유의확률(P-값)은 0.033이다. 유의확률이 유의수준($\alpha=0.05$)보다 작으므로 귀무가설(H_0 : 왼손 악력에서 오른손 악력을 뺀 값은 0이다.)은 기각된다.

결론:

왼손으로 글을 쓰는 사람들은 왼손 악력이 오른손 악력보다 강하다.

(2) 평균차에 대한 90% 신뢰구간을 구하시오.

▶ MINITAB 결과

1-표본 T 검정:차이

기술 통계량

N	평균	표준 편차	평균의 표준 오차	μ에 대한 95% CI
10	3.60	5.46	1.73	(0.43, 6.77)

μ: 차이의 평균

해설:

왼손과 오른손 악력 차이에 대한 90% 신뢰구간은 (0.43, 6.77)이다.

2 10 공기 중의 수은의 농도를 측정하는 두 가지 기기의 정밀도를 검사하고자 하여, 기기 A로써 7번, 기기 B로는 6번의 측정을 한 결과 다음과 같다. 단위는 $1cm^3$ 당 마이크로그램으로 주어져 있다.

기기 A: 0.95 0.82 0.78 0.96 0.71 0.86 0.99

기기 B: 0.89 0.91 0.94 0.91 0.90 0.89

정밀도를 분산으로 나타낸다고 할 때 기기 B의 정밀도가 기기 A의 정밀도보다 좋다고 할 수 있는가?($\alpha = 0.05$)

▶ MINITAB 결과

등분산 검정: 기기A, 기기B

표준 편차의 95% Bonferroni 신뢰 구간

	N	하한	표준 편차	상한
기기A	7	0.0633257	0.104198	0.262110
기기B	6	0.0109170	0.018619	0.053268

F-검정(정규 분포)

검정 통계량 = 31.32, P-값 = 0.002

Levene 검정(연속형 분포)

검정 통계량 = 10.87, P-값 = 0.007

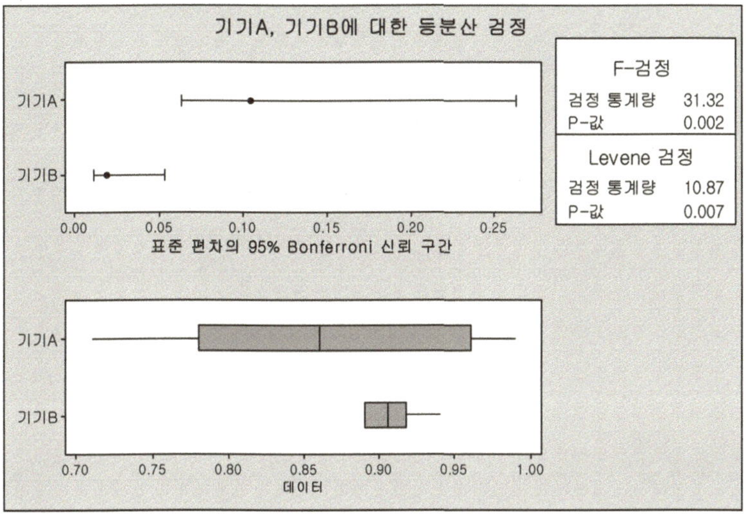

해설:

F-검정 결과 유의확률(P-값)이 0.02이다. 유의확률이 유의수준($\alpha=0.05$)보다 작으므로 귀무가설(H_0 : A와 B의 분산은 같다)은 기각된다.

결론:

기기 A와 B의 산포는 다르다(산포가 작은 B의 정밀도가 더 좋다 할 수 있다).

03

일원배치법

학습목표

1. 서로 다른 수준에서 측정된 반응의 차이를 통계적으로 분석할 수 있다.
2. 한 개의 인자로 완전랜덤화 실험을 설계하고 분산분석을 할 수 있다.
3. 모수인자와 변량인자의 차이를 이해한다.
4. 일원배치 실험의 데이터 구조를 이해한다.
5. 최적 수준에서의 모평균 추정과 구간추정을 할 수 있다.

1. 일원배치법이란?

일원배치법(one-way factorial design)이란 인자(factor)가 단 하나인 실험으로 수준(level)의 수는 보통 3개 이상이다. 독립표본을 이용한 두 모평균의 비교는 처리(treatment)의 수가 2개인 경우이다. 반면에 일원배치법은 이 개념을 확장하여 3개 이상의 처리에서 모평균의 차이가 있는지를 비교할 수 있게 해 준다. 일원배치법에서는 인자의 각 수준이 하나의 처리가 된다.

일원배치법의 주 용도로는 특성치에 다양한 인자들이 영향을 주고 있지만, 그 중 알고 싶은 특정 인자의 영향을 조사하고자 할 경우와 특성치에 영향을 주는 여러 인자에 대한 검증이 어느 정도 진척되고 이들 인자의 정해진 특성치에 큰 영향을 주리라고 예상되는 하나의 인자의 영향을 조사하고자 할 경우에 사용된다.

일원배치법은 처리를 받는 대상 또는 실험환경인 실험단위(experimental unit)가 모두 동질적이라는 가정에서 출발하므로, 처리를 실험단위에 배치할 때 제한조건이 없다. 그 결과 일원배치법은 수준수와 반복수에 제한이 없으며, 결측치(missing value)가 있어도 분석이 용이하다는 장점을 갖는다.

일원배치법에서는 처리를 실험단위에 배치하는 순서 또는 실험실시의 순서를 랜덤하게 결정하므로 일원배치법을 완전 확률화법(completely randomized design)이라고도 한다. 이러한 랜덤화를 통하여 실험자는 회피할 수 없는 외부 인자들의 영향을 어느 정도 상쇄시킬 수 있고, 실험 데이터가 독립이라는 가정을 어느 정도 충족시킬 수 있게 된다.

인자의 수준(level), 또는 처리수준의 선택에는 두 가지 방법이 있다. 하나는 실험자가 스스로 적절한 실험수준을 선택하는 것이고, 다른 하나는 특정범위 내에서 임의로 선택되는 경우이다. 전자와 같은 형식으로 처리수준을 선택하는 경우, 그 인자를 모수인자(fixed factor) 또는 고정인자라고 부르고, 대응되는 모형을 모수모형(fixed model) 또는 고정모형이라 부른다. 반면에 후자와 같이 처리수준이 선택되는 경우, 그 인자는 랜덤인자(random factor)라 하며, 대응되는 모형을 랜덤모형(random model)이라 한다.

고정인자는 온도, 압력, 벼 품종의 종류 등과 같이 인자의 수준들이 고정되어 있고, 각각의 수준들이 기술적인 의미를 갖는다. 반면에 랜덤인자는 원자재 로트, 실험일, 작업자 등과 같이 인자의 수준들이 랜덤하게 선택하게 경우로 기술적인 의미를 갖지 못한다. 따라서 모수인자의 경우는 수준효과와 최적조건을 구하는데 관심을 갖지만, 변량인자의 경우에는 수준들 간의 산포의 크기인 분산성분에 주로 관심을 갖는다.

2. 일원배치법의 구조모형

1) 구조모형의 틀

인자 A의 수준(처리)의 수를 l개로 하며, i번째 수준(처리)으로부터 r개의 특성치를 얻을 때, i번째 수준의 j번째 특성치를 x_{ij}라고 표시하면 일원배치법의 데이터의 구조는 [도표1]과 같이 나타낼 수 있다.

[도표1]에서 $T_{i.}$과 $\bar{x}_{i.}$는 수준 A_i에서 실험된 r개의 데이터의 합과 평균이며, T와 $\bar{\bar{x}}$는 lr개의 전체데이터의 합과 평균이다. 여기서 다루는 인자 A는 모수인자라고 가정하고, 변량인자의 경우는 뒤에 논의한다.

도표1 ¦ 일원배치법의 데이터의 구조

		실험의 반복	합계	평균
인자의 수준	A_1	x_{11} x_{12} $\cdots$ x_{1r}	$T_{1.}$	$\bar{x}_{1.}$
	A_2	x_{21} x_{22} $\cdots$ x_{2r}	$T_{2.}$	$\bar{x}_{2.}$
	$\vdots$	$\vdots$	$\vdots$	$\vdots$
	A_l	x_{l1} x_{l2} $\cdots$ x_{lr}	$T_{l.}$	$\bar{x}_{l.}$
			T	$\bar{\bar{x}}$

l개의 수준 간에 효과의 차이가 있는지를 분석하기 위하여 [도표 1]의 데이터를 통계적으로 검정하기 위해서는 각 수준에 대한 모집단 모형의 필요하다. 이제 각각의 수준에서 실험해서 얻어질 반응치들의 모집단이 평균이 μ_i, 공통분산 $\sigma_E{}^2$을 갖는 정규분포를 한다고 가정하고 다음과 같은 가설을 검정하는 문제를 생각해보자.

$$H_0 : \mu_1 = \mu_2 = \cdots = \mu_l$$

$$H_1 : \text{모든 } \mu_l\text{가 같지는 않다.} \tag{3·1}$$

위의 모집단의 가정에 의하여 x_{ij}는 다음과 같이 표시될 수 있다.

$$x_{ij} = \mu_i + \varepsilon_{ij} \tag{3·2}$$

여기서 ε_{ij}는 실험오차에 해당되는 확률변수로서 평균 0, 분산 ${\sigma_E}^2$인 정규분포를 따른다. 3개 이상의 수준별 모평균을 비교하기 위해서는 기준이 되는 값이 필요하고, 이 값으로 실험 전체의 모평균인 μ를 취하자. 따라서 μ는

$$\mu = \sum_1^l \frac{\mu_i}{l} \tag{3·3}$$

로 정의된다.

여기서 i번째 수준의 모평균 μ_i는 실험전체의 모평균 μ와 i번째 처리에서의 효과인 α_i의 합으로 나타낼 수 있으므로 $\mu_i = \mu + \alpha_i$로 대체하면 일원배치 데이터의 구조모형은 다음과 같다.

$$x_{ij} = \mu + \alpha_i + \varepsilon_{ij} \tag{3·4}$$

$i = 1, 2, \cdots, l, \quad j = 1, 2, \cdots, r$

여기서 μ: 전체모평균

α_i: 인자 A의 효과로서 $\sum \alpha_i = 0$

ε_{ij}: 오차항으로 서로 독립인 $N(0, {\sigma_E}^2)$를 따른다.

2) 오차항의 가정

일원배치법 구조모형의 오차항의 가정을 구체적으로 언급하면 다음의 네 가지로 정리될 수 있다.

① 정규성: 오차 ε_{ij}의 분포는 정규분포를 따른다.

② 독립성: 오차들은 서로 독립이다.

③ 불편성: 오차의 기대값은 0으로 치우침이 없다.

④ 등분산성: 오차의 분산은 $\sigma_E{}^2$으로, 인자의 수준과 실험의 반복에 관계없이 일정하다.

3. 분산분석

1) 총변동의 분할

l개의 모평균에 차이가 있는가를 검정하는 것은 l개의 수준 효과에 차이가 있는가를 검정하는 것과 같으므로 (3·1)에 주어진 가설은 다음과 같이 표시될 수도 있다.

$$H_0 : \alpha_1 = \alpha_2 = \cdots = \alpha_l = 0$$

$$H_1 : \text{적어도 한 } \alpha_i\text{는 0이 아니다.} \qquad (3\cdot5)$$

위에 주어진 가설은 자료의 총변동을 급간변동(처리 간 변동, 수준 간 변동)과 급내변동(오차변동, 잔차변동)으로 분해하여 요인이 특성치에 유의한 미치는가를 검정하는 방법인 분산분석을 통하여 검정할 수 있다.

변동을 정의하려면 어느 점으로부터의 산포인가를 나타내는 데이터의 중심과 각 데이터가 중심으로부터 얼마나 떨어져 있는가를 나타내는 거리의 개념이 필요하게 된다. 따라서 특성값 x_{ij}의 총평균 $\overline{\overline{x}}$로부터의 거리인 총편차는 인자 A의 동일한 수준에서 반복실험 했을 때 생기는 잔차와 수준효과 α_i에 기인하는 편차로 다음과 같이 분해할 수 있다.

$$x_{ij} - \overline{\overline{x}} = (\overline{x}_{i.} - \overline{\overline{x}}) + (x_{ij} - \overline{x}_{i.}) \qquad (3\cdot6)$$

$$\text{총편차} = (\alpha_i\text{에 기인하는 편차}) + (\text{잔차})$$

식 (3·6)의 양변을 동시에 제곱하여 전체 lr개의 데이터의 제곱의 합을 구하면

$$\sum_i \sum_j (x_{ij} - \overline{\overline{x}})^2 = \sum_i l(\overline{x}_{i.} - \overline{\overline{x}})^2 + \sum_i \sum_j (x_{ij} - \overline{x}_{i.})^2 \qquad (3\cdot7)$$

이 성립한다. 여기서 좌변을 총제곱합 또는 총변동이라 부르고 SS_T로 표현한다. 식 (3·7)의 우변의 첫 번째 항은 각 수준효과의 차이에 기인하는 편차들의 제곱합이므로

처리제곱합 또는 급간변동이라 부르고 SS_A로 나타내준다. 우변의 두 번째 항은 각 처리수준 내에서의 편차들의 제곱합이므로 잔차제곱합 또는 급내변동이라 부르고 SS_E로 표현한다. 따라서

$$SS_T = SS_A + SS_E \tag{3·8}$$

의 관계가 성립하고, 총변동이 인자 A에 의한 변동과 잔차변동으로 분할되었다고 한다.

실제로 데이터로부터 SS_T, SS_A, SS_E를 계산할 때는 일일이 편차들을 계산한 다음에 제곱합을 구하는 것보다 다음의 간편 계산법을 사용하면 간단하며, 식 (9)의 CT를 수정항이라 부른다.

$$CT = \frac{T^2}{lr} \tag{3·9}$$

$$SS_T = \sum_i \sum_j x_{ij}{}^2 - CT \tag{3·10}$$

$$SS_A = \sum_i \frac{T_{i.}{}^2}{r} - CT \tag{3·11}$$

$$SS_E = SS_T - SS_A \tag{3·12}$$

2) 자유도의 분할

각 제곱합의 자유도는 제곱을 한 편차의 개수에서 선형제약조건의 수를 뺀 것으로 정의되므로 [도표2]에 의하여 구할 수 있다.

도표2 ┆ 각 제곱합의 자유도

제곱합	편차의 개수	선형제약 조건	자유도
총제곱합	lr	$\sum_i \sum_j (x_{ij} - \bar{\bar{x}}) = 0$	$lr-1$
처리제곱합	l	$\sum_{i=j}^{l} (\bar{x}_{i.} - \bar{\bar{x}}) = 0$	$l-1$
잔차제곱합	lr	$\sum_{i=j}^{r} (\bar{x}_{ij} - \bar{x}_{i.}) = 0$ $i = 1, 2, \cdots, l$	$lr-1$

[도표2]에서 보는 바와 같이 총제곱합의 자유도 ϕ_T는 총변동이 원인별로 분할되는 것과 마찬가지로 처리제곱합의 자유도 ϕ_A와 잔차제곱합의 자유도 ϕ_E로 분할됨을 알 수 있다. 다시 말해서 우리는 다음 결과를 얻게 된다.

$$\phi_T = \phi_A + \phi_E \tag{3·13}$$

3) 평균제곱의 기댓값과 검정

평균제곱(Mean Square: MS)은 자유도 1개당 제곱합이므로 인자 A와 잔차에 대한 평균제곱은 SS_A와 SS_E를 각각의 자유도로 나누어서 다음과 같이 구해진다.

$$MS_A = \frac{SS_A}{l-1} \tag{3·14}$$

$$MS_E = \frac{SS_E}{l(r-1)} \tag{3·15}$$

인자 A의 평균제곱 MS_A와 잔차의 평균제곱 MS_E의 기댓값은 다음과 같음이 알려져 있으며 유도과정은 생략하기로 한다.

$$E(MS_A) = \sigma_E^2 + \sum_{i=1}^{l} \frac{\alpha_i^2}{(l-1)} \tag{3·16}$$

$$E(MS_E) = \sigma_E^2 \tag{3·17}$$

식 (17)로부터 잔차의 평균제곱 MS_E는 σ_E^2의 불편추정량임을 알 수 있다. 인자 A의 평균제곱 MS_A는 귀무가설 $H_0 : \alpha_1 = \alpha_2 = \cdots = \alpha_l = 0$하에서는 식 (16)의 우변 두 번째 항이 영이 되어 σ_E^2의 불편추정량이 되지만 귀무가설이 성립하지 않으면 MS_A의 기댓값이 σ_E^2보다 크게 된다는 것을 알 수 있다. 따라서 $H_0 : \alpha_1 = \alpha_2 = \cdots = \alpha_l = 0$의 가설에 대한 검정통계량은 두 평균제곱의 비인

$$F_0 = \frac{MS_A}{MS_E} \tag{3·18}$$

가 되고, F_0의 값이 커지면 귀무가설을 기각하게 된다.

또한 귀무가설이 사실일 때 검정통계량 F_0는 자유도 (ϕ_A, ϕ_E)인 분포를 한다는 것이

알려져 있다. 따라서 대립가설이 사실일 때 MS_A가 MS_E보다 상대적으로 크게 되리라 기대되므로 기각역은 다음과 같이 주어진다.

$$F_0 = F(\phi_A, \phi_E ; \alpha) \tag{3·19}$$

4) 분산분석표의 작성

앞에서 다룬 총제곱합과 자유도의 분할, 평균제곱, 인자 효과의 차이가 없다는 귀무가설에 대한 검정통계량과 기각역을 표로 정리한 것이 분산분석표이며, [도표 3]과 같은 형태를 갖는다.

도표3 분산분석표

요인	제곱합	자유도	평균제곱	F_0	$F(\alpha)$
A	SS_A	$l-1$	MS_A	$\frac{MS_A}{MS_E}$	$F(l-1, l(r-1) ; \alpha)$
E	SS_E	$l(r-1)$	MS_E		
T	SS_T	$lr-1$			

[도표 3]의 분산분석표에서 F_0의 값이 $F(l-1, l(r-1) ; \alpha)$보다 크게 되어 귀무가설을 기각할 때 인자가 특성값에 유의한 영향을 미친다고 말할 수 있으며 인자의 수준(처리)들 간에 차이가 있다고 통계적으로 결론을 내릴 수 있게 된다.

4. 분산분석의 적용사례

1) 문제 사례 제시

모 의류 제조회사에서는 직물의 긁힘에 대한 저항력을 측정하기 위하여 검사 대상을 마모도 검사기계에 몇 사이클 돌린 후 감소된 무게를 그램으로 측정한다. 이 회사는 원단 납품업체 A_1, A_2, A_3, A_4의 제품을 마모도의 측면에서 비교하고자 한다. 이를 위하여 각각의 납품업체의 제품 중 4개를 랜덤으로 선택하여 일원배치법에 의해 실험한 결과 [도표 4]와 같은 데이터를 얻었다. 납품업체들 간에 마모도에 유의한 차이가 있는지를 분산분석을 통하여 검정하여 보라.

도표4 마모도 검사자료

		반복				$T_{i.}$	$\bar{x}_{i.}$
납품업체	A_1	1.93	2.38	2.20	2.25	8.76	2.19
	A_2	2.55	2.72	2.75	2.70	10.72	2.68
	A_3	2.40	2.68	2.32	2.28	9.68	2.42
	A_4	2.33	2.38	2.28	2.25	9.24	2.31
						38.4	2.40

2) 문제 풀이

(1) 가설의 설정

H_0 : $\alpha_1 = \alpha_2 = \alpha_3 = \alpha_4 = 0$(직물 마모도에 차이가 없다)

H_1 : 모든 α_1가 0은 아니다(직물 마모도에 차이가 있다)

(2) 제곱합과 자유도의 계산

$$CT = \frac{T^2}{lr} = \frac{38.4^2}{16} = 92.16$$

$$SS_T = \sum_i \sum_j x_{ij}{}^2 - CT$$
$$= (1.93)^2 + (2.38)^2 + \cdots + (2.25)^2 - 92.16$$
$$= 0.7626$$

$$SS_A = \sum_i \frac{T_{i.}{}^2}{r} - CT$$
$$= \frac{1}{4}(8.76^2 + 10.72^2 + 9.68^2 + 9.24^2) - 92.16$$
$$= 0.5240$$

$$SS_E = SS_T - SS_A = 0.7626 - 0.5240 = 0.2386$$

$$\phi_T = lr - 1 = 16 - 1 = 15$$

$$\phi_A = l - 1 = 4 - 1 = 3$$

$$\phi_E = \phi_T - \phi_A = 15 - 3 = 12$$

(3) 분산분석표의 작성

도표5 ¦ 분산분석표

요인	제곱합	자유도	평균제곱	F_0	$F(0.01)$
A	0.5240	3	0.1747	8.78^{**}	5.95
E	0.2386	12	0.0199		
T	0.7626	15			

(4) 분산분석표의 해석

분산분석표에서 검정통계량 F_0의 값이 유의수준 $\alpha = 0.01$에서의 F분포 값인 $F(3, 12; 0.01) = 5.95$보다 크므로 귀무가설을 기각한다. 따라서 납품업체에 따라 직물 마모도에 차이가 있다고 결론 내린다. 일반적으로 인자 A의 수준 효과가 유의수준 $\alpha = 0.05$에서만 유의하면 계산된 F_0에 *를, $\alpha = 0.01$에서 유의한 경우에는 **를 붙여서 표시한다.

예제 3·1

어떤 원사의 생산공정에서 반응온도가 생산되는 원사제품의 강도에 영향을 주는 것으로 생각되어, 반응온도의 변화에 따라서 강도가 어떤변화를 하고, 또한 어떤 온도의 수준에서 가장 높은 강도를 주는가를 알아보기 위한 실험을 하였다. 반응온도를 인자로 수준(A1: 60℃, A2: 65℃, A3: 70℃, A4: 75℃)을 취하고 각 온도에서 3회씩 반복하여 전체 12회 실험을 랜덤한 순서로 행했다. 그 결과로 [도표 6]과 같은 데이터를 얻었다. 분산분석표를 작성하여라.

도표6 ┆ 반응온도(A)의 변화에 따른 강도(단위: kg/mm²)의 실험데이터

	인자의 수준				
	A_1	A_2	A_3	A_4	
실험의 반복	8.44 8.36 8.28	8.59 8.91 8.60	9.34 9.41 9.69	8.92 8.92 8.74	
합계 평균	$T_{1.}=25.08$ $\bar{x}_{1.}=8.36$	$T_{2.}=26.10$ $\bar{x}_{2.}=8.70$	$T_{3.}=28.44$ $\bar{x}_{3.}=9.48$	$T_{4.}=26.58$ $\bar{x}_{4.}=8.86$	$T=106.20$ $\bar{\bar{x}}=8.85$

풀이 ■ MINITAB 일원분산분석

▶ 통계분석 > 분산분석 > 일원분산분석

·반응변수: 강도

·요인: 온도(A)

▶ 확인

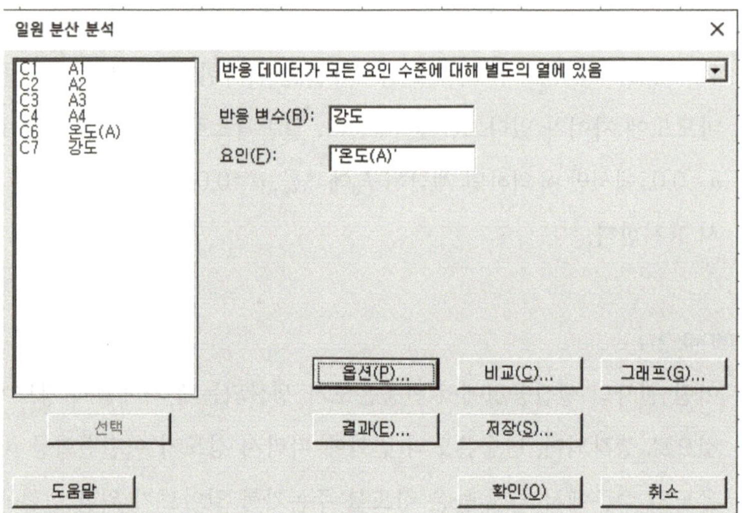

▶ MINITAB 결과

방법

귀무 가설　모든 평균이 동일합니다.
대립 가설　평균이 모두 같지 않음
유의 수준　α=0.05
분석을 위해 분산이 같다고 가정되었습니다.

분산 분석

출처	DF	Adj SS	Adj MS	F-값	P-값
온도(A)	3	1.9788	0.65960	31.19	0.000
오차	8	0.1692	0.02115		
총계	11	2.1480			

해설:

분산분석표에서 실험인자(온도)에 대한 F-검정결과 P-값이 0.000이다.

유의수준(α=0.05)에서 귀무가설(H_0)은 기각된다.

귀무가설(H_0): 온도는 원사제품의 강도에 영향을 주지 않는다.
(또는, 서로 다른 온도의 네 수준에서의 제품의 강도는 같다)

대립가설(H_1): 온도는 원사 제품의 강도에 영향을 준다.
(또는, 서로 다른 온도의 네 수준에서의 제품의 강도는 다르다)

결론:

온도는 원사제품의 강도에 영향을 준다.

(온도는 강도를 개선하는데 매우 중요한 인자이다)

예제 3·2

앞의 **예제 3·1**의 데이터에 대하여 유의수준 α에서 분산분석표에 의한 F-검정 하시오.

풀이 ■ MINITAB F-분포 누적확률

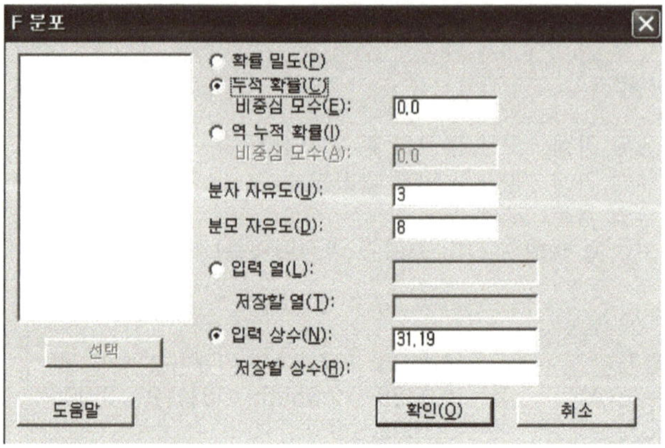

▶ MINITAB 결과

누적분포함수

F 분포(3 분자 DF, 8 분모 DF)
x P(X <= x)
31.19 0.999908

해설:

$F_0 = V_A / V_E$

$= 0.6596 / 0.0211 = 31.19$

F_0 값을 이용하여 유의확률(P-값)을 구한다.

P- 값$= 1 - P(F_0)$, 여기서 $P(F_0)$는 F-분포표에서 F_0까지의 누적확률 값이다.

P-값$= 1 - 0.999908 = 0.000092$값이다. 유의확률($P$-값)이 유의수준($\alpha = 0.05$)보다 작으므로 귀무가설($H_0$)은 기각된다.

결론:

온도는 제품 강도에 영향을 주는 인자이다.

5. 분산분석후의 추정

1) 모평균의 신뢰구간 추정

분산분석을 한 후 인자 A가 특성값에 유의한 영향을 끼친다는 것을 알게 되면 추정의 문제에 관심을 갖게 된다. 우선 인자 A의 각 수준에서의 모평균의 추정에 대하여 알아보기로 하자.

수준 A_i에서의 모평균 $\mu_i = \mu + a_i$의 추정값은 수준 A_i에서의 특성치들의 평균인 $\bar{x}_{i.}$가 적절하다. 또한 일원배치법의 구조모형으로부터 $\bar{x}_{i.}$의 분포는 $N(\mu_i, \sigma_E{}^2/r)$임을 알 수 있다. 여기서 오차의 분산 $\sigma_E{}^2$는 미지이기 때문에 $\sigma_E{}^2$의 불편추정값인 MS_E로 추정을 하면 인자 A의 i번째 수준에서의 모평균의 $100(1-\alpha)\%$ 신뢰구간은

$$\bar{x}_{j.} \pm t\left(\phi_E ; \frac{\alpha}{2}\right)\sqrt{\frac{MS_E}{r}} \qquad (3\cdot20)$$

으로 주어진다. 이 때 신뢰구간의 폭은 오차의 자유도가 클수록 또 MS_E값이 작을수록 줄어들 것이다. 또한 실험의 반복수 r이 어느 수준에서나 같기 때문에 신뢰구간의 폭은 어느 수준에서나 일정하다.

2) 모평균 차의 신뢰구간 추정

지금부터 수준 A_i와 A_j에서의 모평균의 차이인 $(\mu_i - \mu_j)$의 $100(1-\alpha)\%$ 신뢰구간을 구하는 문제를 생각해보자.

모평균의 차이 $(\mu_i - \mu_j)$의 추정값은 수준 A_i와 A_j에서의 특성값들 의 평균의 차이인 $(\bar{x}_{i.} - \bar{x}_{j.})$가 적절하다. 또한 일원배치법의 구조모형으로부터 $(\bar{x}_{i.} - \bar{x}_{j.})$의 분포는 $N(\mu_i - \mu_j, 2\sigma_E{}^2/r)$임을 알 수 있다. 여기서 오차의 분산 $\sigma_E{}^2$는 미지이기 때문에 $\sigma_E{}^2$의 불편 추정량인 MS_E로 추정하면 $(\mu_i - \mu_j)$의 $(\mu_i - \mu_j)$의 $100(1-\alpha)\%$ 신뢰구간은

$$(\bar{x}_{i.} - \bar{x}_{j.}) \pm t\left(\phi_E ; \frac{\alpha}{2}\right)\sqrt{\frac{2MS_E}{r}} \qquad (3\cdot21)$$

로 주어진다.

신뢰구간과 가설검정과의 관계를 이용하여 $H_0: \mu_i - \mu_j = 0$, 즉, $H_0: \mu_i = \mu_j$를 검정할 수 있다. 식 (3·21)에서 구한 신뢰구간에 0이 포함되어 있지 않으면 $H_0: \mu_i = \mu_j$를 기각한다. 다시 말해서 식 (2)의 첫 번째 항의 절대값인 $|\bar{x}_{i.} - \bar{x}_{j.}|$가 다음 조건을 만족하면 H_0을 기각한다.

$$|\bar{x}_{i.} - \bar{x}_{j.}| > t\left(\phi_E ; \frac{\alpha}{2}\right)\sqrt{\frac{2MS_E}{r}} \qquad (3\cdot22)$$

이와 같이 두 수준간의 차이가 유의하려면 최소한 자료평균의 차이가 식 (3·22)의 우변의 값보다 커야 하므로 이 값을 최소유의차(least significant difference; LSD)라고 부른다.

6. 분산분석후의 추정 예제

1) 모평균의 추정

실험데이터로 분산분석을 하는 이유는 실험인자가 통계적으로 반응값(평균)에 의미 있는 변화를 일으키는지 여부를 판단하기 위해서이다. 분산분석으로만 끝내지 않고 각 수준에서 신뢰구간을 구하여 비교 해 보면 수준별 반응값 추이를 보다 상세하게 알 수 있으므로 실험자는 매우 유용한 정보를 얻을 수 있다.

[도표4]의 마모도 검사 자료를 이용하여 분산분석표를 작성하면 [도표5]와 같고 수준 A_1, A_2, A_3, A_4 에서의 반응평균에 대한 95% 신뢰구간을 구하여 의미를 해석해보자.

▶ 풀이

신뢰구간의 폭: $t(12 ; 0.025)\sqrt{\frac{MS_E}{r}} = 2.179 \times \sqrt{\frac{0.0199}{4}} = 0.1537$

식 (3·20)을 이용할 때 각각의 수준에서 직물 마모도의 모평균의 95% 신뢰구간은 다음과 같다.

μ_1: 2.19 ± 0.1537

μ_2: 2.68 ± 0.1537

μ_3: 2.42±0.1537

μ_4: 2.31±0.1537

■ MINITAB 그래프 분석

▶ 그래프>구간그림

- 다중 Y: 단순

- 그래프 변수: A1 A2 A3 A4

▶ 확인

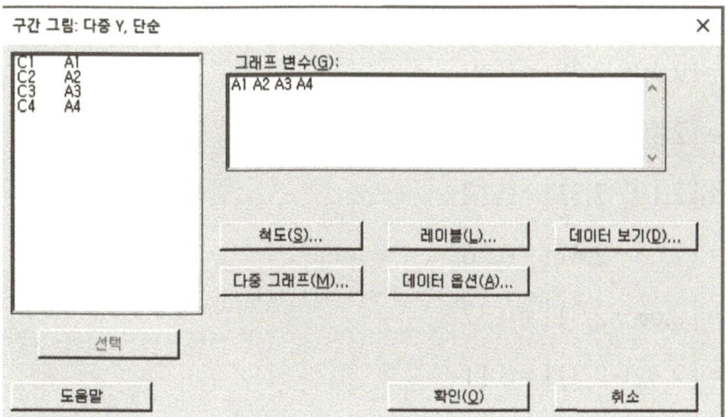

▶ MINITAB 결과

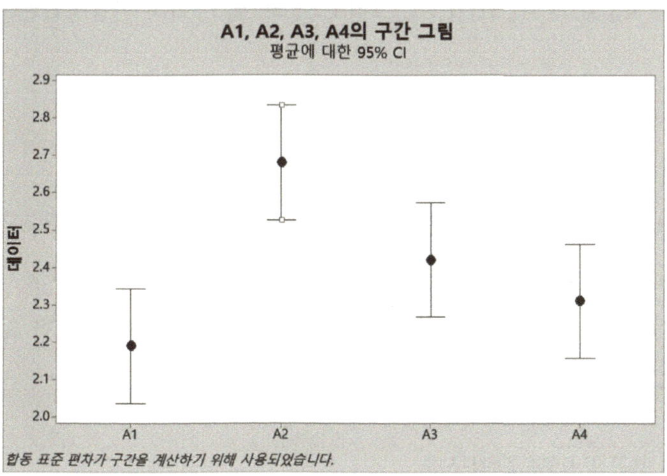

95% 신뢰구간에서 굵은 점은 평균값이다. A_2 수준에서 반응평균이 가장 높고 A_1 수준에서 가장 낮다.

다음으로 최소유의차(LSD)를 이용하여 실험인자의 수준 간에 차이를 해석하는 방법에 대해 알아보자.

▶ 풀이

최소유의차: $LSD=2.179\times\sqrt{\frac{2\times0.0199}{4}}=0.2174$이다.

두 수준에서의 자료평균의 차이를 구해 보고 그 차이 값이 $|0.2174|$보다 크면 두 수준에서의 직물마모도가 유의수준 $\alpha=0.05$에서 차이가 있다고 결론내린다. 그 결과를 정리하면 다음과 같다.

$$|\bar{x}_{1.}-\bar{x}_{2.}|=|2.19-2.68|=0.49^{*}$$
$$|\bar{x}_{1.}-\bar{x}_{3.}|=|2.19-2.42|=0.23^{*}$$
$$|\bar{x}_{1.}-\bar{x}_{4.}|=|2.19-2.31|=0.12$$
$$|\bar{x}_{2.}-\bar{x}_{3.}|=|2.68-2.42|=0.26^{*}$$
$$|\bar{x}_{2.}-\bar{x}_{4.}|=|2.68-2.31|=0.37^{*}$$
$$|\bar{x}_{3.}-\bar{x}_{4.}|=|2.42-2.31|=0.11$$

별표(*) 표시는 수준간 평균차이 절대값이 LSD(0.2174) 보다 큰 경우이다. 따라서 수준 A_1과 A_2, A_1과 A_3, A_2와 A_3, 그리고 A_2와 A_4 사이의 반응평균은 유의한 차이가 있다.

예제 3·3

앞의 **예제 3·1**의 데이터에 대하여 A_i, $i=1, 2, 3, 4$에서의 모평균의 95% 신뢰구간을 구하고, 모든 두 수준간의 모평균차의 95% 신뢰구간을 구하라. 95% 최소 유의차(least significant difference)를 구하여 두 수준간의 모평균이 유의한 차가 있나를 밝혀라. 또한 오차분산 σ_E^2의 95% 신뢰구간을 구하시오.

풀이 (1) 모평균의 95% 신뢰구간

▣ MINITAB 1-표본 T 검정

▶ 통계분석 > 기초통계 > 1-표본 T 검정

·표본이 있는 열: A1 A2 A3 A4

▶ MINITAB 결과

표본 T 검정: A1, A2, A3, A4

기술 통계량

표본	N	평균	표준 편차	평균의 표준 오차	μ에 대한 95% CI
A1	3	8.3600	0.0800	0.0462	(8.1613, 8.5587)
A2	3	8.700	0.182	0.105	(8.248, 9.152)
A3	3	9.480	0.185	0.107	(9.020, 9.940)
A4	3	8.8600	0.1039	0.0600	(8.6018, 9.1182)

μ: A1, A2, A3, A4의 평균

(2) 각 수준간 모평균 차에 대한 신뢰구간

▣ MINITAB 일원 분산분석

▶ 통계분석 > 일원분산분석

·반응: 강도

·요인: 온도(A)

▶ 비교

·비교에 대한 오류율: 5

·분산이 같다고 가정하는 비교 절차: Fisher

▶ 확인

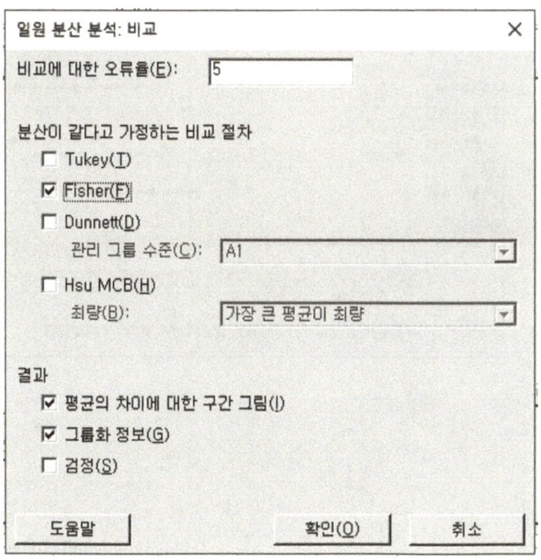

▶ MINITAB 결과

·Fisher LSD 비교

Fisher LSD 방법 및 95% 신뢰 구간을 사용한그룹화 정보

온도(A)	N	평균	그룹화		
A3	3	9.480	A		
A4	3	8.8600		B	
A2	3	8.700		B	
A1	3	8.3600			C

문자를 공유하지 않는 평균들은 유의하게 서로 다릅니다.

해설:

수준별 그룹화 결과로부터 수준 A_2, A_4 가 같은 그룹(B) 으로 분류되었다. 따라서 수준 A_2와 수준 A_4에서 의 반응평균은 다르다 보기 어렵다. 하지만 수준 A_1, A_2에서의 반응 평균은 수준 A_2, A_4 에서의 반응평균과 다른 그룹으로 분류되므로 현재 실험범위 에서 수준을 변화시키면 반응 평균값은 통계적으로 의미있는 변화를 일으킨다고 볼 수 있다.

· Fisher 개별 95% 신뢰구간

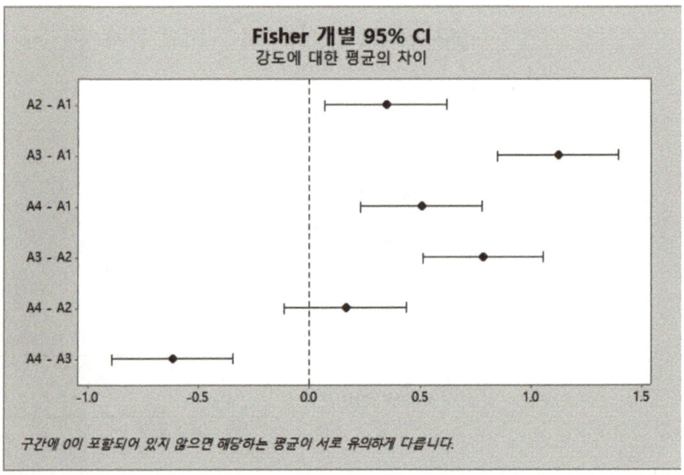

해설:

6개 쌍의 모평균차에 대한 신뢰구간 중 $A_4 - A_2$의 95% 신뢰구간에 0이 포함된다. 이것은 A_2의 평균과 A_4의 평균은 통계적으로 차이가 없음을 의미한다. 나머지 5개 쌍에 대한 신뢰구간들은 0을 포함하고 있지 않으므로 통계적으로 유의한 차이가 있다.

결론:

온도수준이 변하면 반응값(제품강도)도 유의한 변화가 발생한다고 할 수 있다.

(3) 오차분산에 대한 95% 신뢰구간

$$\left(\frac{S_E}{x^2\left(\square_E;\frac{\alpha}{2}\right)}, \frac{S_E}{x^2\left(\square_E;1-\frac{\alpha}{2}\right)}\right)=\left(\frac{0.1692}{x^2(8;0.025)}, \frac{0.1692}{x^2(8;0.975)}\right)$$

$$=\left(\frac{0.1692}{17.53}, \frac{0.1692}{2.18}\right)=(0.00965, 0.07761)$$

7. 반복수가 같지 않은 일원배치법

1) 구조모형의 틀

앞에서는 일원배치법의 각 수준에서 반복수가 일정하게 r인 경우를 다루었는데, 실제의 일원배치법에서는 여러 가지 이유로 각 수준마다 반복수가 다른 데이터를 얻게 되는 경우가 있다. 이런 자료를 불균형자료라 하며 주로 다음과 같은 경우에 발생한다.

- 실험도중 불의의 사고 또는 실험자의 실수로 특성값을 관측하지 못하는 경우
- 관심요인의 특정 수준에서 더 높은 정도(precision)를 얻기 위해 더 많은 반복을 취한 경우

반복수가 같지 않은 일원배치법의 총실험횟수를 N이라고 하면

$$N = r_1 + r_2 + \cdots + r_l \tag{3·23}$$

이다. 반복수가 같지 않은 일원배치법의 자료의 구조, 구조모형과 분산분석은 반복 수 r 대신 각 수준에서의 반복 수 r_i를 대체한 것을 제외하고는 기본적으로 반복수가 같은 경우와 똑같다.

$$x_{ij} = \mu + a_i + \varepsilon_{ij}$$
$$i = 1, \cdots, l, \quad j = 1, \cdots, r_i \tag{3·24}$$

(1) 변동의 계산

$$CT = \frac{T^2}{N}$$

$$SS_T = \sum_i \sum_j x_{ij}^2 - CT$$

$$SS_A = \sum_i \frac{T_{i.}^2}{r_i} - CT$$

$$SS_E = SS_T - SS_A$$

(2) 자유도의 계산

$$\square_T = N - 1$$

$$\square_A = l - 1$$

$$\square_E = \square_T - \square_A = N - 1$$

(3) 분산분석표의 작성

도표7 ┆ 반복수가 같지 않은 일원배치법의 분산분석표

요인	제곱합	자유도	평균제곱	F_0	$F(\alpha)$
A	SS_A	$l-1$	MS_A	MS_A / MS_E	$F(\alpha : l-1, N-l)$
E	SS_E	$N-l$	MS_E		
T	SS_T	$N-1$			

분산분석의 검정력은 균형 자료일 때 최대가 되기 때문에 가능하면 균형 자료를 얻는 것이 바람직하다.

예제 3·3

모타이어 주식회사 제품개발부에서 Radial Tire의 개발에 있어서, 타이어 제조과정 중에 생타이어 원주의 길이가 타이어 제품의 균형(balance)에 어떤 영향을 미치는가를 검토하고, 어떤 원주의 길이가 타이어의 불균형(unbalance)을 가장 작게 하여 주는가를 찾기 위한 실험을 하였다. 생타이어 원주(인자 A)를 4수준 (A_1=3,260mm, A_2=3,265mm A_3=3,270mm, A_4=3,275mm)으로 하고 특성치는 타이어의 불균형(unbalance)으로, 불균형된 힘(타이어 무게의 %)에 타이어 외경의 1/2을 곱함으로써 유도된 torque(in-oz)로 정의한다. 실험계획으로 반복이 6회인 4수준 일원배치법을 사용하였고 24회의 실험을 완전 랜덤화 하여 실시하였으나 시험생산과정에서 예상하지 못하였던 문제점이 발생하여 A_1에서 5회, A_2에서 6회, A_3에서 5회, A_4에서 3회만 실험한 결과가 되었다.

도표8 반복수가 같지 않은 일원배치법의 분산분석표

	인자의 수준				
	A_1	A_2	A_3	A_4	
실험의 반복	49 73 58 38 42	31 40 43 44 34 20	46 41 58 31 65	45 73 76	
합계 평균	$T_{1.}$=25.08 $\bar{x}_{1.}$=8.36	$T_{2.}$=26.10 $\bar{x}_{2.}$=8.70	$T_{3.}$=28.44 $\bar{x}_{3.}$=9.48	$T_{4.}$=26.58 $\bar{x}_{4.}$=8.86	T=106.20 $\bar{\bar{x}}$=8.85

풀이 (1) 분산분석

■ MINITAB 일원분산분석

▶ 통계분석 > 분산분석 > 일원분산분석

・반응: torque

・요인: A(원주)

▶ 확인

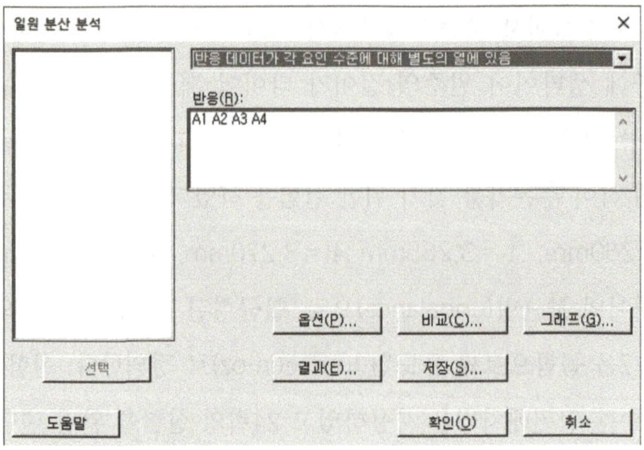

▶ MINITAB 결과

분산 분석

출처	DF	Adj SS	Adj MS	F-값	P-값
요인	3	1875	625.0	3.74	0.035
오차	15	2509	167.3		
총계	18	4384			

해설:

생타이어 원주에 대한 F-검정 결과 유의확률(P-값)이 0.035이다. 유의확률이 유의수준($\alpha=0.05$)보다 작으므로 귀무가설($H_0: A_1, A_2, A_3, A_4$의 반응 평균은 같다.)은 기각된다. 실험인자 A(원주 길이)는 제품의 균형(balance)에 의미있는 변화를 일으킨다 할 수 있다.

(2) 각 수준별 평균에 대한 95% 신뢰구간: (합동표준편차 이용)

▶ MINITAB 그래프 분석

평균

요인	N	평균	표준 편차	95% CI
A1	5	52.00	13.98	(39.67, 64.33)
A2	6	35.33	9.07	(24.08, 46.59)
A3	5	48.20	13.52	(35.87, 60.53)
A4	3	64.67	17.10	(48.75, 80.58)

합동 표준 편차 = 12.9326

해설:

타이어 원주길이는 반응(타이어 불균형)에 영향을 주는 인자이다. 타이어 원주길이가 A_2(3,265mm)일 때 타이어 불균형도가 35.33으로 가장 낮다.

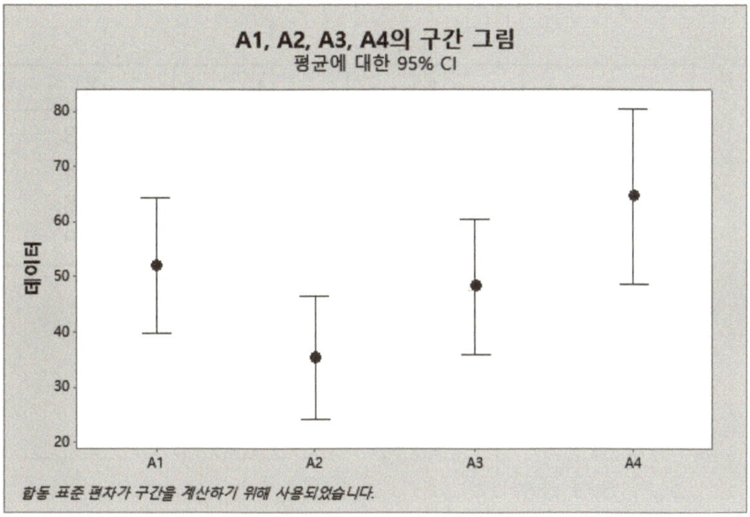

연습문제

3 1 어떤 직물의 가공시 처리액의 농도 A를 인자로 하여 $A_1 = 3.0\%$, $A_2 = 3.3\%$, $A_3 = 3.6\%$, $A_4 = 3.9\%$, $A_5 = 4.2\%$에서 반복 각 4회, 계 20회를 랜덤하게 하여 처리한 후의 인장강도를 측정한 바 다음의 데이터를 얻었다.

A_1	A_2	A_3	A_4	A_5
46.8	51.2	50.2	40.8	30.2
58.0	62.4	39.8	41.8	25.8
51.4	58.5	45.2	45.5	32.4
56.5	61.9	48.8	35.9	29.2

(1) 분산분석을 하시오.

▶ MINITAB 결과

분산 분석

출처	DF	Adj SS	Adj MS	F-값	P-값
농도(A)	4	2030.2	507.55	26.04	0.000
오차	15	292.3	19.49		
총계	19	2322.5			

해설:

농도(A)에 대한 F-검정결과 P-값이 0.000이다. 유의수준($\alpha = 0.05$)에서 귀무가설(H_0 : 인자 A의 수준별 평균값은 같다)은 기각된다. 농도(A)는 반응값 인장강도에 영향을 주는 인자이며 인장강도를 관리하는데 중요한 인자이다.

(2) A의 각 수준에서 인장강도의 모평균의 95% 신뢰구간을 구하고 이를 도시하시오. 인장강도가 가장 높은 농도를 구하시오.

▶ MINITAB 결과

평균에 대한 95% 신뢰구간

농도(A)	N	평균	표준 편차	95% CI
A1	4	53.17	5.10	(48.47, 57.88)
A2	4	58.50	5.17	(53.80, 63.20)
A3	4	46.00	4.64	(41.30, 50.70)
A4	4	41.00	3.96	(36.30, 45.70)
A5	4	29.40	2.75	(24.70, 34.10)

합동 표준 편차 = 4.41458

▶ MINITAB 그래프 분석

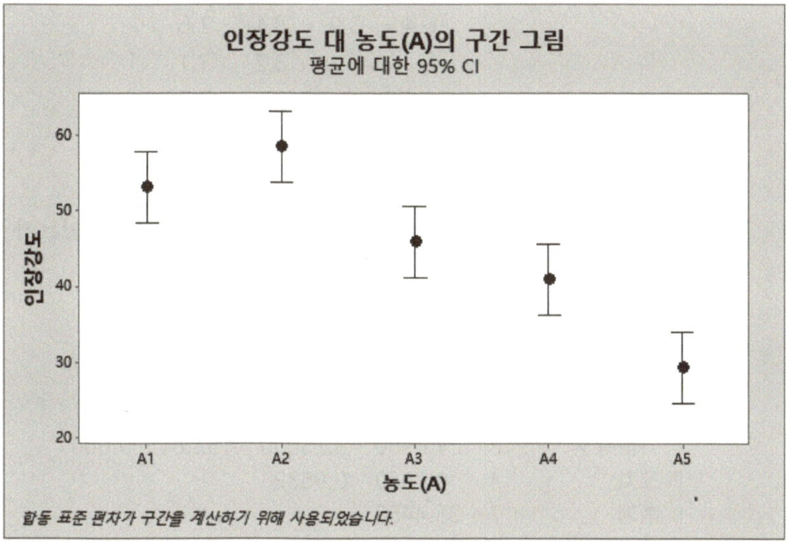

해설:

수준별 평균에 대한 95% 신뢰구간을 보면 A_2수준(3.3%)에서 인장강도가 가장 높다. 인자가 유의하지 않은 경우 95% 신뢰구간은 많은 부분 서로 겹친다.

결론:

A_2(3.3%)일 때 인장강도가 58.50 으로 가장 높다.

3 2 보일러 부식의 문제에 있어서는 연소생성가스 중의 $SO_3$3%가 문제가 된다. 유황분의 함량에 차이가 있다고 믿어지는 4종류의 기름 연료를 어느 보일러에서 사용했을 때에 연소 생성중의 SO_3%를 측정한 결과 다음과 같은 데이터를 얻었다. A_3와 A_4의 연료 기름에 대하여서는 특히 추정의 정도가 요구되므로 반복수를 많이 하였다.

연료기름의 종류

A1	A2	A3	A4
6.1	4.4	3.1	2.8
5.8	4.2	3.3	2.6
6.4	3.9	3.1	2.6
		3.2	3.1
		3.6	2.7
		3.5	2.5

(1) 연료기름의 종류에 따라 %의 함량이 차이가 있다고 할 수 있는가?

▶ MINITAB 결과

분산 분석

출처	DF	Adj SS	Adj MS	F-값	P-값
기름종류	3	24.6900	8.23000	152.61	0.000
오차	14	0.7550	0.05393		
총계	17	25.4450			

해설:

기름종류에 대한 F-검정결과 P-값이 0.000이다. 유의수준($\alpha=0.05$)에서 귀무가설은 기각된다. 기름의 종류에 따라 유황 함량의 차이가 있다.

· 귀무가설(H_0): 기름 종류별 유황함량은 차이가 없다.

· 대립가설(H_1): 기름 종류별 유황 함량은 차이가 있다.

(3) 각 연료기름 종류에 따른 %의 95% 신뢰구간을 구하고 이를 도시하시오.

▶ MINITAB 결과

평균에 대한 95% 신뢰구간

기름종류	N	평균	표준 편차	95% CI
A1	3	6.100	0.300	(5.812, 6.388)
A2	3	4.167	0.252	(3.879, 4.454)
A3	6	3.3000	0.2098	(3.0967, 3.5033)
A4	6	2.7167	0.2137	(2.5133, 2.9200)

합동 표준 편차 = 0.232225

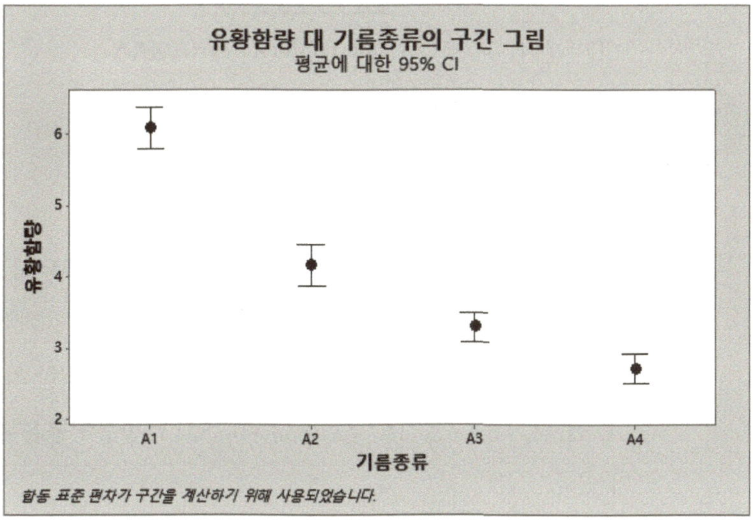

(4) 유의수준 5%를 사용하여 최소유의차(LSD)를 구하고, SO_3% 함량에 유의차가 있는 기름의 종류들을 말하시오

Fisher LSD 방법 및 95% 신뢰 구간을 사용한그룹화 정보

기름종류	N	평균	그룹화			
A1	3	6.100	A			
A2	3	4.167		B		
A3	6	3.3000			C	
A4	6	2.7167				D

문자를 공유하지 않는 평균들은유의하게 서로 다릅니다.

▶ 풀이

• 쌍별 LSD 계산

A_1, A_2, A_3, A_4의 2개 수준 조합에 대한 평균차이 비교를 위한 LSD는 3개가 있다.

- $LSD = t(14;\ 0.025) \times \sqrt{\frac{2 \times 0.0539}{3}} = 0.4066$(반복수 3으로 동일)
- $LSD = t(14;\ 0.025) \times \sqrt{0.0539 \times \left(\frac{1}{3} + \frac{1}{6}\right)} = 0.352133$

  (반복수 3 vs. 반복수 6)
- $LSD = t(14;\ 0.025) \times \sqrt{2 \times 0.0539 \times \left(\frac{1}{6}\right)} = 0.2875$

  (반복수 6으로 동일)

• 쌍별 평균치 차이와 LSD의 비교

① A_1 vs. $A_2 = 6.1 - 4.1667 = 1.9333 > 0.4066$, 반응 평균은 유의한 차이가 있다.

② A_1 vs. $A_3 = 6.1 - 3.3 = 2.8 > 0.35213$, 반응평균은 유의한 차이가 있다.

③ A_1 vs. $A_4 = 6.1 - 2.7167 = 3.3833 > 0.35213$, 반응평균은 유의한 차이가 있다.

④ A_2 vs. $A_3 = 4.1667 - 3.3000 = 0.8667 > 0.35213$, 반응평균은 유의한 차이가 있다.

⑤ A_2 vs. $A_4 = 4.1667 - 2.7167 = 1.45 > 0.35213$, 반응평균은 유의한 차이가 있다.

⑥ A_3 vs. $A_4 = 3.3000 - 2.7167 = 0.5833 > 0.28751$, 반응평균은 유의한 차이가 있다.

▶ 결론

6개 수준간 평균차이 절대값 모두 LSD 보다 크므로 4종의 기름 A_1, A_2, A_3, A_4의 $SO_3\%$ 함량은 모두 유의한 차이가 있다.

▶ MINITAB 결과

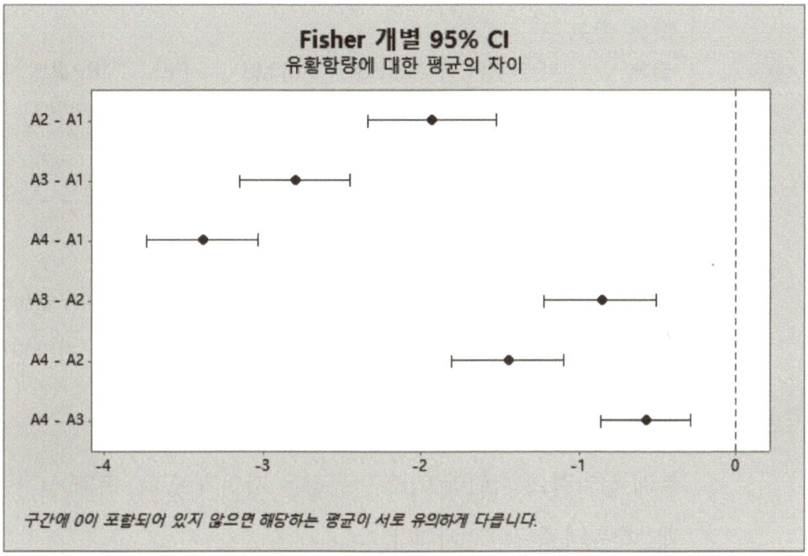

해설:

각 수준 조합별 모평균 차에 대한 95% 신뢰구간 모두 0을 포함하고 있지 않으므로 개별 수준은 유의한 차이가 있음을 알 수 있다. 이 결과는 LSD를 계산하여 평균치 차이를 비교한 결과와 동일하다.

3 3 어떤 반응공정의 수율(%)을 상승시킬 목적으로 촉매의 첨가량을 1.0%, 1.5%, 2.0%, 2.5%로 바꾸어 각 3회씩 실험하였다. 단, 4×3=12회의 실험은 완전 랜덤한 순서로 하였다.

A_1(1.0%)	A_2(1.5%)	A_3(2.0%)	A_4(2.5%)
84.3	87.3	89.5	92.0
83.9	86.8	89.8	93.1
84.2	87.2	90.1	92.8

(1) 분산분석을 하시오

▶ MINITAB 결과

분산 분석

출처	DF	Adj SS	Adj MS	F-값	P-값
촉매첨가량	3	119.323	39.7744	302.08	0.000
오차	8	1.053	0.1317		
총계	11	120.377			

해설:

촉매첨가량에 대한 F-검정결과 P-값이 0.000이다. 유의수준($\alpha=0.05$)보다 작으므로 귀무가설(H_0 : 각 수준별 평균 반응 값은 같다)은 기각된다.

결론:

촉매 첨가량의 차이에 따라 반응값은 차이가 있다. 촉매 첨가량은 반응을 개선하는데 중요한 인자이다.

(2) 각 수준에서 수율의 90% 신뢰구간을 구하고 이를 도시하시오.

▶ MINITAB 결과

수준별 평균에 대한 90% 신뢰구간평균

촉매첨가량	N	평균	표준 편차	90% CI
A1	3	84.133	0.208	(83.744, 84.523)
A2	3	87.100	0.265	(86.710, 87.490)
A3	3	89.800	0.300	(89.410, 90.190)
A4	3	92.633	0.569	(92.244, 93.023)

합동 표준 편차 = 0.362859

▶ MINITAB 그래프 분석

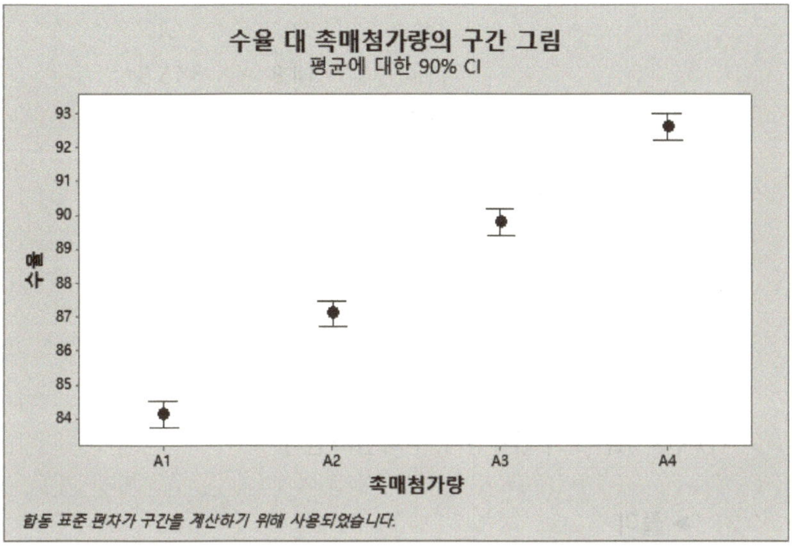

(3) 현재 사용되고 있는 촉매의 첨가량이 A_1(1%)이다. 촉매의 첨가량을 1% 증가시켜 사용하려면 경제적인 면을 고려할 때, 수율이 최소한 4%는 증가하여야 한다. 이런 경우에 촉매 첨가량을 증가시키는 것이 바람직한가? 그 이유를 설명하시오.

▶ 풀이

실험결과로부터 촉매 첨가량이 2.5%(A_4)일 때 예상되는 평균 수율은 92.633%로 가장 높다. 이것은 현재수준(A_1=1%) 대비 촉매 첨가량은 1.5% 포인트 증가하고 수율은 8.5% 포인트 상승한 것이다. 현수준에서의 수율(84.1%) 대비 10% 이상 상승한 것이므로 첨가량을 증가시키는 것이 바람직하다.

3 4 어떤 부품에 대해서 다수의 로트(lot)에서 랜덤하게 3로트(A_1, A_2, A_3)를 골라 각 로트에서 랜덤하게 7개씩 추출하여 그 치수(mm)를 측정한 결과 다음 값을 얻었다.

A_1	A_2	A_3
15.4	14.8	15.5
15.2	14.9	15.4
15.0	14.7	15.3
15.3	15.0	15.2
15.2	14.8	15.4
14.9	14.9	15.5
15.1	15.0	15.0

(1) 인자 A는 모수인자인가, 변량인자인가?

▶ 풀이

다수의 로트에서 3 로트를 임의로 선택하였고, 계속해서 동일한 로트가 선정된다는 보장이 없으므로 인자 A는 변량인자이다.

(2) 로트간 부품치수의 차이가 있다고 할 수 있는가?

▶ MINITAB 결과

분산 분석

출처	DF	Adj SS	Adj MS	F-값	P-값
촉매첨가량	2	0.7467	0.37333	15.08	0.000
오차	18	0.4457	0.02476		
총계	20	1.1924			

해설:

촉매첨가량에 대한 F 검정 결과 P-값이 0.000으로서 유의수준($\alpha=0.05$)보다 작으므로 귀무가설은 기각된다. 수준별 치수 차이가 있다.

· 귀무가설(H_0): 수준별 치수 산포의 크기는 같다.

· 대립가설(H_1): 수준별 치수 산포의 크기는 다르다.

결론:

촉매첨가량 변화는 반응(치수)에 유의한 영향을 주는 인자이다. 그러므로 반응의 개선과 관리에 매우 중요한 인자이다.

(3) 로트간 로트내의 산포의 크기를 나타내는 σ_A^2, σ_E^2을 점 추정하라. σ_E^2에 대해서는 95% 신뢰구간도 구하시오.

▶ MINITAB 결과

수정된 제곱합을 사용한 분산 성분

출처	분산	총계의 %	표준 편차	총계의 %
촉매첨가량	0.0497959	66.79%	0.223150	81.72%
오차	0.0247619	33.21%	0.157359	57.63%
총계	0.0745578		0.273053	

해설:

분산성분 분석표로부터 로트간 산포(σ_A^2)는 0.0498 로트내 산포(σ_E^2)는 0.02476이다.

$$\sigma_A^2 = \frac{V_A - V_E}{m} = \frac{0.37333 - 0.02476}{7} = 0.0498$$

$$\sigma_E^2 = 0.02476$$

카이제곱 분포를 이용하여 오차(σ_E^2)에 대한 95% 신뢰구간을 구하면 다음과 같다.

$$\left(\frac{S_E}{\chi^2(18\,;0.025)}, \frac{S_E}{\chi^2(18\,;0.975)}\right) = \left(\frac{0.44571}{31.53}, \frac{0.44571}{8.23}\right)$$
$$= (0.01414,\ 0.05416)$$

3 5 어느 실험실에는 4명의 계측자(A_1, A_2, A_3, A_4)가 일하고 있는데, 이들간에는 동일한 시료의 분석결과에도 차이가 있는 것으로 생각되어지고 있다. 이를 확인하기 위하여 일정한 표준시료를 만들어서 동일장치로 날짜를 랜덤하게 바꾸어 가면서

계측자 별로 각 4회 반복 계측하였다.

A_1	A_2	A_3	A_4
79.4	79.8	80.9	81.0
78.9	80.4	80.6	79.8
78.7	79.2	80.1	80.0
80.0	80.5	80.4	80.8

(1) 4명의 계측자 별 분석결과는 차가 있다고 볼 수 있는가?

▶ MINITAB 결과

분산 분석

출처	DF	Adj SS	Adj MS	F-값	P-값
계측자	3	3.877	1.2923	4.46	0.025
오차	12	3.478	0.2898		
총계	15	7.354			

해설:

계측자에 대한 F-검정결과 유의확률(P-값)은 0.025이다. 유의수준($\alpha=0.05$)에서 귀무가설(H_0 : 계측자 간 차이는 없다)은 기각된다. 계측자 간 측정값은 차이가 있다.

(2) 위에서 인자 A는 모수인자인가, 변량인자인가?

▶ 풀이

4명의 계측자 모두 실험에 참여 하였으므로 모수인자이다.

(3) 만약 수십 명의 계측자간에 차이가 있는지 알아보기 위하여 랜덤하게 4명을 뽑아 위와 같은 데이터를 구하였다면 A인자는 모수인자인가, 변량인자인가?

▶ 풀이

수십명의 계측자 중 랜덤하게 4명만 선정하였고, 계속해서 동일한 계측자가 실험에 참여한다는 보장이 없으므로 변량인자이다.

(4) 이 문제에서 σ_E^2이 갖는 의미는 무엇인가? σ_E^2의 점추정값과 구간추정을 구하시오. (신뢰율 90%)

▶ 풀이

σ_E^2이 의미하는 것은 동일 계측자가 동일시료를 반복측정 할 때의 모분산이다. 모분산에 대한 90% 신뢰구간은 다음과 같다.

$$\left(\frac{S_E}{\chi^2(12\,;0.05)}, \frac{S_E}{\chi^2(12\,;0.95)}\right) = \left(\frac{3.478}{21.03}, \frac{3.478}{5.23}\right)$$
$$= (0.1654,\ 0.6649)$$

04

반복이 없는 이원배치법

학습목표

1. 반복이 없는 이원배치 실험의 데이터 구조를 이해한다.
2. 모수모형과 변량모형에 대한 차이를 이해하고 분산분석을 할 수 있다.
3. 실험결과로부터 인자들의 최적 수준 조합을 구할 수 있다.
4. 최적 실험조합에 대한 모평균 추정과 구간 추정을 할 수 있다.
5. 난괴법(randomized block design) 실험이 유용한 상황을 이해한다.
6. 난괴법 실험을 설계하고 실행하여 결과를 분석할 수 있다.

1. 반복이 없는 이원배치법: 모수모형

반복이 없는 이원배치 실험은 두개의 실험 인자 A, B가 모두 모수인자이고, 각 수준 조합에서 실험이 한 번씩만 이루어지는 실험이다. 만약 반복수 $r=1$이면 반복이 있는 이원배치법의 분산분석표에서 잔차변동의 자유도 $\phi_E=0$이 된다. 그리고 교호작용 효과 $(\alpha\beta)_{ij}$와 오차 ε_{ij}의 구분이 불가능하여, 주효과에 대한 검증을 하기 위해서는 교호작용 효과를 오차와 교락(confound)시켜야 하기 때문에 두 인자의 교호작용 AB를 따로 구할 수 없다. 따라서 $r=1$인 경우에는 통계모형이 다음과 같다.

$$x_{ij}=\mu+\alpha_i+\beta_j+\varepsilon_{ij} \tag{4·1}$$

이 통계모형에 대한 총변동의 분해는 다음과 같다.

$$SS_T=SS_A+SS_E+SS_E$$

① 총변동: $SS_T=\sum_{i}^{l}\sum_{j}^{m}(x_{ij}-\bar{\bar{x}})^2$

$$=\sum_{i}^{l}\sum_{j}^{m}{x_{ij}}^2-CT \tag{4·2}$$

여기서 CT는 수정항으로 $CT=T^2/lm$이다.

② 인자 A의 변동: $SS_A=\sum_{i=1}^{l}\sum_{j=1}^{m}(\bar{x}_{i.}-\bar{\bar{x}})^2$

$$=\sum_{i=1}^{l}\frac{{T_{i.}}^2}{m}-CT \tag{4·3}$$

③ 인자 B의 변동: $SS_A=\sum_{i=1}^{l}\sum_{j=1}^{m}(\bar{x}_{.j}-\bar{\bar{x}})^2$

$$=\sum_{j=1}^{m}\frac{{T_{.j}}^2}{l}-CT \tag{4·4}$$

④ 잔차변동: $SS_E=\sum_{i=1}^{l}\sum_{j=1}^{m}(x_{ij}-\bar{x}_{i.}-\bar{x}_{.j}+\bar{\bar{x}})^2$

$$=SS_T-SS_A-SS_E \tag{4·5}$$

이를 정리하면 [도표1]과 같은 분산분석표를 작성할 수 있다.

도표1 ┆ 반복이 없는 이원배치법의 분산분석표

요 인	제곱합	자유도	평균제곱	F_0
인자 A	SS_A	$l-1$	MS_A	MS_A/MS_E
인자 B	SS_B	$m-1$	MS_B	MS_B/MS_E
E	SS_E	$(l-1)(m-1)$	MS_E	
T	SS_T	$lm-1$		

- F-검정을 위한 가설

① 인자 A의 유의성 검정을 위한 가설

귀무가설(H_0): 인자 A의 효과는 0이다.

대립가설(H_1): 인자 A의 효과는 0이 아니다.

② 인자 B의 유의성 검정을 위한 가설

귀무가설(H_0): 인자 B의 효과는 0이다.

대립가설(H_1): 인자 B의 효과는 0이 아니다.

2. 분산분석 후의 추정

분산분석표를 작성하여 F-검정만으로 데이터의 분석이 끝나서는 실험계획법에 의한 데이터의 활용이 충분하다고 볼 수 없고, 반드시 분산분석 후에 각종 추정을 행하여 줌으로써 분석결과를 실제로 응용할 수 있도록 유도하여야 한다. 분산분석 후의 추정으로 다음의 다섯 가지가 많이 사용된다.

① 인자 A의 모평균의 추정

② 인자 B의 모평균의 추정

③ 2인자의 수준을 조합한 조건에서의 모평균차의 추정

④ 인자 A의 수준간의 모평균차의 추정

⑤ 인자 B의 수준간의 모평균의 추정

먼저 인자 A의 i수준에서의 모평균 $\mu(A_i)$의 점추정값은

$$\hat{\mu}(A_i) = \widehat{\mu + a_i} = \bar{x}_{i.}$$

이며 이의 분산은

$$\begin{aligned} Var(\bar{x}_{i.}) &= Var(\mu + a_i + \bar{e}_{i.}) \\ &= Var(\bar{e}_{i.}) \\ &= \frac{\sigma_E^{\ 2}}{m} \end{aligned} \tag{4·6}$$

임을 알 수 있다. 따라서 $\mu(A_i)$의 $100(1-\alpha)\%$ 신뢰구간은

$$\bar{x}_{i.} \pm t\left(\phi_E ; \frac{\alpha}{2}\right)\sqrt{\widehat{Var}(\bar{x}_{i.})}$$

으로 표현되는데 식 (4·6)으로부터 $\widehat{Var}(\bar{x}_{i.})$의 추정값은 $\widehat{Var}(\bar{x}_{i.}) = \dfrac{\hat{\sigma}_E^{\ 2}}{m} = \dfrac{V_E}{m}$이므로 이를 대입하여

$$\bar{x}_{i.} \pm t\left(\phi_E ; \frac{\alpha}{2}\right)\sqrt{\frac{V_E}{m}} \tag{4·7}$$

를 얻는다.

두 번째로 인자 B의 j수준에서의 모평균 $\mu(B_j)$의 구간추정을 구하여 보자. $\mu(B_j)$의 점추정값은 $\hat{\mu}(B_j) = \widehat{\mu + b_j} = \bar{x}_{.j}$이며 이의 분산이

$$\begin{aligned} Var(\bar{x}_{.j}) &= Var(\mu + b_j + \bar{e}_{.j}) \\ &= Var(\bar{e}_{.j}) \\ &= \frac{\sigma_E^{\ 2}}{l} \end{aligned}$$

이므로 $\mu(B_j)$의 $100(1-\alpha)\%$ 신뢰구간은

$$\bar{x}_{.j} \pm t\left(\phi_E ; \frac{\alpha}{2}\right)\sqrt{\frac{V_E}{l}} \tag{4·8}$$

임을 알 수 있다.

다음으로 2인자 A, B의 수준을 조합한 조건에 있어서 모평균의 추정을 하여 보자. 일반적으로 A인자의 구간추정이나 B인자의 구간추정은 A, B가 분산분석표의 F-검정으로부터 유의하게 판정되어야만 행하는 것이 보통이다. 2인자의 수준조합에서의 모평균의 추정도 A, B가 모두 유의한 경우에 의미가 있다고 말할 수 있다. 그러나 경우에 따라서 B가 유의가 아니라도, 경제적 조건 등으로 인하여 B를 어떤 수준에 고정하고 공정의 대책을 수립하고자 하는 경우에는 A, B의 조합조건에서 모평균의 추정을 행하여 볼 필요가 있다.

A인자의 i수준과 B인자의 j수준에서의 모평균의 점추정값은

$$\begin{aligned}\hat{\mu}(A_iB_j) &= \widehat{\mu + a_i + b_j} \\ &= \widehat{\mu + a_i} + \widehat{\mu + b_j} - \hat{\mu} \\ &= \bar{x}_{i.} + \bar{x}_{.j} - \bar{\bar{x}}\end{aligned} \tag{4·9}$$

이다. 이의 분산은 다음과 같다(이에 대한 증명은 참고를 볼 것).

$$Var(\bar{x}_{i.} + \bar{x}_{.j} - \bar{\bar{x}}) = \frac{\sigma_E^2}{\dfrac{lm}{l+m-1}} \tag{4·10}$$

식 (4·10)의 우변의 분모를 반복이 없는 이원배치법의 유효반복수(effective number of replication)라고 부르며 이를 흔히 n_e로 나타낸다. 즉,

$$n_e = \frac{lm}{l+m-1} \tag{4·11}$$

이다. 유효반복수를 구하는 공식으로 다음의 두 가지가 있다.

① $\mu(A_iB_j)$의 점추정치 식 (4·21)로부터 $\bar{x}_{i.}$는 m개 데이터의 평균, $\bar{x}_{.j}$는 l개, $\bar{\bar{x}}$는 lm개 데이터의 평균이므로

$$\frac{1}{n_e}=\frac{1}{m}+\frac{1}{l}-\frac{1}{lm} \tag{4·12}$$

으로 놓고 이를 만족시키는 n_e를 구하면 된다. 식 (4·12)는

$$\frac{1}{n_e}=\frac{lm}{l+m-1}$$

이므로 n_e는 식 (4·12)이 됨을 쉽게 알 수 있다.

② 다음으로 n_e를 구하는 공식으로

$$n_e=\frac{\text{총 실험횟수}}{\text{유의한 요인의 자유도의 합}+1} \tag{4·13}$$

을 사용하여도 좋다. 반복이 없는 이원배치법에서는 A, B가 유의하다면

$$\begin{aligned} n_e &= \frac{lm}{\phi_A+\phi_B+1} \\ &= \frac{lm}{(l-1)+(m-1)+1}=\frac{lm}{l+m-1} \end{aligned}$$

으로 식 (4·11)과 일치한다.

다음으로 $\mu(A_iB_j)$의 $100(1-\alpha)\%$ 신뢰구간은 식 (4·9)와 (4·10)으로부터

$$(\bar{x}_{i.}+\bar{x}_{.j}-\bar{\bar{x}})\pm t\left(\phi_E;\frac{\alpha}{2}\right)\sqrt{\frac{V_E}{n_e}} \tag{4·14}$$

이 된다. 여기서 n_e는 반복이 없는 이원배치법의 유효반복수로 $n_e=lm/(l+m-1)$이다.

다음으로 인자 A의 i수준과 i'수준간의 모평균차의 점추정값은

$$\widehat{\mu(A_i)+\mu(A_{i'})}=\bar{x}_{i.}+\bar{x}_{i'.}$$

이고, 이의 분산이

$$Var(\bar{x}_{i'}+\bar{x}_{i'.})=\frac{2\sigma_E^2}{m}$$

임을 구할 수 있으므로 $\mu(A_i)-\mu(A_{i'})$의 $100(1-\alpha)\%$ 신뢰구간은

$$(\bar{x}_{i\cdot} - \bar{x}_{i'\cdot}) \pm t\left(\phi_E ; \frac{\alpha}{2}\right)\sqrt{\frac{2V_E}{l}} \quad (4\cdot15)$$

이다. 이 공식은 일원배치법에서와 같다.

마찬가지로 인자 B의 j수준과 j'수준간의 모평균차의 $100(1-\alpha)\%$ 신뢰구간은 다음과 같음을 알 수 있다.

$$(\bar{x}_{\cdot j} - \bar{x}_{\cdot j'}) \pm t\left(\phi_E ; \frac{\alpha}{2}\right)\sqrt{\frac{2V_E}{l}} \quad (4\cdot16)$$

여기에서 만약 $|\bar{x}_{\cdot j} - \bar{x}_{\cdot j'}|$의 값이 구간폭 $t\left(\phi_E ; \frac{\alpha}{2}\right)\sqrt{\frac{2V_E}{l}}$보다 크면 두 수준 B_j와 $B_{j'}$의 모평균의 차가 유의하다고 볼 수 있다. 이와 같은 내용은 물론 식 (4·15)에 대해서도 똑같이 성립한다.

예제 4·1

어떤 화학공장에서 제품의 수율(yield, %)에 영향을 미칠 것으로 생각되는 반응온도와 원료를 인자로 취하여 반복이 없는 이원배치의 실험을 하였다. 각 인자의 수준은 다음과 같다.

반응온도 A
- A_1 : 180℃
- A_2 : 190℃
- A_3 : 200℃
- A_4 : 210℃

원료 B
- B_1 : 미국 M사 원료
- B_2 : 일본 Q사 원료
- B_3 : 국내 P사 원료

실험은 12회를 완전 랜덤화하여 실험하여 [도표2]와 같은 데이터가 얻어졌다. 분산분석을 하고 필요한 추정을 실시한 후에 분석결과를 해석하시오.

도표2 | 원데이터(x_{ij})의 표

인자 A / 인자 B	A_1	A_2	A_3	A_4
B_1	97.6	98.6	99.0	98.0
B_2	97.3	98.2	98.0	97.7
B_3	96.7	96.9	97.9	96.5

풀이 ■ MINITAB 균형분산분석

▶ 통계분석 > 분산분석 > 균형분산분석

- 반응: Y

- 모형: A(반응온도) B(원료)

▶ 확인

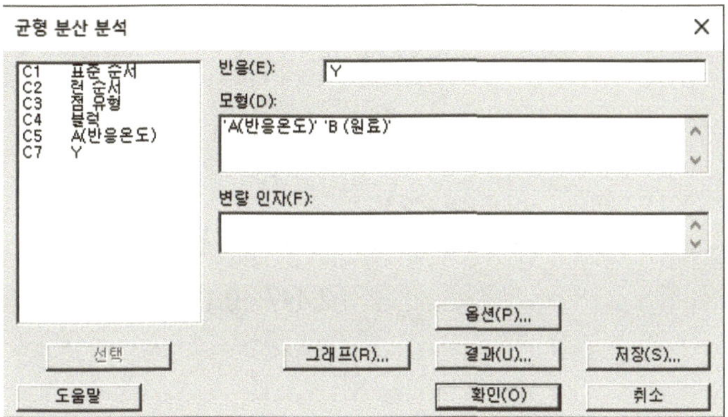

▶ MINITAB 결과

Y에 대한 분산 분석

출처	DF	SS	MS	F	P
A(반응온도)	3	2.2200	0.74000	7.93	0.016
B (원료)	2	3.4400	1.72000	18.43	0.003
오차	6	0.5600	0.09333		
총계	11	6.2200			

해설:

① 분산분석표에서 반응온도와 원료에 대한 F-검정 결과 P-값이 각각 0.016, 0.003이다. 유의수준($\alpha = 0.05$)보다 작으므로 귀무가설이 기각된다. 반응온도와 원료의 종류는 수율에 유의하게 영향을 주는 인자이다.

② 각 수준별 반응 평균은 다음과 같다.

온도: $A_1 = 97.2$, $A_2 = 97.9$, $A_3 = 98.3$, $A_4 = 97.4$

원료: B_1(M사) = 98.3, B_2(Q사) = 97.8, B_3(P사) = 97.0

▶ **분산분석 후의 추정**

A, B인자가 모두 유의하므로 다음과 같은 내용을 모두 구하여 보자.

① A의 모평균의 추정

$\mu(A_i)$의 100(1 − α)% 신뢰구간은

$$\bar{x}_{i.} \pm t\left(\phi_E ; \frac{\alpha}{2}\right)\sqrt{\frac{V_E}{m}}$$

이므로 구간폭을 $\alpha = 0.05$ 수준에서 먼저 계산하면

$$t\left(\phi_E ; \frac{\alpha}{2}\right)\sqrt{\frac{V_E}{m}} = t(6;0.025)\sqrt{\frac{0.093}{3}}$$
$$= 2.447 \times 0.176$$
$$= 0.043$$

이다. 따라서 A_i수준에서의 95% 신뢰구간은 각각 다음과 같다.

$$\mu(A_1) : 97.20 \pm 0.43 = (96.77,\ 97.63\%)$$
$$\mu(A_2) : 97.90 \pm 0.43 = (97.47,\ 98.33\%)$$
$$\mu(A_1) : 98.30 \pm 0.43 = (97.87,\ 98.73\%)$$
$$\mu(A_1) : 97.40 \pm 0.43 = (96.97,\ 97.83\%)$$

② B의 모평균의 추정

A의 모평균의 추정과 동일한 방법을 사용하여 $\mu(B_j)$에 관한 95% 신뢰구간을 구하면 다음과 같다.

$$\mu(B_1) : 98.30 \pm 0.37 = (97.93,\ 98.67\%)$$
$$\mu(B_2) : 97.80 \pm 0.37 = (97.43,\ 98.17\%)$$
$$\mu(B_3) : 97.00 \pm 0.37 = (96.63,\ 97.37\%)$$

A, B인자의 각 수준에서 모평균의 추정값을 그래프에 기입하고 위에서 구한 신뢰구간의 폭을 붙이면 각각 [도표3] 과 같이 된다. 온도(A)의 변화에 따라서 수율이 증가하다가 감소하며 A_3 = 200℃ 근처에서 가

장 높은 수율을 준다고 볼 수 있다. 원료는 B_1이 가장 좋고 B_3가 가장 나쁘다. 따라서 온도는 A_3(200℃), 원료는 B_1(미국 M사)이 가장 높은 수율을 준다.

도표3 ¦ 수준별 평균에 대한 95%신뢰구간

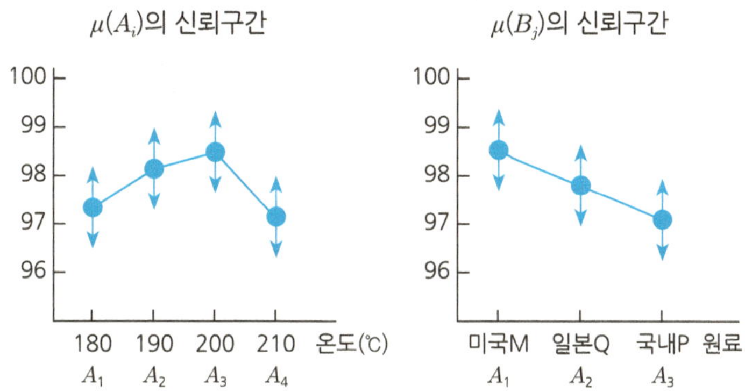

③ 실험인자 조합에 대한 공정평균 추정

두 인자수준의 조합 A_i, B_j에서의 모평균의 점추정값은

$$\hat{\mu}(A_iB_j) = \overline{x}_{i.} + \overline{x}_{.j} - \overline{\overline{x}}$$

이므로 결국 $\hat{\mu}(A_i) = \overline{x}_{i.}$와 $\hat{\mu}(B_j) = \overline{x}_{.j}$를 각각 최대로 하는 A_i와 B_j가 공정평균수율을 최대로 하는 조합조건이다. 앞의 ①과 ②에서 A_3, B_1이므로 이 조건에서의 모평균 $\mu(A_3B_1)$의 추정을 하여 보자.

A_3B_1의 모평균의 점추정값은

$$\begin{aligned}\hat{\mu}(A_3B_1) &= \overline{x}_{i.} + \overline{x}_{.j} - \overline{\overline{x}} \\ &= 98.3 + 98.3 - 97.7 \\ &= 98.9\end{aligned}$$

이고 $\mu(A_3B_1)$의 $100(1-\alpha)$% 신뢰구간은

$$(\bar{x}_{3.}+\bar{x}_{.1}-\bar{\bar{x}})\pm t\left(\phi_E\,;\frac{\alpha}{2}\right)\sqrt{\frac{V_E}{n_e}}$$

이다. 여기서 유효반복수(n_e)를 구하면,

$$n_e=\frac{lm}{l+m-1}=\frac{(4)(3)}{4+3-1}=2$$

이므로 95% 신뢰구간은

$$\mu(A_3B_1):98.9\pm(2.447)\sqrt{\frac{0.093}{2}}=98.9\pm0.53$$

이다. 따라서 확률 95%로 A_3B_1조건에서 신뢰구간(98.37%, 99.43%)이 공정평균수율을 포함시킬 것이라고 기대된다.

④ 온도 A_1(180℃)과 A_3(200℃)간의 모평균차가 어느 정도인가를 구하여 보자.

식 (4·15)로부터

$$(\bar{x}_{1.}-\bar{x}_{.3})\pm t\left(\phi_E\,;\frac{\alpha}{2}\right)\sqrt{\frac{2V_E}{m}}$$

이므로 95% 신뢰구간은 다음과 같다.

$$\mu(A_1)-\mu(A_3):(97.2-98.3)\pm(2.447)\sqrt{\frac{2\times0.093}{3}}$$
$$=-1.10\pm0.61(\%)$$

따라서 95% 확신을 가지고(-1.71%, -0.49%)가 $\mu(A_1)-\mu(A_3)$을 포함하고 있다고 말할 수 있다. 이 구간이 0을 포함하고 있지 않으므로 $\mu(A_3)$가 $\mu(A_1)$보다 유의하게 큰 것을 알 수 있다.

⑤ 미국 M사 원료(B_1)와 국내 P사 원료(B_3)간의 수율차는 식 (4·16)으로부터

$$(\bar{x}_{1.} - \bar{x}_{.3}) \pm t\left(\phi_E ; \frac{\alpha}{2}\right)\sqrt{\frac{2V_E}{l}}$$

이므로 $\mu(B_1) - \mu(B_3)$의 95% 신뢰구간은 다음과 같다.

$$\mu(B_1) - \mu(B_3) : (98.30 - 97.00) \pm (2.447)\sqrt{\frac{2 \times 0.093}{4}}$$
$$= 1.30 \pm 0.53(\%)$$

즉, 미국원료(B_1)가 국내원료(B_3)보다 수율이 0.77%에서 1.83%정도까지 더 높게 하여 준다고 믿을 수 있다.

3. MINITAB의 구간 추정: 합동표준편차(s_p)를 이용한 추정

MINITAB은 모수형 실험인자의 모평균 구간추정에 분산분석표의 오차제곱평균(MSE)을 사용하지 않고 합동 표준편차(pooled standard deviation)를 사용하기 때문에 박성현의 〈현대실험계획법〉방법에 의한 구간추정과 차이가 있다.

합동표준편차(sp)를 이용하여 모평균에 대한 구간추정을 하면 다음과 같다.

- A(온도)의 수준별 모평균에 대한 95% 구간추정

  $\mu(A_i)$의 $100(1-\alpha)\%$ 신뢰구간은

$$\bar{x}_{i.} \pm t\left(l(n-1) ; \frac{\alpha}{2}\right)\frac{s_p}{\sqrt{n}}$$

$l = A$(온도)의 수준수

$n =$ 수준 i의 데이타 수

$i = 1, 2, \cdots, l$

- B(원료)의 수준별 모평균에 대한 95% 구간추정

  $\mu(B_j)$의 $100(1-\alpha)\%$ 신뢰구간은

$$\bar{x}_{.j} \pm t\left(m(n-1) ; \frac{\alpha}{2}\right)\frac{s_p}{\sqrt{n}}$$

$m = B$(원료)의 수준수

n=수준 j의 데이타 수

$i=1, 2, \cdots, m$

- A(반응온도)의 모평균에 대한 95% 구간추정을 하면,

$$s_p=\sqrt{\frac{(n_1-1)s_1{}^2+(n_2-1)s_2{}^2+(n_3-1)s_3{}^2+(n_4-1)s_4{}^2}{(n_1-1)+(n_2-1)+(n_3-1)+(n_4-1)}}$$

$$=\sqrt{\frac{2\times0.458^2+2\times0.889^2+2\times0.608^2+2\times0.794^2}{2+2+2+2}}$$

$$=0.707139$$

이므로, 구간폭을 $\alpha=0.05$ 수준에서 먼저 계산하면 다음과 같다.

$$t\left(\frac{\alpha}{2}:l(n-1)\right)\frac{s_p}{\sqrt{n}}=t(0.025:8)\frac{0.707139}{\sqrt{3}}$$

$$=(2.306)(0.408267)$$

$$=0.9416$$

$l=A$(온도)의 수준수

n=수준 i의 데이타수

이다. 따라서 A_i수준에서의 95% 신뢰구간은 각각 다음과 같다.

$\mu(A_1):97.20\pm0.9416=(96.258, 98.141\%)$

$\mu(A_2):97.90\pm0.9416=(96.959, 98.841\%)$

$\mu(A_3):98.30\pm0.9416=(97.359, 99.241\%)$

$\mu(A_4):97.40\pm0.43=(96.459, 98.341\%)$

▶ MINITAB 그래프 분석

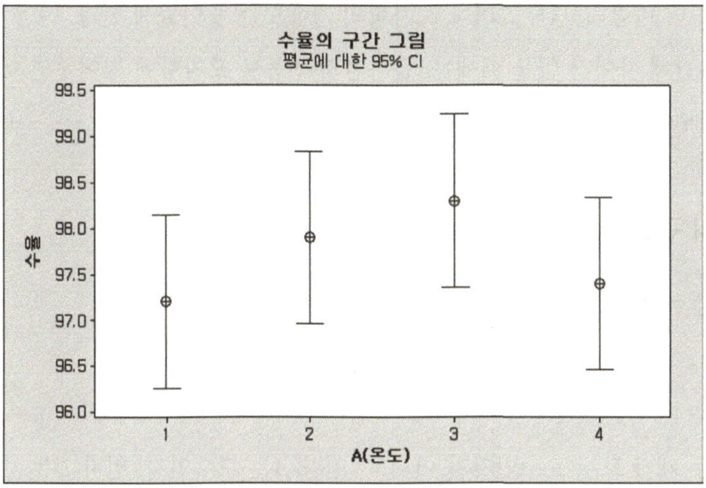

그룹: A(온도) = 1 95% 중위수에 대한 신뢰 구간 추정치 = 97.2 구간 = (96.2586, 98.1414) N = 3	그룹: A(온도) = 2 95% 중위수에 대한 신뢰 구간 추정치 = 97.9 구간 = (96.9586, 98.8414) N = 3
그룹: A(온도) = 3 95% 중위수에 대한 신뢰 구간 추정치 = 98.3 구간 = (97.3586, 99.2414) N = 3	그룹: A(온도) = 4 95% 중위수에 대한 신뢰 구간 추정치 = 97.4 구간 = (96.4586, 98.3414) N = 3

4. 난괴법 실험

난괴법(randomized block design)은 R. A. Fisher에 의하여 도입된 것으로, 그 이름은 농사시험에서 유래하였다. 예를 들면, 논에서 벼의 품종을 실험하는 경우에 논을 토양이 다를 것으로 예상되는 m개의 블록으로 층별하고 각 블록을 l개의 구획(plot)으로 나누어, 시험하려는 품종 A_1, A_2, ⋯, A_l을 각 블록마다 각 구획에 랜덤하게 배치하는 것이 좋은 예이다. 여기에서 블록(B)은 변량인자이고 벼의 품종(A)은 모수인자이다.

일반적으로 일원배치로 하여 단순한 반복의 실험을 하는 것보다는 반복을 블록으로 나누어 이원배치법으로 하는 편이 층별이 잘 된 경우에는 정보량도 많아지고 오차분산도 작아져서 더 바람직하다. 그러나 오차항의 자유도는 줄어들게 된다. 만약 층별이 잘 안되어 블록간에 차이가 없을 때에는, 블록간의 변동을 오차항에 넣어주면(이를 오차항에 풀링(pooling)한다고 한다) 일원배치와 같게 된다.

1) 난괴법의 구조

2개의 모수인자에 대한 이원배치 실험의 구조식

$$x_{ij} = \mu + \alpha_i + \beta_j + \varepsilon_{ij}$$

에서 인자 두 개가 모두 모수인자가 아니고, 인자 A는 모수인자, 인자 B는 변량인자인 경우를 난괴법(randomized block design) 혹은 확률화 블록계획법이라고 부른다.

난괴법의 데이터의 구조는 두 인자가 모두 모수인 경우의 데이터의 구조식과 거의 동일하나 b_j가 확률변수가 되므로 다음과 같이 표현할 수 있다.

$$x_{ij} = \mu + a_i + b_j + e_{ij}$$

$e_{ij} \sim N(0, \sigma_E^2)$이고 서로 독립

$b_j \sim N(0, \sigma_E^2)$이고 서로 독립

$Cov(e_{ij}, b_i) = 0$

$i = 1, 2, \cdots, l$

$j = 1, 2, \cdots, m$

여기에서 $\sum_{i=1}^{l} a_i = 0$이나 일반적으로 다음과 같다.

$$\sum_{j=1}^{m} b_j \neq 0 \text{ 이다.} \tag{4·17}$$

2) 난괴법 실험의 가설

난괴법에서는 B인자가 변량이므로 B는 수준간의 산포를 구하는 것만이 의미가 있으며, A인자는 모수인자이므로 각 수준에서의 모평균의 추정 등에 의미가 있다.

① 인자 A의 유의성 검정을 위한 가설

귀무가설(H_0): 인자 A의 효과는 0이다.

대립가설(H_1): 인자 A의 효과는 0이 아니다.

② 인자 B의 수준간 산포가 같은가에 대한 검정 가설

귀무가설(H_0): $\sigma_E{}^2=0$

대립가설(H_1): $\sigma_E{}^2\neq 0$

3) 분산분석 후의 추정

A, B가 모두 모수인자인 경우와 난괴법인 경우와의 차이점은 분산분석 후의 추정에 있다고 하겠다. 우선 난괴법에서는 인자 B가 변량이므로 인자 B의 모평균의 추정은 전혀 의미가 없으며 그 대신 B의 산포를 구하기 위한 $\sigma_B{}^2$의 추정값을 구할 필요가 있다. [도표4]로부터

$$V_E=\hat{\sigma}_E{}^2+l\hat{\sigma}_B{}^2$$
$$V_E=\hat{\sigma}_E{}^2$$

이므로 $\hat{\sigma}_B{}^2$은

$$\hat{\sigma}_B{}^2=\frac{V_B-V_E}{l} \tag{4·18}$$

에 의하여 얻어진다.

다음으로 모수인자 A에 관하여 각 수준 A_i에서의 모평균 $\mu(A_i)$를 추정하여 보자.

$$\bar{x}_{i.}=\mu+a_i+\bar{b}+\bar{e}_{i.} \tag{4·19}$$

라 쓸 수 있다. 여기서 $\bar{b}=\sum_{j=1}^{m}b_i/m$은 식 (4·17)에 의하여 0이 아니다. 따라서 $\bar{x}_{i.}$의 분산은

$$\begin{aligned}Var(\bar{x}_{i.})&=Var(\bar{b}+\bar{e}_{i.})\\&=Var(\bar{b})+Var(\bar{e}_{i.})\\&=\frac{\sigma_B{}^2}{m}+\frac{\sigma_E{}^2}{m}\end{aligned}$$

이다. 여기에 $\sigma_B{}^2$, $\sigma_E{}^2$의 추정값을 대입시키면

$$Var(\bar{x}_{i.}) = \frac{1}{m}\left(\frac{V_B - V_E}{l}\right) + \frac{1}{m}(V_E) \quad (4\cdot20)$$
$$= \frac{V_B + (l-1)V_E}{lm}$$

을 얻는다.

따라서 $100(1-\alpha)\%$의 $\mu(A_i)$에 관한 신뢰구간은 다음 식에 의하여 구해진다.

$$\bar{x}_{i.} \pm t\left(\phi^*; \frac{\alpha}{2}\right)\sqrt{\frac{V_B + (l-1)V_E}{lm}} \quad (4\cdot21)$$

여기에서 □*는 Satterthwaite(4·2)에 의하여 제안된 Satterthwaite의 자유도로 다음 방법에 의하여 구한다.

$$\phi^* = \frac{[V_B + (l-1)V_E]^2}{\frac{V_B{}^2}{\phi_B} + \frac{[(l-1)V_E]^2}{\phi_E}} \quad (4\cdot22)$$

일반적으로 식 (4·34)의 제곱근 속에 있는 분자의 형태가 평균제곱 V_1, V_2, … 들의 선형조합

$$V = a_1V_1 + a_2V_2 + \cdots$$

이라면 □*의 계산공식은 다음과 같다. 여기서 □$_i$는 평균제곱 V_i가 갖는 자유도이다.

$$\phi^* = \frac{(a_1V_1 + a_2V_2 + \cdots)^2}{\frac{(a_1V_1)^2}{\phi_1} + \frac{(a_2V_2)^2}{\phi_2} + \cdots} \quad (4\cdot23)$$

다음으로 인자 A의 두 수준 i와 i' 간의 모평균차의 추정은

$$(\bar{x}_{i.} + \bar{x}_{i'.}) = (\mu + a_i + \bar{b} + \bar{e}_{i.}) - (\mu + a_{i'} + \bar{b} + \bar{e}_{i'.})$$
$$= (a_i - a_{i'}) - (\bar{e}_{i.} - \bar{e}_{i'.})$$

으로 $\bar{b}$가 서로 상쇄되어 지워지므로

$$Var(\bar{x}_{i.}-\bar{x}_{i'.})=Var(\bar{e}_i-\bar{e}_{i'})$$
$$=\frac{2}{m}\sigma_E^{\ 2}$$

이며, 따라서 $\mu(A_i)-\mu(A_{i'})$의 신뢰구간은 식 (4·15)와 동일하다. 즉,

$$(\bar{x}_{i.}-\bar{x}_{i'.})\pm t\left(\phi_E\,;\frac{\alpha}{2}\right)\sqrt{\frac{2V_E}{m}}$$

으로 표현된다.

4) 난괴법 적용사례

어떤 나이론 제조공장에서는 이 공장에서 생산되는 어망계의 품질이 만족스럽지 못하다고 생각하였다. 특히 물성(데니아, 신도, 강도 등)의 산포가 크고 연신(延伸)시 작업성이 좋지 않았다. 이러한 문제점을 개선하기 위한 방안으로 어망계를 생산하는 방사기에 Spin Hood Heater를 설치하기로 하였다. 이 Heater를 방사기에 제작 부착함으로써 어망계의 급냉을 피하여 서서히 식혀주어 Δn(방사된 실의 배양도와 결정화도를 동시에 나타내는 품질특성)을 낮추고 어망계의 물성과 작업성을 안정화시키려 하였다. Δn은 낮을수록 연신시 작업상태가 양호하게 된다.

여기서 실험계획을 통하여 결정하고자 하는 문제는 Heater의 온도조건이다. 문헌에 의하면 적정온도의 범위가 240~260℃로 되어 있으므로 다음과 같이 3수준의 온도를 모수인자 A로 하여 정해 주었다.

A_1 : 240℃

A_2 : 250℃

A_3 : 260℃

특성치는 Δn으로 하고, 하루에 세 번 실험하는 것이 적절하므로 3회의 실험일(B)을 선택하여 모두 9회 실험을 실시하였다. 여기서 A는 모수이고 B는 변량이며 반복이 없는 이원배치법이므로 난괴법실험이 되었다.

실험의 랜덤화는 실험일이 블록인자이므로 블록마다 랜덤화하여 실험한 후 데이터를

수집하니 [도표5]를 얻었다. 분산분석을 하고 적절한 분석을 통하여 최적인 Heater의 온도를 선택하고 싶다. 분석순서는 다음의 순서에 의하여 행하였다.

도표5 ┆ Δn의 원데이터와 집계

온도 A / 실험일 B	A_1	A_2	A_3	$T_{.j}$	$\bar{x}_{.j}$
B_1	13.1	12.4	12.3	37.8	12.60
B_2	12.9	12.7	12.0	37.6	12.53
B_3	13.4	12.5	12.2	38.1	12.7
$T_{j.}$	39.4	37.6	36.5	113.5	
$\bar{x}_{j.}$	13.13	12.53	12.17		12.61

■ MINITAB 일반선형 모형

▶ 통계분석 > 분산분석 > 일반선형 모형

- 반응: y
- 모형: A(온도) B(실험일)
- 변량인자: B(실험일)

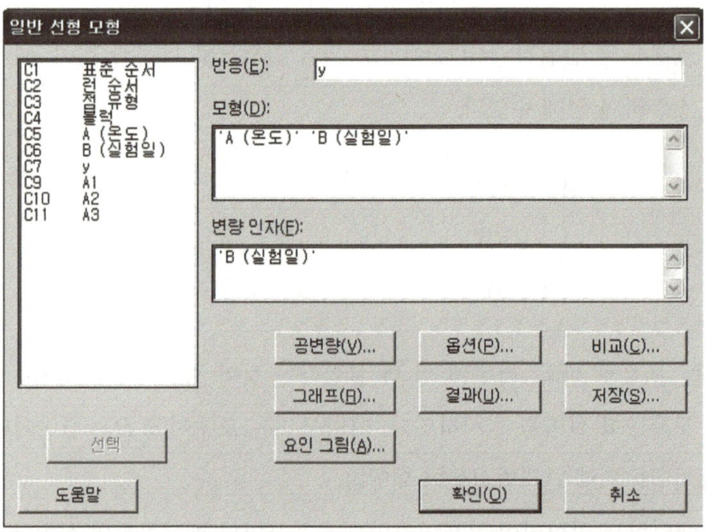

▶ MINITAB 그래프 분석

- 개별값 그림: A(온도)

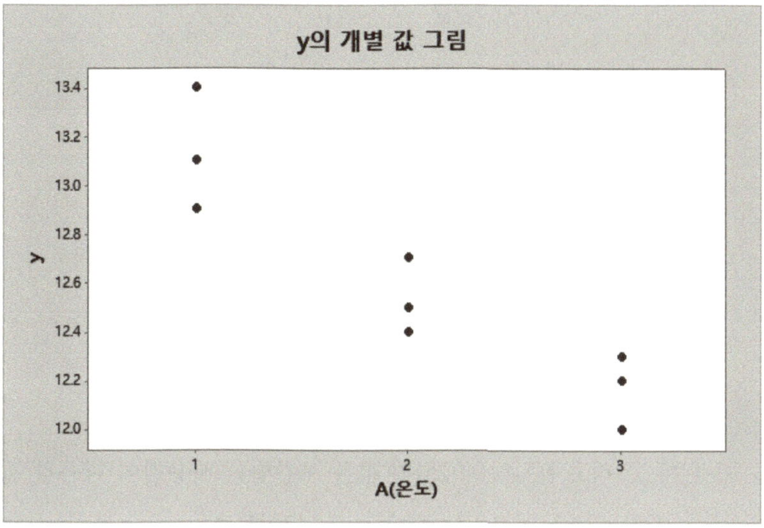

▶ MINITAB 결과

분산 분석

출처	DF	Adj SS	Adj MS	F-값	P-값
A	2	1.42889	0.71444	16.08	0.012
B	2	0.04222	0.02111	0.47	0.653
오차	4	0.17778	0.04444		
총계	8	1.64889			

해설:

① A(온도)는 모수 인자이고 B(실험일)은 변량인자인 난괴법 실험이다.

② 분산분석결과 온도는 유의수준($\alpha=0.05$)에서 귀무가설이 기각된다. 온도는 실험결과에 영향을 준다.

③ 개별값 그림으로부터 히터 온도가 A_3(260℃)일 때 반응값이 가장 작다

▶ 분산분석 후의 추정

변량인자인 실험일(B)간에는 차이가 없는 것으로 나타났으므로 $\sigma_B{}^2$의 추정값을 구해 볼 필요가 없으며, 모수인자인 온도(A)의 각 수준에서의 모평균의 추정값을 구하여 보자. 점추정값은 $\overline{x}_{i.}$이고, 신뢰구간은 식 (4·21)에 의하여 구할 수

있다. 먼저 $\mu(A_1)$의 95% 신뢰구간을 구해 보면

$$\mu(A_1): \bar{x}_{1.} \pm t(\phi^*\,;0.025)\sqrt{\frac{0.02+(3-1)0.045}{3\times 3}}$$

$$=13.13 \pm t(5.4\,;0.025)\sqrt{0.0122}$$

$$=13.13 \pm (2.5214 \times 0.1105)$$

$$=13.13 \pm 0.28 = (12.85,\ 13.41)$$

이 된다. 여기에서 Satterthwaite의 자유도 □*는 식 (4·22)에 의하여

$$\phi^* = \frac{[0.02+(3-1)(0.045)]^2}{\frac{(0.02)^2}{2}+\frac{[(3-1)(0.045)]^2}{4}} = 5.4$$

가 된다. 그리고 $t(5.4\,;0.025)$의 값은 보간법을 사용하여 다음과 같이 구한다. $t(5\,;0.025)=2.571$이고 $t(6\,;0.025)=2.447$이므로

$$t(5.4\,;0.025) = 2.571 - 0.4(2.571-2.447) = 2.5214$$

같은 방법으로 $\mu(A_2)$와 $\mu(A_3)$에 대해서 구간추정하면 다음과 같다.

$$\mu(A_2): 12.53 \pm 0.28 = (12.25,\ 12.81)$$

$$\mu(A_2): 12.17 \pm 0.28 = (11.89,\ 12.45)$$

위의 결과를 종합하여 그래프로 그리면 [도표6]을 얻는다.

도표6 | $\mu(A_1)$의 95% 신뢰구간

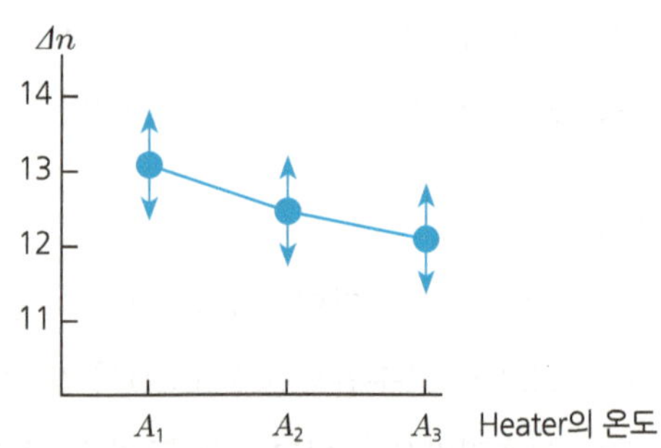

▶ 분석결과의 정리

[도표 6]에서 보는 바와 같이 Δn은 온도가 상승할수록 낮은 값을 갖게 된다. A_1(240℃)보다는 A_2(250℃)가 더 좋고, A_2보다는 A_3(260℃)가 우수하다. Δn만을 고려할 때에는 A_3가 가장 좋으나, 데니아·신도·강도 등과 같은 물성면에서 고찰하여 볼 때에는 A_2가 A_3보다 더 우수한 것으로 판명(여기에 관한 분석을 생략함)되었으므로 Spin Hood Heater의 온도를 250℃(A_2)로 표준화시키기로 결정하였다. 이 온도조건에서 Δn의 모평균은 12.25에서 12.81 사이에 있으며 만족스러운 값이라고 생각된다.

연습문제

4 1 물의 존재 아래에서 카프로락탐(Caprolactame)의 중합을 행할 때, 산(acid)을 첨가시킴으로써 중합이 촉진되느냐의 여부를 보기 위하여 여러 가지 반응시간에 대한 락탐중합률을 측정한 결과 다음과 같은 데이터 얻었다. 실험의 순서는 4×4=16회의 실험을 완전 랜덤하게 실시하였다.

A(첨가제의 종류)	B(반응시간)
A_1 : 첨가제 없음	B_1 : 2시간
A_2 : 아미노카프론산	B_2 : 3시간
A_3 : 안식향산	B_3 : 4시간
A_4 : 세바신산	B_4 : 5시간

(중합률 %)

	A_1	A_2	A_3	A_4
B_1	18.2	65.0	68.0	41.5
B_2	47.4	73.8	79.5	61.5
B_3	79.8	80.1	87.8	77.9
B_4	92.1	93.8	93.4	92.7

(1) 반응시간을 x축으로 하고 락탐중합률을 y축으로 하여 데이터를 그래프에 그려 보아라. 대체적으로 어떠한 경향을 띠고 있는가?

▶ MINITAB 그래프 분석

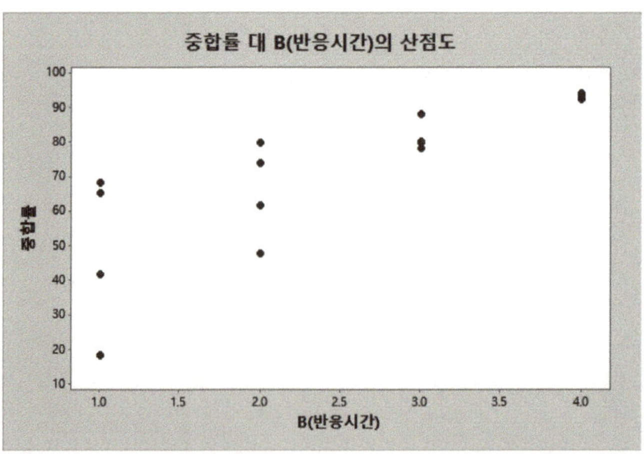

해설:

그래프 분석결과 반응시간이 길어질수록 중합률 산포가 작아지고, 중합률 평균은 더 커진다.

(2) 각 요인의 변동을 계산하고 분산분석을 하시오.

▶ MINITAB 결과

중합률에 대한분산 분석

출처	DF	SS	MS	F	P
A(첨가제)	3	1256	418.7	3.66	0.057
B(반응시간)	3	4554	1518.1	13.26	0.001
오차	9	1031	114.5		
총계	15	6841			

해설:

분산분석결과 첨가제(A)는 유의수준($\alpha=0.1$)에서 유의하고 반응시간(B)은 유의수준($\alpha=0.05$)에서 유의하다. 첨가제와 반응시간 모두 반응에 영향을 준다.

(3) 반응시간을 3시간으로 한다면 첨가제의 종류에 따른 락탐중합률의 모평균의 95% 신뢰구간을 구하시오(즉, $\mu(A_iB_2)$, $i=1, 2, 3, 4$의 신뢰구간을 구하시오).

▶ 풀이

$$\mu(A_1B_2)=(\bar{x}_{1.}+\bar{x}_{.2}-\bar{x})\pm t(9\,;0.025)\times\sqrt{\frac{V_E}{n_e}},\quad n_e=\frac{16}{3+3+1}$$

$$=(59.375+65.55-72.031)\pm 2.262\times\sqrt{\frac{7\times 114.53}{16}}$$

$$=52.894\pm 16.012$$

$$=(36.882,\ 68.910)$$

$$\mu(A_2B_2) = 71.694 \pm 16.012$$
$$= (55.682,\ 87.706)$$
$$\mu(A_3B_2) = 75.694 \pm 16.012$$
$$= (59.682,\ 91.706)$$
$$\mu(A_4B_2) = 61.919 \pm 16.012$$
$$= (45.907,\ 77.931)$$

(5) 안식향산(A_3)을 사용할 경우에 반응시간의 변화에 따른 락탐중합률의 95% 신뢰구간을 구하고 이를 도시하시오. 어떤 의미를 가지고 있는가?

▶ 풀이

$$\mu(A_3B_1) = (\bar{x}_{3.} + \bar{x}_{.1} - \bar{\bar{x}}) \pm t(9\,;0.025) \times \sqrt{\frac{V_E}{n_e}}\ ,\quad n_e = \frac{16}{3+3+1}$$

$$\mu(A_3B_1) = (82.175 + 48.175 - 72.031) \pm 2.262 \times \sqrt{\frac{7 \times 114.532}{16}}$$
$$= 58.319 \pm 16.012$$
$$= (42.307,\ 74.331)$$
$$\mu(A_3B_2) = 75.694 \pm 16.012$$
$$= (59.682,\ 91.706)$$
$$\mu(A_3B_3) = 91.544 \pm 16.012$$
$$= (75.532,\ 107.556)$$
$$\mu(A_3B_4) = 103.144 \pm 16.012$$
$$= (87.132,\ 119.156)$$

▶ MINITAB 그래프 분석

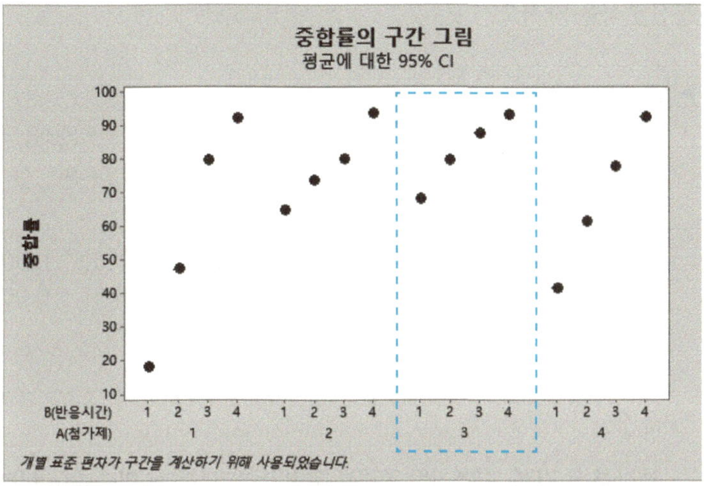

해설:

인식향산 중심의 95% 신뢰구간 그래프로부터 반응시간을 증가시키면 중합률이 증가함을 알 수 있다.

(두 개의 실험인자 조합에 대한 신뢰구간 추정에 MSE 대신 개별 표준편차가 사용되었다. 반복 실험을 하지 않으면 표준편차를 구할 수 없기 때문에 그래프 상에 구간 표시가 되지 않았다)

4 2 무연탄에서 코우크스(cokes)를 제조하는 목적으로 10% 첨가하는 역청탄(A)을 5종류 선택하고, 타르피치(tar pitch)의 첨가량(B)을 4, 6, 8, 10%의 4수준을 택하여 첨가한 후에 이것을 가열 성형하고, 코우크스의 내압강도(kg/cm^2)를 측정한 결과 다음의 데이터를 얻었다. 실험은 5×4 = 20회를 랜덤하게 실시하였다.

	A_1	A_2	A_3	A_4	A_5	계	평균
B_1	79	72	53	58	68	330	66
B_2	74	66	48	57	65	310	62
B_3	69	64	44	52	61	290	58
B_4	66	62	39	45	58	270	54
계	288	264	184	212	252	1200	
평균	72	66	46	53	63		60

(1) 분산분석을 하시오.

▶ MINITAB 결과

내압강도에 대한 분산 분석

출처	DF	SS	MS	F	P
A(역청탄종류)	4	1736.00	434.000	217.00	0.000
B(첨가량)	3	400.00	133.333	66.67	0.000
오차	12	24.00	2.000		
총계	19	2160.00			

해설:

분산분석 결과 A(역청탄 종류), B(첨가량) 모두 유의수준($\alpha=0.05$)에서 유의하다. 두 개의 실험인자 모두 코우크스의 내압강도에 영향을 주는 인자이다.

(2) 역청탄 A_4를 사용할 때에 첨가량 B의 수준이 바뀜에 따라 내압강도의 모평균을 90% 신뢰율로 구간추정하고, 이를 도시하시오.

▶ 풀이

역청탄(A_4)을 사용할 때 B의 수준변화에 따른 평균의 90% 신뢰구간

$$\mu(A_4B_1)=(\bar{x}_{4.}+\bar{x}_{.1}-\bar{x})\pm t(12\,;0.05)\times\sqrt{\frac{V_E}{n_e}}$$

이다. 또한,

$$n_e=\frac{20}{3+4+1}=2.5\text{이고 } t(12\,;0.05)\times\sqrt{\frac{2.0}{2.5}}=1.782\times\ 0.8944=1.594$$

이므로 각 수준조합의 95% 신뢰구간은 다음과 같다.

$$\mu(A_1B_1)=\bar{x}_{1.}+\bar{x}_{.1}-\bar{x}=72+66-60=78$$
$$\mu(A_2B_1)=\bar{x}_{2.}+\bar{x}_{.1}-\bar{x}=66+66-60=72$$
$$\mu(A_3B_1)=\bar{x}_{3.}+\bar{x}_{.1}-\bar{x}=46+66-60=52$$

$$\mu(A_4B_1)=\overline{x}_{4.}+\overline{x}_{.1}-\overline{\overline{x}}=53+66-60=59$$
$$\mu(A_5B_1)=\overline{x}_{5.}+\overline{x}_{.1}-\overline{\overline{x}}=63+66-60=69$$

▶ 결론

타르피치 첨가량을 4%로 고정할 경우 내압강도가 가장 큰 수준조합은 A_1B_1이다. 이때 내압강도 평균은 78이고 90% 신뢰구간은 781.594이다.

4 3 어떤 드럼통에 들어 있는 원료를 알칼리로 씻어내는 실험이 있다. 수없이 많은 드럼통에 대하여 드럼통마다 그 특성치를 측정한 다음에 사용하기는 경제적으로 곤란하므로, 드럼통을 5개 랜덤하게 골라와서 이를 4종의 알칼리 처리조건, 즉 알칼리 농도(A=6%, 7%, 8%, 9%)로 씻어 주었다. 20회의 실험을 랜덤하게 하여 실시한 결과 다음의 결과를 얻었다. 데이터는 드럼통에 들어 있는 원료를 알칼리로 씻어낸 후에 얻어지는 품질특성치이다.

처리조건 / 드럼통번호	A_1 6%	A_2 7%	A_3 8%	A_4 9%
B_1	13.2	12.5	9.8	6.9
B_2	11.4	10.0	8.7	5.8
B_3	10.9	8.5	7.6	4.2
B_4	9.9	9.7	9.4	6.6
B_5	10.3	9.0	7.5	5.2

(1) 드럼통 인자 B는 모수인자인가? 변량인자인가? 또한 인자 B는 블록인자인가, 집단인자인가? 이러한 실험계획법은 어떤 실험계획법인가?

▶ 풀이

인자 B(드럼통)는 많은 수의 드럼통 중 5개를 선택하였으므로 변량인자이며 20회의 실험을 랜덤하게 하였으므로 집단인자이다. 이러한 실험을 난괴법(randomized block design) 실험이라 한다.

(2) 분산분석을 하시오. 요인 B가 유의하다면 그 의미는 무엇인가?

▶ MINITAB 결과

요인 정보

요인	유형	수준	값
A(농도)	고정	4	1, 2, 3, 4
B(드럼통)	랜덤	5	1, 2, 3, 4, 5

품질특성에 대한 분산 분석

출처	DF	SS	MS	F	P
A(농도)	3	80.833	26.9445	57.59	0.000
B(드럼통)	4	19.622	4.9055	10.49	0.001
오차	12	5.614	0.4678		
총계	19	106.070			

해설:

인자 B(드럼통)의 F 검정결과 P-값이 0.001이며 유의수준($\alpha=0.05$)에서 유의하다. 드럼통 별로 세척 후 품질 특성치는 차이가 있다는 의미이다.

(3) 알칼리 농도 변화에 따른 품질특성의 95%신뢰구간을 각각 구하고, 이를 도시하시오.

▶ 풀이

$$\bar{x}_{1.} \pm t(satterthwaite\ 자유도\,;\alpha/2)\times\sqrt{\frac{V_B+(l-1)V_E}{lm}}$$

satterthwaite 자유도$=6.44$이다. 보간법을 적용하여 t-통계량 값을 구하고 정리하면,

$$t(6.44\,;0.025)\times\sqrt{\frac{4.906+3\times0.468}{20}}$$

$$=2.4109\times0.5617$$

$$=1.3542$$

A의 각 수준 별 평균에 대한 95% 신뢰구간은 다음과 같다.

① A_1 평균의 95% 신뢰구간 = 11.14 ± 1.3542, (5.762, 16.518)

② A_2 평균의 95% 신뢰구간=9.94 ± 1.3542, (8.586, 11.294)

③ A_3 평균의 95% 신뢰구간=8.60 ± 1.3542, (7.246, 9.954)

④ A_4 평균의 95% 신뢰구간=5.74 ± 1.354, (4.386, 7.094)

(4) 6%의 알칼리농도(A_1)와 9%의 알칼리농도(A_4) 간의 품질특성의 차에 대한 95% 신뢰구간을 구하시오.

▶ 풀이

$$\mu(A_1) - \mu(A_4) = 11.14 - 5.74 = 5.4$$

$$5.4 \pm t(12\,;0.025) \times \sqrt{\frac{2 \times 0.468}{5}}$$

$$= 5.4 \pm 2.179 \times 0.43266$$

$$= 5.4 \pm 0.94278$$

A_1과 A_2의 차에 대한 95% 신뢰구간은 (4.457, 6.343)이다.

4 4 펄프(pulp) 폐액 중의 알칼리분을 제거하기 위해 탄산칼슘($CaCO_3$)의 침강하기 쉬운 성질을 이용하여 알칼리 처리조건을 개선하기 위해 4일(B_1~B_4)을 랜덤하게 택하여, 각 일마다 알칼리량(Na_2CO_3는 일정하게 하고 NaOH량만 변화시킴)을

$$\frac{\text{NaOH의 당량인 } Na_2O}{\text{처리하는 폐액중의 CaO}}$$

몰비(mole비)로 나타내고 실험인자 A로 하여 5수준 으로 실험을 하였다. 생성된 탄산칼슘을 일정조건에서 침강시켜 분리한 후에 폐액 중에 남아 있는 CaO의 %를 측정한 결과 다음의 데이터를 얻었다. 인자 B는 블록인자이므로 블록마다 5회 랜덤하게 실험한 결과이다.

(단위 : CaO의 %)

몰비 / 날짜	A_1 (0.7)	A_2 (1.1)	A_3 (1.5)	A_4 (1.9)	A_5 (2.3)
B_1	0.069	0.060	0.035	0.041	0.055
B_2	0.063	0.057	0.028	0.040	0.051
B_3	0.075	0.061	0.030	0.045	0.055
B_4	0.070	0.052	0.032	0.036	0.052

(1) 분산분석을 하시오.

▶ MINITAB 결과

요인 정보

요인	유형	수준	값
A(몰비)	고정	5	1, 2, 3, 4, 5
B(날짜)	랜덤	4	1, 2, 3, 4

CaO %에 대한 분산 분석

출처	DF	SS	MS	F	P
A(몰비)	4	0.003514	0.000879	109.25	0.000
B(날짜)	3	0.000106	0.000035	4.38	0.027
오차	12	0.000097	0.000008		
총계	19	0.003717			

해설:

실험인자 A는 모수인자, B는 변량인자인 난괴법 실험이다. 분산분석 결과 실험인자 A, B 모두 유의수준($\alpha=0.05$)에서 귀무가설이 기각되므로 유의하다.

(2) 일간의 산포를 나타내는 σ_B^2을 추정하시오.

▶ 풀이

$$\sigma_E^2 = \frac{V_B - V_E}{l} = \frac{0.0000352 - 0.000080}{5} = 0.000054$$

(3) 알칼리량의 변화에 따른 CaO%의 95% 신뢰구간을 구하고 이를 도시하라. 어떤 알칼리 양의 수준에서 가장 적은 CaO의 량을 주는가?

▶ 풀이

$$\bar{x} \pm t(satterthwaite \text{ 자유도} ; \alpha/2) \times \sqrt{\frac{V_B + (l-1)V_E}{lm}}$$

여기서 satterthwaite 자유도 = 9.06

보간법을 적용하여 t-값을 구하면,

$$t(9.06 ; 0.025) = 2.262 - 0.06 \times (2.262 - 2.228) = 2.260$$

$$t(9.06 ; 0.025) = \sqrt{\frac{0.0000352 + 4 \times 0.0000080}{20}}$$

$$= 2.260 \times 0.001833$$

$$= 0.00414$$

① A_1 평균의 95% 신뢰구간 = 06925 ± 0.00414, (0.0652, 0.0733)

② A_2 평균의 95% 신뢰구간 = 0.05750 ± 0.00414, (0.5336, 0.06164)

③ A_3 평균의 95% 신뢰구간 = 0.03125 ± 0.00414, (0.0272, 0.0353)

④ A_4 평균의 95% 신뢰구간 = 0.04050 ± 0.00414, (0.03636, 0.04464)

⑤ A_5 평균의 95% 신뢰구간 = 0.05325 ± 0.00414, (0.0492, 0.0573)

(4) 위의 (3)에서 구한 최적조건과 A_1 수준간의 모평균의 차를 신뢰율 95%로 구간 추정하시오.

▶ 풀이

A_3일 때 잔존 Cao%가 가장 낮으므로, A_3와 A_1 수준간의 모평균차의 95%신뢰구간을 구하면,

$$\mu(A_1) - \mu(A_3) = 0.06925 - 0.03125 = 0.038$$

$$0.038 \pm t(12\,;0.025) \times \sqrt{\frac{2 \times 0.0000080}{4}}$$

$$= 0.038 \pm 2.179 \times 0.002$$

$$= 0.038 \pm 0.00436$$

$$= (0.03364,\ 0.04236)$$

4 5 반복이 없는 이원배치실험을 하다가 실험이 잘못 되어 하나의 결측치 y가 생겼다. 이를 추정하여 집어넣은 후에 분산분석을 하시오.

	A_1	A_2	A_3	A_4
B_1	10.9	12.4	13.9	10.8
B_2	10.8	12.8	y	10.5
B_3	11.0	12.6	14.1	10.4

(1) 결측치에 대한 추정값을 구하면,

▶ 풀이

$$y = \frac{(4 \times 28 + 3 \times 34.1 - 130.2)}{3 \times 2} = 14.017$$

(2) 분산분석

▶ MINITAB 결과

이원 분산 분석: y 대 A, B

출처	DF	SS	MS	F	P
A	3	22.9375	7.64584	223.93(1876.57)	0.000(0.000)
B	2	0.0020	0.00100	0.03(0.024402)	0.971(0.976)
오차	6(5)	0.2049	0.03414(0.04098)		
총계	11	23.1444			

S = 0.1848 R-제곱 = 99.11% R-제곱(수정) = 98.38%

해설:

인자 A의 P-값이 0.000이고 유의수준($\alpha=0.05$)에서 귀무가설은 기각된다. 유의하다.

인자 B의 P-값은 0.971이고 유의수준($\alpha=0.05$)에서 귀무가설을 기각할 수 없다. 유의하지 않다.

(주의)

결측치가 있는 경우 분산분석표에서 오차항의 자유도는 결측치 갯수만큼 빼주어야 한다. 분산분석표에서 결측치를 고려한 오차항의 자유도와 F-검정 결과는 괄호( )로 표시해 주었다.

05

반복이 있는 이원배치법

학습목표

1. 반복이 있는 실험과 반복이 없는 실험의 차이를 이해한다.
2. 반복이 있는 이원배치실험의 교호작용에 대한 유의성 검정을 할 수 있다.
3. 교호작용이 유의한 실험의 최적 수준 조합을 구할 수 있다.
4. 실험결과로부터 관심 있는 실험인자의 모평균에 대한 점 추정과 구간추정을 할 수 있다.

1. 반복이 있는 이원배치법의 개념

1) 이원배치법이란?

이원 배치법(two-way factorial design)은 실험인자 2개로 모든 수준 조합에서 랜덤하게 이루어지는 실험이다. 실험반복이 있는 이원배치법의 가장 커다란 관심사의 하나인 인자 A, B간에 교호작용 효과의 의미를 해석하고, 분산분석법을 통해서 인자 A, B의 주효과와 교호작용 효과의 유의성을 검토하는 것이다.

2) 반복실험의 장점

반복이 없는 이원배치법에서는 인자의 수준을 조합한 조건 A_iB_j마다 반복이 취해지지 않고 단 하나의 측정치 x_{ij}만이 얻어진 경우였다. 그러나 실험계획의 기본원리 중의 하나가 반복의 원리(principle of replication)인 것처럼, 가능하면 각 수준의 조합에서 측정을 1회 행하는 것보다는 2회 이상 실험하는 것이 바람직하다.

반복이 있는 이원배치법은 반복이 없는 경우에 비하여 다음과 같은 이점을 가지고 있다.

① 인자의 조합의 효과(이것을 교호작용(interaction)이라고 부르고 뒤에서 상세히 설명함)를 분리하여 구할 수 있다.

② 교호작용을 분리하여 검출할 수 있으므로 인자의 효과(이것을 주효과(main effect)라 함)에 대한 검출이 좋아지고 실험오차를 단독으로 구할 수 있다.

③ 반복한 데이터로부터 실험의 재현성과 관리상태를 검토할 수 있다.

④ 수준수가 적더라도 반복수의 크기를 적절히 조절하여 검출력(power of test)을 높일 수 있다.

반복이 있는 이원배치법에서는 실험의 랜덤화(randomization)에 특히 유의하여야 한다. 2인자 A, B의 각 수준수가 l, m이라고 하고 반복수가 r회라고 하면, 반복이 있는 이원배치법의 랜덤화의 원칙은 lmr회의 모든 실험을 랜덤하게 하는 것이다. 만약 인자수준들의 조합 lm회만 랜덤하게 선택하고 선택된 각각의 수준조합 A_iB_j에서 r회를 계속 실험하는 랜덤화는 lmr회를 모두 랜덤하게 실험한 것이 아니므로 랜덤화의 원칙에 맞지 않는다. 이처럼 랜덤화가 안된 실험은 그 실험계획법의 이름을 이원배치법이라고 부르지 않고 분할법(split-plot design)이라고 부르고 데이터의 분석방법에도 차이가 있다(분할법에 대해서는 제7장에서 다루기로 한다). 이처럼 랜덤화에 따라서 많은 차이가 있으니 랜덤화에 특히 유의하여야 할 것이다.

이원배치법은 2인자 A, B에 관한 실험인데, 그의 구조모형은 만약 A, B가 모두 모수인자면 모수모형이 되고, 만약 1인자 모수, 1인자 변량이라면 혼합모형이 된다. 각 경우를 차례대로 검토하여 보도록 한다. 2인자 모두 변량인 경우는 실제로 사용되지 않으므로 생략하기로 한다.

3) 모수모형

두 인자가 모두 모수인자의 경우로 반복이 있는 이원배치법에서 가장 많이 사용되는 모형이라 하겠다. 반복이 있는 이원배치법에서는 교호작용의 검출이 가능하다고 앞에서 언급하였는데 모수모형에 관한 분산분석에 들어가기 전에 먼저 교호작용에 대하여 알아보자.

4) 교호작용(interaction)

2인자 이상의 특정한 인자 수준의 조합에서 일어나는 효과를 교호작용이라 부른다. 예를 들면, 인자 A의 효과가 인자 B의 수준의 변화에 따라 변화하는 경우에 "A, B인자 간에 교호작용 $A\times B$가 존재한다"라고 말한다. 같은 방법으로 A, B, C 3인자의 조합에서 일어나는 효과가 있을 때 3인자 교호작용 $A\times B\times C$가 존재한다고 말한다.

구체적인 예를 들면, 인자 A가 촉매의 종류이고 인자 B가 반응온도일 때에 [도표1]에서 보는 바와 같이 온도 B_1에서는 촉매 A_2가 더 높은 인장강도를 주나 온도 B_2에서는 촉매 A_1이 더 높은 인장강도를 주는 경우가 있다. 이때에 우리는 인자 간에 교호작용이 있다고 말하고, [도표1]에서처럼 A_1을 연결하는 선과 A_2를 연결하는 선이 평행하지 않음을 알 수 있다. 이 선들이 서로 평행하게 되면 교호작용은 존재하지 않는다.

그러나 실제로 그림상으로는 어느 정도 평행하지 않아서 교호작용이 있는 것 같이 보여도, 실험오차가 있기 때문에 교호작용에 대한 검정결과에서 교호작용이 유의하지 않게 나오는 경우도 많이 있다.

특성치 y가 인자 A, B의 수준에 따라서 변하므로 y를 A_i, B_j의 함수로 볼 때 $y=f(A_i, B_j)$으로 표현할 수 있는데, 만약 모든 i, j에 대하여 어떤 함수 h, g가 존재하여

$$y=f(A_i, B_j)=h(A_i)+g(B_j) \tag{5·1}$$

과 같이 되면 A, B간에 교호작용은 존재하지 않는다. 그러나 식 (5·1)이 성립하지 않으면 교호작용이 있다고 말한다. 따라서 y를 최대(또는 최소)로 하는 A_iB_j의 최적조건을 구할 때 교호작용이 없는 경우에는 A인자의 최적조건을 별도로 구하고 B인자의 최적조건을 별도로 구하여 합쳐주면 된다. 즉, 식 (5·1)에서 y를 최대로 하는 A_i와 B_j의 조건은 $h(A_i)$, $g(B_j)$를 각각 최대로 하는 A, B의 수준이 된다. 그러나 교호작용이 있는 경우에는 그렇게 하여 구할 수 없으며 모든 수준의 조합 A_iB_j에서 모평균 $\mu(A_iB_j)$를 추정하여 이 추정치를 가장 크게 하는 수준조합을 선택하여야 한다.

도표1 ┆ 교호작용 $A \times B$가 존재하는 경우

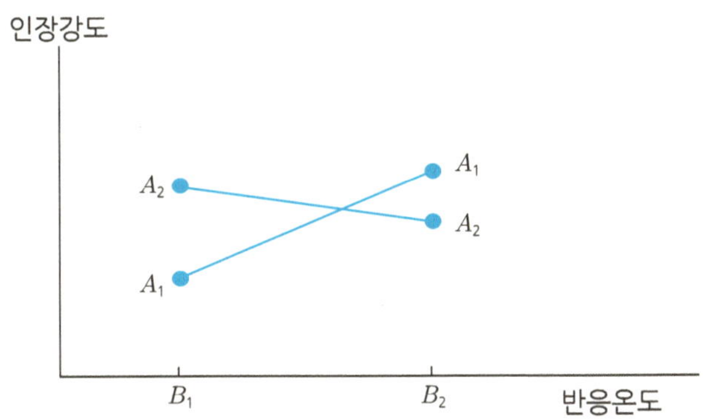

교호작용 $A \times B$가 유의한 경우에는 일반적으로 인자 A, B의 각 수준의 모평균을 추정하는 것은 의미가 없으며, 수준의 조합 A_iB_j에서 모평균을 추정하는 것이 실제로 의미가 크다고 보겠다.

삼원배치법의 경우는 3인자 교호작용이 구하여지는데, 3인자 교호작용 이상의 고차의 교호작용은 일반적으로 기술적인 의미가 적다고 말할 수 있다. 따라서 3인자 교호작용이 유의한 경우에는 이 요인에 다른 요인이 교락되어 있지 않은가, 또는 오차분산의 추정치가 이상할 정도로 작지는 않은가 등을 검토하여 보면 좋을 것이다.

2. 모수모형의 구조

이원배치법의 자료 구조는 [도표2]와 같다. 이와 같이 각 수준 조합에서 반복을 하면 이제는 주효과 뿐만 아니라 교호작용의 효과도 구할 수 있다.

도표2 ⁝ 이원배치법의 자료의 구조

인자 B \ 인자 A	B_1	B_2	…	B_m
A_1	x_{111} x_{112} ⋮ x_{11r}	x_{121} x_{122} ⋮ x_{12r}	… … …	x_{1m1} x_{1m2} ⋮ x_{1mr}
A_2	x_{211} x_{212} ⋮ x_{21r}	x_{221} x_{222} ⋮ x_{22r}	… … …	x_{2m1} x_{2m2} ⋮ x_{2mr}
…				
A_l	x_{l11} x_{l12} ⋮ x_{l1r}	x_{l21} x_{l22} ⋮ x_{l2r}	… … …	x_{lm1} x_{lm2} ⋮ x_{lmr}

인자들의 특정한 수준조합에서 일어나는 효과를 교호작용(interaction)이라 하며, 인자 A의 효과가 인자 B의 수준변화에 따라 변화하는 경우에 인자 A, B간에는 교호작용이 있다고 한다.

예를 들어보자. 플라스틱 강도를 우리가 관심을 갖는 특성치라고 할 때 성형온도가 영향을 미치리라 생각되어 일원배치법 실험을 하였다. 그 결과 흥미영역(region of interest)내에서 성형 온도가 높아지면 플라스틱 강도가 강해지는 경향이 있음을 알았다. 또 촉매량도 플라스틱 강도에 영향을 미치리라 생각되어 일원배치법 실험을 하였다. 그 결과 촉매량이 많아지면 플라스틱 강도가 강해지는 경향이 있음을 알았다. 이때 성형온도도 높고 촉매량도 많은 곳에서 플라스틱 강도가 가장 강하다고 결론 내릴 수 있을까? 만약 두 인자 사이에 교호작용이 없다면 그러하겠지만, 만약 두 인자 사이에 교호작용이 존재하면 다른 엉뚱한 곳에서 플라스틱 강도가 가장 강할 수 있다.

오차에 대해서는 전과 마찬가지로 서로 독립인 $N(0, \sigma_E^2)$를 따른다고 가정한다. 인자 A의 i번째 수준효과 α_i와 인자 B의 j번째 수준효과 β_j로 설명하고, 인자 A, B의 주효과에 의해서 설명되지 않는 나머지 부분이 인자 A, B간의 교호작용 효과 $(\alpha\beta)_{ij}$라고 한다면 이원배치법의 구조모형을 다음과 같이 정의된다.

$$x_{ijk} = \mu + \alpha_i + \beta_j + (\alpha\beta)_{ij} + \varepsilon_{ijk} \qquad (5 \cdot 2)$$

구조모형은 분산분석에서 매우 중요한 개념이므로 머릿속에 기억해 두어야 한다.

2수준의 실험인자 A와 B로 2회 반복한 실험에서 A의 1 수준과 B의 1 수준에서 실험을 한 첫 번째 실험 데이터는 $i=1$, $j=1$, $k=1$로 표시되며 다음과 같이 표시된다.

$$x_{111} = \mu(\text{전체평균}) + \alpha_1(A_1\text{수준의 효과}) + \beta_1(B_1\text{수준의 효과}) + e_{111}$$

3. 분산분석

1) 분산분석표의 작성

이원배치법에서는 인자 A와 B가 특성치에 영향을 주는가 하는 문제와 인자 A, B간에 교호작용이 존재하는가 하는 문제가 관심의 대상이다. 이를 가설로 표현하면 다음과 같다.

① 인자 A의 효과 유의성 검정에 대한 가설

$H_0 : \alpha_1 = \alpha_2 = \cdots = \alpha_l = 0$

H_1 : 적어도 한 α_i는 0이 아니다.

② 인자 B의 효과 유의성 검정을 위한 가설

$H_0 : \beta_1 = \beta_2 = \cdots = \beta_l = 0$

H_1 : 적어도 한 β_j는 0이 아니다.

③ 교호작용 AB 유의성 검정을 위한 가설

H_0 : 모든 $(\alpha\beta)_{ij} = 0$

$H_1 : (\alpha\beta)_{ij}$중 적어도 하나는 0이 아니다.

위의 가설은 분산분석표를 작성하여 반응에 의미 있는 영향을 미치는지를 검정할 수 있다. 우선 다음과 같은 기호에 주의하자.

$$T_{i..}(A_i \text{ 수준의 반응 합계}) = \sum_j \sum_k x_{ijk}$$

$$\bar{x}_{i..} = T_{i..}/lr, \quad i = 1, 2, \cdots, l$$

$$T_{.j.}(B_j \text{ 수준의 반응 합계}) = \sum_j \sum_k x_{ijk}$$

$$\bar{x}_{.j.} = T_{.j.}/mr, \quad j = 1, 2, \cdots, m$$

$$T_{ij.}(A_iB_j \text{ 수준의 반응 합계}) = \sum_k x_{ijk}$$

$$\bar{x}_{ij.} = T_{ij.}/r$$

$$T(\text{반응합계}) = \sum_i \sum_j \sum_k x_{ijk}$$

$$\bar{\bar{x}} = T/lmr$$

분산분석의 요체는 총변동을 주효과들과 교호작용효과에 기인하는 변동으로 분해하는 것이다. 인자 A, B의 수준수가 각각 l, m인 반복이 있는 [도표 2]의 이원배치법 자료에서 관측치 x_{ijk}의 총평균 $\bar{\bar{x}}$로부터의 거리인 총편차는 다음과 같이 분해된다.

$$(x_{ijk} - \bar{\bar{x}}) = (x_{ij.} - \bar{\bar{x}}) + (x_{ijk} - \bar{x}_{ij.}) \tag{5·3}$$

위의 식을 제곱하여 모든 i, j, k에 대하여 합하면 다음과 같다.

$$\begin{aligned} &\sum_i \sum_j \sum_k (x_{ijk} - \bar{\bar{x}})^2 \\ &= \sum_i \sum_j \sum_k (x_{ij.} - \bar{\bar{x}})^2 + \sum_i \sum_j \sum_k (x_{ijk} - \bar{x}_{ij.})^2 \end{aligned} \tag{5·4}$$

이때 총변동 SS_T는 AB 간 변동 SS_{AB}와 잔차변동 SS_E로 분해되었다고 하고, 다음과 같이 계산한다.

① 총변동: $$SS_T = \sum_i \sum_j \sum_k (x_{ijk} - \bar{\bar{x}})^2$$
$$= \sum_i \sum_j \sum_k {x_{ijk}}^2 - CT \qquad (5·5)$$

여기서 CT는 수정항으로 $CT = T^2 / lmr$이다.

② AB 간의 변동: $$SS_{AB} = \sum_i \sum_j \sum_k (x_{ij.} - \bar{\bar{x}})^2$$
$$= \sum_i \frac{{T_{ij}}^2}{r} - CT^2 \qquad (5·6)$$

③ 잔차변동: $$SS_E = \sum_i \sum_j \sum_k (x_{ijk} - \bar{x}_{ij.})^2$$
$$= SS_T - SS_{AB} \qquad (5·7)$$

식 (5·6) 속에 있는 $(x_{ij.} - \bar{\bar{x}})$는 다음과 같이 분해된다.

$$(x_{ij.} - \bar{\bar{x}}) = (x_{i..} - \bar{\bar{x}}) + (x_{.j.} - \bar{\bar{x}}) + (\bar{x}_{ij.} - \bar{x}_{i..} - \bar{x}_{.j.} + \bar{\bar{x}}) \qquad (5·8)$$

위의 식을 제곱하여 모든 i, j, k에 대하여 합하면 다음과 같다.

$$\sum_i \sum_j \sum_k (\bar{x}_{ij.} - \bar{\bar{x}})^2$$
$$= \sum_i \sum_j \sum_k (\bar{x}_{i..} - \bar{\bar{x}})^2 + \sum_i \sum_j \sum_k (\bar{x}_{.j.} - \bar{\bar{x}})^2$$
$$+ \sum_i \sum_j \sum_k (\bar{x}_{ij.} - \bar{x}_{i..} - \bar{x}_{.j.} + \bar{\bar{x}})^2 \qquad (5·9)$$

이때 AB 간의 변동은 인자 A의 변동, 인자 B의 변동, 교호작용의 변동으로 분할되었다고 하고 다음과 같이 계산한다.

① 인자 A의 변동: $$SS_A = \sum_i \sum_j \sum_k (x_{i..} - \bar{\bar{x}})^2$$
$$= \sum_i \frac{{T_{i..}}^2}{mr} - CT \qquad (5·10)$$

② 인자 B의 변동: $SS_B = \sum_i \sum_j \sum_k (\bar{x}_{.j.} - \bar{\bar{x}})^2$

$$= \sum_i \frac{T_{.j.}^{\ 2}}{lr} - CT \qquad (5\cdot 11)$$

③ 교호작용의 변동:

$$SS_{A\times B} = \sum_i \sum_j \sum_k (\bar{x}_{ij.} - \bar{x}_{i..} - \bar{x}_{.j.} + \bar{\bar{x}})^2$$

$$= SS_{AB} - SS_A - SS_B \qquad (5\cdot 12)$$

결국 총변동 SS_T가 다음과 같이 분할됨을 알 수 있다.

$$SS_T = SS_{AB} + SS_E$$

$$= SS_A + SS_B + SS_{A\times B} + SS_E \qquad (5\cdot 13)$$

각 변동의 자유도는 제곱을 한 서로 다른 편차의 개수에서 선형제약조건의 수를 뺀 것이므로 다음과 같이 주어진다.

총변동의 자유도: $\square_T = lmr - 1$

AB 간 변동의 자유도: $\square_{AB} = lm - 1$

잔차변동의 자유도: $\square_E = \square_T - \square_{AB} = lm(r-1)$

인자 A 변동의 자유도: $\square_A = l - 1$

인자 B 변동의 자유도: $\square_B = m - 1$

교호작용의 변동의 자유도: $\square_{A\times B} = \square_{AB} - \square_A - \square_B$

$$= \square_A \times \square_B = (l-1)(m-1)$$

이때 SS_T의 자유도가 SS_A, SS_B, $SS_{A\times B}$, SS_E의 자유도의 합으로 분할됨을 알 수 있다.

평균제곱 MS_A, MS_B, $MS_{A\times B}$, MS_E는 제곱합SS_A, SS_B, $SS_{A\times B}$, SS_E를 각각의 자유도로 나누어 준 값이다. 분산분석표에서 $F_0 = MS_A / MS_B$가 $F_{\square_A, \square_E, \alpha}$보다 크면 인자 A가 특성값에 유의한 영향을 준다고 하고, $F_0 = MS_A / MS_B$가 $F_{\square_B, \square_E, \alpha}$보다 크면 인자 B가 특성값에 유의한 영향을 준다고 말한다.

교호작용에 대한 귀무가설 H_0 : 모든 $(\alpha\beta)_{ij} = 0$ 하에서 $F_0 = MS_{A\times B} / MS_E$는 자유도 ($\square_{A\times B}$,

$\square_E$)인 F분포를 따르므로 귀무가설에 대한 기각역은 $F_0 > F_{\square_{A\times B},\, \square_B,\, \alpha}$로 주어진다. 만약 기각되면 두 인자 A, B 사이에 교호작용이 존재한다고 말한다. 이상의 결과를 요약하면 [도표 3]과 같은 분산분석표를 작성할 수 있다. AB간의 변동 SS_{AB}는 분산분석표에는 나타나지 않는다.

도표3 ┆ 반복이 있는 이원배치법의 분산분석표

요인	제곱합	자유도	평균제곱	F_0
인자A	SS_A	$l-1$	MS_A	MS_A/MS_E
인자B	SS_B	$m-1$	MS_B	MS_B/MS_E
교호작용 $A\times B$	$SS_{A\times B}$	$(l-1)(m-1)$	$MS_{A\times B}$	$MS_{A\times B}/MS_E$
E	SS_E	$lm(l-1)$	MS_E	
T	SS_T	$lmr-1$		

이원배치법의 가설검정의 순서는 우선 교호작용 효과의 유의성을 검토한다. 유의확률(p-value)이 대략 0.2 이상일 경우에는 교호작용 효과가 존재하지 않아서 인자 A의 주효과의 크기가 인자 B가 어떠한 수준값을 취하든지 간에 관계없이 똑같다고 판단하고 오차항에 풀링한다. 그 다음에 인자 A, B의 주효과에 대한 유의성을 검토한다. 교호작용 효과가 유의하면, 주효과 자체의 유의성 검정이 인자 A, B의 주효과의 크기 비교에 따른 상대적인 중요성을 가름하는 것을 제외하고는 커다란 의미가 없다. 이미 인자 A의 주효과의 크기가 인자 B의 수준값에 따라서 달라진다는 사실을 알았기 때문이다.

4. 분산분석 후의 추정

반복이 있는 이원배치법의 경우는 반복이 없는 경우의 확장이므로 앞장에서 다룬 분산분석 후의 추정과 거의 동일하다. A_i 수준에서의 모평균의 100$(1-\alpha)$% 신뢰구간은

$$\bar{x}_{i..} \pm t\left(\phi_E ; \frac{\alpha}{2}\right)\sqrt{\frac{V_E}{mr}} \qquad (5\cdot 14)$$

이 된다. B_j 수준에서의 신뢰구간은

$$\bar{x}_{.j.} \pm t\left(\phi_E ; \frac{\alpha}{2}\right)\sqrt{\frac{V_E}{lr}} \tag{5·15}$$

임을 알 수 있다.

두 수준 A_i와 $A_{i'}$에서의 모평균차 $\mu(A_i)-\mu(A_{i'})$의 $100(1-\alpha)\%$ 신뢰구간은

$$(\bar{x}_{i..} - \bar{x}_{i'..}) \pm t\left(\phi_E ; \frac{\alpha}{2}\right)\sqrt{\frac{2V_E}{mr}} \tag{5·16}$$

이 되고 B_j와 $B_{j'}$간의 모평균차의 구간추정은

$$(\bar{x}_{.j.} - \bar{x}_{.j'.}) \pm t\left(\phi_E ; \frac{\alpha}{2}\right)\sqrt{\frac{2V_E}{lr}} \tag{5·17}$$

이 된다. 위의 식에서 $t\left(\phi_E ; \frac{\alpha}{2}\right)\sqrt{\frac{2V_E}{lr}}$는 최소유의차(least significant difference)로서 만약 $|\bar{x}_{.j.} - \bar{x}_{.j'.}|$이 최소유의차보다 크다면 $\mu(B_j)$와 $\mu(B_{j'})$간에는 유의한 차가 있다는 의미가 된다. 식 (5·15)에 대하여도 같은 이론이 적용될 것이다.

다음으로 두 인자의 수준조합 A_iB_j에서의 모평균 $\mu(A_iB_j)$의 추정을 생각하여 보자. 이 경우에는 다음과 같이 두 가지로 나누어서 검토하여야 한다.

① 교호작용이 무시되지 않는 경우

② 교호작용이 무시되는 경우

먼저 교호작용이 무시되지 않는 경우는 데이터 구조식 (5·1)로부터 구하고자 하는 모수는 $\mu + a_i + b_j + (ab)_{ij}$이다. 이것의 점추정값으로

$$\bar{x}_{ij.} = \mu + a_i + b_j + (ab)_{ij} + \bar{e}_{ij.}$$

을 고려하여 보면 그 기대값과 분산은 각각 다음과 같다.

$$E(\bar{x}_{ij.}) = \mu + a_i + b_j + (ab)_{ij}$$

$$Var(\bar{x}_{ij.}) = Var(\bar{e}_{ij.})$$

$$= \frac{{\sigma_E}^2}{r}$$

따라서 $\widehat{\mu+a_i+b_j+(ab)_{ij}}=\bar{x}_{ij.}$임이 명백하며, $\sigma_E{}^2$의 추정값이 V_E이므로 $\mu(A_iB_j)$의 $100(1-\alpha)\%$ 신뢰구간은 다음과 같이 된다.

$$\bar{x}_{ij.}\pm t\left(\phi_E;\frac{\alpha}{2}\right)\sqrt{\frac{V_E}{r}} \tag{5·18}$$

두 번째로 교호작용이 무시되는 경우에는 구하고자 하는 모수는 $(ab)_{ij}$가 무시되므로 $\mu+a_i+b_j$이다.

데이터의 구조식 (5·1)으로부터 평균들에 대한 구조식은

$$\bar{x}_{ij.}=\mu+a_i+b_j+(ab)_{ij}+\bar{e}_{ij.} \tag{5·19}$$
$$\bar{x}_{i..}=\mu+a_i+\bar{e}_{i..} \tag{5·20}$$
$$\bar{x}_{.j.}=\mu+b_j+\bar{e}_{.j.} \tag{5·21}$$
$$\bar{\bar{x}}=\mu+\bar{\bar{e}} \tag{5·22}$$

이 되고, 식 (5·19), (5·20), (5·21)로부터 $E(\bar{x}_{i..})=\mu+a_i$, $E(\bar{x}_{.j.})=\mu+b_j$, $E(\bar{\bar{x}})=\mu$임을 알고 있으므로 $\mu+a_i+b_j$의 점추정값은

$$\begin{aligned}\widehat{\mu+a_i+b_j}&=\widehat{\mu+a_i}+\widehat{\mu+a_i}-\hat{\mu}\\&=\bar{x}_{i..}+\bar{x}_{.j.}-\bar{\bar{x}}\end{aligned} \tag{5·23}$$

이 된다. $\bar{x}_{i..}+\bar{x}_{.j.}-\bar{\bar{x}}$의 분산을

$$Var(\bar{x}_{i..}+\bar{x}_{.j.}-\bar{\bar{x}})=\frac{\sigma_E{}^2}{n_e} \tag{5·24}$$

으로 놓을 때 유효반복수 n_e는

$$\begin{aligned}\frac{1}{n_e}&=\frac{1}{mr}+\frac{1}{lr}-\frac{1}{lmr}\\&=\frac{l+m-1}{lmr}\end{aligned} \tag{5·25}$$

이 되므로, $n_e=lmr/(l+m-1)$이 된다.

따라서 수준의 조합조건 A_iB_j에서 모평균의 신뢰수준 $(1-\alpha)$의 신뢰구간은

$$(\bar{x}_{i..}+\bar{x}_{.j.}-\bar{\bar{x}})\pm t\left(\phi_E;\frac{\alpha}{2}\right)\sqrt{\frac{V_E}{n_e}} \tag{5·26}$$

으로부터 구할 수 있다. 단, 유효반복수 n_e는 $n_e=lmr/(l+m-1)$이다.

교호작용이 유의하지 않아서 무시되는 경우에는 최적수준조합을 구할 때, 모든 A_iB_j에 대하여 점추정값 $\bar{x}_{i..}+\bar{x}_{.j.}-\bar{\bar{x}}$을 계산하여 비교할 필요없이, $\bar{x}_{i..}$를 최적으로 하는 A_i 수준과 $\bar{x}_{.j.}$를 최적으로 하는 B_j 수준을 선택하여 A_iB_j를 최적수준조합으로 하면 된다.

5. 모수모형의 적용사례

시멘트 공장에서는 시멘트 강도에 영향을 주는 여러 가지 인자 중에서 석고의 종류(A)와 석고첨가량으로 사용되는 SO_3의 함량(B)이 시멘트 강도에 어떤 영향을 주고, 각 인자의 어떤 수준조합에서 높은 강도를 주는지 알아보기 위한 실험을 하였다. 인자의 수준은 다음과 같이 정해 주었다.

A : 석고종류(3수준)
[화학석고(A_1), 분말석고(A_2), 혼합석고(A_3)]
B : 석고첨가량(SO_3 함량기준, 6수준)
[1.6%(B_1), 2.0%(B_2), 2.4%(B_3), 2.8%(B_4), 3.2%(B_5), 3.6%(B_6)]

실험은 반복 2회의 이원배치실험으로 하였고 시멘트 생산 후 28일 후에 압축강도(kg/cm^2)를 측정하였다. 혼합석고(A_3)는 화학과 분말을 1:1로 섞어서 만든 것이다. 이 실험은 또한 압축강도 이외에 응결시간(setting time)과 안정도(soundness)에 대한 특성치도 측정되었으나 그들의 분석은 여기에서는 생략하기로 한다.

전체 실험횟수 $l\times m\times r=3\times6\times2=36$회를 완전 랜덤화 실험으로 하기 위해 난수표를 사용하여 실험순서를 정하였으며 시멘트 강도를 측정한 데이터는 [도표4]와 같다.

도표4 강도의 데이터

인자 A / 인자 B	A_1	A_2	A_3	$T_{.j.}$	$\bar{x}_{.j.}$
B_1	305 302	322 325	320 322	1,896	316.0
B_2	335 337	350 348	342 344	2,056	342.7
B_3	366 364	326 324	338 336	2,054	342.3
B_4	372 374	330 330	348 348	2,102	350.3
B_5	376 373	327 330	350 350	2,106	351.0
B_6	348 350	310 308	330 328	1,974	329.0
$T_{i..}$ $\bar{x}_{i..}$	4,202 350.2	3,930 327.5	4,056 338.0	12,188	338.6

풀이

(1) 가설의 설정

① 인자 A의 유의성 검정을 위한 가설

H_0 : 모든 석고종류의 효과는 0이다.

H_1 : 적어도 하나의 효과는 0이 아니다.

② 인자 B의 유의성 검정을 위한 가설

H_0 : 모든 석고첨가량의 효과는 0이다.

H_1 : 적어도 하나의 효과는 0이 아니다.

③ 교호작용 AB의 유의성 검정을 위한 가설

H_0 : 석고종류와 석고첨가량의 모든 수준조합의 효과는 0이다.

H_1 : 적어도 하나의 수준조합의 효과는 0이 아니다.

▣ MINITAB 균형분산분석

▶ 통계분석 > 분산분석 > 균형분산분석

- 반응: 압축강도
- 모형: A(석고종류) B(석고첨가량) A(석고종류)*B(석고첨가량)

▶ 확인

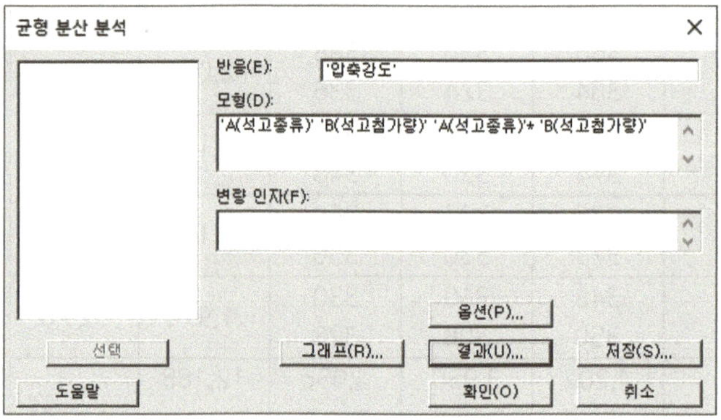

▶ MINITAB 결과

압축강도에 대한 분산 분석

출처	DF	SS	MS	F	P
A(석고종류)	2	3088.2	1544.11	694.85	0.000
B(석고첨가량)	5	5548.9	1109.78	499.40	0.000
A(석고종류)*B(석고첨가량)	10	4825.8	482.58	217.16	0.000
오차	18	40.0	2.22		
총계	35	13502.9			

해설:

주효과, A, B와 교호작용 $A\times B$에 대한 F-검정결과 P-값이 모두 0.000이다. 유의수준($\alpha=0.05$)에서 모두 유의하다. 교호작용이 유의하므로 시멘트 강도가 가장 크게 나오는 실험인자 조합을 찾으려면 실험인자 A와 B의 모든 실험조합에서 반응값을 추정해 보고 최적 실험조건을 찾아야한다.

▶ MINITAB 그래프 분석

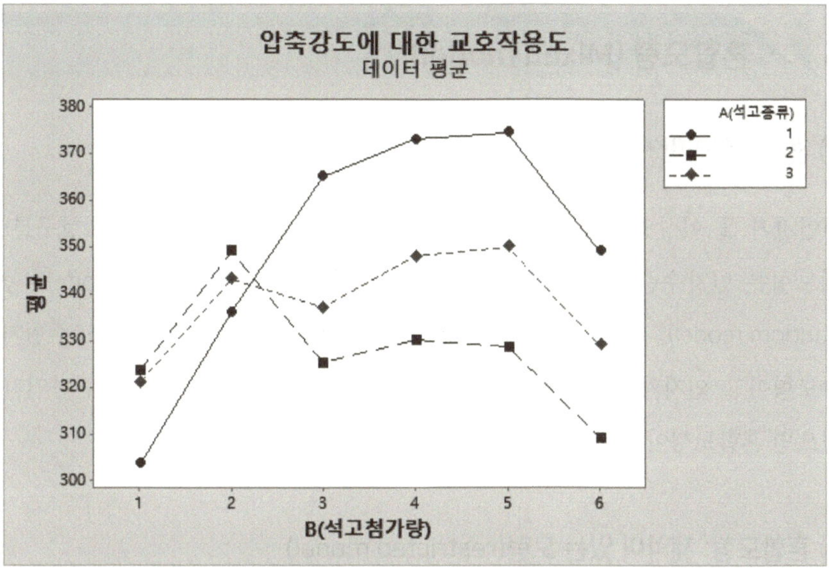

해설:

교호작용도에서 A_1B_5 조건에서 시멘트 강도가 가장 높을 것으로 판단된다.

▣ 최적 수준 조합()에서의 모평균 95% 구간 추정

▶ 풀이

$\bar{x}_{ij} \pm t\left(\phi_E ; \frac{\alpha}{2}\right)\sqrt{\frac{V_E}{r}}$ 로부터

$$\bar{x}_{15} \pm t(18 ; 0.025)\sqrt{\frac{2.2}{2}} = 374.5 \pm (2.201 \times \sqrt{1.11}) = (372.3,\ 376.7)$$

A_1B_5 조건으로 시멘트를 만들면 시멘트 강도는 372.3 kg/cm^2 에서 376.7kg/cm^2 사이에 있을 것으로 추정된다.

6. 혼합모형 (Mixed model)

1) 혼합모형이란?

인자가 둘 이상일 때 고려해야 할 사항 중의 하나는 통계모형의 유형구분이다. 통계모형은 인자수준을 어떻게 선택하느냐에 따라 모수모형(fixed model), 변량모형(random model), 혼합모형(mixed model)으로 구분된다. 인자가 모두 모수인자이면 모수모형이고, 인자가 모두 변량인자이면 변량모형, 그리고 모수인자와 변량인자가 섞여 있으면 혼합모형이다.

2) 혼합모형: 제약이 있는 모형(restricted model)

두 개의 실험인자 A, B 중 인자가 모수인자이고 인자 B가 변량인자인 혼합모형의 반복수가 동일한 이원배치법에 대해 알아보자. 모수모형과 동일하게 A의 수준을 l, B의 수준을 m, 그리고 반복을 r회하는 실험에서 실험의 랜덤화 방법은 변량인자 B가 랜덤하게 선택된 원료로트(lot)이거나 드럼통 등과 같은 집단인자인 경우에는 실험전체의 lmr회 실험을 랜덤하게 행하지만 실험일과 같이 블록인자인 경우 변량인자 B의 각 수준마다 lr회의 실험을 랜덤하게 한다.

(1)분산분석표의 작성

혼합모형이나 모수모형이나 얻어진 데이터의 배열로부터 변동 S_T, S_A, S_B, $S_{A\times B}$, S_E 등을 구하는 계산방법에는 차이가 없다. 그러나 평균제곱의 기대값에 약간의 차이가 있으며, 이 차이로 인하여 분산분석표의 F 검정방법이 다르게 된다.

A가 모수인자이고 B가 변량인자 일 때 데이터의 구조식은 다음과 같다.

$$x_{ijk} = \mu + a_i + b_j + (ab)_{ij} + e_{ijk} \qquad (5\cdot27)$$

$$\left.\begin{array}{l} e_{ijk} \sim N(0,\ \sigma_E^{\,2}) \\ b_j \sim N(0,\ \sigma_B^{\,2}) \end{array}\right\}\ \text{서로 독립으로 분포}$$

조건

$$\sum_{i=1}^{l} a_i = 0 \text{ (모수인자 } A\text{의 효과 합은 0이다)} \quad (5\cdot28)$$

$$\sum_{j=1}^{m} b_j \neq 0 \text{(변량인자 } B\text{의 효과 합은 0이 아니다)}$$

$$\sum_{i=1}^{l} (ab)_{ij} = 0, \quad j = 1, 2, \cdots, m \quad (5\cdot29)$$

(모수인자 A의 수준에 대하여 더한 교호작용 효과는 0이다)

$$\sum_{j=1}^{m} (ab)_{ij} \neq 0, \quad i = 1, 2, \cdots, l \quad (5\cdot30)$$

(변량인자 B의 수준에 대하여 더한 교호작용 효과는 0이 아니다)

분산의 정의

$$\sigma_A{}^2 = \frac{\sum_i a_i^2}{l-1}$$

$$\sigma_B{}^2 = E\left[\frac{\sum_j (b_j - \bar{b})^2}{m-1}\right]$$

$$\sigma_{A\times B}{}^2 = E\left[\frac{\sum_i \sum_j [(ab)_{ij}]^2}{m-1}\right] = E\left[\frac{m\sum_i [(\overline{ab})_{i.}]^2}{l-1}\right]$$

위의 조건과 식들을 이용하여 평균제곱의 기대값을 구하면 다음의 결과를 얻는다. (증명생략)

$$E(V_A) = \sigma_E{}^2 + r\sigma_{A\times B}{}^2 + mr\sigma_A{}^2 \quad (5\cdot31)$$

$$E(V_B) = \sigma_E{}^2 + lr\sigma_B{}^2 \quad (5\cdot32)$$

$$E(V_{A\times B}) = \sigma_E{}^2 + r\sigma_{A\times B}{}^2 \quad (5\cdot33)$$

$$E(V_E) = \sigma_E{}^2 \quad (5\cdot34)$$

여기에서 $E(V_B)$, $E(V_{A\times B})$, $E(V_E)$는 모수모형의 경우와 동일하나 식 (5·31)의 $E(V_A)$만이 차이가 있다.

위의 결과를 정리하여 분산분석표를 작성하면 [도표5]와 같다.

도표5 ¦ 반복이 있는 이원배치법의 분산분석표 [제약이 있는 모형] (A: 모수, B: 변량)

요인	S	ϕ	V	$E(V)$	F_0	$F(\alpha)$
A	S_A	$l-1$	V_A	$\sigma_E^2+r\sigma_{A\times B}^2+mr\sigma_A^2$	$V_A/V_{A\times B}$	$F(\phi_A, \phi_{A\times B};\alpha)$
B	S_B	$m-1$	V_B	$\sigma_E^2+lr\sigma_B^2$	V_B/V_E	$F(\phi_B, \phi_E;\alpha)$
$A\times B$	$S_{A\times B}$	$(l-1)(m-1)$	$V_{A\times B}$	$\sigma_E^2+r\sigma_{A\times B}^2$	$V_{A\times B}/V_E$	$F(\phi_{A\times B}, \phi_E;\alpha)$
E	S_E	$lm(r-1)$	V_E	σ_E^2		
T	S_T	$lmr-1$				

모수모형의 분산분석표와 비교하여 차이가 나는 점은 $E(V_A)=\sigma_E^2+r\sigma_{A\times B}^2+mr\sigma_A^2$이외에 가설검정

$$H_0:\ \sigma_A^2=0$$
$$H_1:\ \sigma_A^2>0$$

에 대한 F검정통계량이 $F_0=\dfrac{V_A}{V_E}$가 아니고

$$F_0=\frac{V_A}{V_{A\times B}} \tag{5·35}$$

이며 그 기각치는 $F(\phi_A, \phi_{A\times B};\alpha)$이다. 이렇게 되는 이유는 $H_0:\ \sigma_A^2=0$이 성립할 때 $E(V_A)=\sigma_E^2+r\sigma_{A\times B}^2$이고 이것과 같은 기대값이 $E(V_{A\times B})=\sigma_E^2+r\sigma_{A\times B}^2$에 나타나기 때문에, $\sigma_P^2=\sigma_E^2+r\sigma_{A\times B}^2$이라 놓을 때

$$F_0=\frac{V_A/\sigma_P^2}{V_{A\times B}/\sigma_P^2}$$

이 F-분포를 하기 때문이다.

또한, 변량인자 B에 대한 가설은

$$H_0: \sigma_B^{\ 2}=0$$
$$H_1: \sigma_B^{\ 2}>0$$

이고, 가설검정을 위한 통계량 F_0 값은,

$$F_0=\frac{V_B}{V_E}=\frac{\sigma_E^{\ 2}+lr\sigma_B^{\ 2}}{\sigma_E^{\ 2}} \tag{5·36}$$

이다.

지금까지 설명한 혼합모형의 분산분석 방법은 교호작용 효과를 모수인자의 수준에 대하여 더하면 값이 0이 된다는 전제조건을 갖는다. 이와 같은 혼합모형의 분산분석 방법을 제약이 있는 모형(restricted model)의 분산분석 이라한다.

(3) 혼합모형: 제약이 없는 모형(unrestricted model)

모수인자와 변량인자의 교호작용 효과를 모수인자의 수준에 대하여 더하면 0이 된다는 전제조건을 갖지 않는 모형(unrestricted model)의 분산분석도 함께 쓰이고 있다.

제약이 없는 모형은 제약이 있는 모형에서 사용된 조건식 (5·29)와 (5·30)을 갖지 않는다.

조건

$\sum_{i=1}^{l} a_i=0$ (모수인자 A의 효과 합은 0이다)

$\sum_{j=1}^{m} b_j \neq 0$(변량인자 B의 효과 합은 0이 아니다)

분산의 정의

평균제곱의 기대값을 구하면 다음의 결과를 얻는다. (증명 생략)

$$E(V_A)=\sigma_E^{\ 2}+r\sigma_{A\times B}^{\ 2}+mr\sigma_A^{\ 2} \tag{5·37}$$

$$E(V_B) = \sigma_E^{\ 2} + r\sigma_{A\times B}^{\ \ 2} + lr\sigma_B^{\ 2} \tag{5·38}$$

$$E(V_{A\times B}) = \sigma_E^{\ 2} + r\sigma_{A\times B}^{\ \ 2} \tag{5·39}$$

$$E(V_E) = \sigma_E^{\ 2} \tag{5·40}$$

이 결과로부터 분산분석표를 작성하면 [도표6]과 같다.

도표6 ⁞ 반복이 있는 이원배치법의 분산분석표 [제약이 없는 모형] (A: 모수, B: 변량)

요인	S	ϕ	V	$E(V)$	F_0	$F(\alpha)$
A	S_A	$l-1$	V_A	$\sigma_E^{\ 2}+r\sigma_{A\times B}^{\ \ 2}+mr\sigma_A^{\ 2}$	$V_A/V_{A\times B}$	$F(\phi_A, \phi_{A\times B};\alpha)$
B	S_B	$m-1$	V_B	$\sigma_E^{\ 2}+r\sigma_{A\times B}^{\ \ 2}+lr\sigma_B^{\ 2}$	V_B/V_E	$F(\phi_B, \phi_{A\times B};\alpha)$
$A\times B$	$S_{A\times B}$	$(l-1)(m-1)$	$V_{A\times B}$	$\sigma_E^{\ 2}+r\sigma_{A\times B}^{\ \ 2}$	$V_{A\times B}/V_E$	$F(\phi_{A\times B}, \phi_E;\alpha)$
E	S_E	$lm(r-1)$	V_E	$\sigma_E^{\ 2}$		
T	S_T	$lmr-1$				

제약이 있는 혼합모형(restricted model)의 평균제곱 기대값과 비교해 보면, 변량인자 B의 추정방법에 차이가 있고 나머지는 모두 같음을 알 수 있다. 교호작용에 대한 제약조건이 없는 모형에서 변량인자 B에 대한 F-검정 방법은 다음과 같다.

변량인자 B의 F-검정을 위한 가설

$$H_0:\ \sigma_B^{\ 2}=0$$

$$H_1:\ \sigma_B^{\ 2}>0$$

이에 대한 F-검정 통계량은 제약이 있는 모형에서는 $F_0=\dfrac{V_B}{V_E}$였지만, 제약이 없는 모형에서는

$$F_0 = \frac{V_B}{V_{A\times B}} = \frac{\sigma_E^{\ 2}+r\sigma_{A\times B}^{\ \ 2}+lr\sigma_B^{\ 2}}{\sigma_E^{\ 2}+r\sigma_{A\times B}^{\ \ 2}} \tag{5·41}$$

을 사용한다.

그 이유는 분자 V_B의 추정값 계산에 필요한 세 개의 분산 값중 두 개의 분산 값이 $V_{A \times B}$와 똑같다. 이러한 특성을 이용하여 우리는 변량인자 B의 가설 검정을 할 수 있다.

만일 식 (5·41)에서 분자의 $\sigma_B{}^2$이 0보다 충분히 크다면 F_0 값은 커지고 유의확률(P-값)은 작아지기 때문에 귀무가설($H_0 : \sigma_B{}^2 = 0$)을 기각할 가능성이 높아진다.

지금까지 설명한 대로 혼합모형의 분산분석 방법은 모수인자와 변량인자의 교호작용에 대한 전제조건의 유무에 따라 달라진다.

그러면, 제약이 있는 모형(restricted model)과 제약이 없는 모형(unrestricted model) 중 어느 것을 사용해야 하는가?

〈현대 실험계획법〉에서 설명하고 있는 혼합모형의 분산분석은 제약이 있는 모형의 분산분석 방법이다. 하지만, 여러 통계소프트웨어(SAS, Minitab 등)에서는 제약이 없는 혼합모형의 분산분석 방법을 사용하고 있다. Minitab은 공식적으로 제약이 없는 혼합모형을 사용하고 있으나 실험자가 조건을 지정하여 제약이 있는 혼합모형의 분산분석도 할 수 있도록 하였다. Montgomery D. C는 혼합모형의 분산분석이라 함은 제약이 있는 모형의 분산분석을 의미하며, 만일 수준별 실험 반복수가 동일하지 않아서 균형 데이타가 아니라면 편의상 제약이 없는 모형을 사용할 수 있다고 설명하고 있다. (Design and analysis of experiments, 7th edition, WILEY, 519p)

혼합모형 분산분석에 두 방법 모두 사용가능 하지만 혼란을 최소화 하기 위해서는 분산분석 후에 분석을 위한 가정을 밝혀두는 것이 바람직 하겠다. 예제는 생략하고 연습문제 5.4에서 두 방법에 의한 Minitab 분산분석 결과를 제시한다.

연습문제

5 1 어떤 제품의 중합반응에서 약품의 흡수속도가 제조시간에 영향을 미치고 있음을 알고 있다. 거기에 대한 큰 요인이라고 생각되는 촉매량과 반응온도를 취급하여 다음의 실험조건으로 2회 반복하여 $4 \times 3 \times 2 = 24$회 실험을 랜덤하게 행한 결과 다음의 데이터를 얻었다.

촉매량(%) : $A_1 = 0.2$, $A_2 = 0.4$, $A_3 = 0.6$, $A_4 = 0.8$

반응온도(℃) : $B_1 = 110$, $B_2 = 120$, $B_3 = 130$

흡수속도(g/hr)

	A_1	A_2	A_3	A_4
B_1	94 87	95 101	99 107	91 98
B_2	99 108	114 108	112 117	109 103
B_3	116 111	121 127	125 131	116 122

(1) 관리도에 의한 등분산의 가정을 검토하라.

▶ MINITAB 그래프 분석

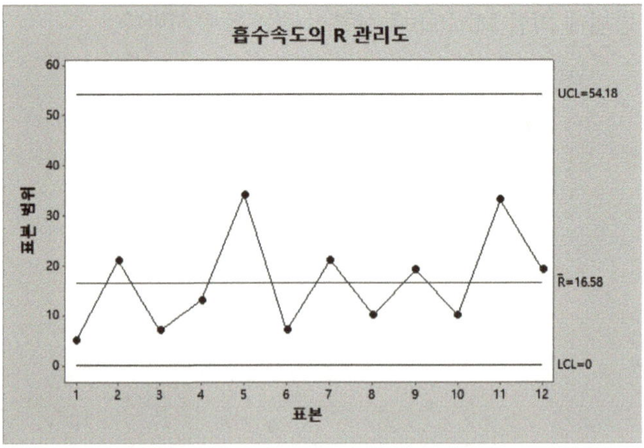

해설:

부분군이 2인 R 관리도 상에서 관리한계선(UCL, LCL)을 벗어난 점이 없다. 산포는 모두 관리 상태에 있다. 즉, 등분산성 가정에 위배된다는 뚜렷한 증거는 없다.

(2) 분산분석을 하시오. 흡수속도가 촉매량(A) 및 반응온도(B)에 영향을 받고 있다고 할 수 있는가? 촉매량과 반응온도의 교호작용이 존재하는가?

▶ MINITAB 결과

흡수속도에 대한 분산 분석

출처	DF	SS	MS	F	P
A(촉매량)	3	542.12	180.71	8.52	0.003
B(반응온도)	2	2425.58	1212.79	57.18	0.000
A(촉매량)*B(반응온도)	6	9.75	1.63	0.08	0.998
오차	12	254.50	21.21		
총계	23	3231.96			

해설:

주효과 A, B의 P-값은 각각 0.003, 0.000이고, 유의수준($\alpha=0.05$)에서 귀무가설(H_0: 주효과는 0이다)이 기각되어 유의하다. A와 B는 통계적으로 반응에 유의하게 영향을 주는 실험인자이다. 그러나 교호작용 AB의 P-값은 0.998이고 유의수준($\alpha=0.1$)에서도 유의하지 않다. 교호작용 효과는 있다고 할 수 없다.

(3) 만약 교호작용이 유의하지 않으면 이를 오차항에 풀링하여 새로이 분산분석표를 작성하시오.

▶ MINITAB 결과

흡수속도에 대한 분산 분석					
출처	DF	SS	MS	F	P
A(촉매량)	3	542.1	180.71	12.31	0.000
B(반응온도)	2	2425.6	1212.79	82.61	0.000
오차	18	264.2	14.68		
총계	23	3232.0			

해설:

유의하지 않은 교호작용 AB를 오차항에 풀링하여 분산분석을 다시 한 결과 촉매량과 반응온도 모두 P-값이 0.000이다. 유의수준($\alpha=0.05$)에서 귀무가설이 기각된다. 촉매량과 반응온도는 유의하게 반응에 영향을 주는 인자이다.

(4) 촉매량(A)의 4수준에서의 흡수속도에 대한 95%신뢰구간을 구하고 그래프를 그리시오.

▶ MINITAB 그래프 분석

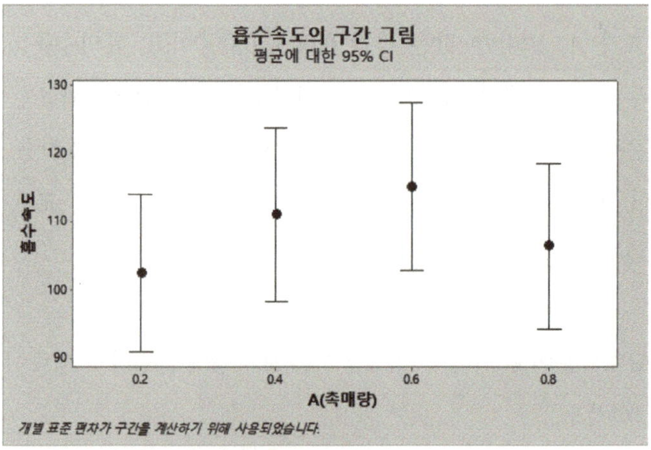

그룹: A(촉매량) = 0.6
95% 중위수에 대한 신뢰 구간
추정치 = 115.167
구간 = (105.291, 125.043)
N = 6

해설:

A_3(촉매량=0.6)일 때 흡수속도 추정값은 115.17로 가장 크며, 95% 신뢰구간은 (105.291, 125.043)이다.

(5) 온도(B)의 3수준에서의 흡수속도에 대한 95% 신뢰구간을 구하고 그래프를 그리시오.

▶ MINITAB 그래프 분석

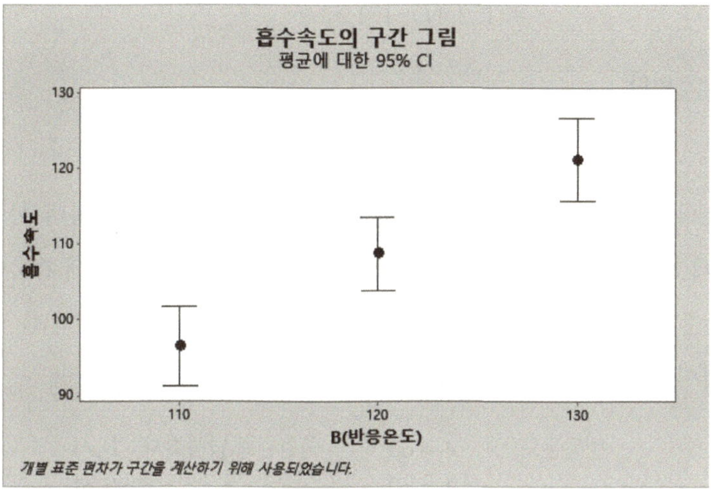


```
변수: B3(130℃)
95% 중위수에 대한 신뢰 구간
추정치 = 121.125
구간 = (115.626, 126.624)
N = 8
```

해설:

B_3(반응온도 130℃)일 때 흡수속도 추정값이 121.13으로 가장 크며, 95% 신뢰구간은 (115.63, 126.62)이다.

(6) 흡수속도를 최대로 하는 A_iB_j의 조건을 구하고, 이 조건에서의 흡수속도의 95% 신뢰구간을 구하시오.

▶ 풀이

교호작용이 유의하지 않으므로 주효과가 최대인 개별 실험인자 수준의 조합 A_3B_3에서 흡수속도가 최대가 되며 이때의 95% 신뢰구간은,

$$(\bar{x}_{3..} + \bar{x}_{.3.} - \bar{\bar{x}}) \pm t(18\,;0.025)\sqrt{\frac{V_E'}{n_e}}$$

$$(115.167 + 121.125 - 108.79) \pm 2.101 \times \sqrt{\frac{14.69}{4}}$$

$$= 127.502 \pm 4.025$$

$$= (123.477,\ 131.527)$$

이다.

5 2 이소니트로아세틸아민 유도체(중간원료)에 산을 가하고 가열하여 이사틴 유도체를 제조하는 공정에 있어서, 제조공정이 다른 3사의 중간원료에 관하여 반응온도(3수준)의 영향을 조사하였다. 반복을 2회로 하여 3×3×2=18회를 랜덤하게 실험하여 이사틴 생성률을 측정하였다.

반응온도(℃) : $A_1=60$, $A_2=70$, $A_3=80$ 중간원료 납품회사 : B_1사, B_2사, B_3사

단위(생성률 : %)

	A_1	A_2	A_3
B_1	61.0 60.2	64.1 63.2	65.2 66.1
B_2	63.3 62.7	66.2 65.4	66.6 67.2
B_3	61.3 61.9	63.2 64.2	66.0 66.4

(1) 분산분석을 하시오. 교호작용이 무시될 수 있는가 검토한 후, 무시될 수 있으면 오차항에 풀링하여 분산분석을 다시 하시오.

▶ MINITAB 결과

생성률에 대한 분산 분석

출처	DF	SS	MS	F	P
A(반응온도)	2	61.814	30.9072	108.24	0.000
B(납품회사)	2	11.964	5.9822	20.95	0.000
A(반응온도)*B(납품회사)	4	1.442	0.3606	1.26	0.353
오차	9	2.570	0.2856		
총계	17	77.791			

해설:

A(반응온도)와 B(납품회사)의 P-값이 0.000이다. 유의수준($\alpha=0.05$)에서 귀무가설은 기각된다. 두 인자 모두 반응에 영향을 주는 인자이다. 그러나, 교호작용은 유의하지 않다. 교호작용을 오차항에 풀링하여 분산분석을 다시 하면, 다음과 같다.

▶ MINITAB 결과

생성률에 대한 분산 분석

출처	DF	SS	MS	F	P
A(반응온도)	2	61.814	30.9072	100.14	0.000
B(납품회사)	2	11.964	5.9822	19.38	0.000
오차	13	4.012	0.3086		
총계	17	77.791			

해설:

반응온도와 납품회사의 P-값이 모두 0.000이다. 유의수준($\alpha=0.05$)에서 유의하다. 반응온도와 납품회사에 따라 이사틴 생성률은 차이가 있다.

(2) 이사틴생성률은 반응온도 및 중간원료의 납품회사에 따라 차가 있다고 할 수 있는가? 차가 있는 경우 $\mu(A_i)$, $\mu(B_j)$의 신뢰구간을 신뢰율 95%로 각각 구하라.

▶ 풀이

MS_E(=0.309)를 이용하여 각 수준별 95% 신뢰구간을 추정하면 다음과 같다.

$$t(13\,;0.025)\times\sqrt{\frac{0.309}{6}}=2.160\times0.21817=0.4901\text{이므로,}$$

$\mu(A_1)$의 95% 신뢰구간 $=61.7333\pm0.4901=(61.243,\ 62.223)$

$\mu(A_2)$의 95% 신뢰구간 $=64.3833\pm0.4901=(63.893,\ 64.873)$

$\mu(A_3)$의 95% 신뢰구간 $=66.2500\pm0.4901=(65.760,\ 66.740)$

$\mu(B_1)$의 95% 신뢰구간 $=63.30\pm0.4901=(65.760,\ 66.740)$

$\mu(B_2)$의 95% 신뢰구간 $=65.233\pm0.4901=(64.743,\ 65.723)$

$\mu(B_3)$의 95% 신뢰구간 $=63.8333\pm0.4901=(63.343,\ 64.323)$

(3) $\mu(A_i)$, $i=1,\ 2,\ 3$의 신뢰구간을 도시하라. 또한 $\mu(B_j)$, $j=1,\ 2,\ 3$의 신뢰구간도 도시하라. 그래프가 주는 의미를 해석하라.

▶ MINITAB 그래프 분석

$\mu(A_i)$에 대한 95% 신뢰구간

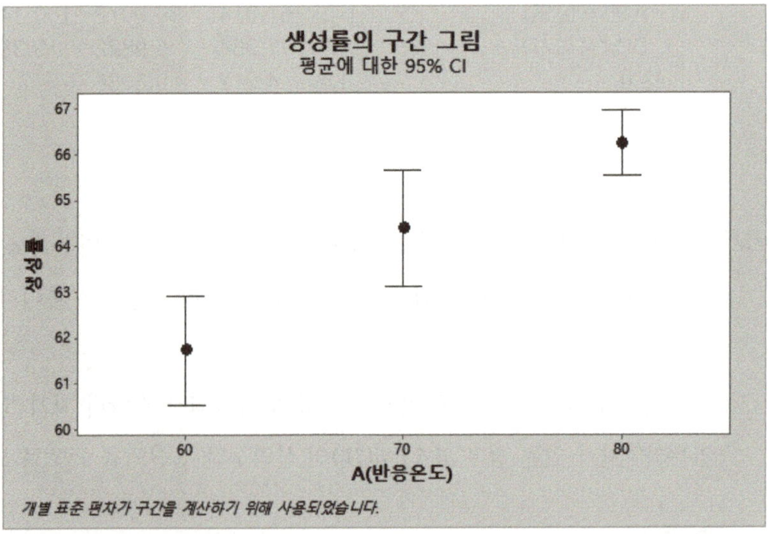

```
변수: A3 (80℃)
95% 중위수에 대한 신뢰 구간
추정치 = 66.25
구간 = (65.5484, 66.9516)
N = 6
```

해설:

반응온도(A)의 수준별 생성률에 대한 95% 신뢰구간 그림이다. A_3(80℃)에서 생성률은 66.25%로 가장 높고 95% 신뢰구간은 (65.5484, 66.9516)이다. 온도가 올라갈수록 생성률은 상승한다.

▶ MINITAB 그래프 분석

$\mu(B_j)$에 대한 95% 신뢰구간

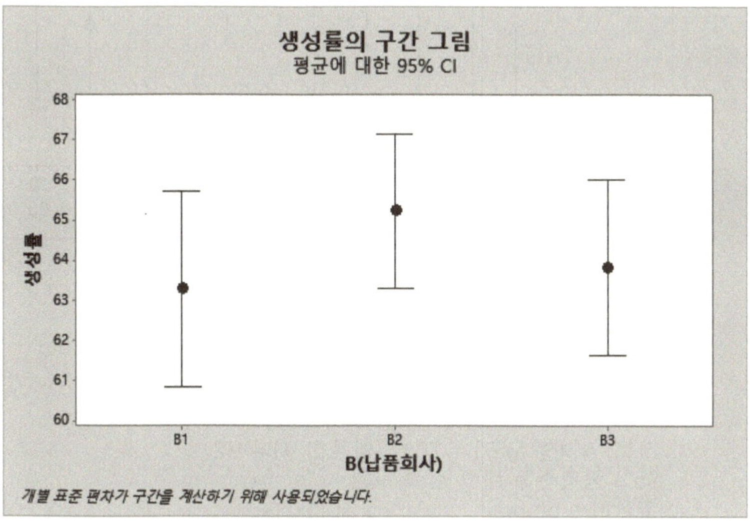


```
변수: B2
95% 중위수에 대한 신뢰 구간
추정치 = 65.2333
구간 = (63.3066, 67.1600)
N = 6
```

해설:

B_2사의 생성률은 65.23%로 가장 높고 95% 신뢰구간은 (63.30, 67.16)이다.

납품회사별로 생성률의 차이가 있다.

(4) 중간원료 B_2사에 대하여 반응온도의 변화에 따른 생성률의 95% 신뢰구간을 모두 구하고 이를 도시하시오.

▶ MINITAB 그래프 분석

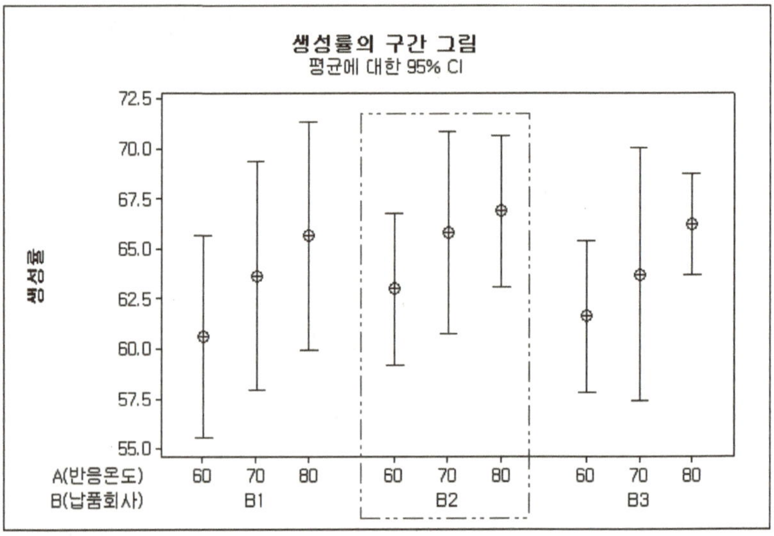

그룹: A(반응온도) = 60, B(납품회사) = B2
95% 중위수에 대한 신뢰 구간
추정치 = 63
구간 = (59.1881, 66.8119)
N = 2

그룹: A(반응온도) = 70, B(납품회사) = B2
95% 중위수에 대한 신뢰 구간
추정치 = 65.8
구간 = (60.7175, 70.8825)
N = 2

그룹: A(반응온도) = 80, B(납품회사) = B2
95% 중위수에 대한 신뢰 구간
추정치 = 66.9
구간 = (63.0881, 70.7119)
N = 2

5 3 어떤 기계의 소음을 작게 하기 위하여 모터(motor)의 베아링부분에 대하여 조립 후의 볼베아링의 유격(play)을 3수준, 조립 후의 진동을 3수준으로 바꾸어 3회 반복하여 3×3×3=27회의 실험을 랜덤하게 행하고, 소음계로 소음을 측정한 결과 아래와 같았다.

볼베아링의 유격 : $A_1=0\mu$, $A_2=5\mu$, $A_3=10\mu$

조립 후의 진동 : $B_1=40\mu$, $B_2=110\mu$, $B_3=180\mu$

(단위 : phon)

	A_1	A_2	A_3
B_1	78 76 75	74 76 75	75 76 77
B_2	79 80 80	78 79 80	78 77 79
B_3	81 83 83	79 77 75	79 80 81

(1) R관리도를 그리고 등분산의 가정을 검토하시오.

▶ MINITAB 그래프 분석

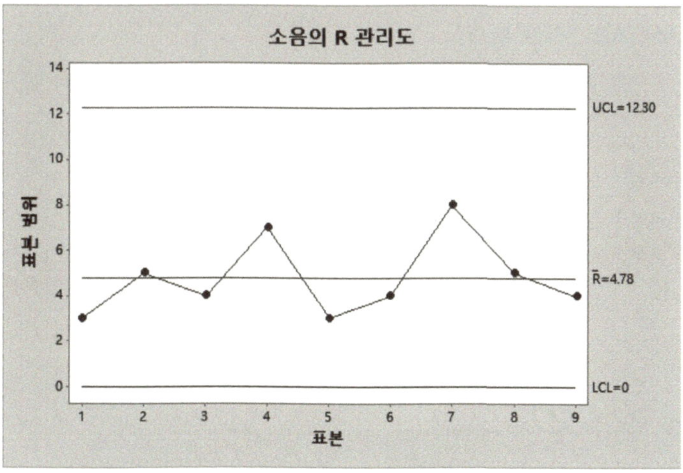

해설:

부분군이 3인 R 관리도의 관리한계선 밖에 위치한 특이점이 없고 개별 값들이 랜덤하게 관리한계선 안에 분포하므로 등분산 가정에 위배될 만한 정황은 보이지 않는다.

(2) 분산분석표를 작성하여 소음이 최소가 되는 실험인자의 수준 조합과 모평균에 대한 95% 신뢰구간을 구하시오.

▶ MINITAB 결과

소음에 대한 분산 분석

출처	DF	SS	MS	F	P
A(유격)	2	27.19	13.593	9.41	0.002
B(진동)	2	79.41	39.704	27.49	0.000
A(유격)*B(진동)	4	22.81	5.704	3.95	0.018
오차	18	26.00	1.444		
총계	26	155.41			

해설:

분산분석 결과 주효과와 교호작용 모두 유의수준($\alpha = 0.05$)에서 유의하게 반응에 영향을 주고 있다.

▶ MINITAB 그래프 분석

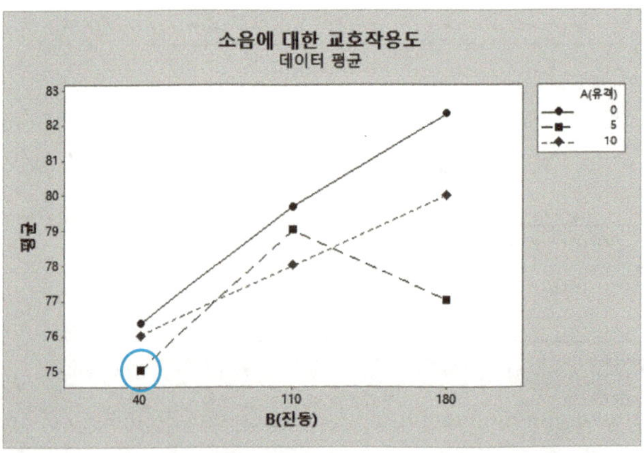

해설:

교호작용 그래프 분석 결과 유격이 $A_2(5\mu)$이고 조립후의 진동이 $B_1(40\mu)$일 때 소음은 최소가 됨을 알 수 있다.

$\mu(A_2B_1)$의 95% 신뢰구간은,

$$\bar{x}_{21.} \pm t(18;0.025) \times \sqrt{\frac{V_E}{r}} = 75 \pm 2.101 \times \sqrt{\frac{1.444}{3}}$$

$$= (73.542,\ 76.458)$$

이다.

5 4 어떤 생산 공정에서 제품 생성률 개선을 위해 원료로트(B) 중에서 랜덤하게 3로트 택하고, 가열온도 A는 3 수준, $A_1 = 70℃$, $A_2 = 80℃$, $A_3 = 90℃$로 하여 반복 2회 $(3 \times 3 \times 2 = 18$회) 실험을 랜덤한 순서로 하여 데이터를 얻었다. 여기서 인자 B는 집단인자로서 변량인자이다.

단위(생성률 : %)

	A_1	A_2	A_3
B_1	61.0 60.2	64.1 63.2	65.2 66.1
B_2	63.3 62.7	66.2 65.4	66.6 67.2
B_3	61.3 61.9	63.2 64.2	66.0 66.4

(1) 분산분석을 하여 각 인자의 영향을 검토하시오.

▶ MINITAB 일반선형 모형 분석 결과

요인 정보

요인	유형	수준	값
A(온도)	고정	3	70, 80, 90
B(원료로트)	랜덤	3	1, 2, 3

분산 분석

출처	DF	Adj SS	Adj MS	F-값	P-값
A(온도)	2	61.814	30.9072	85.72	0.001
B(원료로트)	2	11.964	5.9822	16.59	0.012
A(온도)*B(원료로트)	4	1.442	0.3606	1.26	0.353
오차	9	2.570	0.2856		
총계	17	77.791			

해설:

분산분석 결과 A: 온도, B: 원료로트의 주효과는 모두 유의하며 교호작용은 유의하지 않다.

(2) 만약 $A \times B$가 유의하지 않으면 오차항에 풀링시키고, 변량인자 B의 분산 ${\sigma_B}^2$을 추정하시오.

▶ MINITAB 결과

수정된 제곱합을 사용한 분산 성분

출처	분산	총계의 %	표준 편차	총계의 %
B(원료로트)	0.945598	75.39%	0.97242	86.83%
오차	0.308632	24.61%	0.55555	49.61%
총계	1.25423		1.11992	

▶ 풀이

교호작용 $A \times B$를 오차항에 풀링한 후의 분산분석결과이다. 여기서 변량인자 B의 분산은 다음과 같이 추정되었다.

$$ {\sigma_B}^2 = \frac{V_B - V_E}{lr} = \frac{5.982 - 0.3086}{3 \times 2} = 0.9455 $$

(3) 가열온도의 각 수준에 있어서 생성률을 구간추정하시오(신뢰율 = 95%).

▶ 풀이

A, B 각 수준에서의 반응 평균을 구하면 다음과 같다.

A(온도)	평균
70	61.7333
80	64.3833
90	66.2500

B(원료로트)	평균
1	63.3000
2	65.2333
3	63.8333

모수인자 A의 각 수준별 반응평균에 대한 95%신뢰 구간은,

$\mu(A_1) \pm t\left(\phi^*; \frac{\alpha}{2}\right)\sqrt{\frac{V_E + (l-1)V_B}{lmr}}$ 이므로

여기서, Satterthwaite 자유도($\phi_E{}^*$)를 구하면,

$$\phi_E{}^* = \frac{[V_B + (l-1)V_E]^2}{\frac{V_B{}^2}{\phi_B} + \frac{[(l-1)V_E]^2}{\phi_E}} = \frac{[5.982 + (3-1)0.309)]^2}{\frac{(5.982)^2}{2} + \frac{[(3-1)0.309]^2}{13}}$$

$$= 2.431$$

이고,

$$t(2.431; 0.025) \times \sqrt{\frac{5.983 + (3-1)0.309)}{3 \times 3 \times 2}}$$

$$= 3.820 \times 0.60558$$

$$= 2.3133$$

이다. $t(2.4316; 0.025)$은 보간법으로 구하였다. 즉,

$$4.303 - 0.431(4.303 - 3.182) = 3.820$$

A_1, A_2, A_3 각 수준별 반응값에 대한 95% 신뢰구간은,

$\mu(A_1)$의 95% 신뢰구간 $= 61.7333 \pm 2.3133 = (59.417, 64.043)$

$\mu(A_2)$의 95% 신뢰구간 $= 64.833 \pm 1.2861 = (63.5469, 66.1191)$

$\mu(A_3)$의 95% 신뢰구간 $= 66.250 \pm 1.2861 = (64.9634, 67.5361)$

(4) $\mu(A_3)-\mu(A_1)$의 차이에 대한 95% 신뢰구간을 추정하고 그 의미를 설명하시오.

▶ 풀이

$(\bar{x}_{3..}-\bar{x}_{1..})\pm t\left(\phi^*;\frac{\alpha}{2}\right)\sqrt{\frac{2V_E'}{mr}}$ 이고

$t(13;0.025)\times\sqrt{\frac{2\times 0.309}{6}}=2.160\times 0.3209=0.6932$이다.

A_3 와 A_1의 반응 평균차에 대한 95% 신뢰구간은

$$(66.25-61.7333)\pm 0.6932=4.517\pm 0.6932$$
$$=(3.823,\ 5.210)$$

95% 신뢰구간 안에 0이 포함되어 있지 않으므로, 수준 A_3(90℃)의 생성률 평균과 수준 A_2(70℃)의 생성률 평균에는 차이가 있다(A_3 수준에서의 생성률 평균이 더 높다).

06

다원배치법

학습목표

1. 3개 이상 실험인자로 실험을 하여 분산분석표를 작성할 수 있다.
2. 주효과와 2인자 교호작용을 구하여 최적 수준 조합을 찾을 수 있다.
3. 최적수준 조합에서의 반응값을 추정할 수 있다.
4. 추정된 값에 대한 신뢰구간을 구하고 그 의미를 해석할 수 있다.
5. 통계 소프트웨어를 이용하여 유의하지 않은 교호작용을 풀링(pooling)한 후 분산분석을 할 수 있다.

1. 삼원배치법

1) 구조모형

실험인자 3개로 하는 실험의 설계방법을 삼원배치법, 4개인자로 하는 실험의 설계방법을 사원배치법이라 한다. 일반적으로 인자의 수가 3개 이상인 실험설계를 총칭하여 다원배치법이라 한다. 삼원배치법인 경우에도 반복이 있을 수도 있고, 없을 수도 있는데, 여기서는 반복이 없는 경우만 다루기로 한다. 또한 인자가 다수인 경우에 모수인자와 변량인자가 섞여 있을 수 있는데, 여기에서는 모수모형인 경우만 설명하기로 한다.

인자 A, B, C 의 수준수가 각각 l, m, n이고 각 수준조합에서 1회씩만 실험한다고 하자. 실험은 $l\times m\times n$회의 실험을 랜덤하게 행해야 하며 이때의 자료의 배열은 [도표1]과 같다. 인자 A의 i수준, B의 j수준, C의 k수준에서 관측값 x_{ijk}는 인자 A, B, C와 두 인자 사이의 교호작용 $A\times B$, $A\times C$, $B\times C$의 영향을 받으므로 다음과 같이 표현될 수 있다.

도표1 반복수가 1인 삼원배치법의 자료의 배열

A	B	C_1	C_2	$\cdots$	C_n
A_1	B_1	x_{111}	x_{112}	$\cdots$	x_{11n}
	B_2	x_{121}	x_{122}	$\cdots$	x_{12n}
	$\vdots$	$\vdots$	$\vdots$		$\vdots$
	B_m	x_{1m1}	x_{1m2}	$\cdots$	x_{1mn}
A_2	B_1	x_{211}	x_{212}	$\cdots$	x_{21n}
	B_2	x_{221}	x_{222}	$\cdots$	x_{22n}
	$\vdots$	$\vdots$	$\vdots$		$\vdots$
	B_m	x_{2m1}	x_{2m2}	$\cdots$	x_{2mn}
$\cdots$	$\cdots$	$\cdots$			
A_l	B_1	x_{l11}	x_{l12}	$\cdots$	x_{l1n}
	B_2	x_{l21}	x_{l22}	$\cdots$	x_{l2n}
	$\vdots$	$\vdots$	$\vdots$		$\vdots$
	B_m	x_{lm1}	x_{lm2}	$\cdots$	x_{lmn}

(표의 C_1 ~ C_n 열 위에는 공통 머리글 C가 있음)

$$x_{ijk}=\mu+\alpha_i+\beta_j+\gamma_k+(\alpha\beta)_{ij}+(\alpha\gamma)_{ik}+(\beta\gamma)_{jk}+\varepsilon_{ijk} \quad (6\cdot 1)$$

$$i=1, 2, \cdots, l \quad j=1, 2, \cdots, m \quad k=1, 2, \cdots, n$$

여기서 3인자 교호작용 $(\alpha\beta\gamma)_{ijk}$는 각 수준조합에서 반복을 하지 않았으므로 오차항에 교락 되어 분리하여 구할 수 없다. 만약 반복 실험을 한다면 이 교호작용은 오차와 분리하여 구할 수 있다.

2) 분산분석

주효과와 교호작용의 유의성을 검증하기 위하여 분산분석표를 작성하여 보자. 통계모형 (6·1)로부터 총변동 SS_T를 각 인자의 변동 SS_A, SS_B, SS_C와 교호작용에 의한 변동 $SS_{A\times B}$, $SS_{A\times C}$, $SS_{B\times C}$와 잔차변동 SS_E로 분해해야함을 알 수 있다. 각 변동의 계산공식은 다음과 같다.

$$CT=\frac{T^2}{lmn} \quad (6\cdot 2)$$

$$SS_T=\sum_i\sum_j\sum_k(x_{ijk}-\bar{x})^2=\sum_i\sum_j\sum_k x_{ijk}{}^2-CT$$

$$SS_A=\sum_i\sum_j\sum_k(x_{i..}-\bar{x})^2=\sum_i\frac{T_{i..}{}^2}{mn}-CT$$

$$SS_B=\sum_i\sum_j\sum_k(x_{.j.}-\bar{x})^2=\sum_j\frac{T_{.j.}{}^2}{ln}-CT$$

$$SS_C=\sum_i\sum_j\sum_k(x_{..k}-\bar{x})^2=\sum_k\frac{T_{..k}{}^2}{lm}-CT$$

$$SS_{AB}=\sum_i\sum_j\sum_k(x_{ij.}-\bar{x})^2=\sum_i\sum_j\frac{T_{ij.}{}^2}{n}-CT$$

$$SS_{A\times B}=SS_{AB}-SS_A-SS_B$$

$$SS_{AC}=\sum_i\sum_j\sum_k(x_{i.k}-\bar{x})^2=\sum_i\sum_k\frac{T_{i.k}{}^2}{m}-CT$$

$$SS_{A\times C}=SS_{AC}-SS_A-SS_C$$

$$SS_{BC}=\sum_i\sum_j\sum_k(x_{.jk}-\bar{x})^2=\sum_i\sum_j\frac{T_{.jk}{}^2}{l}-CT$$

$$SS_{B\times C}=SS_{BC}-SS_B-SS_C$$

$$SS_E=SS_T-(SS_A+SS_B+SS_C+SS_{A\times B}+SS_{A\times C}+SS_{B\times C})$$

이때 교호작용 효과에 의한 변동의 자유도는 관련된 효과에 의한 변동의 자유도들의 곱임을 주목할 때에, 각각의 변동에 대응하는 자유도는 다음과 같다

$$\phi_T = lmn - 1$$

$$\phi_A = l - 1,\ \phi_B = m - 1,\ \phi_C = n - 1$$

$$\phi_{A\times B} = (l-1)(m-1)$$

$$\phi_{A\times C} = (l-1)(n-1)$$

$$\phi_{B\times C} = (m-1)(n-1)$$

$$\phi_E = (l-1)(m-1)(n-1)$$

이상의 결과를 요약하면 [도표2]와 같은 분산분석표를 작성할 수 있다. 이 분산분석표에서는 6개의 F 검정이 동시에 이루어지는데, 이는 각 인자 A, B, C가 특성값에 영향을 주는가 하는 문제와 두 인자 사이의 교호작용 $A\times B$, $A\times C$, $B\times C$가 존재하는가에 대한 문제의 검정과정이라 볼 수 있다.

도표2 ┆ 반복수가 1인 삼원배치법의 분산분석표(모수모형)

요인	제곱합	자유도	평균제곱	F_0
A	SS_A	$l-1$	MS_A	MS_A/MS_E
B	SS_B	$m-1$	MS_B	MS_B/MS_E
C	SS_C	$n-1$	MS_C	MS_C/MS_E
$A\times B$	$SS_{A\times B}$	$(l-1)(m-1)$	$MS_{A\times B}$	$MS_{A\times B}/MS_E$
$A\times C$	$SS_{A\times C}$	$(l-1)(n-1)$	$MS_{A\times C}$	$MS_{A\times C}/MS_E$
$B\times C$	$SS_{B\times C}$	$(m-1)(n-1)$	$MS_{B\times C}$	$MS_{B\times C}/MS_E$
E	SS_E	$(l-1)(m-1)(n-1)$	MS_E	
T	SS_T	$lmn-1$		

3) 분산분석 후의 추정

일차적으로 분산분석표에 의한 F-검정이 끝나면 유의하지 않은 교호작용은 오차항에 풀링하여 다시 F-검정하는 것이 좋다. 이 때 $\alpha=0.05$에서 유의하지 않다고 무조건 풀링하지 말고, $\alpha=0.10$에서도 유의하지 않으면 풀링시켜도 좋으나 F_0의 값이 $F(0.10)$과 $F(0.05)$ 사이에 있을 경우 일반적으로 풀링시키지 않고 새로얻어진 오차분산으로 다시 F-검정 하는 것이 바람직하다. 처음에는 유의하지 않다가도 풀링한 후 검정에서 유의하게 되는 경우가 많다.

분산분석 후의 추정은 풀링 후에 얻어진 분산분석표를 보고 시작한다. 몇 가지 경우로 나누어서 검토하여 보자.

(1) 주효과만 유의한 경우

F-검정 결과 분산분석표에서 교호작용 $A\times B$, $A\times C$, $B\times B$가 유의하지 않아 오차항에 풀링 되고, 주효과 A, B, C 또는 그 일부만이 유의한 경우이다. 만약 A, B, C가 모두 유의하다면 각 인자수준에서의 모평균의 구간추정은

$$\mu(A_i) : \bar{x}_{i..} \pm t\left(\phi_E{}' ; \frac{\alpha}{2}\right)\sqrt{\frac{V_E{}'}{mn}} \tag{6·3}$$

$$\mu(B_j) : \bar{x}_{.j.} \pm t\left(\phi_E{}' ; \frac{\alpha}{2}\right)\sqrt{\frac{V_E{}'}{ln}} \tag{6·4}$$

$$\mu(C_k) : \bar{x}_{..k} \pm t\left(\phi_E{}' ; \frac{\alpha}{2}\right)\sqrt{\frac{V_E{}'}{lm}} \tag{6·5}$$

이 된다. 그리고 수준조합 $A_iB_jC_k$에서의 모평균의 점추정값은

$$\begin{aligned}\hat{\mu}(A_iB_jC_k) &= \widehat{\mu + a_i + b_j + c_k} \\ &= \widehat{\mu + a_i} + \widehat{\mu + b_j} + \widehat{\mu + c_k} - 2\hat{\mu} \\ &= \bar{x}_{i..} + \bar{x}_{.j.} + \bar{x}_{..k} - 2\bar{\bar{x}}\end{aligned} \tag{6·6}$$

이므로 $\mu(A_iB_jC_k)$의 신뢰구간은

$$(\bar{x}_{i..} + \bar{x}_{.j.} + \bar{x}_{..k} - 2\bar{\bar{x}}) \pm t\left(\phi_E{}' ; \frac{\alpha}{2}\right)\sqrt{\frac{V_E{}'}{n_e}} \tag{6·7}$$

이다. 여기서 유효반복수 n_e의 계산은

$$\frac{1}{n_e}=\frac{1}{mn}+\frac{1}{ln}+\frac{1}{lm}-2\frac{1}{lmr}$$

을 만족시키는 n_e의 값으로

$$n_e=\frac{lmr}{l+m+n-2} \quad (6\cdot8)$$

이 된다.

따라서 관련된 특성치를 최적으로 하는 조건 $A_iB_jC_k$의 발견은 식 (6·6)에서 $\hat{\mu}(A_iB_jC_k)$를 최적으로 하는 $A_iB_jC_k$를 구하고 식 (6·7)에 의해 구간추정하여 해석해 나가면 좋을 것이다. 여기서는 교호작용이 모두 유의하지 않으므로 식 (6·3), (6·4), (6·5)에서 구한 각 인자의 최적수준이 결국 식 (6·6)에서 구한 $A_iB_jC_k$의 최적조건과 일치하게 된다.

만약 C 인자는 무시할 수 있어서 A, B만이 유의하다면 식 (6·6)과 (6·7)은 각각 다음과 같이 변한다.

$$\hat{\mu}(A_iB_j)=\bar{x}_{i..}+\bar{x}_{.j.}-\bar{\bar{x}} \quad (6\cdot9)$$

$$(\bar{x}_{i..}+\bar{x}_{.j.}-\bar{\bar{x}})\pm t\left(\phi_E';\frac{\alpha}{2}\right)\sqrt{\frac{V_E'}{n_e}} \quad (6\cdot10)$$

위의 식에서 n_e는

$$n_e=\frac{lmr}{l+m-1}$$

으로 바뀐다.

(2) 주효과와 교호작용의 일부가 유의한 경우

F-검정결과 분산분석표에서 주효과 A, B, C가 유의하고 교호작용 중 $A\times C$만 풀링되지 않고 유의하게 남아 있는 경우 $A_iB_jC_k$의 점추정값은

$$\begin{aligned}\hat{\mu}(A_iB_jC_k) &= \overline{\mu + a_i + b_j + c_k + (ac)_{ik}} \\ &= \overline{\mu + a_i + c_k + (ac)_{ik}} + \widehat{\mu + b_j} - \hat{\mu} \\ &= \bar{x}_{i.k} + \bar{x}_{.j.} - \bar{\bar{x}} \end{aligned} \tag{6·11}$$

에 의하여 구해진다. 이때 $\hat{\mu}(A_iB_jC_k)$를 최대로 하는 조건을 빨리 구할 수 있는 방법은, AC 2원표($T_{i.k}$표)와 B 1원표($T_{.j.}$표)를 만들어 $T_{i.k}$를 최대로 하는 A_iC_k를 찾고 $T_{.j.}$를 최대로 하는 B_j를 찾아 $A_iB_jC_k$ 수준조합을 구하면 된다.

위에서 얻어진 $A_iB_jC_k$에서의 모평균의 신뢰구간은

$$(\bar{x}_{i.k} + \bar{x}_{.j.} - \bar{\bar{x}}) \pm t\left(\phi_E';\frac{\alpha}{2}\right)\sqrt{\frac{V_E'}{n_e}} \tag{6·12}$$

이며, 여기서 n_e는

$$\frac{1}{n_e} = \frac{1}{m} + \frac{1}{ln} + \frac{1}{lmn} = \frac{ln+m-1}{lmn}$$

에 의하여

$$n_e = \frac{lmn}{ln+m-1}$$

이다.

(3) 모든 요인이 유의한 경우

F-검정결과 분산분석표에서 모든 주효과와 교호작용이 유의하여 풀링된 것이 하나도 없는 경우 $\mu(A_iB_jC_k)$의 점추정값은 다음과 같다.

$$\begin{aligned}\hat{\mu}(A_iB_jC_k) &= \overline{\mu + a_i + b_j + c_k + (ab)_{ij} + (ac)_{ik} + (bc)_{jk}} \\ &= \overline{\mu + a_i + c_k + (ab)_{ij}} + \overline{\mu + a_i + c_k + (ac)_{ik}} + \overline{\mu + a_i + c_k + (bc)_{jk}} \\ &\quad - \widehat{\mu + a_i} - \widehat{\mu + b_j} - \widehat{\mu + c_k} + \hat{\mu} \\ &= \bar{x}_{ij.} + \bar{x}_{i.k} + \bar{x}_{.jk} - \bar{x}_{i..} - \bar{x}_{.j} - \bar{x}_{..k} + \bar{\bar{x}} \end{aligned} \tag{6·13}$$

이러한 경우 식 (6·13)을 최대로 하는 $A_iB_jC_k$를 찾으려면 lmn개의 모든 수준조합에서 식 (6·13)을 계산 해야 찾을 수 있을 것이다.

$\mu(A_iB_jC_k)$의 신뢰구간은

$$\hat{\mu}(A_iB_jC_k) \pm t\left(\phi_E ; \frac{\alpha}{2}\right)\sqrt{\frac{V_E}{n_e}} \tag{6·14}$$

이다. 여기서

$$n_e = \frac{lmn}{lm + ln + mn - 1 - m - n + 1} \tag{6·15}$$

이 됨을 쉽게 알 수 있다.

예제 6·1

어떤 화학제품의 합성반응공정에서 합성률(%)을 향상시킬 수 있는가를 검토하기 위하여 합성반응의 중요한 인자라고 생각되는 다음의 세 가지 인자를 각각 3수준씩 선택하였다.

반응압력(kg/cm²): $A_1 = 8$ $A_2 = 10$ $A_3 = 12$

반응시간(hr): $B_1 = 1.5$ $B_2 = 2.0$ $B_3 = 2.5$

반응온도(℃): $C_1 = 140$ $C_2 = 150$ $C_3 = 160$

도표3 원데이터 : x_{ijk}

합성률(%)

		A_1	A_2	A_3
A_1	C_1	74	61	50
	C_2	86	78	70
	C_3	76	71	60
A_2	C_1	72	62	49
	C_2	91	81	68
	C_3	87	77	64
A_3	C_1	48	55	52
	C_2	65	72	69
	C_3	56	63	60

반복이 없는 삼원배치실험으로 총 27회 실험을 완전 랜덤하게 실시하여 [도표3]의 데이터를 얻었다. 3인자 모두 모수인자이므로 모수모형의 실험이다. 합성률을 가장 좋게 하는 조건을 찾고, 그 모평균을 추정하라. 현재 사용되고 있는 합성조건은 반응압력 8kg/cm^2(A_1), 반응시간 1.5hr(B_1), 반응온도 140℃(C_1)인데 이들의 값을 약간 올려주는 것이 합성률을 크게 할 것이라고 예측하고 위와 같은 수준들을 선택하여 실험한 것이다.

풀이 ▣ MINITAB 일반선형 모형

▶ 통계분석 > 분산분석 > 균형분산분석

- 반응:합성률
- 모형: A(압력) B(시간) C(온도) A(압력)*B(시간) A(압력)*C(온도) B(시간)*C(온도)

▶ 확인

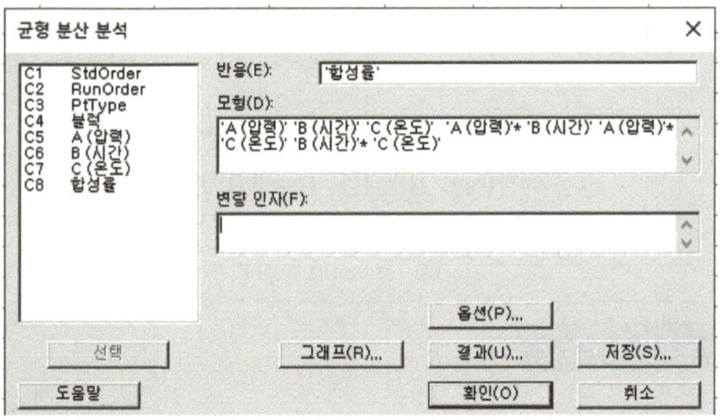

▶ MINITAB 결과

분산 분석: 합성률 대 A (압력), B (시간), C (온도)

요인 정보

요인	유형	수준	값
A (압력)	고정	3	8, 10, 12
B (시간)	고정	3	1.5, 2.0, 2.5
C (온도)	고정	3	140, 150, 160

합성률에 대한분산 분석

출처	DF	SS	MS	F	P
A (압력)	2	743.63	371.815	164.57	0.000
B (시간)	2	753.41	376.704	166.74	0.000
C (온도)	2	1380.96	690.481	305.62	0.000
A (압력)*B (시간)	4	651.93	162.981	72.14	0.000
A (압력)*C (온도)	4	9.04	2.259	1.00	0.461
B (시간)*C (온도)	4	56.59	14.148	6.26	0.014
오차	8	18.07	2.259		
총계	26	3613.63			

해설:

주효과와 2인자 교호작용 효과를 분석한 분산분석결과를 보면 주효과 모두 유의수준($\alpha = 0.05$)에서 유의하며, 압력과 온도의 교호작용($A \times C$)을 제외한 2인자 교호작용이 모두 유의하다. 유의하지 않은 교호작용 $A \times C$를 오차항에 풀링한 후 다시 분산분석을 한다.

▶ MINITAB 결과

합성률에 대한분산 분석

출처	DF	SS	MS	F	P
A (압력)	2	743.63	371.815	164.57	0.000
B (시간)	2	753.41	376.704	166.74	0.000
C (온도)	2	1380.96	690.481	305.62	0.000
A (압력)*B (시간)	4	651.93	162.981	72.14	0.000
B (시간)*C (온도)	4	56.59	14.148	6.26	0.003
오차	12	27.11	2.259		
총계	26	3613.63			

해설:

풀링후의 분산분석결과 주효과 A, B, C와 교호작용 $A \times B$, $B \times C$가 유의하다.

▶ MINITAB 그래프 분석

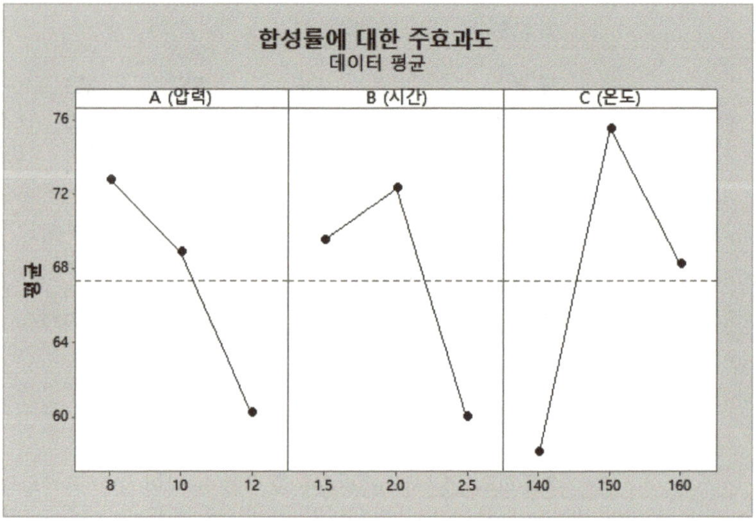

해설:

주효과도에서 합성률이 높게 나오는 각 인자들의 수준을 정하면 $A_1(8)$, $B_2(20)$, $C_2(150)$이다.

▶ MINITAB 그래프 분석

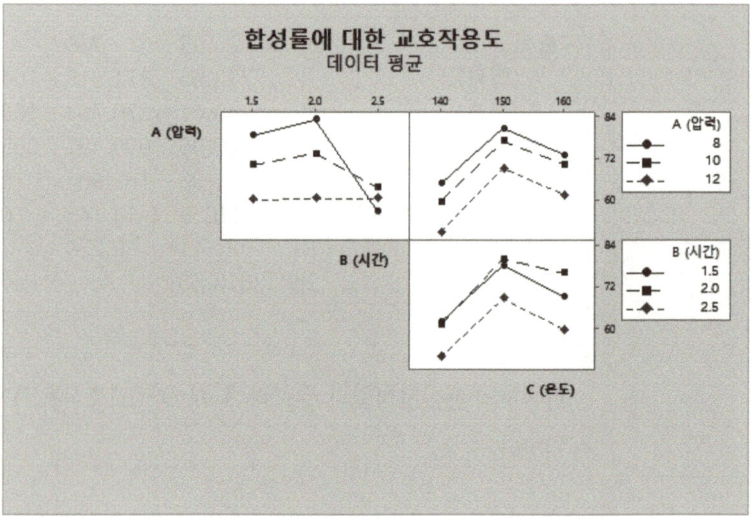

해설:

교호작용도를 보면 A와 B, B와 C 사이에는 교호작용이 있음을 알 수 있다.

▶ MINITAB 그래프 분석

$A_iB_jC_k$ 수준별 95% 신뢰구간 구간그림

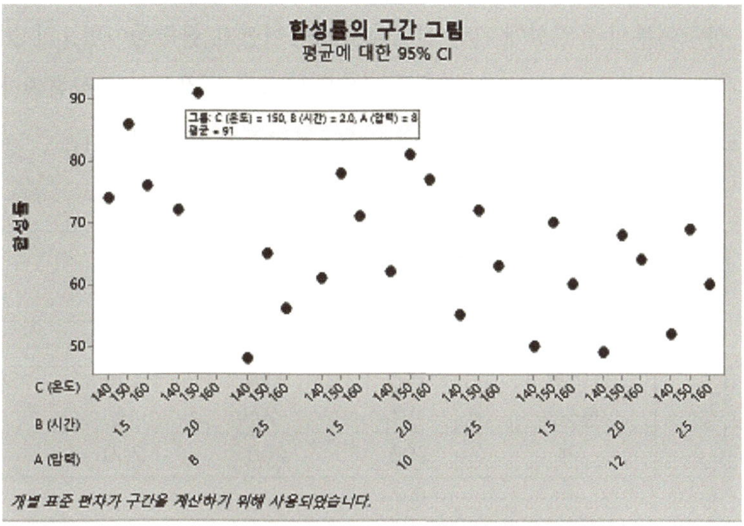

그룹: C(온도) = 150, B(시간) = 2.0, A(압력) = 8
평균 = 91

해설:

27개 수준조합에 대한 합성률 평균을 비교한 결과 합성률이 가장 높은 수준 조합은 A_1(8), B_2(2.0), C_2(150)이며 이때 예측되는 합성률은 91%이다.

(참고: Minitab은 개별 표준편차를 사용하여 신뢰구간 그림을 만든다. 3인자 A, B, C 각 수준 조합에서 실험 반복이 이루어지지 않아 표준편차를 구할 수 없어 구간이 아닌 평균값만 보여주고 있다)

2. 일원배치 계수치 데이터

불량여부의 동일성에 관한 실험에서 양품이면 0, 불량품이면 1의 값을 주기로 하고 4대의 기계에서 나오는 200개씩의 제품을 만들고 불량여부를 실험했다 하자. 그 결과로 [도표4]의 데이터를 얻었다. 기계에 따라 불량률에 차가 있는가?

도표4 ¦ 기계간 불량품 데이터

기계	A_1	A_2	A_3	A_4
양품	190	178	194	170
불량품	10	22	6	30
계	200	200	200	200

▣ MINITAB 일원분산 분석

▶ 통계분석 > 분산분석 > 일원분산분석

- 반응 데이터가 각 요인 수준에 대해 별도의 열에 있음
- 반응: A1 A2 A3 A4

▶ 확인

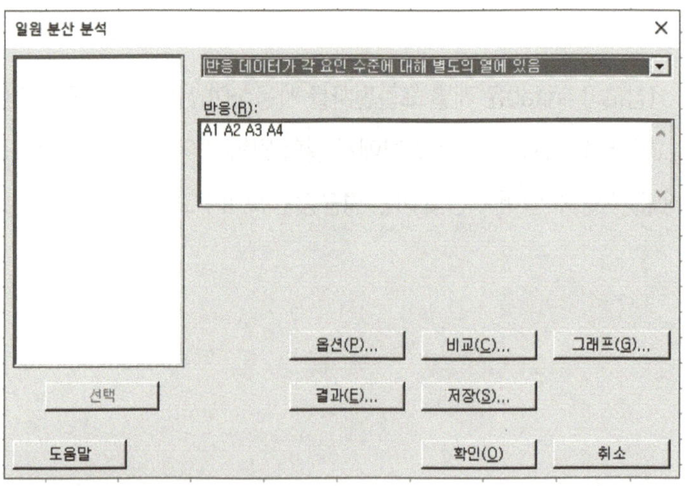

▶ MINITAB 결과

일원 분산 분석: A1, A2, A3, A4

방법

귀무 가설　모든 평균이 동일하다.
대립 가설　평균이 모두 같지 않다.
유의 수준　α = 0.05

분석을 위해 분산이 같다고 가정되었습니다.

요인 정보

요인	수준	값
요인	4	A1, A2, A3, A4

분산 분석

출처	DF	Adj SS	Adj MS	F-값	P-값
요인	3	1.820	0.60667	8.00	0.000
오차	796	60.400	0.07588		
총계	799	62.220			

평균

요인	N	평균	표준 편차	95% CI
A1	200	0.0500	0.2185	(0.0118, 0.0882)
A2	200	0.1100	0.3137	(0.0718, 0.1482)
A3	200	0.0300	0.1710	(-0.0082, 0.0682)
A4	200	0.1500	0.3580	(0.1118, 0.1882)

합동 표준 편차 = 0.275462

해설:

기계간 불량률에 대한 F-검정결과 P-값이 0.000이다. 유의수준($\alpha=0.05$)에서 귀무가설(H_0 : 기계간 불량률은 같다)이 기각된다. 기계간 불량률의 차이가 있다.

3. 이원 배치계수치 데이터

앞에서 다룬 일원배치의 경우를 확장시켜 실험인자 기계(A)외에 공정 열처리 온도를 실험인자로 추가하여 실험한 결과 [도표5]와 같은 데이터를 얻었다. 이것은 반복이 있는 이원배치법의 경우와 같은 것으로 $l=4$, $m=2$, $r=120$인 실험이다. A_1B_1에서는 0(양품)인 데이터의 수가 115개이고, 1(불량품)인 데이터가 5개이다.

도표5 ⁝ 기계 및 열처리온도에 관한 불량률 데이터

기계 \ 열처리	A_1		A_2		A_3		A_4		계
	양품	불량품	양품	불량품	양품	불량품	양품	불량품	
B_1	115	5	108	12	117	3	100	20	$T_{.1.}=40$
B_2	110	10	100	20	112	8	98	22	$T_{.2.}=60$
계	$T_{1..}=15$		$T_{2..}=32$		$T_{3..}=11$		$T_{4..}=42$		$T=100$

▣ MINITAB 일반선형 모형

▶ 통계분석 > 분산분석 > 균형분산분석

- 반응: DATA
- 모형: A B A*B

▶ 확인

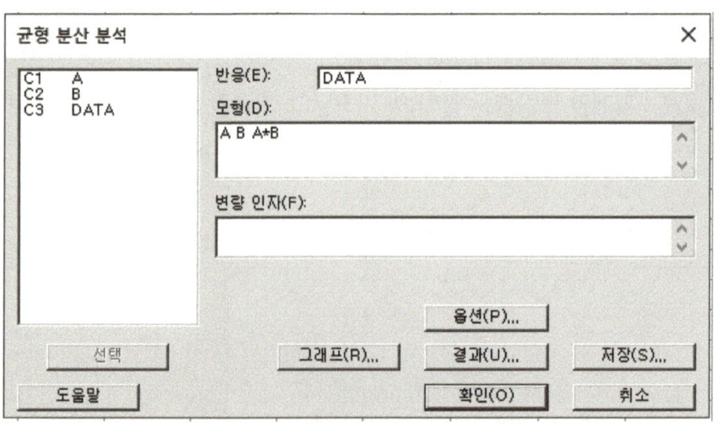

▶ MINITAB 결과

요인 정보

요인	유형	수준	값
A	고정	4	A1, A2, A3, A4
B	고정	2	B1, B2

DATA에 대한 분산 분석

출처	DF	SS	MS	F	P
A	3	2.6417	0.88056	9.70	0.000
B	1	0.4167	0.41667	4.59	0.032
A*B	3	0.0750	0.02500	0.28	0.843
오차	952	86.4500	0.09081		
총계	959	89.5833			

해설:

주효과 A, B의 P-값이 각각 0.000, 0.032이다. 유의수준($\alpha = 0.05$)에서 귀무가설이 기각되고 A, B 모두 유의하다. 교호작용 $A \times B$의 P-값은 0.843 으로 유의하지 않다.

▶ 결론

기계와 열처리 방법에 따라 제품의 품질이 다르다고 할 수 있다.

▣ 기계(A) 수준별 불량률에 대한 95% 신뢰구간

▶ 통계분석 > 분산분석 > 구간 그림

MINITAB 구간그림을 이용하여 A인자의 각 수준별 95% 신뢰구간을 그릴 수 있다.

▶ MINITAB 그래프 분석

기계(A) 수준별 불량률에 대한 95% 신뢰구간

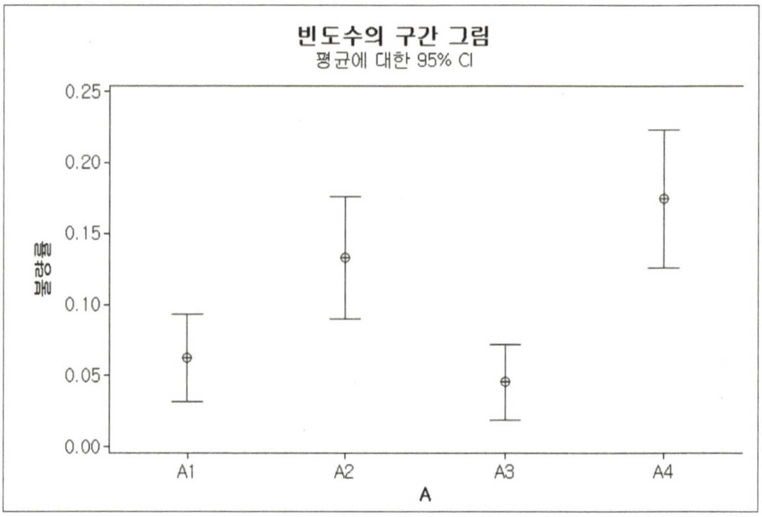

해설:

A_4 수준에서 불량률이 가장 높고 A_3 수준에서 가장 낮다.

▶ MINITAB 그래프 분석

열처리(B) 수준별 불량률에 대한 95% 신뢰구간

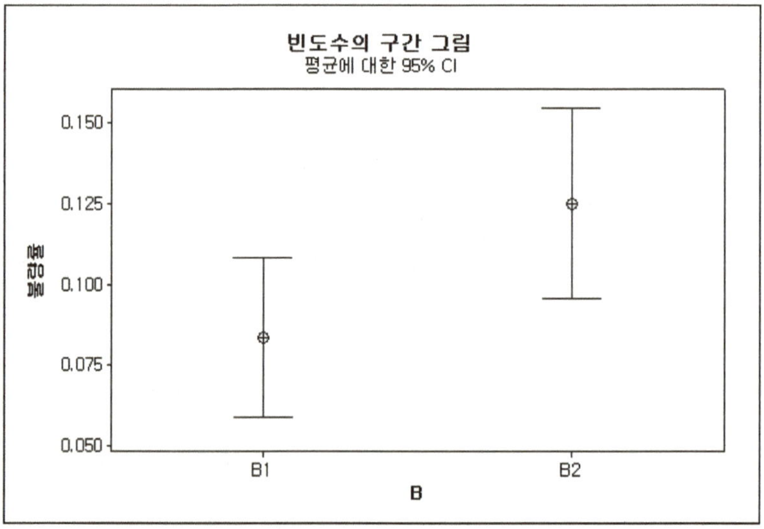

해설:

수준 B_2의 불량률이 수준 B_1의 불량률 보다 더 높다.

▶ MINITAB 그래프 분석

기계(A)와 열처리(B)의 수준 조합에 대한 대한 95% 신뢰구간

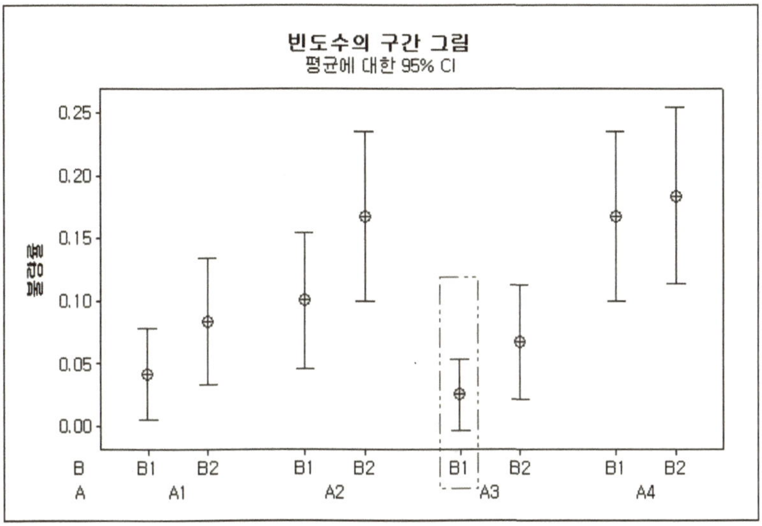

그룹: B = B1, A = A3
95% 중위수에 대한 신뢰 구간
추정치 = 0.025
구간 = (-0.00333909, 0.0533391)
N = 120

해설:

A_3B_1에서 불량률이 2.5%로 가장 낮고 95% 신뢰구간은 (0%, 5.3%)이다.

연습문제

6 1 윤활유 탈색에 쓰이는 활성백토는, 천연적으로 산출되는 산성백토를 원료로 유산 처리를 하고 세척 한 후에 건조시켜서 분쇄하여 분말 형태로 만들어진다. 이렇게 만들어진 활성백토는 윤활유 탈색도를 측정하여 제품의 품질을 판정한다. 원료 1톤당 유산사용량($A_1 = 400$㎏, $A_2 = 500$㎏, $A_3 = 600$㎏), 수세횟수($B_1 = 4$회, $B_2 = 5$회) 및 건조시간($C_1 = 10$시간, $C_2 = 12$시간, $C_3 = 14$시간)을 실험인자로 취하여 $3 \times 2 \times 3 = 18$회의 삼원배치실험을 하고, 탈색도에 대한 영향을 조사하였다. 다음 데이터는 탈색 후 윤활유 색의 정도를 표준색깔과 비교했을 때 비색계를 읽어서 적은 값이며, 값이 큰 쪽이 탈색력이 크다.

		A_1	A_2	A_3
B_1	C_1	95	102	86
	C_2	98	111	86
	C_3	99	111	89
B_2	C_1	90	99	85
	C_2	96	109	81
	C_3	97	112	94

(1) 분산분석을 하시오.

▶ MINITAB 결과

```
분산 분석: 탈색도 대 A, B, C

요인 정보

요인    유형    수준              값
A       고정       3   400, 500, 600
B       고정       2            4, 5
C       고정       3      10, 12, 14

탈색도에 대한분산 분석

출처        DF       SS        MS       F       P
 A           2  1267.00   633.500  182.45   0.000
 B           1    10.89    10.889    3.14   0.151
```

C	2	169.00	84.500	24.34	0.006
A*B	2	5.44	2.722	0.78	0.516
B*C	2	18.78	9.389	2.70	0.181
A*C	4	77.00	19.250	5.54	0.063
오차	4	13.89	3.472		
총계	17	1562.00			

해설:

요인 A, B, C에 대한 주효과와 2인자 교호작용 AB, BC, AC에 대한 분산분석 결과 주효과 A와 C가 유의수준 0.05에서 유의하다. 요인 A의 주효과는 유의수준 0.1에서 유의하지 않다. 2인자 교호작용 중 AC가 유의수준 0.1에서 유의하다.

(2) 유의수준 $\alpha=0.10$에서도 유의하지 않은 교호작용은 오차항에 풀링시켜 다시 분산분석을 하시오.

▶ MINITAB 결과

탈색도에 대한분산 분석

출처	DF	SS	MS	F	P
A	2	1267.00	633.500	132.98	0.000
B	1	10.89	10.889	2.29	0.169
C	2	169.00	84.500	17.74	0.001
A*C	4	77.00	19.250	4.04	0.044
오차	8	38.11	4.764		
총계	17	1562.00			

해설:

풀링 후의 분산분석표에서 주효과 A, C와 교호작용 $A\times C$가 유의수준 ($\alpha=0.05$)에서 유의하다.

(3) 탈색도를 가장 크게 하는 A, B, C 인자의 조건을 찾고, 이 조건에서 탈색도의 90% 신뢰구간을 구하라.

▶ MINITAB 그래프 분석

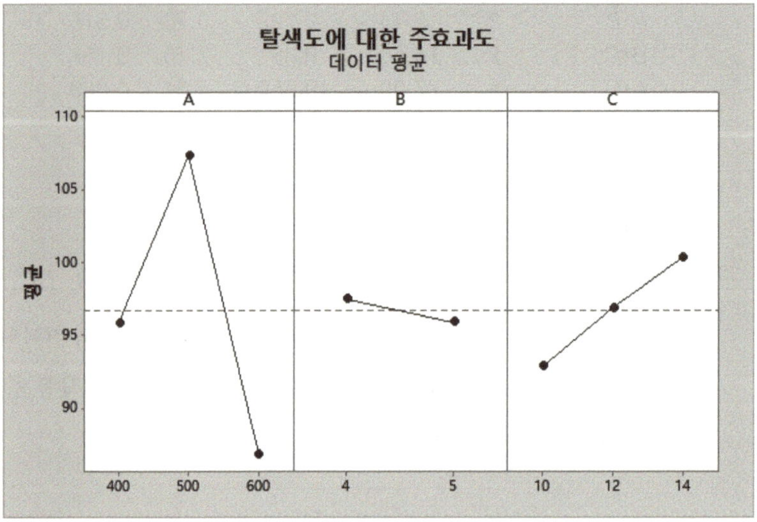

해설:

탈색도가 높은 인자의 수준은 $A_2(500)B_1(4)C_3(14)$이다. 인자 B의 효과는 거의 무시해도 될 정도로 작다.

▶ MINITAB 그래프 분석

$A_2B_1C_3$의 수준별 90% 신뢰구간

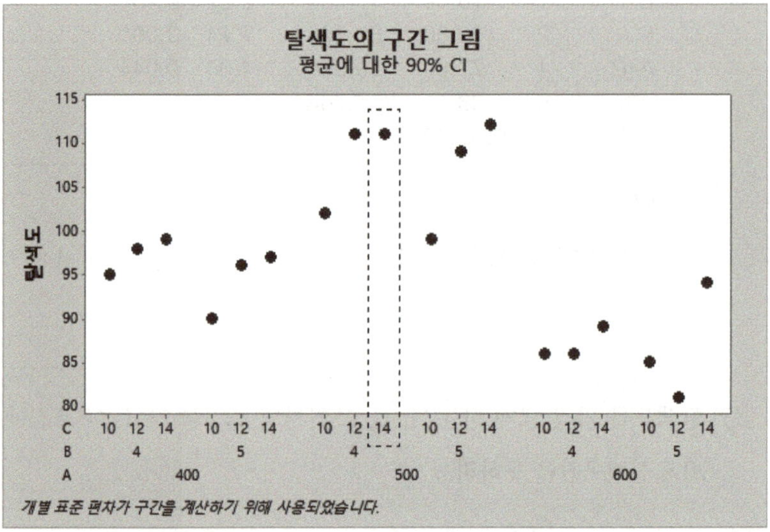

해설:

MINITAB으로 ABC 각 수준조합에 대하여 90% 신뢰구간을 작성하였다.

(4) 유의한 교호작용은 그래프로 그려서 그 실제적인 의미를 해석하시오.

▶ MINITAB 그래프 분석

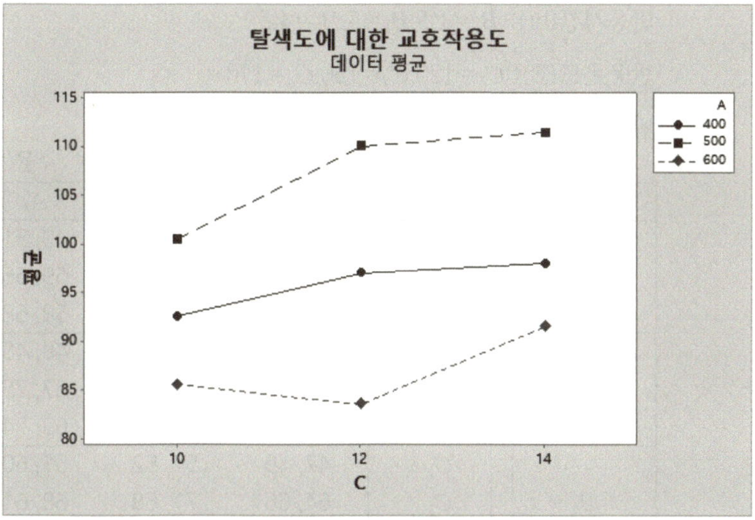

해설:

동일한 건조시간에서 사용량을 달리하면 반응값이 차이가 난다.

A(사용량)가 500, C(건조시간)가 14일 때 탈색도가 가장 높다.

6 2 사이클로헥산(cyclohexane)을 압력을 가하여 산화시켜 사이클로헥사놀(cyclohexanol)과 사이클로헥사논(cyclohexanone)을 만드는 제조공정에서 수율을 올리기 위한 조건을 찾기 위하여 다음의 조건으로 3×3×3×2=54회의 실험을 랜덤한 순서로 행하여 다음의 결과를 얻었다.

반응압력(atm): $A_1=8, A_2=10, A_3=12$

반응시간(hr): $B_1=1.5, B_2=3, B_3=4.5$

반응온도(℃): $C_1=120, C_2=150, C_3=170$

반복 2회

(단위 : 수율(%))

		A_1	A_2	A_3
B_1	C_1	73, 65	60, 58	49, 51
	C_2	85, 79	77, 81	69, 66
	C_3	75, 72	70, 77	59, 68
B_2	C_1	71, 70	61, 64	48, 45
	C_2	90, 80	80, 77	67, 75
	C_3	86, 82	76, 72	63, 74
B_3	C_1	47, 49	54, 52	51, 60
	C_2	64, 66	71, 68	68, 61
	C_3	55, 49	62, 65	59, 56

(1) 분산분석을 하시오.

▶ MINITAB 결과

수율에 대한 분산 분석

출처	DF	SS	MS	F	P
A	2	891.59	445.80	26.87	0.000
B	2	1550.26	775.13	46.72	0.000
C	2	2505.48	1252.74	75.50	0.000
A*B	4	878.30	219.57	13.23	0.000
B*C	4	157.41	39.35	2.37	0.071
A*C	4	51.07	12.77	0.77	0.552
오차	35	580.70	16.59		
총계	53	6614.81			

해설:

주효과와 2인자 교호작용에 대한 분산분석 결과 주효과 A, B, C 모두 유의하며 2인자 교호작용 $A\times C$는 유의수준($\alpha=0.1$)에서 유의하지 않다.

(3) $\alpha=0.1$에서 유의하지 않은 모든 교호작용을 오차항에 풀링시켜 다시 분산분석표를 작성하시오.

▶ MINITAB 결과

수율에 대한 분산 분석

출처	DF	SS	MS	F	P
A	2	891.6	445.80	27.52	0.000
B	2	1550.3	775.13	47.85	0.000
C	2	2505.5	1252.74	77.33	0.000
A*B	4	878.3	219.57	13.55	0.000
B*C	4	157.4	39.35	2.43	0.064
오차	39	681.8	16.20		
총계	53	6614.8			

해설:

유의하지 않은 교호작용 $A\times C$를 오차항에 풀링한 후 분산분석 결과 주효과 A, B, C와 교호작용 $A\times B$, $B\times C$ 모두 유의수준($\alpha=0.1$)에서 유의하다.

(4) 수율이 최대가 되는 A, B, C의 조건을 구하시오.

▶ MINITAB 그래프 분석

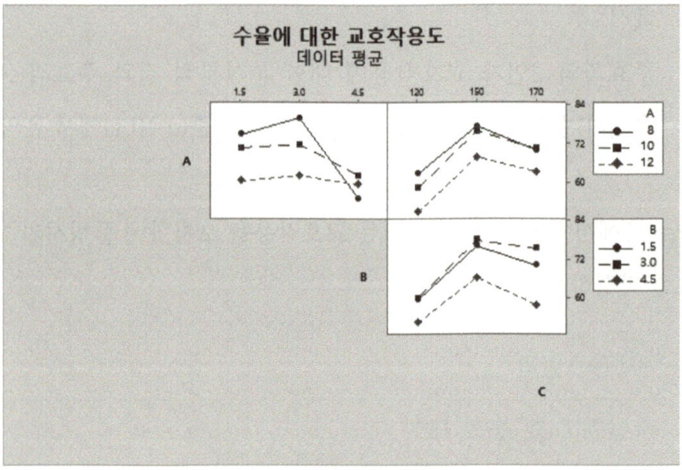

해설:

교호작용 $A \times B$, $B \times C$가 유의하므로, 교호작용의 $A \times B$ 그래프에서 수율이 가장 높은 수준조합은 A_1B_2이며, 교호작용 $B \times C$ 그래프에서 수율이 가장 높은 수준조합은 B_2C_2이다. 따라서 최적 수준 조합은 $A_1B_2C_2$이다.

(5) 각 인자의 수준변화에 따른 수율의 95% 신뢰구간을 구하고 이를 도시하시오.

▶ MINITAB 그래프 분석

인자 A의 수준별 구간 그림

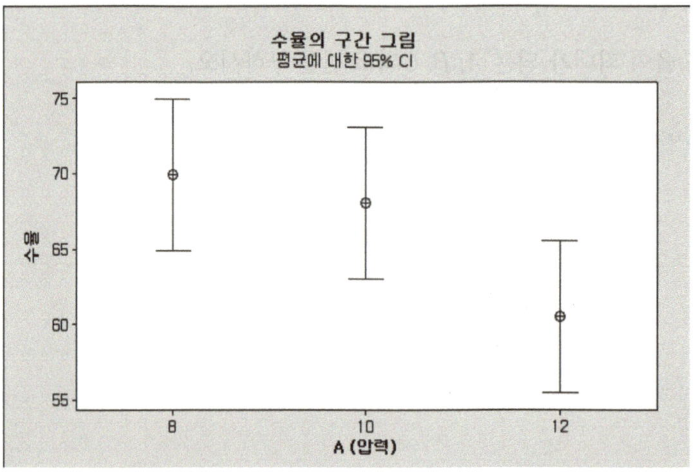

해설:

인자 A의 각 수준별 반응평균에 대한 95% 신뢰구간 압력이 낮을수록 수율이 높아지고, A_1(8)일 때 수율이 가장 높다.

▶ MINITAB 그래프 분석

인자 B의 수준별 구간 그림

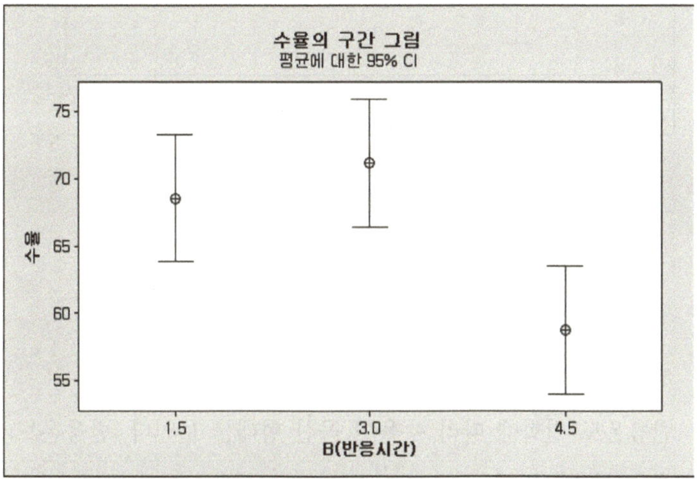


```
그룹: B(반응시간) = 3.0
95% 중위수에 대한 신뢰 구간
추정치 = 71.1667
구간 = (66.4512, 75.8821)
N = 18
```

해설:

반응시간 변화에 따라 수율이 곡선 형태를 보인다. B_2(3.0) 수준에서 수율이 가장 높다.

▶ MINITAB 그래프 분석

인자 C의 수준별 구간 그림

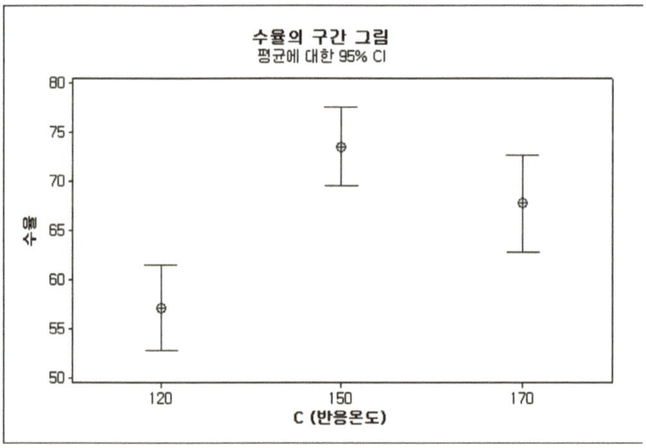


```
그룹: C(반응온도) = 150
95% 중위수에 대한 신뢰 구간
추정치 = 73.5556
구간 = (69.3080, 77.8031)
N = 18
```

해설:

반응온도 변화에 따라 수율이 곡선 형태를 보인다. 반응온도가 150일 때 수율이 가장 높다.

(6) 위의 (4)에서 구한 최적조건에서 수율의 95% 신뢰구간을 구하시오.

▶ MINITAB 그래프 분석

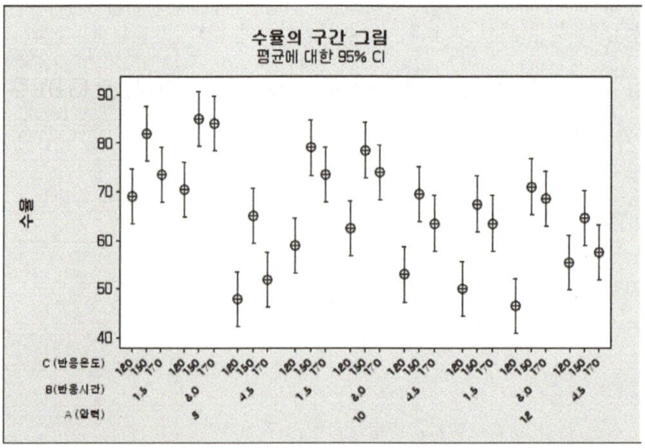

그룹: C(반응온도) = 150, B(반응시간) = 3.0, A(압력) = 8
95% 중위수에 대한 신뢰 구간
추정치 = 85
구간 = (79.3394, 90.6606)
N = 2

해설:

95% 신뢰구간 그림을 보면 $A_1B_2C_2$일 때 반응값이 85로 가장 크게 추정되었다.

6 3 앞의 6 2의 실험에서 $3\times3\times3\times2=54$회를 전부 랜덤하게 실험하지 않고, 우선 $3\times3\times3=27$회의 실험조건을 랜덤하게 한 다음, 다시 $3\times3\times3=27$회를 랜덤하게 하여 실험하였다면, 1회, 2회째라는 반복을 하나의 인자로 생각하여 층별 한 것으로 되며, 이 경우는 A, B, C 인자는 모수인자이고 반복을 하나의 변량인자 R로 놓아서 사원배치실험이 된다.

(1) 반복(R) 인자와 교호작용은 모두 무시하고 데이터 구조식을 작성하시오.

▶ 풀이

$$x_{ijk}=\mu+r_i+a_j+b_k+c_p+(ab)_{jk}+(ac)_{jp}+(bc)_{kp}+(abc)_{jkp}+e_{ijkp}$$

$$i=1,2,\cdots,r \quad j=1,2,\cdots,l \quad k=1,2,\cdots,m \quad p=1,2,\cdots,n$$

(2) 분산분석표를 작성하고 해석하시오.

▶ MINITAB 결과

수율에 대한 분산 분석

출처	DF	SS	MS	F	P
반복	1	1.19	1.19	0.08	0.786
A(압력)	2	891.59	445.80	28.28	0.000
B(반응시간)	2	1550.26	775.13	49.18	0.000
C(반응온도)	2	2505.48	1252.74	79.48	0.000
A(압력)*B(반응시간)	4	878.30	219.57	13.93	0.000
B(반응시간)*C (반응온도)	4	157.41	39.35	2.50	0.067
A(압력)*C (반응온도)	4	51.07	12.77	0.81	0.530
A(압력)*B(반응시간)*C (반응온도)	8	169.70	21.21	1.35	0.266
오차	26	409.81	15.76		
총계	53	6614.81			

해설:

주효과 A, B, C 모두 유의수준 $\alpha=0.05$에서 유의하며 교호작용 $B\times C$는 유의수준 0.1에서 유의하다. 반복(R)과 교호작용 $A\times C$, 교호작용 $A\times B\times C$는 유의하지 않다.

6 4 만년필의 잉크흐름에 영향을 많이 준다고 생각되는 펜촉 양끝의 맞붙음강도에 대하여 조사하였다. 이 강도에 영향을 주는 요인으로 만년필을 제조하는 공정에 있어서의 펜촉재료를 3종류(A_1, A_2, A_3), 그라인더의 지름을 4종류(B_1, B_2, B_3, B_4), 촉끝을 가르는 작업자 2명(C_1, C_2)을 요인으로 선정하고, 3×4×2회의 실험을 랜덤한 순서로 행하였다. 얻어진 데이터는 다음과 같다.

(단위 : 붙음강도(g))

		A_1	A_2	A_3
B_1	C_1	46	55	63
	C_2	52	56	68
B_2	C_1	51	73	97
	C_2	61	82	95
B_3	C_1	70	79	92
	C_2	72	76	87
B_4	C_1	74	69	55
	C_2	82	67	58

(1) 작업자 2명(C_1, C_2)을 숙련자, 미숙련자로 선택하면 이 인자는 모수인자가 된다. 분산분석표를 작성하시오.

▶ MINITAB 결과

출처	DF	SS	MS	F	P
A (재료)	2	717.25	358.625	48.63	0.000
B(지름)	3	1880.33	626.778	84.99	0.000
C (작업자)	1	42.67	42.667	5.79	0.053
A (재료)*B(지름)	6	1977.42	329.569	44.69	0.000
B(지름)*C (작업자)	3	49.00	16.333	2.21	0.187
A (재료)*C (작업자)	2	45.08	22.542	3.06	0.122
오차	6	44.25	7.375		
총계	23	4756.00			

해설:

인자 C(작업자)를 모수 인자로 하여 분석한 분산분석결과 주효과 A, B는 유의수준($\alpha=0.05$)에서 유의하고 주효과 C는 유의수준($\alpha=0.1$)에서 유의하다. 교호작용 $A\times B$는 유의수준($\alpha=0.05$)에서 유의하다.

(2) 많은 사람 중에서 랜덤하게 작업자 두 명을 선택하였다면, 작업자는 변량인자가 된다. 이런 경우 분산분석표를 작성하시오.

▶ MINITAB 결과

분산 분석: 붙음강도 대 A (재료), B(지름), C (작업자)

요인 정보

요인	유형	수준	값
A (재료)	고정	3	1, 2, 3
B(지름)	고정	4	1, 2, 3, 4
C (작업자)	랜덤	2	1, 2

붙음강도에 대한 분산 분석

출처	DF	SS	MS	F	P	
A (재료)	2	717.25	358.625	15.91	0.059	
B(지름)	3	1880.33	626.778	38.37	0.007	
C (작업자)	1	42.67	42.667	1.35	0.333	x
A (재료)*B(지름)	6	1977.42	329.569	44.69	0.000	
B(지름)*C (작업자)	3	49.00	16.333	2.21	0.187	
A (재료)*C (작업자)	2	45.08	22.542	3.06	0.122	
오차	6	44.25	7.375			
총계	23	4756.00				

x 정확한 F-검정이 아님.

해설:

주효과 A, B는 유의수준($\alpha=0.1$)에서 유의하다. 변량인자 C(작업자)는 유의수준($\alpha=0.1$)에서 유의하지 않다. 교호작용 $A\times B$는 유의수준($\alpha=0.05$)에서 유의하다. 변량인자 C에 대한 MINITAB의 F검정값은 새로운 이론에 의하여 대략적인 방법으로 구한 것이다. 박성현의 〈현대실험계획법〉 방법으로 구한 F 검정값은 다음과 같다.

$$A\text{의 } F\text{값}=\frac{MS_A}{MS_{AC}}=\frac{358.63}{22.54}=15.91$$

$$B\text{의 } F\text{값}=\frac{MS_B}{MS_{BC}}=\frac{626.78}{16.33}=38.5$$

$$C\text{의 } F\text{값}=\frac{MS_C}{MS_E}=\frac{42.67}{7.38}=5.78$$

$$AB\text{의 } F\text{값}=\frac{MS_{AB}}{MS_E}=\frac{329.57}{7.38}=44.66$$

$$BC\text{의 } F\text{값}=\frac{MS_{BC}}{MS_E}=\frac{16.33}{7.38}=2.21$$

$$AC\text{의 } F\text{값}=\frac{MS_{AC}}{MS_E}=\frac{22.54}{7.38}=3.05$$

(3) 위의 (1)과 (2)의 차이점을 설명하시오.

▶ 풀이

(2)번 실험은 작업자가 변량인자이므로 모수 추정은 분산성분 추정만 의미가 있고, 평균값에 대한 기술적인 의미는 부여할 수 없다. C의 F 값을 5.78로 본다면 분산에 대한 검정으로서 의미가 있다. 변량인자 C는 유의수준($\alpha = 0.1$)에서 유의하고 숙련자와 미숙련자 사이에 맞붙음 강도 분산(산포)값은 차이가 있다.

6 5 코우크스(cokes)의 강도에 영향을 미치는 배합탄의 입도 A와 배합비 B의 영향을 조사하기 위하여, 다음에 나타나는 수준들을 택하여 시험로에서 배합탄을 코우크스화 하고 그 강도(드럼 15mm지수)를 측정하였다.

배합탄입도(3mm 이하의 %) : $A_1 = 75$, $A_2 = 80$, $A_3 = 85$, $A_4 = 90$
배합탄의 배합비 : $B_1 = 10$, $B_2 = 20$, $B_1 = 30$

이 때 4×3 = 12회의 실험을 랜덤하게 1회 행하고, 다음으로 다시 12회의 실험을 반복(반복인자 R)하여 다음과 같은 결과를 얻었다.

(단위 : 드럼지수)

	R_1				R_2			
	A_1	A_2	A_3	A_4	A_1	A_2	A_3	A_4
B_1	89.5	89.6	90.0	89.2	88.8	90.2	90.8	89.9
B_2	90.0	91.5	91.3	91.0	90.9	90.9	91.8	90.4
B_3	91.7	92.2	92.6	91.7	91.2	92.8	93.2	92.3

(1) 분산분석표를 작성하고 각 요인의 영향을 검토하시오.

▶ MINITAB 결과

분산 분석: 강도 대 블럭, A (입도), B (배합비)

요인 정보

요인	유형	수준	값
블럭	고정	2	1, 2
A (입도)	고정	4	75, 80, 85, 90
B (배합비)	고정	3	10, 20, 30

강도에 대한 분산 분석

출처	DF	SS	MS	F	P
블럭	1	0.3504	0.3504	1.76	0.212
A (입도)	3	5.4212	1.8071	9.06	0.003
B (배합비)	2	24.2558	12.1279	60.79	0.000
A (입도)*B (배합비)	6	0.0975	0.0163	0.08	0.997
오차	11	2.1946	0.1995		
총계	23	32.3196			

해설:

주효과 A(입도)와 B(배합비)는 유의수준($\alpha=0.05$)에서 유의하다. 블록효과와 교호작용 $A\times B$는 유의하지 않다. 교호작용 A와 B는 코우크스 강도에 영향을 주는 인자이므로 중요하게 관리해야 할 인자이다.

(2) 인자 R의 분산인 σ_R^2의 추정값을 구하시오.

▶ 풀이

블럭인자 R(반복)의 분산성분은 0.01258이다.

$$\sigma_R^2=\frac{V_R-V_E}{l\times m}=\frac{0.3504-0.1995}{3\times 4}=0.01258$$

(3) A, B 인자의 각 수준에서 코우크스 강도의 모평균을 신뢰율 90%로 구간추정하고 90% 신뢰구간 그림을 그리시오.

▶ MINITAB 그래프 분석

A(입도)의 각 수준별 90% 신뢰구간

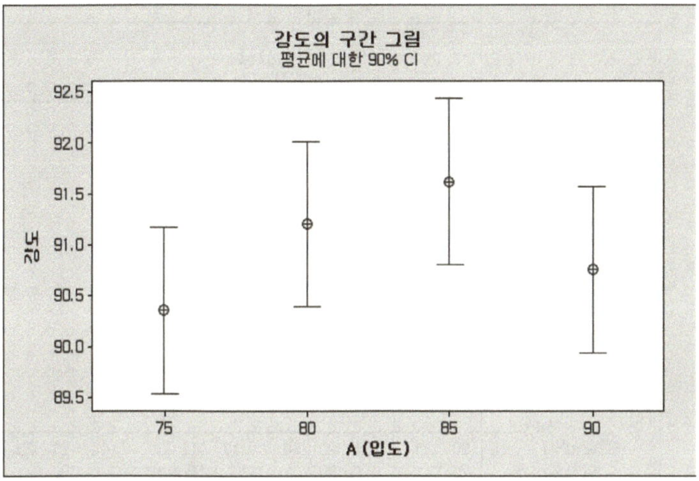

해설:

입도(A)가 85일 때 강도가 가장 높다.

(4) A_iB_j의 어떤 수준조합에서 가장 강한 강도를 주는가? 이 수준조합에서 강도의 90% 신뢰구간을 구하시오.

▶ 풀이

신뢰율 90%로 그려진 MINITAB 구간 그래프를 보면 A_3B_3에서 반응(강도)의 평균값이 92.9로 가장 높게 나타났다.

박성현의 현대실험계획법 방법으로 A_3B_3 수준조합에서의 90% 신뢰구간을 계산하면 다음과 같다.

$$92.9 \pm t(11\,;0.025) \times \sqrt{\frac{0.1995}{4}} = 92.9 \pm (2.201 \times 0.223327)$$

$$=(92.41,\ 93.39)$$

여기서, 유효반복수$(n_e) = \dfrac{\text{총실험횟수}}{\text{유의한 요인의 자유도 합}+1} = \dfrac{24}{6} = 4$

▶ MINITAB 그래프 분석

A_iB_j에 대한 MINITAB 구간그림

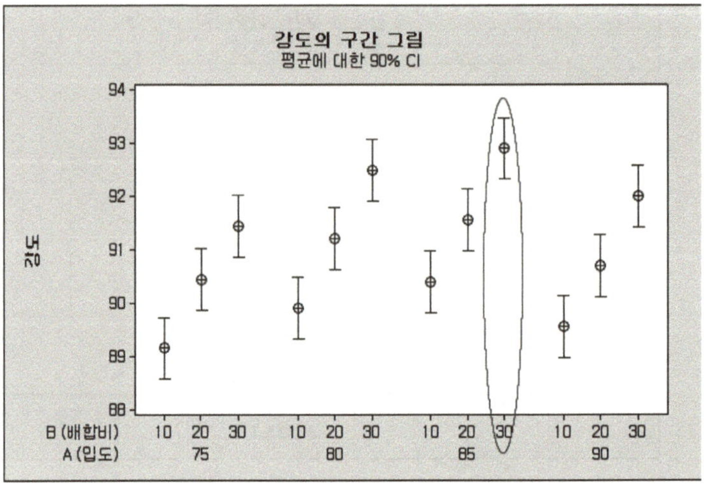

6 6 많은 작업자 중에서 5명을 임의추출하여 이 작업자들에 의하여 만들어지는 제품의 불량률을 검사하였더니 다음 데이터와 같다.

작업자	A_1	A_2	A_3	A_4	A_5
양품 불량품	135 15	140 10	138 12	145 5	146 4
계	150	150	150	150	150

(1) 분산분석표를 작성하시오. 작업자들 간에 불량률의 차가 있다고 할 수 있는가?

▶ MINITAB 결과

일원 분산 분석: A1, A2, A3, A4, A5

방법

귀무 가설	모든 평균이 동일합니다.
대립 가설	평균이 모두 같지 않음
유의 수준	α = 0.05

분석을 위해 분산이 같다고 가정되었습니다.

요인 정보

요인	수준	값
요인	5	A1, A2, A3, A4, A5

분산 분석

출처	DF	Adj SS	Adj MS	F-값	P-값
요인	4	0.5787	0.14467	2.53	0.039
오차	745	42.6000	0.05718		
총계	749	43.1787			

모형 요약

평균

요인	N	평균	표준 편차	95% CI
A1	150	0.1000	0.3010	(0.0617, 0.1383)
A2	150	0.0667	0.2503	(0.0283, 0.1050)
A3	150	0.0800	0.2722	(0.0417, 0.1183)
A4	150	0.0333	0.1801	(−0.0050, 0.0717)
A5	150	0.0267	0.1616	(−0.0117, 0.0650)

합동 표준 편차 = 0.239126

해설:

일원분산분석 결과 요인에 대한 (p-값)이 0.039이다. 유의수준($\alpha=0.05$)에서 귀무가설(H_0 : 작업자별 불량률은 같다)은 기각된다. 작업자별 불량률 차이가 있다.

(2) 나중에 알고 보니 A_1, A_2, A_3는 야간 근무자이고, A_4, A_5는 낮 근무자이다. 야간 근무자와 낮 근무자의 불량률 차이가 있는지 검정하시오

▶ MINITAB 결과

일원 분산 분석: 야간근무자, 주간근무자

방법

요인 정보

요인	수준	값
요인	2	야간근무자, 주간근무자

분산 분석

출처	DF	Adj SS	Adj MS	F-값	P-값
요인	1	0.4949	0.49089	8.60	0.003
오차	748	42.6878	0.05707		
총계	749	43.1787			

모형 요약

평균

요인	N	평균	표준 편차	95% CI
야간근무자	450	0.0822	0.2750	(0.0601, 0.1043)
주간근무자	300	0.03000	0.17087	(0.00292, 0.05708)

합동 표준 편차 = 0.238892

해설:

낮 근무자와 야간근무자로 분류하여 분산분석을 실시한 결과 유의확률(P-값)이 0.003이다. 유의수준($\alpha = 0.05$)에서 귀무가설(H_0 : 야간 근무조와 주간 근무조의 불량률 차이가 없다)은 기각된다. 야간 근무조와 주간 근무조의 불량률 차이가 있다. 불량률에 대한 95% 신뢰구간을 보면 서로 겹치는 부분이 없으므로 검정결과를 확인할 수 있다. 유의하지 않은 경우 95% 신뢰구간은 많은 부분 겹치게 된다.

야간 근무자의 불량률이 더 높은 것을 알 수 있다.

6 7 세 가지의 공정라인(A)에서 나오는 제품의 불량률이 같은가를 검토하기 위하여 샘플링 검사를 행하였다. 근무조(B)에 따라 차이가 있는가 알아보기 위해 낮, 저녁, 밤 근무조에서 공정라인별로 각각 100개씩 조사하였다.

(단위 : 100개 중 불량 개수)

근무조(B)	공정라인 (A)		
	A_1	A_2	A_3
B_1(낮)	5	3	8
B_2(저녁)	8	5	13
B_3(밤)	10	6	15

(1) 분산분석표를 작성하여, 공정라인별, 작업시간별로 불량률에 유의한 차가 있는지 검정하시오.

▶ MINITAB 결과

요인 정보

요인	유형	수준	값
공정라인(A)	고정	3	A1, A2, A3
근무조(B)	고정	3	B1, B2, B3

불량수에 대한분산 분석

출처	DF	SS	MS	F	P
공정라인(A)	2	0.8156	0.40778	5.54	0.004
근무조(B)	2	0.3889	0.19444	2.64	0.072
오차	895	65.8744	0.07360		
총계	899	67.0789			

해설:

유의하지 않은 교호작용 $A \times B$를 풀링한 후의 분산분석표이다.

공정라인은 유의수준($\alpha=0.05$)에서 유의하고, 작업시간 유의수준($\alpha=0.1$)에서 유의하다. 공정라인별, 근무조별 불량률 차이가 있다고 할 수 있다.

(2) 어떤 공정라인과 어떤 작업시간에서 가장 불량률이 큰가를 찾고, 이 수준조합에서 불량률의 95% 신뢰구간을 구하시오.

▶ MINITAB 그래프 분석

- A_iB_j에 대한 구간그림

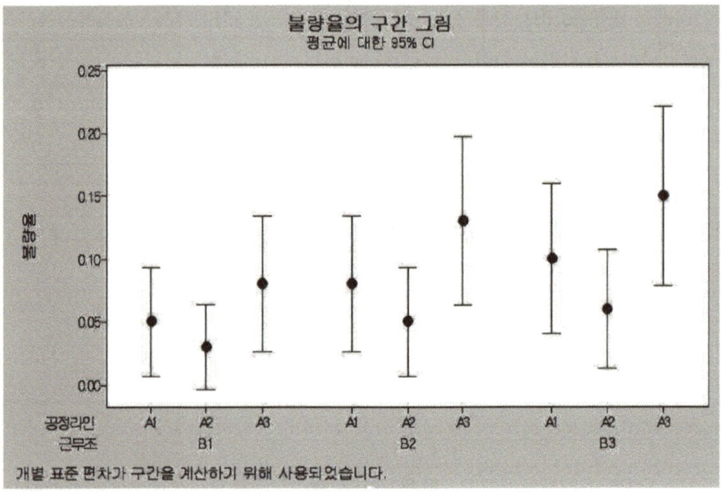


```
그룹: 공정라인 = A2, 근무조 = B1
95% 중위수에 대한 신뢰 구간
추정치 = 0.03
구간 = (-0.0233472, 0.0833472)
N = 100
```

해설:

A_3B_3 조건에서 불량률이 15%로 가장 높다.

07

분할법

학습목표

1. 분할실험이 적용되는 상황을 이해한다.
2. 분할실험의 데이터 구조모형을 이해한다.
3. 분할실험을 계획하고 분산분석을 할 수 있다.
4. 반복이 있는 분할실험과 반복이 없는 분할실험의 차이를 이해한다.
5. 1차 단위 분할과 2차 단위 분할실험을 설계하고 분산분석을 할 수 있다.

1. 일차단위 인자가 하나인 단일분할법

1) 분할법의 개념

제철소에서 용광로 온도를 3수준으로 하고 처리시간을 3수준으로 하여 생산 품질을 개선하기 위한 실험을 한다고 가정해보자. 이 실험을 완전랜덤화 방법으로 하려면 총 실험횟수 $3^3 = 27$회의 실험순서를 완전 랜덤화해야 한다. 하지만 이렇게 할 경우 용광로 온도조건을 여러 번 변경해야 하기 때문에 실험비용과 시간이 많이 소요되어 실험의 효율이 문제가 된다. 분할법은 이와 같이 전체실험을 랜덤화하는 것이 곤란한 경우에 적합한 실험방법이다.

전체 실험순서를 랜덤화하는 대신 변경이 까다로운 실험인자인 용광로 온도를 특정 수준에 고정시킨 후 또 다른 실험인자인 시간은 랜덤하게 수준을 정하여 실험을 마치고, 용광로 온도의 두 번째, 세 번째 수준에서도 같은 방법으로 실험을 끝낸다면 완전랜덤화 실험보다 효율이 높아진다.

분할법(split-plot) 실험은 이와 같이 실험의 효율성을 고려하여 실험의 랜덤화에 제약을 주는 실험이다. 분할법(split-plot) 실험은 오래전부터 산업현장에서 적용되어 온 실험계획법 중 하나이지만 실험의 분석방법이 완전랜덤화 실험과 다르므로 적용에 주의해야 한다.

실험을 계획할 때 통계소프트웨어를 이용하여 실험 전체를 랜덤하게 순서를 정한 후 반응을 측정할 때는 특정 실험인자의 수준을 고정시키고 다른 인자의 모든 수준에서 실험을 마친다면 실험의 계획은 완전 랜덤화 하였지만, 실제 실험은 분할법으로 진행된 것이 되므로 분산분석 등 실험결과 분석에는 분할실험 분석 절차에 따라야 한다.

실험 전체를 완전 랜덤화하는 것이 곤란한 경우 해석방법, 검정방법 등이 다원배치의 경우와 다르게 된다. 분할법이 갖는 특징을 들면 다음과 같다.

① 실험을 실시하는 데 있어서 랜덤화가 곤란한 경우, 예를 들어 일차단위 인자의 수준의 변경은 곤란하지만, 이차단위 인자의 수준변경은 비교적 용이할 때 쓰인다. 또는 일차, 이차, 삼차단위로 나누어 수준변경이 곤란한 인자는 일차단위에, 수준

변경이 제일 용이한 인자를 삼차단위에 배치할 수도 있을 것이다.

② 오차는 랜덤화하는 방법에 의하여 데이터에 부수되므로 일차단위의 실험오차, 이차단위의 실험오차 등으로 오차분산이 단위별로 몇 개로 분할된다. 일차단위의 오차의 기대치는 이차단위의 오차의 기대치보다 크며, 자유도는 일차오차가 이차오차보다 작다.

③ 이차인자 B나 교호작용 $A\times B$의 효과가 일차인자 A의 효과보다 더 정도(precision) 좋게 추정된다. 따라서 정도 좋게 추정하고 싶은 인자는 가급적 일차단위에 배치하지 않는 것이 좋다.

④ 이차단위까지만 있는 실험에서 만약 일차오차를 무시할 수 있어서 이차오차에 풀링된다면, 검정과 추정도 보통의 다원배치법 때와 동일하게 되며, 실험을 간단히 행한 것만 유리하게 된다.

⑤ 분할된 각 단위에서 실험오차가 분할되어 나오기 때문에 각종의 추정·검정에 있어서 어떤 오차를 사용하는 것이 좋은가를 정해줘야 하므로 다원배치법의 경우보다 더 복잡하다. 따라서 데이터의 구조모형에 대한 충분한 주의가 필요하다.

⑥ 일차단위 인자와 이차단위 인자의 교호작용은 이차단위에 속하는 요인이 된다. 일반적으로 n차인자와 m차인자($n<m$)와의 교호작용은 차요인이 된다. 그리고 n차인자와 n차인자간의 교호작용은 그대로 n차요인이 된다.

⑦ 일차단위의 인자에 대해서는, 다원배치법의 실험을 하는 것보다는 분할법의 실험을 하는 것이 일반적으로 소요되는 원료의 양을 줄일 수 있다.

2) 일차단위 인자가 하나인 단일분할법

어떤 화학제품 [도표1]과 같이 1단계로 세 회사에서 만든 첨가제를 원재료에 혼합하여 혼합재료를 만든 후 2단계로 세 가지 온도에서 열처리를 하여 제조하는 공정을 생각해 보자.

이 공정에서는 작업 편의상 혼합재료 A_1, A_2, A_3 중에서 하나를 먼저 만든 후 세 가지 온도 B_1, B_2, B_3로 열처리를 하여 강도를 측정하는 방식으로 시제품을 만든다. 모든 처리조합에서 실험이 끝나면 한 번 더 반복실험(R_1, R_2)을 하여 [도표3]과 같은 자료를 얻었고, 실험 순서를 도시하면 [도표2]와 같다.

도표1 ¦ 제조 공정

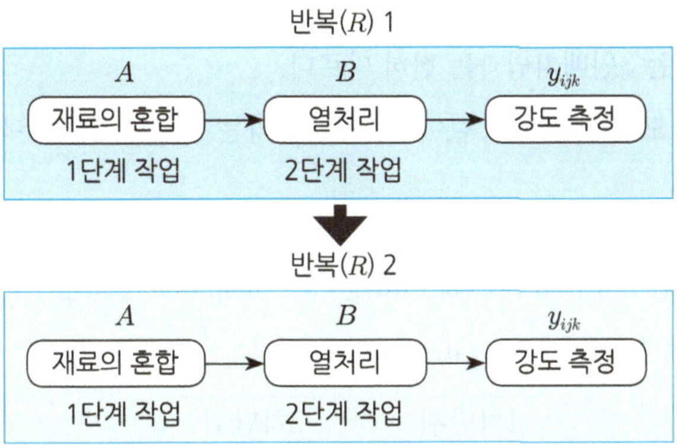

도표2 ¦ 실험순서

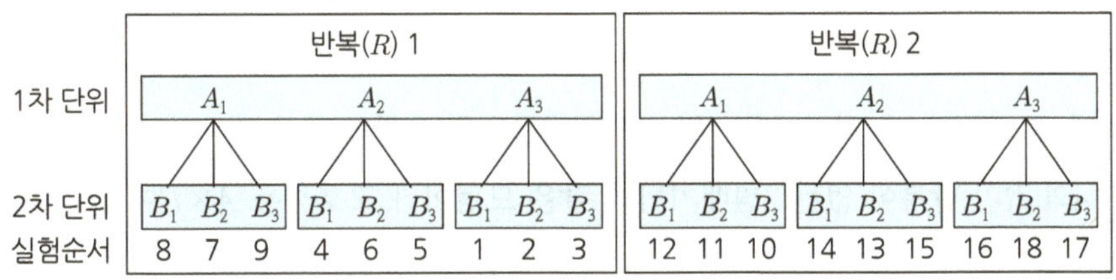

도표3 ¦ 예제의 자료

처리조합			강도	처리조합			강도
R	A	B		R	A	B	
1	1	1	16.65	2	1	1	18.96
1	1	2	22.69	2	1	2	22.69
1	1	3	24.94	2	1	3	24.65
1	2	1	15.33	2	2	1	19.53
1	2	2	23.02	2	2	2	23.16
1	2	3	24.97	2	2	3	29.27
1	3	1	16.28	2	3	1	19.56
1	3	2	22.29	2	3	2	23.71
1	3	3	28.09	2	3	3	27.51

이와 같은 단일분할법에서 A와 반복 R을 1차단위 인자, B를 2차단위 인자라 한다. 동일 실험을 반복하는 분할법에서는 반복인자(R)를 1차단위 인자로 취급한다. 이 예제에서 인자가 R, A, B 셋이므로 반복이 없는 3원배치법을 연상할 수 있으나 [도표2]처럼 실험의 완전 랜덤화가 1차단위 인자 R과 A에 의해 제한되어 있으므로 18회 전체 실험을 완전 랜덤화하는 3원배치법과는 전혀 다르다.

따라서 자료의 모형도 다음과 같이 3원배치법과는 다르며, 분산분석 방법도 다르게 된다.

3원배치법 : $y_{ijk} = \mu + r_k + a_i + (ar)_{ik} + b_j + (ab)_{ij} + (br)_{jk} + e_{ijk}$

단일분할법: $y_{ijk} = \underbrace{\mu + r_k + a_i + e_{(1)ik}}_{\text{1차단위}} + \underbrace{b_j + (ab)_{ij} + e_{(2)ijk}}_{\text{2차단위}}$

여기서

$$r_p \sim N(0, \sigma_R{}^2), \quad e_{(1)ik} \sim N(0, \sigma_{E_1}{}^2), \quad e_{(2)ik} \sim N(0, \sigma_{E_2}{}^2)$$

이고 서로 독립이다.

이 때 $e_{(1)ik}$와 $e_{(1)ik}$를 각각 1차단위 오차와 2차단위 오차라 부르며, 1차단위만 보면 인자가 A와 R인 반복이 없는 2원배치법과 같은 모형이라 교호작용 $A \times R$이 있다면 $e_{(1)ik}$와 교락되어 있어 검출할 수 없다. 또, 교호작용 $B \times R$은 검출할 의미가 없어 $e_{(2)ijk}$에 포함시킨다. 일차단위에 있는 요인(인자나 교호작용)은 일차단위 오차로 F 검정하고, 2차단위에 있는 요인(인자나 교호작용)은 이차단위 오차로 F 검정을 한다.

1차 단위 오차(E_1)는 교호작용 RA와 교락 되었으므로 1차단위 오차 자유도(ϕ_{E_1})는 $\phi_{E_1} = \phi_{RA} = (2-1) \times (3-1) = 2$이고, 이차단위 오차($E_2$)는 교호작용 RB, RAB와 교락 되었으므로 이차단위 오차 자유도를 구하면

$$\phi_{E_2} = \phi_{RB} + \phi_{RAB}(2-1) \times (3-1) + (2-1) \times (3-1) \times (3-1) = 6$$

이다.

- 분산분석

실험반복을 블록인자로 지정한 경우의 분산분석을 실시하여 표를 작성하면 [도표 4]와 같다.

도표4 ⁞ 분산분석표 (반복을 블록인자로 지정함)

단위	요인	제곱합	자유도	평균제곱	F	유의확률
1	R	12.136	1	12.136	6.363	.128
	A	4.101	2	2.050	1.075	.482
	$R\times A(E_1)$	3.815	2	1.907	1.005	.420
2	B	237.589	2	118.794	62.579	.000
	$A\times B$	6.270	4	1.567	.826	.554
	E_2	11.390	6	1.898		

위의 표에서 F 값을 구하는 것에 유의하여야 한다. 일차단위에 있는 요인들에 대해서는 R의 값은 12.136/1.907 = 6.363과 같이 얻어지고, A의 F 값은 2.050/1.907 = 1.075와 같이 얻어진다. 다음으로 이차단위에 있는 요인들에 대해서는 B의 F 값은 118.794/1.898 = 62.579와 같이 얻어지고, $A\times B$의 F 값은 1.567/1.898 = 0.826과 같이 얻어진다.

분산분석표 [도표4]는 이차단위 B인자 만 유의함을 보이고 있으므로 사후추론도 B에 관해서만 하면 된다. 분산분석표에서 1차단위 인자들은 1차단위 오차 E_1을 이용하여 F 검정을 하였는데, 전체 실험의 반복(R)이 없다면 1차단위 오차 $E_1(A\times R)$이 생성되지 않아 분할법의 분석을 할 수 없게 된다. 이런 경우는 완전확률화 실험이 아니라서 인자 A와 블록이 교락되어 인자 A의 검출이 불가능하다.

■ MINITAB 일반선형 모형

▶ 통계분석 > 분산분석 > 균형분산분석

- 반응: 강도
- 모형: 블럭 A 블럭*A B A*B
- 변량인자: 블럭

▶ 확인

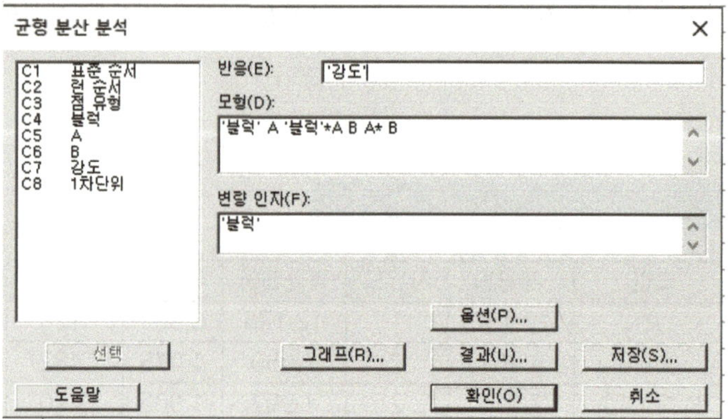

▶ MINITAB 결과

분산 분석: 강도 대 블럭, A, B

요인 정보

요인	유형	수준	값
블럭	랜덤	2	1, 2
A	고정	3	1, 2, 3
B	고정	3	1, 2, 3

강도에 대한 분산 분석

출처	DF	SS	MS	F	P
블럭	1	12.136	12.136	6.36	0.128
A	2	4.101	2.050	1.08	0.482
블럭*A	2	3.815	1.907	1.00	0.420
B	2	237.589	118.794	62.58	0.000
A*B	4	6.270	1.567	0.83	0.554
오차	6	11.390	1.898		
총계	17	275.300			

해설:

반복을 블록인자로 하여 분산분석을 실시한 결과이다. 1차 단위인자인 블록(R)과 A는 1차단위 오차(블록*A) 1.907로 F-검정을 하고, 2차 단위인자 B와 A*B 는 2차단위 오차 1.898 로 F-검정을 한 결과 인자 B가 유의수준 0.05에서 유의하다.

만일, 반복실험한 것이 모두 동일한 조건에서 이루어졌다고 가정하면, 즉 블록 효과가 없다고 가정할 경우에 블록인자 지정이 필요없게 되며, 실험인자 A의 수준을 먼저 정한 후 실험인자 B의 수준을 랜덤하게 선택하여 반복실험을 한 지분실험과 같다. 분산분석표는 [도표5]와 같다.

도표5 ¦ 분산분석표 (반복을 블록인자로 지정않음)

단위	요인	제곱합	자유도	평균제곱	F	유의확률
1	A	4.101	2	2.050	0.39	.709
	E_1	15.951	3	5.317	2.80	.131
2	B	237.589	2	118.794	62.579	.000
	$A \times B$	6.270	4	1.567	.826	.554
	E_2	11.390	6	1.898		

▣ MINITAB을 이용한 단일분할실험 분석

▶ 통계분석 > 분산분석 > 일반선형 모형>일반선현모형 적합

- 반응: 강도
- 요인: A B '1차단위'
- 랜덤/내포
- 내포

  1차 단위: A
- 요인유형

  1차 단위: 랜덤

▶ 확인

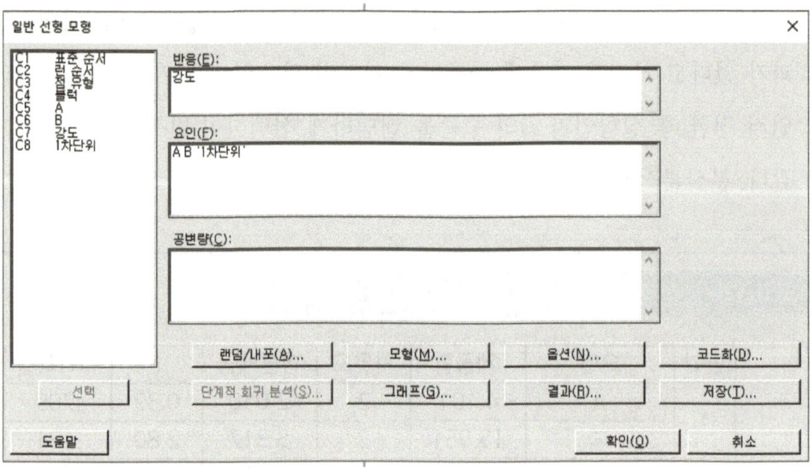

▶ MINITAB 결과

일반 선형 모형: 강도 대 A, B, 1차단위

요인 정보

요인	유형	수준	값
A	고정	3	1, 2, 3
B	고정	3	1, 2, 3
1차단위(A)	랜덤	6	1(1), 4(1), 2(2), 5(2), 3(3), 6(3)

분산 분석

출처	DF	Adj SS	Adj MS	F-값	P-값
A	2	4.101	2.050	0.39	0.709
1차단위(A) E1)	3	15.951	5.317	2.80	0.131
B	2	237.589	118.794	62.58	0.000
A*B	4	6.270	1.567	0.83	0.554
오차(E2)	6	11.390	1.898		
총계	17	275.300			

해설:

실험반복을 블럭인자로 지정하지 않은 경우의 분산분석표이다. 2차단위 인자 B가 유의수준($\alpha = 0.05$)에서 유의하다.

2. 일차단위 인자가 둘인 단일분할법

예제 7·2 Tire-cord 접착력 향상 실험

어떤 화섬회사에서 Tire-cord 열처리 과정 중에 발생하는 내열강력의 열화방지와 접착력을 향상시키기 위해 첨가제(A)와 T/C 규격지(B)를 1차단위 인자로 열처리 온도(C)를 2차단위 인자로 하여 실험한 후 내열강력과 접착력 향상률을 조사한 결과 [도표6]와 같았다.

도표6 열처리 공정의 실험 데이터

단 위	인 자	수 준		
1	실험 반복(회)	$R_1=1$	$R_2=2$	
	첨가제의 양(%)	$A_1=0.10$,	$A_2=0.15$,	$A_3=0.20$
	T/C 규격지 종류	$B_1=840D/Z$	$B_2=1260D/Z$	
2	열처리 온도(℃)	$C_1=\alpha-5$,	$C_2=\alpha$,	$C_3=\alpha+5$

현재 공정 열처리 온도; α℃

		내열강력(y_1%)		접착력 향상률(y_2%)	
		R_1	R_2	R_1	R_2
		C_1 C_2 C_3	C_1 C_2 C_3	C_1 C_2 C_3	C_1 C_2 C_3
A_1	B_1	88 84 79	86 87 81	1 3 -1	2 0 1
	B_2	90 85 82	89 86 80	-3 4 1	-2 3 0
A_2	B_1	87 91 86	91 92 87	18 21 19	17 20 19
	B_2	91 90 87	90 90 87	21 16 19	18 21 16
A_3	B_1	92 91 89	91 89 88	20 18 23	20 20 21
	B_2	91 92 92	90 90 89	21 22 20	16 19 20

실험에서는 재현성을 명확히 하기 위하여 [도표7]과 같은 실험순서로 동일 실험을 2회 반복(R)하였다.

도표7 ┆ 실험순서

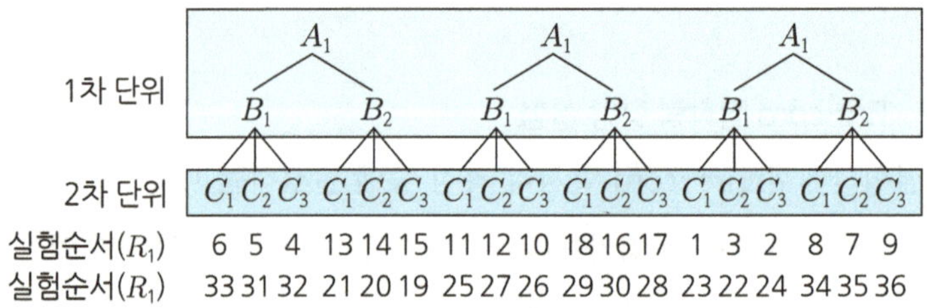

1차단위 인자가 A와 B이고 2차단위 인자가 C인 이 예제의 단일분할법의 구조식은 다음과 같다.

$$y_{ijkp} = \mu + r_p + a_i + b_j + (ab)_{ij} + e_{(1)ijp} + c_k + (ac)_{ik} + (bc)_{jk} + (abc)_{ijk} + e_{(2)ijkp}$$

모형에서 1차단위 오차 E_1에 교호작용 $A \times R$, $B \times R$, $A \times B \times R$이 교락되어 있고 이들의 제곱합과 자유도의 합이 각각 1차단위 오차의 제곱합과 자유도가 된다. 분산분석표를 작성하여 보면 [도표8]과 같은 결과를 얻는다.

도표8 ┆ 내열강력에 대한 분산분석표

요인	제곱합	자유도	평균제곱	F	유의확률
R	0.444	1	0.444	$MS_R / MS_{E_1} = 0.134$	0.729
A	206.056	2	103.028	$MS_A / MS_{E_1} = 31.116$	0.002
B	4.000	1	4.000	$MS_E / MS_{E_1} = 1.208$	0.322
$A \times B$	1.500	2	0.750	$MS_{A \times B} / MS_{E_1} = 0.227$	0.805
E_1	16.556	5	3.311	$MS_{E_1} / MS_{E_2} = 2.838$	0.064
C	113.389	2	56.694	$MS_C / MS_{E_2} = 48.595$	0.000
$A \times C$	49.444	4	12.361	$MS_{A \times C} / MS_{E_2} = 10.595$	0.001
$B \times C$	3.167	2	1.583	$MS_{B \times C} / MS_{E_2} = 1.357$	0.294
$A \times B \times C$	9.333	4	2.333	$MS_{A \times B \times C} / MS_{E_2} = 2.000$	0.159
E_2	14.000	12	1.167		

[도표8]에서 2차단위 인자와 교호작용의 효과, 그리고 1차단위 오차 E_1에 대한 검정은 오차를 E_2로 하지만, 1차단위 인자와 교호작용의 효과에 대한 검정은 오차를 E_1으로 하고 있음에 유의하여야 한다.

[도표8]에서 1차단위 오차 E_1이 유의하지 않으므로 이 오차와 주효과를 제외한 유의하지 않은 교호작용을 2차단위 오차 E_2에 풀링하여 정리하면 다음 [도표9]와 같다.

도표9 풀링한 분산분석표

요인	제곱합	자유도	평균제곱	F	유의확률
A	206.056	2	103.028	$MS_A/MSE=59.527$	.000
B	4.000	1	4.000	$MS_B/MSE=2.311$	.141
C	113.389	2	56.694	$MS_C/MSE=32.757$	.000
$A\times C$	49.444	4	12.361	$MS_{A\times C}/MSE=7.142$	.001
E	45.000	26	1.731		

풀링한 분산분석표 [도표9]에서는 모든 효과에 대한 F 검정통계량의 분모를 다원배치법 모수모형처럼 MSE로 하고 있다. 즉 실험은 부분적으로 확률화 하는 분할법으로 편리하게 하면서 완전확률화의 다원배치법과 같은 분석 결과를 얻고 있다. 이와 같은 실험의 편의성이 분할법의 장점 중의 하나이다.

이제 내열강력을 최대로 하는 최적조건을 찾아 이 조건에서 모평균의 신뢰구간을 구해보자. 분산분석표 [도표9]에서 유의한 효과는 A, C, $A\times C$이므로 내열강력을 최대로 하는 최적조건은 수준조합 A_iC_k 중에 있음을 알 수 있다. 이 수준조합에서의 내열강력 모평균 $\mu(A_iC_k)=\mu+a_i+c_k+(ac)_{ik}$의 추정량은

$$\hat{\mu}(A_iC_k)=\bar{x}_{i.k}$$

이므로, 신뢰구간은

$$\bar{x}_{i.k}\pm t\left(\phi_{E,\alpha/2}\right)\sqrt{\frac{MSE}{mr}}$$

가 된다. 이들의 값을 구하면 다음 [도표10]과 같다.

도표10 ┆ 내열강력에 대한 AC 2원표와 신뢰구간

A	C	평균	표준오차	95% 신뢰구간	
				하한값	상한값
1	1	88.250	.656	86.871	89.629
	2	85.500	.656	84.121	86.879
	3	80.500	.656	79.121	81.879
2	1	89.750	.656	88.371	91.129
	2	90.750	.656	89.371	92.129
	3	86.750	.656	85.371	88.129
3	1	91.000	.656	89.621	92.379
	2	90.500	.656	89.121	91.879
	3	89.500	.656	88.121	90.879

같은 방법으로 접착력 향상률에 대해 분산분석을 한 결과 인자 A만 유의하여 1원표와 신뢰구간을 구하면 다음 [도표11]과 같다.

도표11 ┆ 접착력 향상률에 대한 A1원표와 신뢰구간

A	평균	표준오차	95% 신뢰구간	
			하한값	상한값
1	.750	.538	-.349	1.849
2	18.750	.538	17.651	19.849
3	20.000	.538	18.901	21.099

[도표10]과 [도표11]을 종합하면 수준조합 A_3C_1이 최적조건임을 알 수 있다. 그런데 이 최적조건에서의 신뢰구간과 현재 사용 공정온도에서의 수준조합 A_3C_2에서의 신뢰구간이 겹쳐 두 수준조합 간에 유의차가 없고 온도(C)의 수준변경이 기술적으로 용이하지 않아 수준조합 A_3C_2를 표준화에 반영하기로 하였다.

2) MINITAB을 이용한 분할실험 분석

▣ MINITAB 일반선형 모형

▶ 통계분석 > 분산분석 > 일반선형 모형>일반선형모형 적합

- 반응:내열강력
- 요인: R A B C
- 랜덤/내포

  요인유형: R 랜덤

- 모형

  교호작용의 최대차수: 4

  추가

▶ 확인

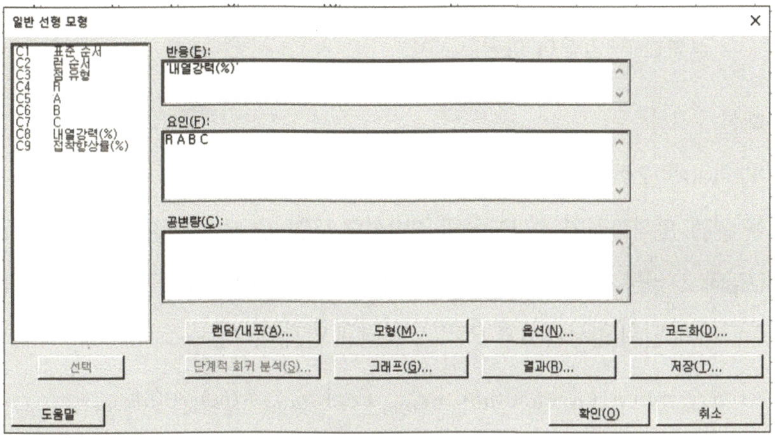

▶ MINITAB 결과

일반 선형 모형: 내열강력(%) 대 R, A, B, C

요인 정보

요인	유형	수준	값
R	랜덤	2	1, 2
A	고정	3	1, 2, 3
B	고정	2	1, 2
C	고정	3	1, 2, 3

분산 분석

출처	DF	Adj SS	Adj MS	F-값	P-값	
R	1	0.444	0.444	0.05	0.849	x
A	2	206.056	103.028	20.49	0.047	
B	1	4.000	4.000	0.73	0.549	
C	2	113.389	56.694	157.00	0.006	
R*A	2	10.056	5.028	6.46	0.473	x
R*B	1	5.444	5.444	*	*	x
R*C	2	0.722	0.361	0.59	0.791	x
A*B	2	1.500	0.750	1.42	0.413	
A*C	4	49.444	12.361	7.30	0.040	
B*C	2	3.167	1.583	4.38	0.186	
R*A*B	2	1.056	0.528	0.37	0.715	
R*A*C	4	6.778	1.694	1.17	0.440	
R*B*C	2	0.722	0.361	0.25	0.790	
A*B*C	4	9.333	2.333	1.62	0.327	
R*A*B*C	4	5.778	1.444	*	*	
오차	0	*	*			
총계	35	417.889				

x 정확한 F-검정이 아님.

해설:

Minitab은 2수준 인자의 분할실험(split-plot)만 제공한다. 3수준 인자의 분할실험을 설계, 분석하려면 분산분석의 일반선형 모형 (GLM)으로 분석한 후 1차 단위 오차(E_1)와 2차 단위 오차(E_2)를 손으로 정리하여 분할실험에 적합한 분산분석표를 작성한다. 1차 단위 인자가 A와 B이고 2차단위 인자가 C인 구조식은,

$$x_{ijkp} = \mu + r_p + a_i + b_j + (ab)_{ij} + e_{(1)ijp} + c_k + (ac)_{ik} + (bc)_{jk} + (abc)_{ijk} + e_{(2)ijkp}$$

여기서 1차 단위인자 들과 반복(R)의 교호작용은 1차 단위 오차 $e_{(1)ijp}$와 교락 되므로 1차 단위 오차(E_1)의 제곱합은 교락된 인자들의 제곱합을 더한 값과 같다. 즉, RA의 제곱합 + RB의 제곱합 + RAB의 제곱합 = 10.056 + 5.444 + 1.056 = 16.556이다. 자유도는 2 + 1 + 2 = 5이므로, 1차 단위오차(E_1)는 $\frac{16.556}{5} = 3.311$이다.

또한, 2차 단위인자 들과 반복(R)의 교호작용은 2차 단위 오차 $e_{(2)ijkp}$와 교락되므로 2차단위 오차(E_2)의 제곱합은 교락된 인자들의 제곱합을 더한값과 같다. 즉, RC의 제곱합+RAC의 제곱합+RBC의 제곱합+$RABC$의 제곱합=0.722+6.778+0.722+5.778=14이다. 자유도는 2+4+2+4=12이므로 2차단위 오차

$(E_2) = \frac{14}{12} = 1.167$이다. 이렇게 정리하면 [도표8]의 내열강력에 대한 분산분석표와 같다.

분산분석표를 보면 주효과 A, C와 교호작용 AC가 유의수준($\alpha = 0.05$)에서 유의하다. 유의하지 않은 인자들을 오차항에 풀링한 후 분산분석 다시한다.

▶ MINITAB 결과

출처	DF	Adj SS	Adj MS	F-값	P-값
A	2	206.06	103.028	56.77	0.000
C	2	113.39	56.694	31.24	0.000
A*C	4	49.44	12.361	6.81	0.001
오차	27	49.00	1.815		
적합성 결여	9	18.00	2.000	1.16	0.374
순수 오차	18	31.00	1.722		
총계	35	417.89			

해설:

위의 분산분석표는 유의하지 않은 인자들을 오차항에 풀링한 후의 분산분석표이다. 주효과 A, C와 교호작용 AC가 유의수준($\alpha = 0.05$)에서 유의하다. 교호작용과 주효과가 동시에 유의한 경우 최적수준 조합은 교호작용을 우선하여 정한다.

▶ MINITAB 그래프 분석

A와 B의 주효과도

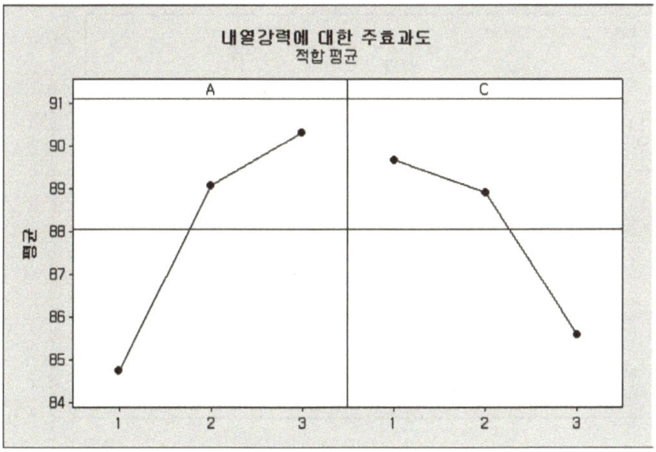

해설:

A_3, C_1 수준에서 내열강력이 가장 높다.

▶ MINITAB 그래프 분석

AC 교호작용도

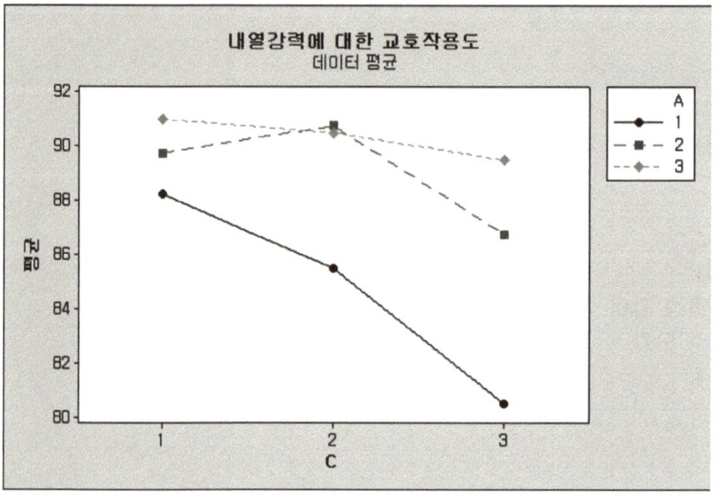

해설:

교호작용이 존재하며 A_2C_2에서 내열강력이 가장 높다.

▶ MINITAB 그래프 분석

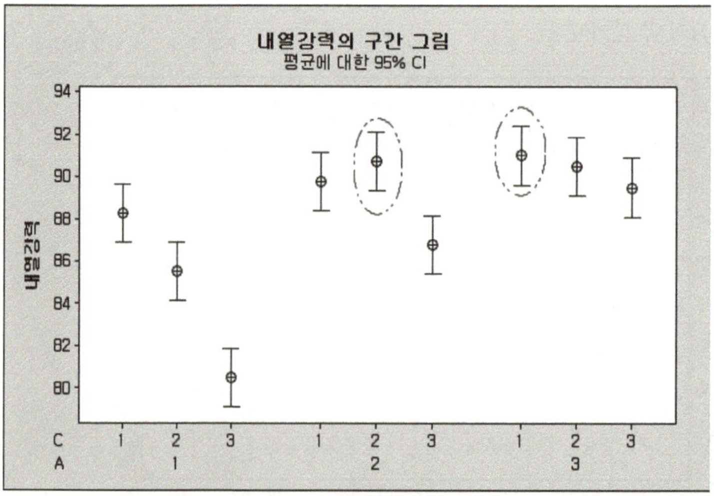

```
그룹: C = 1, A = 3
95% 중위수에 대한 신뢰 구간
추정치 = 91
구간 = (89.6179, 92.3821)
N = 4
```

인자 A와 C의 수준별 평균값에 대한 95% 신뢰구간 그림으로 부터 내열강력이 가장 높은 조건은 A_3C_1이고 이때 예상되는 평균 반응값은 91이다. 또한, A_2C_2 조건도 유사한 값이 예측되므로 확인 실험을 해 보는 것이 좋을 듯하다.

3. 인자가 분할이 안 되는 경우

예제 7·3 이사틴 생성률 향상 실험

이사틴 생성률이 반응온도(A)와 중간원료인 이소니트로아세틸아민 유도체(B)에 따라 차이가 있는가를 알아보기 위하여 두 인자의 수준을 각각 3으로 하여 총 9회의 실험조건 $A_iB_j(i, j=1, 2, 3)$을 랜덤하게 택하여 실험을 한 후 이사틴 생성률을 측정하여 [도표12]와 같이 정리하였다. 단, 이사틴 생성률의 측정은 매 실험조건에서의 실험이 끝나는 대로 2개의 표본을 취하여 하였다.

도표12 이사틴 생성률

B \ A	60℃	70℃	80℃
B_1사	61.0 60.2	64.1 63.2	65.2 66.1
B_2사	63.3 62.7	66.2 65.4	66.6 67.2
B_3사	61.3 61.9	63.3 64.2	66.0 66.4

위와 같은 실험은 인자가 분할이 안 된 경우로 확률화 방법이 분할법을 따르고 있으므로 이원배치법과는 다르며 자료의 모형은 다음과 같다.

$$y_{ijk} = \mu + a_i + b_j + e_{(1)ij} + e_{(2)ijk}$$

여기서 $e_{(1)ij} \sim N(0, \sigma_{E_1}{}^2)$, $e_{(1)ijk} \sim N(0, \sigma_{E_2}{}^2)$이고 서로 독립임을 가정하며 1차단위 오차에 교호작용 $A\ B$가 교락되어 있다.

분산분석표를 작성하면 [도표 13]과 같다.

도표13 분산분석표

요인		제곱합	자유도	평균제곱	F	유의확률
A		61.814	2	30.907	85.721	.001
B		11.964	2	5.982	16.592	.012
오차	1차(E_1)	1.442	4	.361	1.263	.353
	2차(E_2)	2.570	9	.286		

이 표에서 A, B 인자의 F값은 그 평균제곱을 각각 1차 단위의 평균제곱으로 나누어 주어 30.907/0.361=85.721, 5.982/0.361=16.592처럼 얻어진 것이고, 1차 단위오차의 값은 2차 단위의 평균제곱으로 나누어 주어 0.361/0.286=1.263과 같이 얻어진 것이다.

결론적으로 [도표 13]에서 1차 단위 오차 이 유의하지 않아 2차 단위 오차 에 풀링하면 자료의 모형은 반복이 없는 이원배치법이 되며 분석결과는 [도표 14]와 같다.

도표14 풀링한 분산분석표

요인	제곱합	자유도	평균제곱	F	유의확률
A	61.814	2	30.907	100.142	.000
B	11.964	2	5.982	19.383	.000
오차	4.012	13	.309		
계	77.791	17			

▣ MINITAB을 이용한 실험분석

▶ 통계분석 > 분산분석 > 일반선형모형

- 반응: 합성률
- 모형: A B A*B
- 변량인자: B

▶ 확인

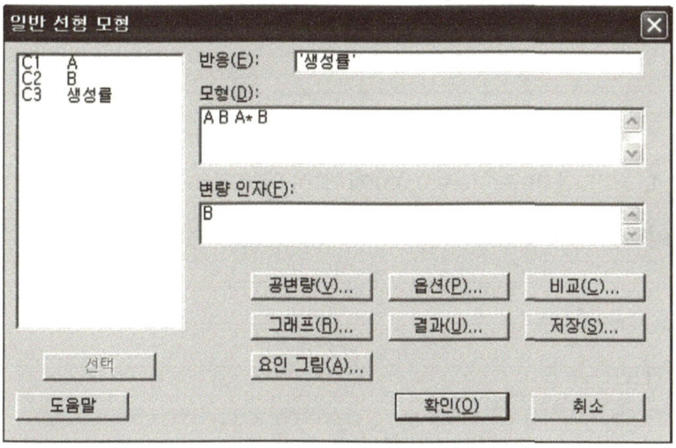

해설:

실험인자 A, B는 모두 모수인자이지만, MINITAB에서 B를 변량인자로 지정한 것은 분산분석표에서 오차를 1차오차, 2차오차로 구분하여 구하기 위한 것일 뿐 다른 기술적인 의미는 없다.

▶ MINITAB 결과

분산 분석

출처	DF	Adj SS	Adj MS	F-값	P-값
A	2	61.814	30.9072	85.72	0.001
B	2	11.964	5.9822	16.59	0.012
A*B (E1)	4	1.442	0.3606	1.26	0.353
오차 (E2)	9	2.570	0.2856		
총계	17	77.791			

해설:

오차 E_1(=교호작용 AB)이 유의하지 않으므로 오차 E_2에 풀링하여 분산분석을 한다.

▶ MINITAB 결과

풀링 후의 분산분석표

분산 분석

출처	DF	Adj SS	Adj MS	F-값	P-값
A	2	61.814	30.9072	100.14	0.000
B	2	11.964	5.9822	19.38	0.000
오차	13	4.012	0.3086		
적합성 결여	4	1.442	0.3606	1.26	0.353
순수 오차	9	2.570	0.2856		
총계	17	77.791			

해설:

실험인자 A, B가 유의수준($\alpha=0.05$)에서 유의하다. A, B 모두 반응에 영향을 주는 인자이다.

▶ MINITAB 그래프 분석

A, B 주효과도

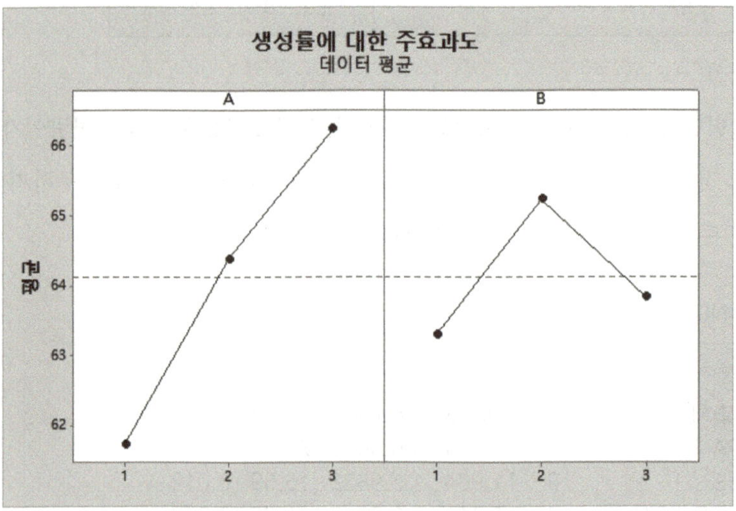

해설:

A_3, B_2 에서 생성률이 가장 높다.

4. 2단 분할법

마멸정도가 적은 적층(積層) 플라스틱판을 만들기 위해 1단계 작업이 끝나면 2단계 작업을 시작하고 2단계 작업이 끝나면 3단계 작업을 하는 방식으로 제품을 만들되 실험의 정도를 높이기 위해 전체 실험을 두 번 반복하기로 한다.

작업 단계	인자	수준
1단계	A 건조온도	2
2단계	B 적층원료	2
3단계	C 광택제 D 광택정도 F 압착온도	2 2 2

이와 같이 3단계를 거치는 실험을 2단 분할법이라 하고, 반복 R과 A를 1차단위 인자, B를 2차단위 인자, C, D, F를 3차단위 인자라 한다. 부분실험을 하지 않으면 총 실험 횟수가 $2^6=64$회로 너무 많아, 최소의 실험으로 주효과와 의심되는 교호작용 $A\times B$와 $B\times F$만 검출하기로 하면 모형은

$$y_{ijklmp}=\mu+\underbrace{r_p+a_i+e_{(1)ij}}_{1\text{차단위}}+\underbrace{b_j+(ab)_{ij}+e_{(2)ijp}}_{2\text{차단위}}+\underbrace{c_k+d_l+(bf)_{jm}+e_{(3)ijklmp}}_{3\text{차단위}}$$

와 같다. 여기서

$$r_p \sim N(0,\ \sigma_R^{\ 2}),\quad e_{(1)ip} \sim N(0,\ \sigma_{E_1}^{\ 2}),\quad e_{(2)ijp} \sim N(0,\ \sigma_{E_2}^{\ 2}),\quad e_{(3)ijklmp} \sim N(0,\ \sigma_{E_3}^{\ 2})$$

이고 서로 독립이다. 분할법에서는 m차단위와 $n(m<n)$차단위의 교호작용은 n차단위에 속한다.

이 예제의 실험순서는 [도표15]와 같다.

도표15 ⁞ 실험순서

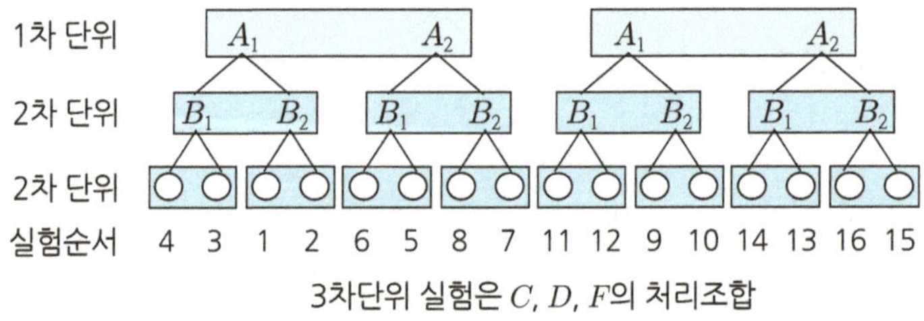

이 실험은 2수준의 인자 5개(A, B, C, D, F)의 요인배치법의 형태에 속한다. 단지 실험의 랜덤화에 제약이 가해진 것뿐이다. 데이터를 구하고 분산분석을 실시한 후에 본 문제에 맞는 적절한 해석을 하면 실험의 목적이 달성되는 것이다. 데이터에 의한 자세한 분석은 생략하고 연습문제 7.3에서 다루기로 한다.

예제 7·4 소금의 염도 측정

A, B, C는 각기 변량인자로 A는 일간인자, B는 일별로 두 대의 트럭을 랜덤하게 선택한 것이며, C는 트럭내에서 랜덤하게 두 삽을 취한 것이고 각 삽에서 두 번에 걸쳐 소금의 염도를 측정한 것이다. 데이터는 [도표16]과 같다. 이 실험은 A_1에서 $2\times2\times2=8$회를 랜덤하게 하여 데이터를 얻고, A_2에서 8회를 랜덤하게, A_3와 A_4에서도 같은 방법으로 하여 얻은 것이다. 다음과 같은 순서에 의하여 분석하기로 한다.

도표15 ⁞ 실험순서

		A_1	A_2	A_3	A_4
B_1	C_1	55.30	55.89	55.35	55.30
		55.33	55.82	55.39	55.38
	C_2	55.53	56.14	55.59	55.44
		55.55	56.12	55.53	55.45
B_2	C_1	55.04	55.56	55.10	55.03
		55.05	55.54	55.06	54.94
	C_2	55.22	55.76	55.29	55.12
		55.20	55.84	55.34	55.15

해설:

지분실험법(nested design)에 의한 실험이다. MINITAB의 완전내포분석을 이용하여 분산분석을 한다.

▣ MINITAB 일반 선형모형

▶ 통계분석 > 분산분석 > 일반선형 모형>일반선형모형 적합

- 반응: y
- 요인: A B C
- 랜덤/내포

  내포

  B: A

  C: B
- 요인유형

  A: 래덤 B: 랜덤 C: 랜덤

▶ 확인

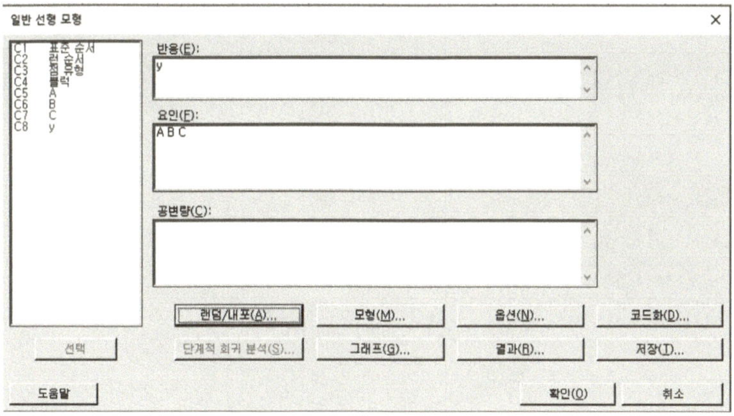

▶ MINITAB 결과

분산 분석

출처	DF	Adj SS	Adj MS	F-값	P-값
A	3	1.89503	0.631678	3.39	0.135
B(A)	4	0.74584	0.186459	4.38	0.036
C(A,B)	8	0.34083	0.042603	35.23	0.000
오차	16	0.01935	0.001209		
총계	31	3.00105			

수정된 제곱합을 사용한 분산 성분

출처	분산	총계의 %	표준 편차	총계의 %
A	0.0556523	49.02%	0.235907	70.02%
B(A)	0.0359641	31.68%	0.189642	56.29%
C(A,B)	0.0206969	18.23%	0.143864	42.70%
오차	0.0012094	1.07%	0.034776	10.32%
총계	0.113523		0.336931	

해설:

A(일간인자)는 유의하지 않으며, B(트럭), C(삽)는 유의수준(α =0.05)에서 유의하다. 트럭내의 염도 산포와 삽 간의 염도 산포가 있다. 트럭내의 산포의 크기를 나타내는 분산성분은 0.0360, 삽의 분산성분은 0.0207이다. 트럭간 산포의 크기가 삽간의 산포의 크기보다 크다.

연습문제

7 1 5社에서 구입한 원료를 사용한 가공방법에 대해서 실험하였다. 원료구입선 5사는 A_1, A_2, A_3, A_4, A_5이고 가공방법은 4수준 B_1, B_2, B_3, B_4이다. 단, 구입선의 5사를 랜덤화하여 뽑은 후에 뽑혀진 순서대로 A_1, A_2, A_3, A_4, A_5라는 부호를 달았다. 가공공정의 편의상 우선 A_1사의 원료에 대하여 B의 각 수준을 실시하고(B의 순서를 랜덤화하였다) 차례로 A_2사, ⋯, A_5사에 대해서 실험하였다. 이 실험전체를 2회 블록 반복하였다. 얻어진 데이터는 생산성으로 다음과 같다. 분산분석을 하시오.

반복 I (R_1)

	A_1	A_2	A_3	A_4	A_5
B_1	64	67	76	76	73
B_2	65	81	81	84	80
B_3	76	82	88	73	84
B_4	64	91	90	92	91

반복 II (R_2)

	A_1	A_2	A_3	A_4	A_5
B_1	73	67	68	76	64
B_2	76	82	67	80	69
B_3	81	80	76	81	75
B_4	78	95	89	85	85

해설:

분할실험이다. 반복(R)을 블럭인자로 하여 MINITAB의 일반선형모형으로 분산분석을 한다.

▶ MINITAB 분석결과

일반 선형 모형: y(생산성) 대 블럭, A(원료구입선), B(가공방법)

요인	유형	수준	값
블럭	랜덤	2	1,2
A(원료구입선)	고정됨	5	1, 2, 3, 4, 5
B(가공방법)	고정됨	4	1, 2, 3, 4

분산 분석

출처	DF	Adj SS	Adj MS	F-값	P-값
블럭	1	24.02	24.025	0.20	0.676
A(원료구입선)	4	413.00	103.250	0.87	0.552
블록*A(원료구입선 (E1)	4	474.60	118.650	11.87	0.000
B(가공방법)	3	1265.07	421.692	42.20	0.000
A(원료구입선)*B(가공방법)	12	519.80	43.317	4.34	0.005
오차 (E2)	15	149.88	9.992		
총계	39	2846.37			

해설:

분산분석표에서 1차 단위오차(E_1)는 교호작용 블록*A와 교락 되었다. 2차 단위오차(E_2)는 교호작용 블록*B와 블록*A*B 와 교락 되었다. 1차 단위오차로 1차단위 인자에 대한 F-검정을 한다. 2차 단위오차를 이용하여 2차단위 인자 B와 AB에 대한 F-검정을 한다. 2차단위 인자 B와 교호작용 A*B는 유의수준($\alpha = 0.05$)에서 유의하다.

▶ MINITAB 그래프 분석

AB 교호작용도

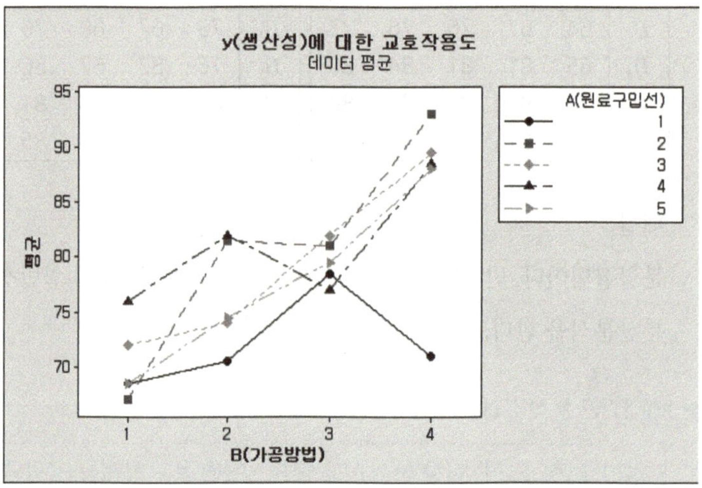

해설:

A(원료구입선)와 B(가공방법) 사이에는 교호작용이 존재하며, A_2B_4에서 생산성이 가장 높다.

▶ MINITAB 그래프 분석

AB 구간그림

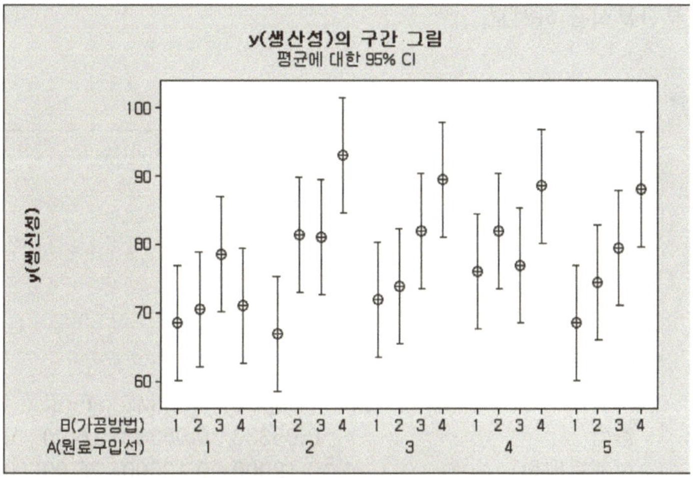

그룹: B(가공방법) = 4, A(원료구입선) = 2
95% 중위수에 대한 신뢰 구간
추정치 = 93
구간 = (84.6009, 101.399)
N = 2

해설:

A와 B의 수준조합 20개 각각에 대하여 생산성 평균에 대한 95% 신뢰구간을 작성한 그래프를 보면 A_2B_4수준에서 추정된 생산성이 93%로 가장 높다.

7 2 어떤 부품에 대해서 재료의 배합 A를 1차단위(A_1, A_2), 처리 후의 방법 B를 2차단위(B_1, B_2, B_3)로 블록반복 2회(R_1, R_2)의 분할법에 의한 실험을 하였다. 얻은 부품의 품질 특성은 신도(%)로 다음 표와 같다.

R_1

	A_1	A_2
B_1	4.4	5.0
B_2	3.0	3.7
B_3	4.2	3.6

R_2

	A_1	A_2
B_1	4.2	4.7
B_2	3.1	3.7
B_3	4.8	4.2

(1) 분산분석을 하시오.

▶ MINITAB 결과

일반 선형 모형: y 대 블럭, A(원료배합), B(방법)

요인	유형	수준	값
블럭	랜덤	2	1,2
A(원료배합)	고정됨	2	1, 2
B(방법)	고정됨	3	1, 2, 3

분산 분석

출처	DF	Adj SS	Adj MS	F-값	P-값
블럭	1	0.05333	0.05333	16.00	0.156
A(원료배합)	1	0.12000	0.12000	36.00	0.105
블록*A(원료배합) (E1)	1	0.00333	0.00333	0.04	0.859
B(방법)	2	3.01500	1.50750	16.15	0.012
A(원료배합)*B(방법)	2	0.96500	0.48250	5.17	0.078
오차 (E2)	4	0.37333	0.09333		
총계	11	4.53000			

해설:

분산분석표에서 1차 단위오차(E_1)와 교호작용 블록*A가 교락되었다. 1차 단위오차(E_1)로 1차단위 인자에 대한 F-검정을 한다. 2차 단위오차 (E_2)와 교호작용 $R*B$와 $R*A*B$ 가 교락 되었다. 2차 단위오차(E_2)로 B와 AB 에대한 F-검정을 한다. B(방법)는 유의수준($\alpha=0.05$)에서 유의하고, 교호작용 AB는 유의수준($\alpha=0.1$)에서 유의하다.

(2) 만약 1차단위의 오차 E_1이나 반복 R이 유의하지 않으면 E_2에 풀링시킨 후 다시 분산분석표를 작성하시오. 그리고 신도가 최대가 되는 의 수준조합과 이 조합조건에서 모평균의 95% 신뢰구간을 구하시오.

▶ MINITAB 결과

분산 분석					
출처	DF	Adj SS	Adj MS	F-값	P-값
A(원료배합)	1	0.1200	0.12000	1.67	0.243
B(방법)	2	3.0150	1.50750	21.03	0.002
A(원료배합)*B(방법)	2	0.9650	0.48250	6.73	0.029
오차	6	0.4300	0.07167		
총계	11	4.5300			

해설:

풀링 후 분산분석을 실시한 결과 인자, B(방법) 교호작용 AB가 유의수준($\alpha=0.05$)에서 유의하다.

▶ MINITAB 그래프 분석

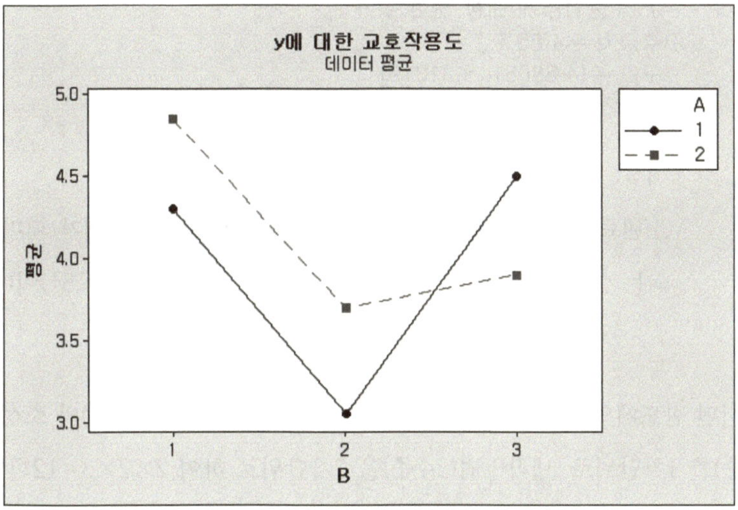

해설:

A와 B 사이에는 교호작용이 존재하며, A_2B_1에서 신도가 가장 높다.

▶ MINITAB 그래프 분석

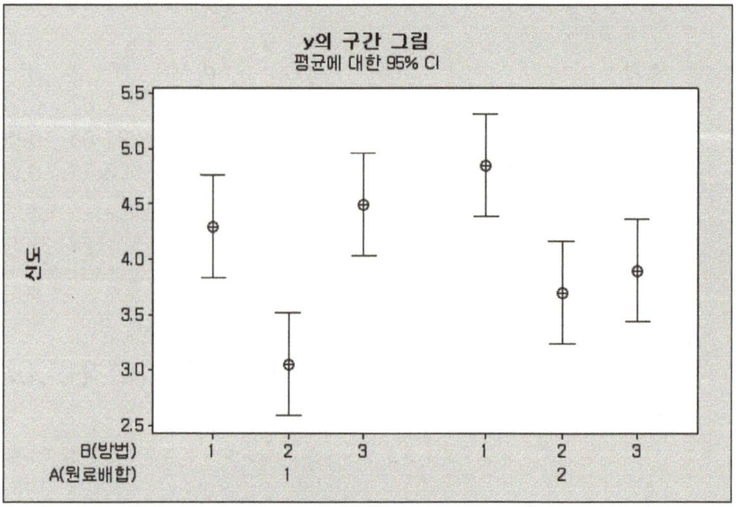


```
그룹: B(방법) = 1, A(원료배합) = 2
95% 중위수에 대한 신뢰 구간
추정치 = 4.85
구간 = (4.38681, 5.31319)
N = 2
```

해설:

A(원료배합) 2 수준, B(방법) 1 수준일 때 조도가 최대가 되며, 이때 예상되는 신도는 4.85이고, 평균의 95% 신뢰구간은 (4.39, 5.31)이다.

7 3 어떤 반도체의 특성을 높이기 위하여 주원료의 배합 A(2수준)와 소성온도 B(2수준)를 1차단위로, 냉각방법(3수준)을 2차단위로 하여 $2 \times 2 \times 3 = 12$회의 실험조건을 얻고, 각 실험조건에서 같은 것을 2회 반복하여 측정하였다. 얻어진 데이터는 다음과 같다.

블록반복 I (R_1)

	A_1		A_2	
	B_1	B_2	B_1	B_2
C_1	39	27	38	39
	37	25	38	37
C_2	34	26	31	26
	31	28	32	25
C_3	43	37	39	48
	40	36	43	47

(1) 분산분석을 하시오.

해설

:블록반복(R)은 없이 각 실험조합에서 반복측정만 한 실험이므로 1차단위 오차와 2차단위 오차를 분리하여 구할 수 없다. 데이터의 구조식은

$$y_{ijkp} = \mu + a_i + b_j + e_{(1)ij} + c_k + (ac)_{ik} + (bc)_{jk} + e_{(2)jk} + e_{(3)ijkp}$$

이다.

1차 단위오차와 교호작용 AB가 교락되고, 2차 단위오차와 교호작용 ABC가 교락된다. Minitab의 일반선형모형(GLM)으로 분산분석을 한 후 분할실험의 분산분석에 적합 하도록 정리하면 아래와 같다.

▶ MINITAB 결과(정리)

출처	DF	SeqSS	AdjSS	MS	F	P
A	1	66.667	66.667	66.667	0.76	0.54
B	1	80.667	80.667	80.667	0.91	0.52
A*B (E1)	1	88.167	88.167	88.167	3.52	0.31
C	2	625.75	625.75	312.875	12.49	0.075
A*C	2	63.583	63.583	31.792	14.13	0.066
B*C	2	58.583	58.583	29.292	1.17	0.46
A*B*C(E2)	2	50.083	50.083	25.042	11.13	0.002
(E3)	12	27	27	2.25		
전체	23	1060.5				

해설:

2차단위 인자 C(냉각방법)가 유의수준($\alpha = 0.1$)에서 유의하다

(2) 데이터가 충분히 많지 않다고 판정하여 아래와 같은 실험을 또 한 번 반복하였다. 처음에 얻은 데이터를 블록반복 I(R_1)로 보고 그 다음의 데이터를 블록반복 II ()로 하여 분석하고 싶다. 다음의 분산분석표를 작성하라. 그리고 특성치를 최대로 하는 A, B, C의 수준조합을 찾으시오.

블록반복 I (R_2)

	A_1		A_2	
	B_1	B_2	B_1	B_2
C_1	43	21	44	44
	42	22	42	45
C_2	31	19	27	28
	29	18	23	27
C_3	51	39	45	42
	49	33	42	45

▶풀이:

MINITAB 일반선형 모형(GLM)으로 분산분석을 한 후 분할실험에 적합하도록 정리하면 아래와 같다.

▶ MINITAB 결과

요인 정보

요인	유형	수준	값
블럭	랜덤	2	1, 2
A	고정	2	1, 2
B	고정	2	1, 2
C	고정	3	1, 2, 3

분산 분석

출처	DF	Adj SS	Adj MS	F-값	P-값	
블럭	1	0.52	0.521	*	*	x
A	1	196.02	196.021	32.56	0.110	
B	1	346.69	346.688	9.90	0.196	
C	2	1888.67	944.333	18.31	0.052	
블럭*A	1	6.02	6.021	0.07	0.820	x
블럭*B	1	35.02	35.021	0.47	0.594	x
블럭*C	2	103.17	51.583	1.26	0.423	x
A*B	1	450.19	450.187	7.14	0.228	
A*C	2	152.67	76.333	2.54	0.283	
B*C	2	45.50	22.750	1.12	0.472	
블럭*A*B	1	63.02	63.021	6.75	0.122	
블럭*A*C	2	60.17	30.083	3.22	0.237	

블럭*B*C	2	40.67	20.333	2.18	0.315
A*B*C	2	55.50	27.750	2.97	0.252
블럭*A*B*C	2	18.67	9.333	3.18	0.060
오차	24	70.50	2.937		
총계	47	3532.98			

x 정확한 F-검정이 아님.

▶해설:

1차단위 오차와 블록(R), 교호작용 RA, RB, RAB는 교락되므로 1차단위 오차의 제곱합은 교락된 요인들의 제곱합을 더하여 구한다.

1차단위 오차의 제곱합 = RA의 제곱합 + RB의 제곱합 + RAB의 제곱합 = 6.02 + 35.02 + 63.02 = 104.06 이다.

자유도는 1 + 1 + 1 = 3이므로, 1차단위 오차(E_1)는 $\frac{104.06}{3} = 34.69$이 된다.

같은 방법으로 2차 단위 오차(E_2)의 제곱합을 구하면 RC의 제곱합 + RAC의 제곱합 + RBC의 제곱합 + $RABC$의 제곱합 = 222.68이다.

자유도는 2 + 2 + 2 + 2 = 8이므로, 2차단위 오차(E_2)는 $\frac{222.68}{8} = 27.84$이다.

나머지 요인들에 대해서도 정리하여 분산분석표를 작성하면 아래와 같다.

요인	자유도	제곱합	제곱평균	F	P(유의확률)
R	1	0.52	0.52	0.01	0.913
A	1	196.02	196.02	5.65	0.098
B	1	346.69	346.69	9.99	0.051
AB	1	450.19	450.10	12.98	0.037
(E_1)	3	104.06	34.69	1.25	0.345
C	2	1888.67	944.34	33.92	0.000
AC	2	152.67	76.34	2.74	0.123
BC	2	45.5	22.75	0.82	0.475
ABC	2	55.5	27.75	0.99	0.413
(E_2)	8	222.68	27.84	9.47	0.000
(E_3)	24	70.50	2.94		
총계 (T)	47	3533.00			

해설:

교호작용 $A \times B$와 주효과 C가 유의수준($\alpha = 0.05$)에서 유의하다. B는 유의수준($\alpha = 0.1$)에서 유의하다. 유의한 인자들에 대한 그래프 분석을 하고 최적 수준 조합을 구한다.

▶ MINITAB 그래프 분석

ABC 구간그림

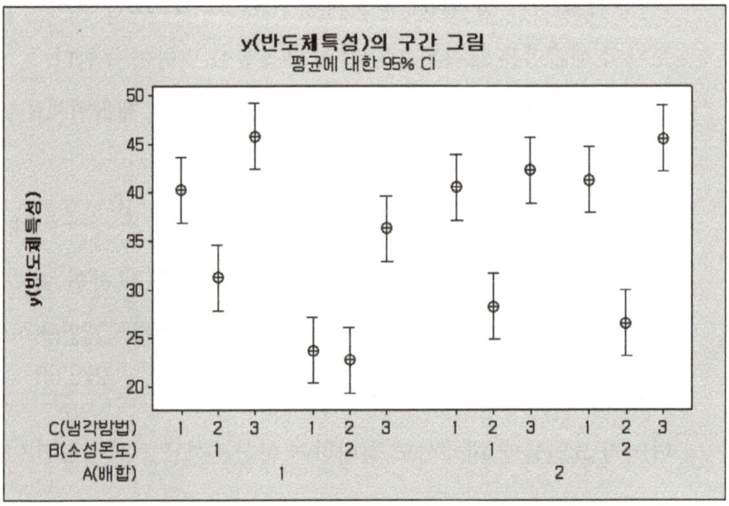


```
그룹: C(냉각방법) = 3, B(소성온도) = 1, A(배합) = 1
95% 중위수에 대한 신뢰 구간
추정치 = 45.75
구간 = (42.3794, 49.1206)
N = 4
```

해설:

교호작용 $A \times B \times C$ 각 수준조합에서 반응평균에 대한 95% 신뢰구간으로부터 반응이 최대가 되는 조건은 $A_1B_1C_3$이고, 이때 예상되는 반응값은 45.75이다. $A_2B_2C_3$ 또한 최적조건에서와 유사한 반응값 45.5가 예상되므로 확인 실험을 할 필요가 있다(구간 그림 참조).

7 4 A, B 두 인자의 변화에 따라서 얻어지는 제품의 물성을 조사하였다. A인자는 4수준이고, B인자는 3수준이며, $4\times3=12$회의 실험조건을 랜덤하게 순서를 정한 후에 각 회마다 2개씩의 샘플을 취하여 물성을 측정하였다. 얻어진 데이터는 다음과 같다.

	A_1	A_2	A_3	A_4
B_1	35 36	39 41	45 44	38 37
B_2	42 45	44 47	50 51	48 47
B_3	29 28	32 34	40 41	35 32

(1) 이 실험은 2인자 모수이고 인자가 분할이 안 된 분할법에 해당한다. 분산분석표를 작성하시오.

▶ MINITAB 결과

분산 분석

출처	DF	Adj SS	Adj MS	F-값	P-값
A	3	267.33	89.111	22.36	0.001
B	2	667.75	333.875	83.76	0.000
A*B	6	23.92	3.986	2.28	0.106
오차	12	21.00	1.750		
총계	23	980.00			

해설:

분산분석결과 인자 A, B가 유의수준($\alpha=0.05$)에서 유의하다.

(2) A, B의 어떤 수준조합에서 물성이 최대가 되는가? 이 조합에서 물성의 95% 신뢰구간을 구하시오.

▶ MINITAB 그래프 분석

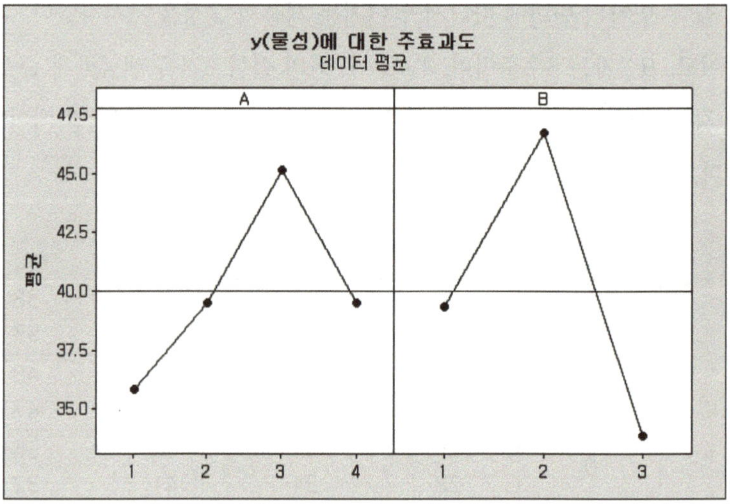

해설:

A_3B_2 조건에서 물성이 가장 높다.

▶ MINITAB 그래프 분석

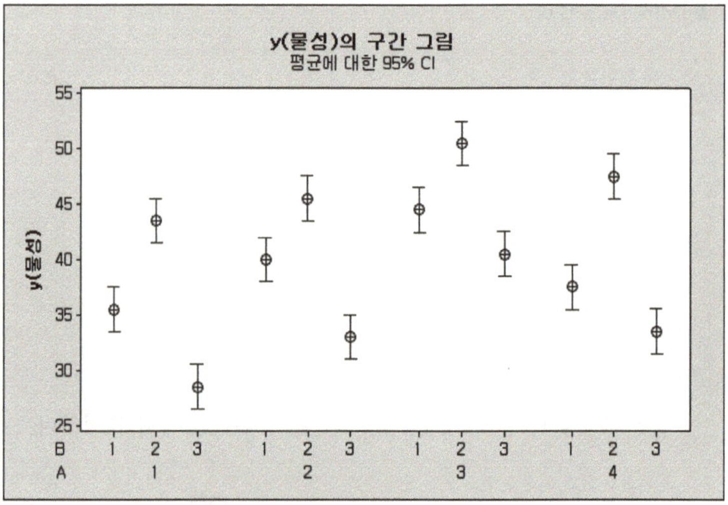

그룹: B = 2, A = 3
95% 중위수에 대한 신뢰 구간
추정치 = 50.5
구간 = (48.4619, 52.5381)
N = 2

해설:

인자 A, B의 12개 수준조합 각각에 대하여 평균값에 대한 95% 신뢰구간을 그려보면 물성값이 가장 큰 조합은 A_3B_2이다. 이때 예측되는 반응값은 50.5이며, 평균값의 95% 신뢰구간은 (48.4619, 52.5381)이다.

7 5 로트의 품질특성의 변동상태를 파악하여 철광석의 샘플링법을 확립하기 위하여, 입하된 화물을 랜덤하게 3개 화차를 선택하고, 각 화차에서 2개씩의 인크리멘트를 5㎏과 10㎏의 인크리멘트용 스쿠프(scoop)로 샘플링하였다. 이것을 다시 나누어서 2개의 샘플을 만들고 3×2×2×2=24개의 각 샘플에 대하여, 분석순서는 랜덤하게 2회씩 분석하여 철분의 %를 구하였다. 그 결과는 다음과 같다.

단위 : 철분(%)

B (인크리멘트의 크기)		B_1(5kg)				B_2(10kg)			
C (인크리멘트의번호)		C_1		C_2		C_1		C_2	
A (화차)	D(샘플) / E(반복)	D_1	D_2	D_1	D_2	D_1	D_2	D_1	D_2
A_1	E_1	53.1	54.2	53.1	51.8	52.8	51.8	54.0	53.3
	E_2	53.0	54.2	53.1	51.7	53.0	51.9	53.6	52.9
A_2	E_1	53.4	54.1	53.6	54.4	53.0	53.2	53.6	53.9
	E_2	53.6	53.3	53.1	53.9	52.2	53.5	53.4	54.0
A_3	E_1	53.6	51.8	50.9	50.8	54.9	53.8	53.0	53.4
	E_2	54.0	52.2	50.6	50.6	54.1	53.8	53.1	53.3

분산분석을 하고, 각각의 분산성분을 추정하시오.

▶ MINITAB 결과

```
철분%에 대한분산 분석
출처        DF        SS        MS        F       P
A (화차)     2    4.9987    2.4994    0.523   0.639
B (크기)     3   14.3487    4.7829    1.628   0.280
```

C (번호)	6	17.6275	2.9379	3.524	0.030
D (샘플)	12	10.0050	0.8338	11.566	0.000
오차	24	1.7300	0.0721		
총계	47	48.7100			

분산 분석

출처	분산 성분	총계의 %	표준 편차
A (화차)	-0.143*	0.00	0.000
B (크기)	0.231	19.07	0.480
C (번호)	0.526	43.49	0.725
D (샘플)	0.381	31.48	0.617
오차	0.072	5.96	0.268
총계	1.210		1.100

* 값이 음수이며 0으로 추정됩니다.

해설:

지분실험(nested design)이다. Minitab의 완전내포 분산분석으로 분석한다. 각 인자의 분산성분 추정치는 $A=0$, $B=0.231$, $C=0.526$, $D=0.381$이며 C의 수준 간 산포차이가 가장크다.

7 6 매일 생산되는 실의 수분이 어느 정도의 산포를 갖고 있는지를 조사하기 위해, 1일에 3포대씩 선택하고, 선택한 각 포대에 대하여 2회씩 5일간 수분을 측정한 결과, 다음 표와 같이 되었다. 분산분석을 하여 각각의 산포를 추정하시오.

단위 : 수분(%)

포대 \ 일	A_1 제1일	A_2 제2일	A_3 제3일	A_4 제4일	A_5 제5일
B_1	2.30 2.34	2.42 2.48	2.29 2.30	2.68 2.64	2.26 2.31
B_2	2.41 2.35	2.46 2.44	2.11 2.18	2.52 2.55	2.33 2.39
B_3	2.28 2.32	2.29 2.35	2.17 2.15	2.55 2.53	2.40 2.35

해설:

포대(B)가 일(A)에 내포되어 있는(nested) 지분실험 이다.

▶ MINITAB 결과

내포 분산 분석: 수분% 대 A (일), B (포대)

수분%에 대한 분산 분석

출처	DF	SS	MS	F	P
A (일)	4	0.4553	0.1138	13.219	0.001
B (포대)	10	0.0861	0.0086	8.252	0.000
오차	15	0.0156	0.0010		
총계	29	0.5570			

분산 성분

출처	분산 성분	총계의 %	표준 편차
A (일)	0.018	78.41	0.132
B (포대)	0.004	16.92	0.062
오차	0.001	4.67	0.032
총계	0.022		0.150

해설:

실험인자 A(일)의 분산성분은 0.018이고, B(포대)의 분산성분은 0.004이다. 인자 A, B에 대한 F-검정 결과 P-값이 유의수준($\alpha=0.05$)보다 작으므로 모두 유의하다. 일별, 포대별 수분 산포가 있고, 일간(A) 수분산포가 포대(B) 수분 산포보다 더 크다.

08

상관과 회귀분석

학습목표

1. 그래프 분석을 통해 독립변수와 종속변수의 관계를 이해한다.
2. 상관계수를 구하고 그 의미를 해석할 수 있다.
3. 최소제곱법으로 회귀계수를 구할 수 있다.
4. 통계소프트웨어를 이용하여 회귀계수에 대한 통계적 유의성을 검정할 수 있다.
5. 통계소프트웨어를 이용하여 회귀모델의 통계적 유의성을 검정할 수 있다.
6. 잔차(residual)분석을 하여 회귀모델의 적절성을 평가할 수 있다.

1. 상관분석

1) 산점도

두 확률변수 x와 y간의 상관관계를 알고자 할 때에는 두 변량 x, y에 대한 크기 n인 확률표본(random sample)을 취한 후, 얻어진 n개의 데이터

$$(x_1,\ y_1),\ (x_2,\ y_2),\ \cdots,\ (x_n,\ y_n)$$

로부터 두 변수간의 관련성을 찾게 된다. 이처럼 두 변수간의 관련성을 연구하는 통계적 분석을 상관분석(correlation analysis)이라 한다. 이 때 취급되는 n개의 데이터 $(x_i,\ y_i)$, $i=1,\ 2,\ \cdots,\ n$는 서로 독립이고 또한 동일한 어떤 이변량분포(bivariate distribution)를 따른다고 가정한다.

상관분석의 첫 단계는 데이터의 산점도(scatter diagram)를 그려보는 것이다. 이 산점도(또는 산포도)를 만들 때 고려하여야 할 점들을 들면 다음과 같다.

① 점들이 산재해 있는 모양으로부터 x와 y 사이에 관계가 있는지를 검토한다. 또한 양(positive)의 상관인가 음(negative)의 상관인가를 알아 본다([도표1]의 (a)와 (b)).

② x와 y가 직선관계인가 곡선관계인가를 살펴본다. [도표1]의 (c)처럼 곡선관계인 경우 상관계수를 구하는 것은 전혀 의미가 없다(이와 같은 경우는 뒤에 설명하는 곡선회귀분석을 하여야 함).

③ 특이한 데이터가 없나 확인한다. 산점도상에서 이상점의 발생은 데이터의 수집시 다른 모집단의 표본이 혼입되었거나, 측정이나 계산이 잘못되었거나, 데이터의 기입 등에 착오가 있는 것이다. 이와 같은 이상점이 발견되면 원인을 규명하여 수정하도록 해야 한다.

④ 점들이 뚜렷하게 두 개, 또는 그 이상으로 층별 되는 경우가 있는가 검토한다. [도표1]의 (e)처럼 두 개의 층으로 나누어지는 경우 두 개의 모집단으로부터 얻어진 표본이 섞여 있는 것이므로 데이터를 검토한 후 다시 분류해야 한다.

도표1 ┆ 실험 프로세스의 모형도

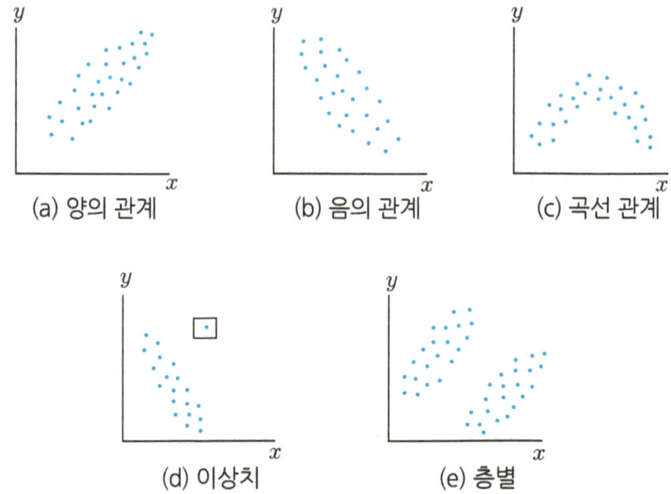

2) 표본상관계수

두 변수 x와 y에 대한 확률표본으로 n개의 데이터 $(x_1, y_1), (x_2, y_2), \cdots, (x_n, y_n)$을 얻었을 때 두 변수 x와 y간의 표본상관계수(sample correlation coefficient)는 다음과 같이 정의한다.

$$r = \frac{S_{(xy)}}{\sqrt{S_{(xx)} S_{(yy)}}} \tag{8·1}$$

단,

$$S_{(xx)} = \sum_{i=1}^{n} (x_i - \bar{x})^2 = \sum_i x_i^2 - \frac{(\sum x_i)^2}{n} \tag{8·2}$$

$$S_{(yy)} = \sum_i (y_i - \bar{y})^2 = \sum_i y_i^2 - \frac{(\sum y_i)^2}{n}$$

$$S_{(xy)} = \sum_i (x_i - \bar{x})(y_i - \bar{y}) = \sum_i x_i y_i - \frac{(\sum x_i)(\sum y_i)}{n}$$

를 의미한다.

예제 8·1

두 변수 x와 y에 대한 다음과 같은 5개의 데이터가 있다. 표본상관계수 r를 구하라.

x	1	2	3	4	5
y	4	6	7	8	10

풀이

▣ MINITAB 산점도

▶ 그래프 > 산점도

- 단순: x y

▶ 확인

- y변수: y
- x변수: x

▶ MINITAB 그래프 분석

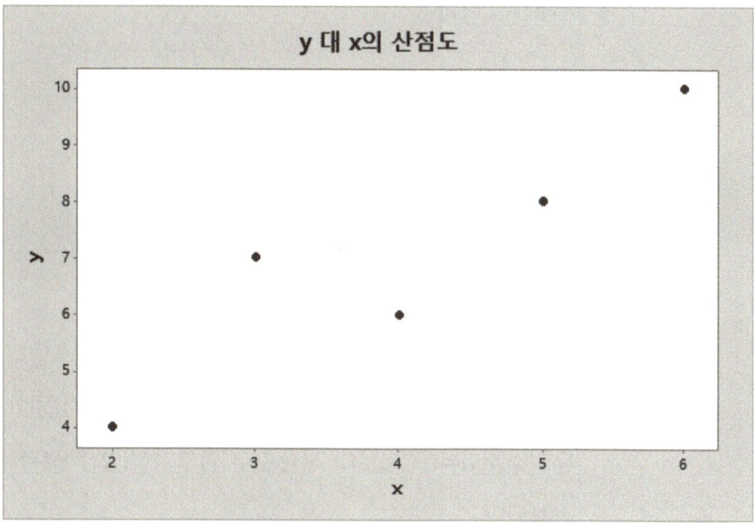

해설:

x값이 증가 하면 y도 증가하고 있으므로 x와 y는 양의 상관관계가 있다.

▣ MINITAB 상관분석

▶ 통계분석 > 기초통계 > 상관분석

- 변수: x y

- p-값 표시

▶ 확인

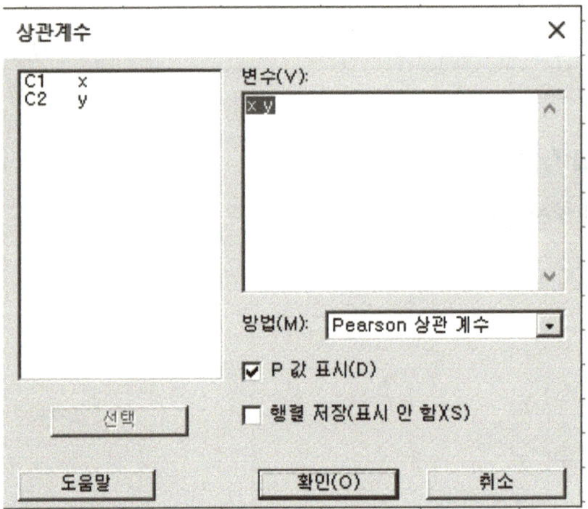

▶ MINITAB 결과

상관 분석: x, y

상관계수

Pearson 상관 계수	0.919
P-값	0.027

해설:

상관계수(r)은 0.919이다. x와 y는 높은 상관관계에 있다.

추정된 상관계수에 대한 유의성 검정결과 p-값이 0.027이다.

유의수준($\alpha = 0.05$)보다 작으므로 귀무가설(H_0: 상관계수는 0이다)이 기각된다.

2. 단순회귀분석

1) 회귀분석의 기본개념

회귀분석(regression analysis)이란 변수들간의 관련성을 규명하기 위하여 어떤 수학적 모형을 가정하고, 측정된 독립변수(X)와 종속변수(y)의 데이터로부터 모형을 추정하는 통계적 분석방법이다. 일반적으로 추정된 모형을 사용하여 필요한 예측을 하거나 관심 있는 통계적 추론(statistical inference)을 하게 된다.

회귀(regression)란 말은 영국의 우생학자 Francis Galton(1822~1911)이 처음 사용하였다고 한다. 그는 아버지와 아들의 신장간의 관계식을 구하여 아버지의 키가 아들의 키에 미치는 영향을 알아보려고 하였다. 그가 얻은 결론은 신장이 큰 아버지를 가진 아들의 신장은 전체적인 평균신장보다는 크나 아버지의 신장보다는 작아서 평균신장으로 회귀(regression toward mediocrity)하려는 경향이 있다고 말하였다. 이와 유사하게 신장이 작은 아버지를 가진 아들의 신장은 전체적인 평균신장보다 작으나 아버지의 신장보다는 커서 평균신장으로 회귀하려는 경향이 있다고 하였다. 그는 또한 아버지와 아들의 신장의 관계를 나타내는 직선을 회귀선(regression line)이라고 불렀다. 그가 사용한 회귀분석의 의미는 더 이상 사용되지 않고 있으나 이 단어는 아직까지 변수간의 관련성을 규명하려는 통계적 분석방법으로 사용되고 있다.

어떤 공업제품의 특성치의 하나로 이 제품의 강도가 중요한 품질문제로 상정되었다고 하자. 강도에 영향을 주는 인자가 수없이 많이 있겠으나 그 가운데 합성시의 온도 x_1과 촉매의 첨가량 x_2가 강도에 큰 영향을 주고 있음을 개선실험을 진행하는 도중 알았다고 하자. 품질향상 및 공정관리를 위해서 강도 y와 합성온도 x_1, 촉매첨가량 x_2의 관계를 정량적으로 파악하고 싶다.

그렇게 하기 위해서는 이들 변수간의 함수관계를 실험을 통하여 얻어지는 데이터로부터 알아낼 수만 있다면 여러 가지 관리에 유용하게 사용할 수 있을 것이다. 이때 x_1, x_2를 독립변수(설명변수라고도 함)라 부르고, y를 종속변수(목적변수라고도 함)라고 부른다.

회귀분석의 주된 목적은 독립변수의 값을 지정했을 때에 종속변수가 갖는 값의 정확한 추정에 있으나, 상관분석에서는 양 변수의 산포의 상호 관련성을 상관계수로부터 알아내고자 하는 데 있다.

회귀분석은 일반적으로 다음에 세 가지로 구분하여 다루어진다.

① 단순회귀분석(simple regression analysis) : 독립변수 1개, 종속변수 1개로 이들 사이의 관계가 직선관계(1차함수)로 가정되는 경우이다.
② 중회귀분석(multiple regression analysis) : 독립변수 2개 이상이고 종속변수는 1개로 이들 사이에 1차함수를 가정하는 경우이다.
③ 곡선회귀분석(curvilinear regression analysis) : 독립변수 1개, 종속변수 1개일 때 2차 이상의 고차함수를 가정하는 경우이다. 이 경우에 값들이 일정한 간격으로 되어 있으면 직교다항식(orthogonal polynomial)을 이용하여 계산하는 것이 편리하다. 곡선회귀의 적합은 중회귀의 적합방법에 의하여 할 수 있으므로 일반적으로 컴퓨터를 이용하여 중회귀분석을 한다.

2) 단순회귀의 적합

단순회귀(simple regression)의 경우에는 회귀선이 직선이 되므로 직선회귀(straight-line regression)라고 부르고, 여기서 얻어지는 직선을 회귀직선이라고 부른다. 두 변수 x와 y간의 n개의 데이터 (x_i, y_i), $i=1, 2, \cdots, n$에 관한 직선회귀모형은 다음과 같은 가정 아래 표현된다.

$$y_i = \beta_0 + \beta_1 x_i + \varepsilon_i \tag{8·3}$$

$\varepsilon_i \sim N(0, \sigma^2)$이고 서로 독립

β_0, β_1은 미지의 모수

x_i는 i번째 주어진 고정된 x의 값

$i=1, 2, \cdots, n$

미지의 모수인 β_0와 β_1의 추정은 최소제곱법(method of least squares)에 의하여 구한다. 이 방법은 식 (8·3)의 오차 ε_i의 제곱의 합

$$S=\sum_{i=1}^{n}\varepsilon_i{}^2=\sum_i(y_i-\beta_0+\beta_1x_i)^2 \qquad (8\cdot4)$$

을 최소로 하는 β_0와 β_1을 구하는 방법이다. 식 (8·4)의 오차제곱합을 최소로 하는 β_0와 β_1을 구하기 위하여 S를 β_0와 β_1에 대하여 각각 편미분하여 다음의 결과를 얻는다.

$$\frac{\partial S}{\partial\beta_0}=-2\sum_i(y_i-\beta_0+\beta_1x_i)$$

$$\frac{\partial S}{\partial\beta_1}=-2\sum x_i(y_i-\beta_0+\beta_1x_i)$$

위의 편미분의 값을 0으로 만드는 β_0와 β_1의 추정값을 $\widehat{\beta_0}$, $\widehat{\beta_1}$으로 놓고 윗 식을 정리하면

$$n\widehat{\beta_0}+\widehat{\beta_1}=\sum x_i{}^2=\sum x_iy_i \qquad (8\cdot5)$$

를 얻게 되는데, 이 식을 정규방정식(normal equations)이라고 부른다. 이 식을 풀어서 얻어진 $\widehat{\beta_0}$, $\widehat{\beta_1}$을 최소제곱추정값(least equares estimates)이라고 부르고 다음과 같이 된다.

$$\widehat{\beta_1}=\frac{S_{(xy)}}{S_{(xx)}} \qquad (8\cdot6)$$

$$\widehat{\beta_0}=\overline{y}-\widehat{\beta_1}\overline{x} \qquad (8\cdot7)$$

따라서 회귀직선의 추정식은

$$\widehat{y_i}=\widehat{\beta_0}+\widehat{\beta_1}x_i \qquad (8\cdot8)$$

이 되며, 이를 다르게 표현하면

$$\begin{aligned}\widehat{y_i}&=(\widehat{\beta_0}+\widehat{\beta_1}\overline{x})+\widehat{\beta_1}(x_i-\overline{x})\\&=(\overline{y}-\widehat{\beta_1}\overline{x}+\widehat{\beta_1}\overline{x})+\widehat{\beta_1}(x_i-\overline{x})\\&=\overline{y}+\widehat{\beta_1}(x_i-\overline{x})\end{aligned} \qquad (8\cdot9)$$

과 같이 나타내기도 한다. 첨자(subscript) i를 빼고 $\hat{y}=\widehat{\beta_0}+\widehat{\beta_1}x$ 또는 $\hat{y}=\overline{y}+\widehat{\beta_1}(x-\overline{x})$로 쓰기도 한다.

예제 8·2

예제 8·1에 있는 데이터에 대하여 직선회귀식을 구하라.

풀이

■ MINITAB 회귀분석

▶ 통계분석 > 회귀분석 > 회귀분석>적합회귀모형

- 반응: y

- 예측변수: x

▶ 확인

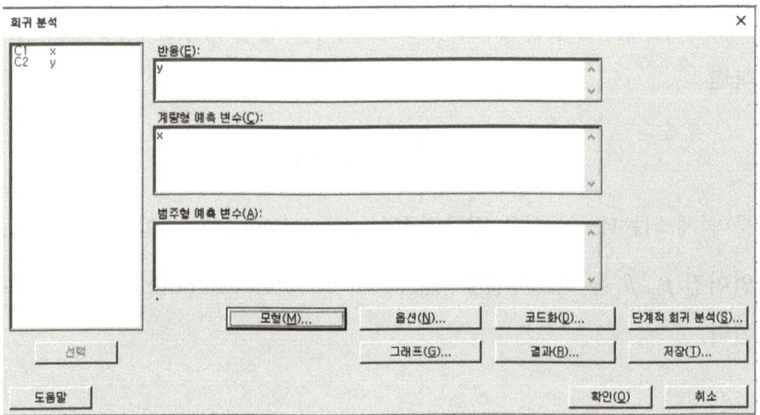

▶ MINITAB 결과

회귀 분석: y 대x

계수

항	계수	SE 계수	T-값	P-값	VIF
상수	1.80	1.36	1.32	0.279	
x	1.300	0.321	4.04	0.027	1.00

회귀 방정식

y = 1.80 +1.300x

해설:

추정된 1차 회귀식은 $y=1.80+1.300x$이다.

3) 일원배치법과 단순회귀

일원배치법의 데이터에서 인자 A가 계량인자(quantitative factor)로서 수준간에 양적인 비교가 가능할 경우에, 인자 A를 독립변수 x로 놓고 A의 각 수준에서 측정된 특성치를 y로 보고 x와 y 간의 직선관계를 고찰하여 보고 싶은 경우가 많이 있다. 예를 들면, 어떤 합성섬유가 열을 가함에 따라 수축하는 것으로 나타났는데, 수축률(%)을 알기 위하여 온도(인자 A)의 변화에 따라 측정한 결과 [도표2]의 데이터를 얻었다.

도표2 ¦ 수축률의 원데이터

온도 (℃): x	A_1 100	A_2 120	A_3 140	A_4 160	A_5 180	
수축률 (%): y	2.9 2.1 3.1	3.5 3.1 3.8	5.2 4.2 4.6	5.9 6.2 5.6	6.4 6.5 7.3	
계	$T_{1.}=8.1$	$T_{2.}=10.4$	$T_{3.}=14.0$	$T_{4.}=17.7$	$T_{5.}=20.2$	$T=70.4$

도표3 ¦ 가열온도(x)와 수축률(y)의 산점도

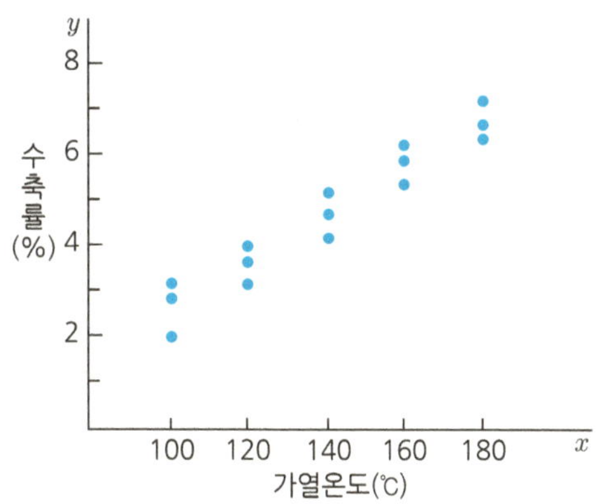

산점도를 그려보니 [도표3]과 같이 온도 x의 증가에 따라 수축률 y가 직선적인 함수관계를 가지고 증가하고 있으므로 회귀직선을 적합시켜 보기로 하고, 회귀분석을 용이

하게 하도록 데이터를 다시 나열하면

x	100	100	100	120	120	120	140	140	140	160	160	160	180	180	180
y	2.9	2.1	3.1	3.5	3.1	3.8	5.2	4.2	4.6	5.9	6.2	5.6	6.4	6.5	7.3

과 같이 된다. 식 (8·6)과 (8·7)에 의하여 회귀직선 $\hat{y}=\widehat{\beta_0}+\widehat{\beta_1}x_i$의 계산은 다음과 같이 얻어진다.

$$\bar{x}=140$$

$$\bar{y}=\frac{70.4}{15}=4.693$$

$$S_{(xx)}=\sum_{i=1}^{15}(x_i-\bar{x})^2=(100-140)^2+\cdots+(180-140)^2$$

$$\begin{aligned} S_{(yy)} &= \sum(y_i-\bar{y})^2=\sum y_i^2-n(\bar{y})^2 \\ &= (2.9)^2+(2.1)^2+\cdots+(7.3)^2-(15)(4.693)^2 \\ &= 35.27 \end{aligned}$$

$$\begin{aligned} S_{(xy)} &= \sum_i (x_i-\bar{x})(y_i-\bar{y}) \\ &= \sum_i x_i y_i - n(\bar{x})(\bar{y}) \\ &= 100\times 2.9+\cdots+180\times 7.3-(15)(140)(4.693) \\ &= 630 \end{aligned}$$

따라서

$$\widehat{\beta_1}=\frac{S_{(xy)}}{S_{(xx)}}=\frac{630}{12{,}000}=0.0525$$

$$\widehat{\beta_0}=\bar{y}-\widehat{\beta_1}\bar{x}=2.657$$

이며 추정된 회귀직선은

$$\hat{y}=2.657+0.0525x$$

가 된다.

일원배치 데이터에 대하여 x와 y 간에 단순회귀의 관계 이외에 2차 이상의 고차회귀 관계가 있는가에 대한 검토를 하려면 다음의 순서를 따르는 것이 좋다.

먼저 일원배치의 분산분석에 의하여 인자 A의 효과가 유의한가를 검정한다. 분산분석표의 F-검정에서 A의 변동이 유의치 않으면 회귀분석을 하고자 하는 의미가 상실된다. 다음으로 인자 A의 효과가 유의한 경우에 직선회귀에 의한 변동 S_R을 구하고, S_A와 S_R 간의 차이

$$S_r = S_A - S_R$$

을 구한다. 이 나머지 변동 S_r은 고차회귀에 의하여 설명될 수 있는 변동이다. 다음으로 [도표4]와 같은 분산분석표를 작성한다.

도표4 ¦ 일원배치법과 단순회귀의 분산분석표

요인	S	φ	V	F_0
직선회귀	S_R	$\varphi_R=1$	V_R	V_R/V_E
나머지(고차회귀)	$S_r=S_A-S_R$	$\varphi_r=l-2$	V_r	V_r/V_E
A	S_A	$\varphi_A=l-1$	V_A	V_A/V_E
E	S_E	$\varphi_E=n-l$	V_E	
T	$S_T=S_{(yy)}$	$\varphi_T=n-1$		

[도표4]에서 만약 $F_0=\dfrac{V_r}{V_E}>F(\varphi_r,\ \varphi_E\,;\alpha)$이면 고차회귀가 필요하며, 그렇지 않으면 단순회귀로써 x와 y 간의 관계가 충분히 설명될 수 있다는 결론이다.

[도표3]의 일원배치 데이터에 대하여 [도표4]와 같은 분산분석표를 만들어 보면 [도표5]와 같다.

도표4 ¦ 일원배치법과 단순회귀의 분산분석표

요인	S	φ	V	F_0
직선회귀	33.07	1	33.07	167.02
나머지(고차회귀)	0.22	3	0.073	0.37
A	33.29	4	8.32	42.02
E	1.98	10	0.198	
T	35.27	14		

이 표에서 보면 인자 A와 직선회귀는 대단히 유의하며, 고차회귀는 유의하지 않으므로 x와 y 간의 관계는 회귀직선으로 충분히 설명될 수 있음을 나타내고 있다. 결정계수를 구해보면

$$r^2 = \frac{S_R}{S_{(yy)}} = \frac{33.07}{35.27} = 0.94$$

로 총변동 중 94%가 회귀직선에 의해 설명된다.

예제 8·3

예제 8·1의 데이터에 대하여 회귀직선을 구하여 분산분석표를 작성하시오. 유의수준 $\alpha = 0.05$에서 유의성 검정을하고 결정계수 r^2을 구하여, 이로부터 상관계수 r을 구하시오.

풀이

▣ MINITAB 회귀분석

▶ 통계분석 > 회귀분석 > 회귀분석>적합회귀모형

- 반응: y
- 예측변수: x

▶확인

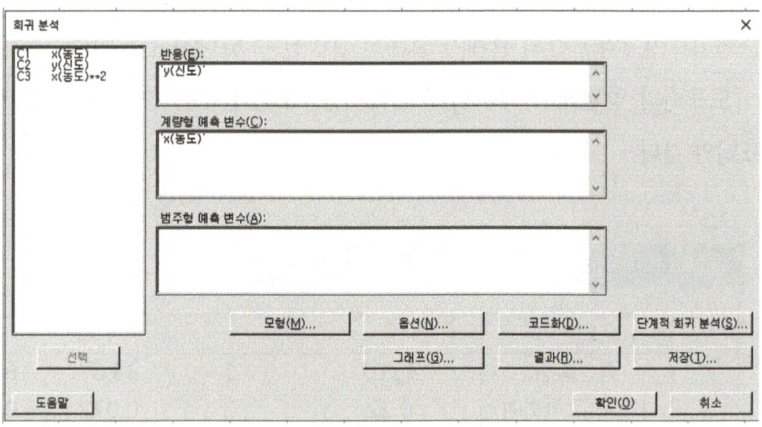

▶ MINITAB 결과

회귀 분석: y 대x

분산 분석

출처	DF	Adj SS	Adj MS	F-값	P-값
회귀	1	16.900	16.900	16.35	0.027
x	1	16.900	16.900	16.35	0.027
오차	3	3.100	1.033		
총계	4	20.000			

모형 요약

S	R-제곱	R-제곱(수정)	R-제곱(예측)
1.01653	84.50%	79.33%	64.02%

계수

항	계수	SE 계수	T-값	P-값	VIF
상수	1.80	1.36	1.32	0.279	
x	1.300	0.321	4.04	0.027	1.00

회귀 방정식

y = 1.80 +1.300x

해설:

회귀모델의 유의성을 검정하기 위한 분산분석표이다. 회귀모델의 F-검정 결과 P-값이 0.027이며, 유의수준($\alpha=0.05$)에서 귀무가설(H_0 : 회귀계수는 모두 0이다)이 기각된다.

결정계수 $r^2=\dfrac{S_{회귀}}{SST}=\dfrac{16.9}{20}=0.845$, 또한 1차 회귀모델에서 상관계수는 회귀모델의 결정계수(r^2)로부터 직접 구할 수 있다.

상관계수 $r=\sqrt{r^2}=\sqrt{0.845}=0.919$이다.

예제 8·4

어떤 직물의 가공시에 처리액의 농도를 변화시켜가며 처리한 후에 직물의 신도를 측정하여 다음과 같은 데이터를 얻었다.

산점도를 그리고 적절하다고 판단되는 차수의 곡선회귀를 구하시오. 더 높은 차수의 곡선회귀가 필요한지 검정하시오.

농도와 신도 데이터

x: 농도(%)	12	14	16	18	20	
y: 신도(%)	18.3 18.8 19.8 18.3	17.1 18.3 19.2 18.2	16.7 16.9 16.5 17.5	15.1 15.9 17.8 16.0	17.3 18.1 17.2 17.0	
	$T_{1.}=75.2$ $\bar{y}_{1.}=18.8$	$T_{2.}=72.8$ $\bar{y}_{2.}=18.2$	$T_{3.}=67.6$ $\bar{y}_{3.}=16.9$	$T_{4.}=64.8$ $\bar{y}_{4.}=16.2$	$T_{5.}=69.6$ $\bar{y}_{5.}=17.4$	$T=350$ $\bar{\bar{y}}=17.5$

풀이 ■ MINITAB 산점도

▶ 그래프 > 산점도

- 단순
- y변수: y(신도) x변수: x(농도)

▶ 확인

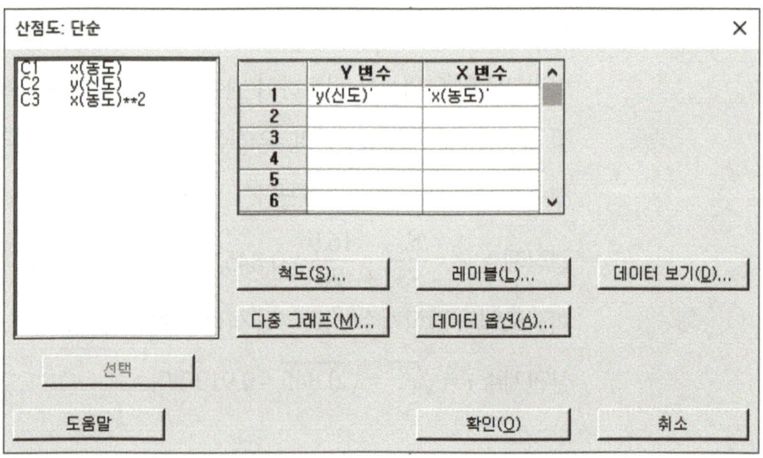

▶ MINITAB 그래프 분석

신도와 농도에 대한 산점도

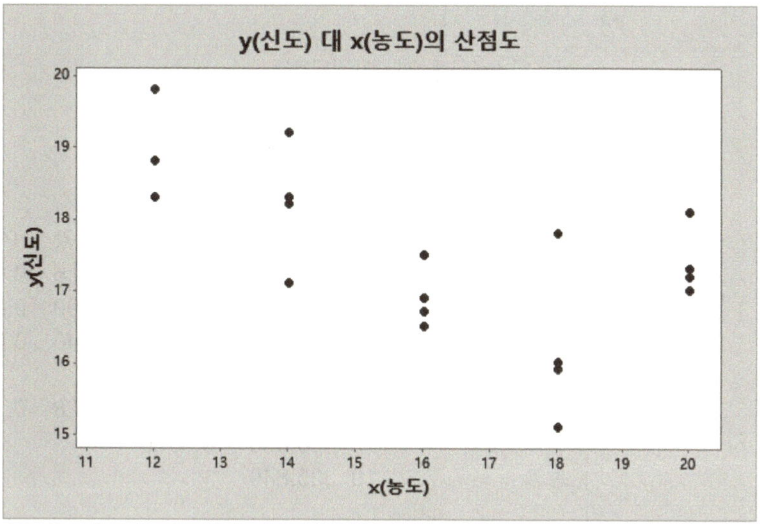

해설:

산점도로부터 농도와 신도는 곡선이다. 2차식이 적합할 것으로 추정된다.

■ MINITAB 회귀분석

▶ 통계분석 > 회귀분석>회귀분석 >적합 회귀모형

- 반응: y(신도)

- 예측변수: x(농도) x(농도)^2

▶ 확인

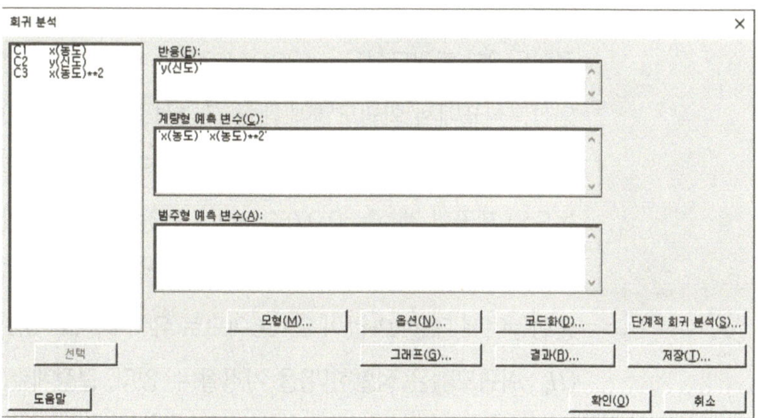

▶ MINITAB 결과

신도와 농도의 2차 회귀모형

회귀 분석: y(신도) 대 x(농도), x(농도)**2

분산 분석

출처	DF	Adj SS	Adj MS	F-값	P-값
회귀	2	14.256	7.1280	10.46	0.001
x(농도)	1	6.065	6.0652	8.90	0.008
x(농도)**2	1	5.040	5.0400	7.40	0.015
오차	17	11.584	0.6814		
적합성 결여	2	2.704	1.3520	2.28	0.136
순수 오차	15	8.880	0.5920		
총계	19	25.840			

모형 요약

S	R-제곱	R-제곱(수정)	R-제곱(예측)
0.825477	55.17%	49.90%	40.74%

계수

항	계수	SE 계수	T-값	P-값	VIF
상수	39.94	6.92	5.77	0.000	
x(농도)	-2.640	0.885	-2.98	0.008	183.86
x(농도)**2	0.0750	0.0276	2.72	0.015	183.86

회귀 방정식

y(신도) = 39.94 -2.640x(농도) +0.0750x(농도)**2

해설:

적합된 2차 회귀모형은 $y = 39.94 - 2.64x + 0.0750x^2$이다.

분산분석표에서 회귀모델에 대한 F-검정결과 P-값은 0.001이며 유의수준($\alpha = 0.05$)에서 귀무가설(H_0 : 모든 회귀계수는 0이다)은 기각된다. 농도의 제곱항 계수는 0.0750 이며 t-검정 결과 P-값이 0.015로서 유의수준($\alpha = 0.05$)에서 귀무가설(H_0 : 회귀계수는 0이다)이 기각된다. 적합성결여에 대한 P-값이 0.136이므로 유의수준($\alpha = 0.1$)에서 귀무가설(H_0 : 회귀모형은 적합하다)을 기각할 수 없다. 결정계수(R^2) 55.17%가 만족한 수준이 아니어서 결정계수를 더 높이고 싶으면 모델 차수를 높이는 것 보다 다른 실험인자를 찾아서 모델에 포함시켜 보는 것이 더욱 바람직한 방향이라 판단된다.

4. 중회귀분석

일반적으로 종속변수(반응변수)는 두 개 이상의 독립변수(설명변수)에 의하여 영향을 받는다. 설명력 있는 독립변수를 여러 개 잘 선택하여 이들의 함수로서 종속변수의 특성을 설명하면 단순회귀에 비하여 좀 더 정도(precision) 좋은 예측을 할 수 있을 것이다. 예를 들어, 어떤 공정의 수율(yield)을 종속 변수로 잡고 여기에 영향을 주리라고 믿어지는 공정상의 여러 독립변수들(온도, 압력, 습도, 시간 등)을 선택하여, 독립변수와 종속변수간의 관련성을 함수의 형태로써 파악하려 할 때 회귀모형을 만들어 연구해 볼 수 있을 것이다. 이처럼 종속변수의 변화를 설명하기 위하여 k개($k \geq 2$)의 독립변수가 사용되어 각 독립변수의 어떤 흥미영역(일반적으로 관심이 있는 좁은 범위임)에서 종속변수와의 관계가 선형으로 가정되는 회귀모형을 중선형회귀모형(multiple linear regression model)이라고 부르고, 간단히 중회귀모형이라고 한다. 이 모형은 k개의 독립변수(실험인자)와 n개의 측정 데이터에 대하여

$$y_i = \beta_0 + \beta_1 x_{1i} + \beta_2 x_{2i} + \cdots + \beta_k x_{ki} + \varepsilon_i \quad (8\cdot10)$$

$$\varepsilon_i \sim N(0, \sigma^2)\text{이고, 서로 독립}$$

$$i = 1, 2, \cdots, n$$

으로 표현된다.

먼저 중회귀모형의 가장 간단한 경우인 두 개의 독립변수에 대한 회귀분석을 고려하여 보자.

1) 독립변수가 둘인 경우

종속변수 y와 두 개의 독립변수 x_1과 x_2 사이에 다음과 같은 관계식이 성립한다고 하자.

$$y = \beta_0 + \beta_1 x_1 + \beta_2 x_2 + \varepsilon \quad (8\cdot11)$$

여기서 β_0, β_1과 β_2는 미지의 모수(unknown parameter)이며, ε은 y를 측정할 때 발생되는 오차로 $N(0, \sigma^2)$의 분포를 따르고 오차항간에는 상호독립이라고 가정한다.

n개의 관찰점(x_{1i}, x_{2i}, y_i), $i=1, 2, \cdots, n$에 대하여 모형 (8·11)은

$$y_i = \beta_0 + \beta_1 x_{1i} + \beta_2 x_{2i} + \varepsilon_i \qquad (8\cdot12)$$
$$i = 1, 2, \cdots, n$$

으로 표현된다. 회귀계수 추정치 β_0, β_1, β_2은 최소제곱법(method of least squares)으로 구할 수 있다. 오차제곱의 합을 S라고 하면

$$S = \sum_{i=1}^{n} \varepsilon_i^2 = \sum_{i=1}^{n} (y_i - \beta_0 - \beta_1 x_{1i} - \beta_2 x_{2i})^2 \qquad (8\cdot13)$$

이며, 이를 β_0, β_1, β_2에 대하여 각각 편미분하여 0으로 놓고 정규방정식(normal equations)을 만들면 다음과 같다. 이 식을 만족시키는 β_0, β_1, β_2의 추정값을 $\widehat{\beta_0}$, $\widehat{\beta_1}$, $\widehat{\beta_2}$로 각각 놓은 것이다.

$$\begin{aligned} n\widehat{\beta_0} + \widehat{\beta_1}\sum x_{1i} + \widehat{\beta_2}\sum x_{2i} &= \sum y_i \\ \widehat{\beta_0}\sum x_{1i} + \widehat{\beta_1}\sum x_{1i}^2 + \widehat{\beta_2}\sum x_{1i}x_{2i} &= \sum x_{1i}y_i \\ \widehat{\beta_0}\sum x_{2i} + \widehat{\beta_1}\sum x_{1i}x_{2i} + \widehat{\beta_2}\sum x_{2i}^2 &= \sum x_{2i}y_i \end{aligned} \qquad (8\cdot14)$$

위의 연립방정식은 세 개의 미지수에 세 개의 방정식이 있으므로 $\widehat{\beta_0}$, $\widehat{\beta_1}$, $\widehat{\beta_2}$의 해(solution)를 얻을 수 있다. 만약 독립변수의 수가 네 개라면 네 개의 연립방정식을 다루어야 하며 복잡한 모양을 나타내기 때문에 중회귀분석에서는 거의 모든 경우에 행렬(matrix)을 사용하여 표현 및 계산방법을 간소화하고 있다.

식 (8·12)의 모형에서 i번째의 관찰점을 벡터로 표시하면

$$\begin{aligned} y_i &= \beta_0 + \beta_1 x_{1i} + \beta_2 x_{2i} + \varepsilon_i \\ &= (1, x_{1i}, x_{2i}) \begin{bmatrix} \beta_0 \\ \beta_1 \\ \beta_2 \end{bmatrix} + \varepsilon_i \end{aligned}$$

이 되며, n개의 관찰점을 동시에 나타내기 위한 행렬표현식은 다음과 같다.

$$\boldsymbol{y} = X\boldsymbol{\beta} + \boldsymbol{\varepsilon} \tag{8·15}$$

여기에서 각각

$$\boldsymbol{y} = \begin{bmatrix} y_1 \\ y_2 \\ \vdots \\ y_n \end{bmatrix} \quad X = \begin{bmatrix} 1 & x_{11} & x_{21} \\ 1 & x_{12} & x_{22} \\ \vdots & \vdots & \vdots \\ 1 & x_{1n} & x_{2n} \end{bmatrix} \quad \boldsymbol{\beta} = \begin{bmatrix} \beta_0 \\ \beta_1 \\ \beta_2 \end{bmatrix} \quad \boldsymbol{\varepsilon} = \begin{bmatrix} \varepsilon_1 \\ \varepsilon_2 \\ \vdots \\ \varepsilon_n \end{bmatrix} \tag{8·16}$$

을 의미한다.

최소제곱법에 의해 최소화하려는 오차제곱의 합을 행렬을 사용하여 표현하면

$$\begin{aligned} S &= \boldsymbol{\varepsilon}'\boldsymbol{\varepsilon} = (\boldsymbol{y} - X\boldsymbol{\beta})'(\boldsymbol{y} - X\boldsymbol{\beta}) \\ &= \boldsymbol{y}'\boldsymbol{y} - 2\boldsymbol{\beta}'X'\boldsymbol{y} + \boldsymbol{\beta}'X'X\boldsymbol{\beta} \end{aligned}$$

가 되며, 이를 $\boldsymbol{\beta}$로 미분하여 0으로 놓으면 다음의 결과를 얻는다. $\hat{\boldsymbol{\beta}}$는 $\boldsymbol{\beta}$의 최소제곱추정값의 벡터로 $\hat{\boldsymbol{\beta}} = (\widehat{\beta_0}, \widehat{\beta_1}, \widehat{\beta_2})$을 의미한다.

$$X'X\hat{\boldsymbol{\beta}} = X'\boldsymbol{y} \tag{8·17}$$

이 식을 정규방정식이라 부르며 식 (8·14)와 동일한 것이다. 즉, 식 (8·14)의 행렬표현식이 식 (8·17)이 된다. 여기서 XX'과 $X'\boldsymbol{y}$는

$$X'X = \begin{bmatrix} n & \sum x_{1i} & \sum x_{2i} \\ \sum x_{1i} & \sum x_{1i}^2 & \sum x_{1i}\sum x_{2i} \\ \sum x_{2i} & \sum x_{1i}\sum x_{2i} & \sum x_{2i}^2 \end{bmatrix} \quad X'\boldsymbol{y} = \begin{bmatrix} \sum y_i \\ \sum x_{1i}y_i \\ \sum x_{2i}y_i \end{bmatrix}$$

과 같다. 식 (8·17)의 양변에 $(X'X)^{-1}$을 곱하면

$$\hat{\boldsymbol{\beta}} = (X'X)^{-1}X'\boldsymbol{y} \tag{8·18}$$

이 되는데, 여기서 얻은

$$\hat{\boldsymbol{\beta}} = \begin{bmatrix} \widehat{\beta_0} \\ \widehat{\beta_1} \\ \widehat{\beta_2} \end{bmatrix} = \begin{bmatrix} n & \sum x_{1i} & \sum x_{2i} \\ \sum x_{1i} & \sum x_{1i}^2 & \sum x_{1i} \sum x_{2i} \\ \sum x_{2i} & \sum x_{1i} \sum x_{2i} & \sum x_{2i}^2 \end{bmatrix}^{-1} \begin{bmatrix} \sum y_i \\ \sum x_{1i} y_i \\ \sum x_{2i} y_i \end{bmatrix}$$

이 $\beta_0, \beta_1, \beta_2$의 최소제곱 추정값이다.

예제 8·4

A회사에서는 전국적으로 수백 개의 대리점을 가지고 있는데 각 대리점의 월별 총 판매액(y)이 각 대리점의 관할구역의 인구수(x_1)와 그 구역의 가구당 평균 월수입액(x_2)에 따라 어떤 관련성을 갖고 있고, 또한 x_1과 x_2로부터 y를 예측할 수 있는지를 검토하기 위하여 다음의 데이터를 얻었 있는 선택된 아래 15개의 대리점은 수백 개의 대리점 중에서 랜덤하게 추출된 것이다.

[도표6]의 데이터로부터 중회귀방정식 $\hat{y} = \widehat{\beta_0} + \widehat{\beta_1} x_1 + \widehat{\beta_2} x_2$를 구하시오.

도표6 ┆ A회사 대리점들의 총판매액 데이터

대리점 i	관할구역인구 (단위: 천 명) x_{1i}	가구당 평균 월수입 (단위: 백 원) x_{2i}	총판매액 (단위: 십만 원) y_i
1	274	2,450	162
2	180	3,254	120
3	375	3,802	223
4	205	2,838	131
5	86	2,347	67
6	265	3,782	169
7	98	3,008	81
8	330	2,450	192
9	195	2,137	116
10	53	2,560	55
11	430	4,020	252
12	372	4,427	232
13	236	2,660	144
14	157	2,088	103
15	370	2,605	212

풀이 먼저 식 (8·16)의 $\boldsymbol{y}$, X, $\boldsymbol{\beta}$와 $\boldsymbol{\varepsilon}$를 써보면 다음과 같다.

$$\boldsymbol{y}=\begin{bmatrix}162\\120\\223\\\vdots\\103\\212\end{bmatrix}\quad X=\begin{bmatrix}1&274&2,450\\1&180&3,254\\1&375&3,802\\\vdots&\vdots&\vdots\\1&157&2,088\\1&370&2,605\end{bmatrix}\quad \boldsymbol{\beta}=\begin{bmatrix}\widehat{\beta}_0\\\widehat{\beta}_1\\\widehat{\beta}_2\end{bmatrix}\quad \boldsymbol{\varepsilon}=\begin{bmatrix}\varepsilon_1\\\varepsilon_2\\\varepsilon_3\\\vdots\\\varepsilon_{14}\\\varepsilon_{15}\end{bmatrix}$$

따라서 $X'X$와 $X'\boldsymbol{y}$를 구해보면

$$X'X=\begin{bmatrix}1&1&1\cdots&1\\274&180&375\cdots&370\\2,450&3,254&3,802\cdots&2,605\end{bmatrix}\begin{bmatrix}1&274&2,450\\1&180&3,254\\1&375&3,802\\\vdots&\vdots&\vdots\\1&370&2,605\end{bmatrix}$$

$$=\begin{bmatrix}15&3,626&44,428\\3,626&1,067,614&11,419,181\\44,428&11,419,181&139,063,428\end{bmatrix}$$

$$X'\boldsymbol{y}=\begin{bmatrix}1&1&1\cdots&1\\274&180&375\cdots&370\\2,450&3,254&3,802\cdots&2,605\end{bmatrix}\begin{bmatrix}162\\120\\223\\\vdots\\212\end{bmatrix}$$

$$=\begin{bmatrix}2,259\\647,107\\7,096,619\end{bmatrix}$$

가 된다. $X'X$ 행렬의 역행렬 $(X'X)^{-1}$은

$$(X'X)^{-1}=\begin{bmatrix}1.24635&2.12966\times10^{-4}&-4.15671\times10^{-4}\\&7.73290\times10^{-6}&-7.03025\times10^{-7}\\(\text{대칭})&&1.97719\times10^{-7}\end{bmatrix}\quad(8{\cdot}19)$$

이 얻어지고, 공식 (8·11)에 의하여 β_0, β_1, β_2의 최소제곱추정값들은

$$\boldsymbol{\beta}=\begin{bmatrix}\widehat{\beta_0}\\ \widehat{\beta_1}\\ \widehat{\beta_2}\end{bmatrix}=(X'X)^{-1}X'y=\begin{bmatrix}3.452613\\ 0.496005\\ 0.009199\end{bmatrix}$$

이 된다. 따라서 구하고자 하는 추정된 회귀방정식(estimated regression equation)은

$$\hat{y}=3.452613+0.496005x_1+0.009199x_2 \tag{8·20}$$

이 된다.

이 추정된 회귀함수로부터 인구가 천 명(한 단위) 증가함에 따라 가구당 평균 월수입이 일정할 때에는 평균 총판매액이 0.496(단위 십만 원)만큼 증가하리라고 예상된다. 또한 인구가 같을 때에는 가구당 평균 월수입이 만 원 증가(100단위 증가)하면 총판매액이 0.92(단위: 십만 원)만큼 증가하리라고 예상된다.

2) 독립변수가 많은 경우

독립변수의 수가 k개인 경우에 β_i들의 최소제곱추정치를 구하는 방법은 앞에서 다룬 $k=2$인 경우를 그대로 확장하면 된다. 즉, 식 (8·10)의 $\beta_0, \beta_1, \cdots, \beta_k$의 최소제곱추정값은

$$\hat{\boldsymbol{\beta}}=\begin{bmatrix}\widehat{\beta_0}\\ \widehat{\beta_1}\\ \vdots\\ \widehat{\beta_k}\end{bmatrix}=(X'X)^{-1}X'\boldsymbol{y} \tag{8·21}$$

로부터 얻어지는데 외관상 공식 (8·18)과 똑같은 형태를 가지나 행렬 X가 다음과 같이 된다. 그러나 벡터 $\boldsymbol{y}$는 y_i들의 벡터로서 앞의 경우와 동일하다.

$$X=\begin{bmatrix}1 & x_{11} & x_{21} & \cdots & x_{k1}\\ 1 & x_{12} & x_{22} & \cdots & x_{k2}\\ \vdots & \vdots & \vdots & & \vdots\\ 1 & x_{1n} & x_{2n} & \cdots & x_{kn}\end{bmatrix} \tag{8·22}$$

식 (8·21)을 사용하여 $\widehat{\beta}_i$들을 구할 때에 특히 유의하여야 할 사항으로 다음의 몇 가지가 있다.

① n은 k보다 충분히 크도록 잡아주는 것이 좋다. 일반적으로 n이 k보다 최소한 2~3배 정도 되도록 하여야 한다. 이것은 추정된 회귀방정식의 정도(정도의 계산은 다음 절에서 다룸)를 높이기 위한 방법으로 필요한 것이다.

② k개의 독립변수 중에 어느 두 개를 택하여 그들간의 상관계수 r을 구하였을 때, $|r|$의 값이 1에 매우 가까운 값이 되어서는 안된다. 이런 경우에는 둘 중에 하나는 회귀모형에서 제거시켜야 한다. 만약 x_1과 x_2간에 상관계수가 1이라면 식 (8·15)에서 두번째와 세번째 열간에 $x_{1i}=cx_{2i}$(c는 상수)의 관계가 있으며 $X'X$의 역행렬 $(X'X)^{-1}$을 구할 수 없다. 상관계수가 ± 1이 아니고 여기에 매우 가까운 값이라도 구하기가 어려워지며, 얻어지는 회귀방정식의 정도가 매우 나빠진다.

③ 회귀모형을 위한 독립변수들을 선택할 때에 y와 상관관계가 거의 없는 것은 선택할 필요가 없다. 이런 독립변수는 y에 대한 설명력이 없으므로 기여도가 별로 없으며, 도리어 회귀방정식의 정도를 떨어뜨리는 역할을 하게 된다.

3) 회귀방정식의 정도

추정된 회귀방정식의 정도(precision)를 측정하는 방법으로 많이 사용되는 측도(measure)로서 다음과 같은 것들이 쓰인다.

① 분산분석표에 의한 F-검정

② 결정계수 R^2

③ 잔차평균제곱 MSE

④ $\widehat{\beta}_i$과 $\hat{y}$의 분산

먼저 중회귀모형의 분산분석(analysis of variance)을 다루어 보자. 변동의 분해는 단순회귀의 변동의 분해와 동일하나 사용되는 기호에 차이가 있다. 총변동은 $S_{(yy)}$ 대신에 SST로, 회귀에 의하여 설명되는 회귀변동은 S_R 대신에 SSR로, 그리고 나머지 잔차변

동은 $S_{y.x}$ 대신에 SSE로 나타낸다. 그 계산방법은 다음과 같다.

$$\begin{aligned} SST &= \sum(y_i - \bar{y})^2 \\ &= \sum y_i^2 - n(\bar{y})^2 \\ &= \boldsymbol{y}'\boldsymbol{y} - n(\bar{y})^2 \end{aligned} \tag{8·23}$$

그리고 $\sum\hat{y}_i = \sum y_i = n\bar{y}$이므로

$$\begin{aligned} SSR &= \sum(\hat{y}_i - \bar{y})^2 \\ &= \sum(\hat{y}_i)^2 - n(\bar{y})^2 \\ &= \hat{\boldsymbol{y}}'\hat{\boldsymbol{y}} - n(\bar{y})^2 \end{aligned}$$

이 되는데 여기서

$$\hat{\boldsymbol{y}} = \begin{bmatrix} \hat{y}_1 \\ \hat{y}_2 \\ \vdots \\ \hat{y}_n \end{bmatrix} = \begin{bmatrix} \hat{\beta}_0 + \hat{\beta}_1 x_{11} + \cdots + \hat{\beta}_k x_{k1} \\ \hat{\beta}_0 + \hat{\beta}_1 x_{12} + \cdots + \hat{\beta}_k x_{k2} \\ \vdots \qquad\qquad \vdots \\ \hat{\beta}_0 + \hat{\beta}_1 x_{1n} + \cdots + \hat{\beta}_k x_{kn} \end{bmatrix} = \begin{bmatrix} 1 & x_{11} & \cdots & x_{k1} \\ 1 & x_{12} & \cdots & x_{k2} \\ \vdots & \vdots & & \vdots \\ 1 & x_{1n} & \cdots & x_{kn} \end{bmatrix} \begin{bmatrix} \hat{\beta}_0 \\ \hat{\beta}_1 \\ \vdots \\ \hat{\beta}_k \end{bmatrix} = X\hat{\boldsymbol{\beta}} \tag{8·24}$$

이므로

$$\begin{aligned} SSR &= \hat{\boldsymbol{y}}'\hat{\boldsymbol{y}} - n(\bar{y})^2 \\ &= \hat{\boldsymbol{\beta}}'X'X\hat{\boldsymbol{\beta}} - n(\bar{y})^2 \\ &= \hat{\boldsymbol{\beta}}'X'\boldsymbol{y} - n(\bar{y})^2 \end{aligned} \tag{8·25}$$

이 된다. 마지막으로 잔차변동은

$$\begin{aligned} SSE &= \sum(y_i - \hat{y}_i)^2 \\ &= SST - SSR = \boldsymbol{y}'\boldsymbol{y} - \hat{\boldsymbol{\beta}}'X'\boldsymbol{y} \end{aligned} \tag{8·26}$$

로 쉽게 구해진다. 이를 종합하여 분산분석표로 작성하면 [도표7]과 같다.

도표7 ¦ 중회귀의 분산분석표

요인	S	□	V	F_0	$F(\alpha)$
회귀	$SSR=\hat{\boldsymbol{\beta}}'X'\boldsymbol{y}-n(\bar{y})^2$	k	MSR	$\dfrac{MSR}{MSE}$	$F(k, n-k-1\,;\alpha)$
잔차	$SSE=\boldsymbol{y}'\boldsymbol{y}-\hat{\boldsymbol{\beta}}'X'\boldsymbol{y}$	$n-k-1$	MSE		
계	$SST=\boldsymbol{y}'\boldsymbol{y}-n(\bar{y})^2$	$n-1$			

위의 표에서 MSR은 SSR을 k로 나눈 값으로 회귀평균제곱(regression mean square)이고, MSE는 SSE를 $n-k-1$로 나눈 값이므로 잔차평균제곱(residual mean square)이다. 만약 $F_0=\dfrac{MSR}{MSE}$의 값이 $F(k, n-k-1\,;\alpha)$보다 크면 유의수준 α에서 귀무가설

$$H_0:\beta_1=\beta_2=\cdots=\beta_k=0 \text{ (또는, 모든 회귀계수는 0이다)}$$

이 기각되며, 추정된 회귀방정식이 유의하다고 하겠다.

$F_0=\dfrac{MSR}{MSE}$의 값이 크면 클수록 회귀방정식의 정도가 좋다고 말할 수 있다.

다음으로 회귀방정식의 정도를 측정하는 방법으로 많이 사용되는 것은 결정계수(coefficient of determination)로 R^2으로 나타내고(단순회귀에서는 r^2으로 쓰였음)

$$R^2=\frac{MSR}{SST}=\frac{\text{회귀식에 의해 설명되는 변동}}{\text{전체변동}}$$

에 의하여 구해지는 것은 단순회귀의 경우와 동일하다. $0\leq R^2\leq 1$의 범위에 있고 R^2의 값이 1에 가까울수록 높은 정도를 갖는다.

세 번째로 잔차평균제곱 MSE를 사용하기도 한다. MSE는 σ^2의 불편추정값이며 데이터들이 회귀식 주위에 어떻게 산포되어 있는가를 말해주는 측도이다. MSE가 작을수록 회귀방정식의 정도가 좋고, 데이터의 산포가 작아진다.

마지막으로 $\hat{\beta}_i$들과 $\hat{y}$의 분산을 살펴보자. $\hat{\beta}_i$의 분산과 이들간의 공분산은 행렬표현으로 다음과 같다.

$$Var(\widehat{\boldsymbol{\beta}})=Var\begin{bmatrix}\widehat{\beta}_0\\ \widehat{\beta}_1\\ \widehat{\beta}_2\\ \vdots\\ \widehat{\beta}_k\end{bmatrix}$$

$$=\begin{bmatrix}Var(\widehat{\beta}_0) & Cov(\widehat{\beta}_0,\widehat{\beta}_1) & Cov(\widehat{\beta}_0,\widehat{\beta}_2) & \cdots & Cov(\widehat{\beta}_0,\widehat{\beta}_k)\\ & Var(\widehat{\beta}_1) & Cov(\widehat{\beta}_1,\widehat{\beta}_2) & \cdots & Cov(\widehat{\beta}_1,\widehat{\beta}_k)\\ & & Var(\widehat{\beta}_2) & \cdots & Cov(\widehat{\beta}_2,\widehat{\beta}_k)\\ & & & & \vdots\\ (\text{대칭}) & & & & Var(\widehat{\beta}_k)\end{bmatrix}$$

$$=(X'X)^{-1}\sigma^2 \tag{8·27}$$

여기에서 행렬 $(X'X)^{-1}$의 원소를 $c_{ij}(i, j=0, 1, 2, \cdots, k)$라 한다면

$$(X'X)^{-1}=\begin{bmatrix}c_{00} & c_{01} & c_{02} & \cdots & c_{0k}\\ & c_{11} & c_{12} & \cdots & c_{1k}\\ & & c_{22} & \cdots & \vdots\\ (\text{대칭}) & & & & c_{kk}\end{bmatrix}$$

으로 표현된다. 따라서 식 (8·27)로부터

$$Var(\widehat{\beta}_i)=c_{ii}\sigma^2$$
$$Cov(\widehat{\beta}_i, \widehat{\beta}_j)=c_{ij}\sigma^2 \tag{8·28}$$

임을 알 수 있다. σ^2이 미지인 경우에는 σ^2 대신에 MSE를 사용하여 $Var(\widehat{\beta}_i)$과 $Cov(\widehat{\beta}_i, \widehat{\beta}_j)$를 추정하게 된다.

회귀방정식의 정도가 좋으려면 식 (8·21)의 분산 또는 공분산의 값들이 작아야 한다. 이들에 관한 측도로서 $=\sum_{i=0}^{k}Var(\widehat{\beta}_i)$ 또는 $|(X'X)^{-1}|$ 등이 흔히 쓰이는데 이 값들을 작게 하여 주는 것이 정도를 높일 수 있다.

어떤 점$(x_1, x_2, \cdots, x_k)$에서는 $\hat{y}$는

$$\hat{y}=\widehat{\beta}_0+\widehat{\beta}_1x_1+\widehat{\beta}_2x_2+\cdots+\widehat{\beta}_kx_k$$

라고 나타내지고 벡터표시로

$$\hat{y}=(1,\ x_1,\ x_2,\ \cdots,\ x_k)\begin{bmatrix}\widehat{\beta_0}\\ \widehat{\beta_1}\\ \widehat{\beta_2}\\ \vdots\\ \widehat{\beta_k}\end{bmatrix}=\boldsymbol{x}'\widehat{\boldsymbol{\beta}} \tag{8·29}$$

이 되는데 $Var(\widehat{\boldsymbol{\beta}})=(X'X)^{-1}\sigma^2$이므로

$$\begin{aligned}Var(\hat{y})&=Var(\boldsymbol{x}'\widehat{\boldsymbol{\beta}})\\ &=\boldsymbol{x}'Var(\widehat{\boldsymbol{\beta}})\boldsymbol{x}\\ &=\boldsymbol{x}'(X'X)^{-1}\boldsymbol{x}\sigma^2\end{aligned} \tag{8·30}$$

이 된다.

식 (8·30)의 $\hat{y}$의 분산은 관찰된 점의 위치 $\boldsymbol{x}'=(1,\ x_1,\ x_2,\ \cdots,\ x_k)$에 따라 달라지며, $Var(\hat{y})$을 작게 하는 것이 추정된 회귀방정식의 정도를 높일 수 있는 것이다. 여기서도 σ^2 대신에 MSE를 사용하여

$$\widehat{Var}(\hat{y})=\boldsymbol{x}'(X'X)^{-1}\boldsymbol{x}\cdot MSE \tag{8·31}$$

와 같이 계산한다.

4. 적용사례

이 사례는 모 타이어회사의 시험과에서 타이어 실내 주행시험시 발생되는 발열온도(y)가 어떤 독립변수들에 의하여 영향을 받으며, 발열온도와 독립변수 사이의 관계식을 규명하기 위한 실험이다. 독립변수(실험인자)로 사용된 것은

x_1 : 주행 load(- 1, 0, 1의 3수준)

x_2 : 주행 speed(- 1, 0, 1의 3수준)

x_3 : shoulder고무의 두께(단위 mm)

이다. 여기서 주행 load의 0수준은 2,620kg을 의미하고, 상대적인 비교를 위하여 이를 1로 볼 때 −1과 +1의 수준은 각각 2,620kg의 0.6과 1.4에 해당하는 1,572kg과 3,668kg이다. 다음으로 주행 speed의 0수준을 90km/hr로 하여, −1과 +1의 수준을 60km/hr와 120km/hr로 취해 주었다. 즉, 다음과 같이 수치변환된 수준을 나타낸다.

x_1:

주행 load 사용수준	- 1	0	1
실제의 주행 load	1,570kg	2,620kg	3,668kg
상대적인 비교	0.6	1	1.4

x_2:

주행 speed 사용수준	- 1	0	1
실제의 주행 speed	60km/hr	90km/hr	120km/hr
상대적인 비교	$\frac{2}{3}$	1	$\frac{4}{3}$

x_1과 x_2의 값은 이원배치법의 형태로 실험계획에 의하여 정하여 주었으나 x_3은 발열실험을 진행시켜 가면서 실험에 사용된 타이어의 shoulder고무의 두께를 잰 것이다. 여기서 취급된 x_1, x_2, x_3 이외의 다른 독립변수들도 많이 있으나 그것들은 가능한 범위 내에서 고정시켜 주었고, 타이어의 종류도 한 가지로 국한시켰다.

▣ MINITAB 상관분석

▶ 통계분석 > 기초통계 > 상관분석

- 변수: x1 x2 x3 발열온도

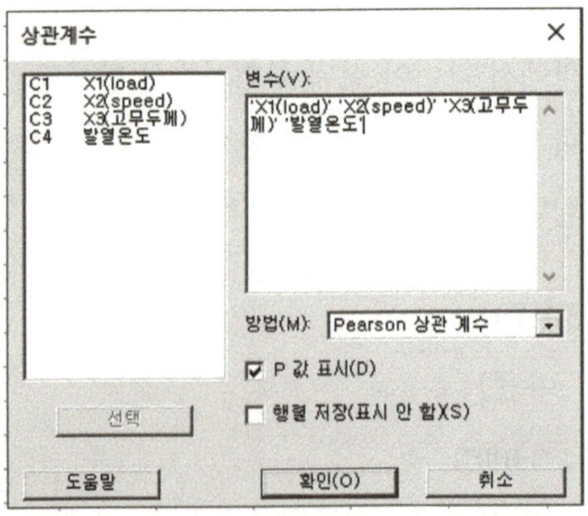

▶확인

▶ MINITAB 결과

상관 분석: X1(load), X2(speed), X3(고무두께), 발열온도

상관계수

	X1(load)	X2(speed)	X3(고무두께)
X2(speed)	0.000 1.000		
X3(고무두께)	-0.244 0.219	-0.063 0.754	
발열온도	0.756 0.000	0.468 0.014	-0.450 0.018

셀 내용
Pearson 상관 계수P-값

도표8 ⁝ 중회귀 적용사례의 데이터

실험순서	독립변수			종속변수
	x_1	x_2	x_3	y(발열온도 ℃)
1	- 1	- 1	35.2	79.0
8	- 1	- 1	35.5	74.2
5	- 1	- 1	37.5	77.4
18	- 1	0	36.0	89.6
7	- 1	0	34.5	97.5
23	- 1	0	37.5	90.0
12	- 1	1	36.5	121.5
25	- 1	1	34.5	92.7
11	- 1	1	40.0	92.5
15	0	- 1	34.8	109.6
2	0	- 1	36.5	104.5
26	0	- 1	37.0	104.8
22	0	0	35.0	160.3
20	0	0	36.5	124.5
14	0	0	38.5	121.1
16	0	1	34.0	212.9
10	0	1	34.0	163.1
17	0	1	37.3	151.1

13	1	-1	34.8	165.4
9	1	-1	35.1	145.3
19	1	-1	37.8	132.0
4	1	0	33.5	223.1
3	1	0	36.3	169.3
6	1	0	35.8	156.4
24	1	1	34.5	294.6
27	1	1	35.0	213.4
21	1	1	36.3	193.9
				T=3,759.7

해설:

발열온도는 x_1과 상관관계가 가장 높으며 x_2, x_3와도 약한 상관관계가 있다.

▣ MINITAB 회귀분석

▶ 통계분석 > 회귀분석 > 회귀분석>적합회귀모형

- 반응: 발열온도
- 계량형 예측변수 : x1 x2 x3

▶모형

- 교호작용의 최대차수: 1
- 항의 최대차수: 1

▶확인

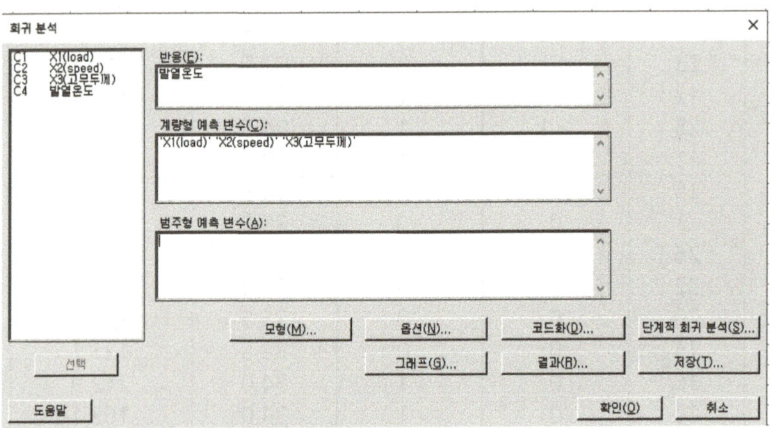

▶ MINITAB 결과

회귀 분석: 발열온도 대 X1(load), X2(speed), X3(고무두께)

분산 분석

출처	DF	Adj SS	Adj MS	F-값	P-값
회귀	3	63791	21263.6	43.61	0.000
X1(load)	1	34054	34054.1	69.84	0.000
X2(speed)	1	15245	15245.0	31.27	0.000
X3(고무두께)	1	4456	4455.5	9.14	0.006
오차	23	11214	487.6		
적합성 결여	22	9974	453.4	0.37	0.888
순수 오차	1	1240	1240.0		
총계	26	75005			

모형 요약

S	R-제곱	R-제곱(수정)	R-제곱(예측)
22.0810	85.05%	83.10%	78.80%

계수

항	계수	SE 계수	T-값	P-값	VIF
상수	456	104.985	4.35	0.000	
X1(load)	44.86	5.368	8.36	0.000	1.06
X2(speed)	29.16	5.216	5.59	0.000	1.00
X3(고무두께)	-8.83	2.920	-3.02	0.006	1.07

회귀 방정식

발열온도 = 456 +44.86X1(load) +29.16X2(speed) -8.83X3(고무두께)

해설:

추정된 회귀계수의 t-검정결과 모두 유의수준($\alpha=0.05$)에서 유의하다.

결정계수는 85.05%이며, 회귀모델에 대한 F-검정결과 P-값이 0.00이다.

유의수준($\alpha=0.05$)에서 귀무가설(H_0: 모델은 적합하지 않다)은 기각되므로, 추정된 회귀모델은 반응을 설명하는데 적합한 모델이다.

추정된 회귀계수의 분산을 추정하면 다음과 같다.

$$Var(\beta_1)=(5.368)^2=28.83$$

$$Var(\beta_2)=(5.216)^2=27.21$$

$$Var(\beta_3)=(2.920)^2=8.526$$

연습문제

8 1 다음의 데이터는 어떤 제품을 만들 때의 처리온도(x℃)와 그 때에 만들어진 제품의 치수($y$mm)이다.

x	y	x	y	x	y
531	22.99	529	23.01	533	23.14
535	23.36	535	23.42	535	23.11
536	23.62	534	23.16	530	23.24
530	22.86	526	22.87	531	23.13
532	23.16	533	23.62	530	23.00
533	23.28	534	23.63	531	23.35
532	22.89	530	23.01	529	22.62
531	23.00	531	23.12	534	23.37
528	23.08	536	23.50	532	23.08
534	23.64	533	22.75	533	23.31

(1) 산점도로 작성하시오.

▶ MINITAB 그래프 분석

x와 y의 산점도

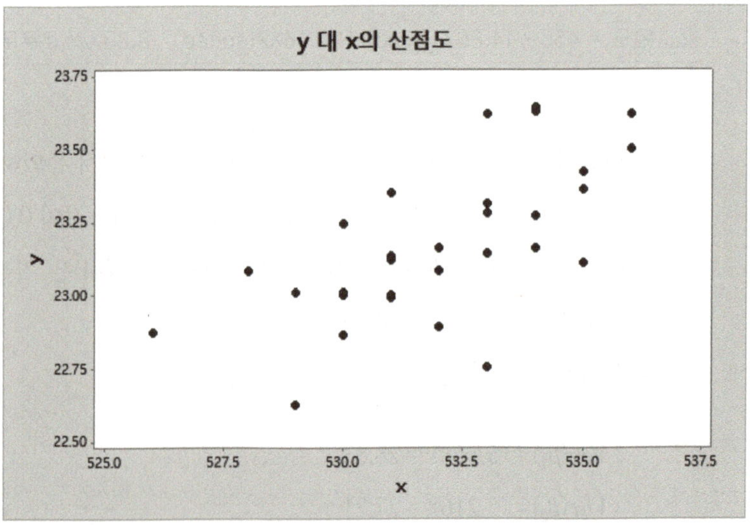

(2) 상관계수(r)를 구하시오.

▶ MINITAB 결과

x와 y의 상관관계

상관계수	
Pearson 상관 계수	0.656
P-값	0.000

(3) 상관계수에 대한 통계적 가설검정을 하시오.

▶ 풀이

귀무가설(H_0): 상관계수는 0이다.

대립가설(H_0): 상관계수는 0이 아니다.

상관계수에 대한 통계적 유의성 검정결과 p-값이 0.00이므로 유의수준 ($\alpha=0.05$)에서 귀무가설이 기각된다.

8 2 어떤 원료의 품질특성(x)과 이 원료를 써서 만든 제품의 특성(y)에 관한 조사결과 다음의 데이터가 얻어졌다.

x	y	x	y
36	29	31	28
40	32	44	34
34	29	41	34
44	40	29	27
33	31	42	33
36	29	35	33
40	34	45	34
33	30	31	27
26	25	32	30
36	31	38	33

(1) 산점도를 그리고 상관계수를 구하시오.

▶ MINITAB 그래프 분석

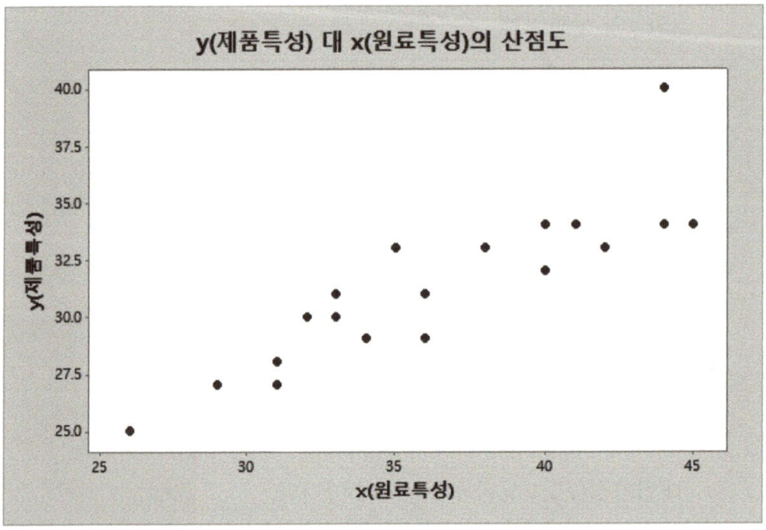

상관 분석: x(원료특성), y(제품특성)

상관계수

Pearson 상관 계수	0.871
P-값	0.000

(3) x와 y 간의 회귀직선을 구하시오.

▶ MINITAB 결과

분산 분석

출처	DF	Adj SS	Adj MS	F-값	P-값
회귀	1	167.21	167.210	56.43	0.000
x(원료특성)	1	167.21	167.210	56.43	0.000
오차	18	53.34	2.963		
적합성 결여	12	29.67	2.473	0.63	0.769
순수 오차	6	23.67	3.944		
총계	19	220.55			

모형 요약

S	R-제곱	R-제곱(수정)	R-제곱(예측)
1.72144	75.81%	74.47%	68.78%

계수

항	계수	SE 계수	T-값	P-값	VIF
상수	10.99	2.71	4.05	0.001	
x(원료특성)	0.5553	0.0739	7.51	0.000	1.00

회귀 방정식

y(제품특성) = 10.99 +0.5553x(원료특성)

해설:

회귀분석결과 원료특성(X)의 회귀계수는 0.5553이며 절편 값은 10.99이다. 결정계수(r^2)는 0.7581이며 회귀모델에 대한 F-검정결과 p-값이 0.000이고 유의수준($\alpha=0.05$)에서 귀무가설(H_0 : 모든 회귀계수는 0이다)이 기각된다. 추정된 회귀모델은 제품특성과 원료특성의 관계를 설명하는데 적합하다.

8 3 연도가 지남에 따라 어떤 승용차의 값이 어떻게 떨어지는가를 보기 위해 이 승용차에 대한 자료를 수집하였다. x는 사용된 연수이고 y는 값(단위: 백만 원)이다.

x	1	2	2	3	4	5	6	7	8	10
y	2.45	1.80	2.00	2.00	1.70	1.20	1.15	0.69	0.60	0.47

(1) 산점도를 그리고 직선 회귀식이 적절한지 눈으로 검토하시오.

▶ MINITAB 그래프

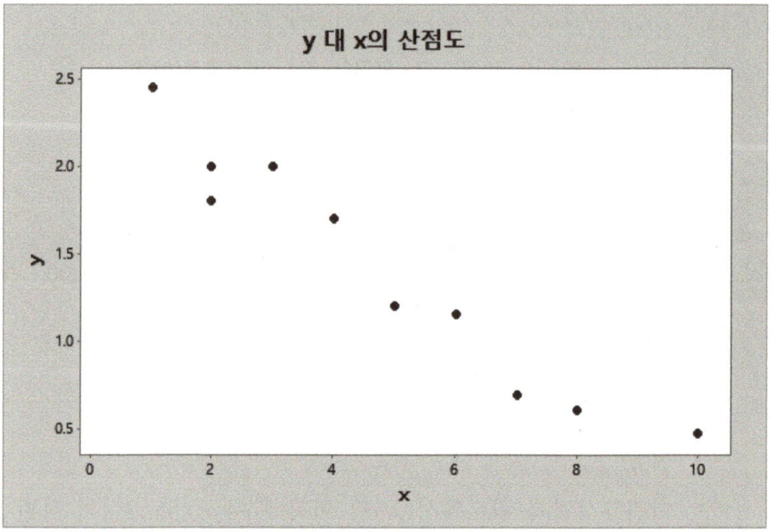

해설:

음의 계수값을 갖는 직선회귀식이 적절하다.

(2) 최소제곱 회귀직선의 방정식을 구하고 이 방정식을 산점도 위에 작성하시오.

▶ MINITAB 결과

계수

항	계수	SE 계수	T-값	P-값	VIF
상수	2.483	0.118	21.12	0.000	
x	−0.2243	0.0212	−10.59	0.000	1.00

회귀 방정식

y = 2.483 −0.2243x

해설:

회귀분석결과 x(사용연수)의 계수는 −0.2243이며 절편값은 2.483이다.

(산점도에서 확인한 바와 같이 계수값이 마이너스 값을 갖는다)

(3) 회귀선의 기울기 β_1의 95% 신뢰구간을 구하시오.

▶ 풀이:

$$Var(\widehat{\beta_1}) = \frac{MSE}{S_{(xx)}} = \frac{0.0348}{80.4} = 0.000433$$

$$\widehat{\beta_1} \pm t\left(n-2\,;\frac{\alpha}{2}\right)\sqrt{Var(\widehat{\beta_1})}$$

$$= -0.224 \pm t(8\,;0.025)\sqrt{0.000433}$$

$$= -0.2243 \pm t(2.306 \times 0.021177 = 0.048834)$$

$$= (-0.027313,\ -0.17547)$$

(4) $x=5$일 때 $E(y)$의 95% 신뢰구간을 구하시오. 이 신뢰구간은 5년 후 승용차 값의 95% 신뢰구간이다.

▶ MINITAB 결과

새 관측치에 대한 구간예측

새로운 관측치에 대한 예측치

새로운 관측치	적합치	SE 적합치	95% CI	95% PI
1	1.3611	0.0592	(1.2247, 1.4975)	(0.9098, 1.8125)

새로운 관측치에 대한 예측 변수의 값

새로운 관측치	x
1	5.00

해설:

추정된 회귀식으로 5년 후의 값을 예측한 결과 1.3611(백만 원)으로 예측되며 95% 신뢰구간은 (1.2247백만 원, 1.4975백만 원)이다.

8 4 화학자들은 온도에 따라 달라지는 플루토늄(plutonium)의 용해도에 대해 관심이 있다. 혼합물($2LiF-BeF_2$)과 섞여 있는 플루토늄 분말이 녹는 정도를 $x=1000/$온도℃에 대하여 $y=-\log_{10}$(용해도)로 측정하여 다음 자료를 얻었다.

x	1.68	1.74	1.85	1.92	1.99	1.82	1.69	1.60	1.52
y	0.33	0.41	0.57	0.65	0.77	0.57	0.35	0.18	0.14

(1) 최소제곱법으로 회귀식을 구하시오.

▶ MINITAB 결과

계수

항	계수	SE 계수	T-값	P-값	VIF
상수	-2.012	0.107	-18.84	0.000	
x(녹는정도)	1.3964	0.0606	23.05	0.000	1.00

모형 요약

S	R-제곱	R-제곱(수정)	R-제곱(예측)
0.0260580	98.70%	98.51%	97.64%

해설:

회귀분석결과 x의 계수는 1.3964, 절편값은 -2.012이다. 결정계수는 0.987로 매우 높다. 회귀식은 x와 y의 관계를 잘 설명해주고 있다.

(2) 기울기 β_1에 대한 90% 신뢰구간을 구하시오. 용해도가 온도에 따라서 영향을 받는다고 볼 수 있는가?

▶ 풀이

$$\widehat{\beta_0} \pm t(7\,;0.05) \times \sqrt{\frac{MSE}{S_{xx}}}$$

$$= 1.3964 \pm 1.895 \times \sqrt{\frac{0.00068}{0.185}} = 1.3964 \pm 0.1149$$

$$= (1.2815,\ 1.5113)$$

(3) 온도 714℃에서 y의 기대값에 대한 90% 신뢰구간을 구하시오. $E(y)=0.01$이라고 말할 수 있는가?

▶ MINITAB 결과

y(용해도)에 대한 예측

회귀 방정식

y(용해도) = -2.012 +1.3964x(녹는정도)

설정

변수	설정
x(녹는정도)	1.40056

예측

적합치	SE 적합치	90% CI	90% PI
-0.0561550	0.0232572	(-0.100217, -0.0120924)	(-0.122328, 0.0100176)

해설:

기대치 0.01은 90% 신뢰구간 안에 포함되지 않으므로 기대값이 0.01이라 할 수 없다.

(4) $x=1.8$에서의 하나의 새로운 측정값 y에 대한 90% 신뢰구간을 구하시오.

▶ MINITAB 결과

y(용해도)에 대한 예측

회귀 방정식

y(용해도) = -2.012 +1.3964x(녹는정도)

설정

변수	설정
x(녹는정도)	1.8

예측			
적합치	SE 적합치	90% CI	90% PI
0.501622	0.0090741	(0.484430, 0.518813)	(0.449345, 0.553898)

해설:

$x = 1.8$일 때 회귀모델에 의한 예측값은 0.50162이며, 90% 신뢰구간은 (0.484430, 0.518813)이다.

8 5 어떤 합성고무제품의 합성시의 처리온도(x℃)가 이 제품의 강도에 미치는 영향을 조사하기 위하여 일원배치법에 의하여 다음의 데이터를 얻었다.

x: 처리온도(℃)	140	150	160	170
y: 강도(kg/cm^2)	35.8	40.2	42.0	39.8
	36.9	40.4	41.8	38.8
	34.2	39.6	41.5	38.5
	36.0	41.2	41.9	39.0

(1) 산점도를 그리고 적절하다고 판단되는 곡선회귀의 차수를 정하시오.

▶ MINITAB 그래프 분석

x와 y에 대한 산점도

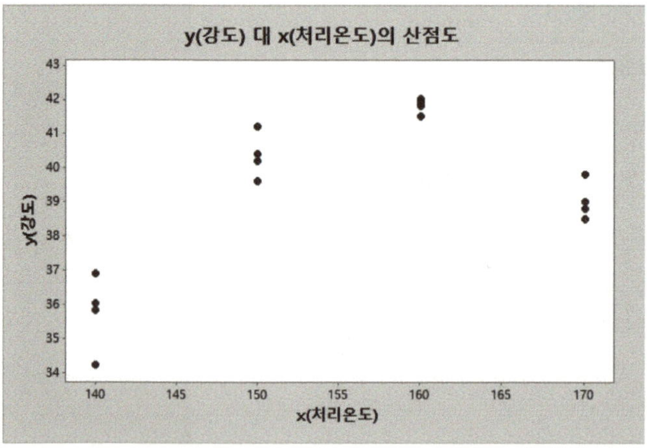

해설:

2차 회귀모델이 적절할 것으로 판단된다.

(3) 위의 (1)에서 정한 차수보다 더 높은 차수의 곡선회귀가 필요한지를 검정하시오(α=0.05).

▶ MINITAB 결과

회귀 분석: y(강도) 대 x(처리온도)

분산 분석

출처	DF	Adj SS	Adj MS	F-값	P-값
회귀	2	80.5245	40.2623	81.97	0.000
x(처리온도)	1	56.9016	56.9016	115.84	0.000
x(처리온도)*x(처리온도)	1	54.7600	54.7600	111.48	0.000
오차	13	6.3855	0.4912		
적합성 결여	1	0.2205	0.2205	0.43	0.525
순수 오차	12	6.1650	0.5137		
총계	15	86.9100			

모형 요약

S	R-제곱	R-제곱(수정)	R-제곱(예측)
0.700851	92.65%	91.52%	88.08%

계수

항	계수	SE 계수	T-값	P-값	VIF
상수	-420.5	41.9	-10.03	0.000	
x(처리온도)	5.849	0.543	10.76	0.000	1202.25
x(처리온도)*x(처리온도)	-0.01850	0.00175	-10.56	0.000	1202.25

회귀 방정식

y(강도) = -420.5 +5.849x(처리온도) -0.01850x(처리온도)*x(처리온도)

해설:

2차 회귀모델에 대한 F-검정결과 P-값이 0.000이므로 유의수준 α=0.05

에서 귀무가설(H_0 : 모든 회귀계수는 0이다)은 기각된다.

또한, 모델 적합성 결여에 대한 F-검정결과 P-값이 0.525이므로 귀무가설(H_0 : 모델은 적합하다)을 기각할 수 없다. 2차 모델은 반응을 잘 설명해주는 모델이라 할 수 있으므로 더 높은 차수의 곡선 회귀모델은 필요하지 않다.

8 6 어떤 공정에서 제품강도(kg/cm²)가 온도와 압력에 어떤 영향을 받는지 조사하기 위하여 실험을 하여 다음 데이터를 얻었다.

공정온도(℃): x_1	공정압력(psi): x_2	강도(kg/cm²): y
195	57	81.4
179	61	122.2
205	60	101.7
204	62	175.6
201	61	150.3
184	54	64.8
210	58	92.1
209	61	113.8

(1) 중회귀방정식 $\hat{y}=\widehat{\beta_0}+\widehat{\beta_1}x_1+\widehat{\beta_2}x_2$를 구하시오.

▶ MINITAB 결과

계수

항	계수	SE 계수	T-값	P-값	VIF
상수	-554	197	-2.81	0.037	
x1(온도)	-0.180	0.763	-0.24	0.823	1.15
x2(압력)	11.86	3.23	3.67	0.014	1.15

회귀 방정식

y(강도) = -554 -0.180x1(온도) +11.86x2(압력)

(2) 분산분석표를 작성하고, 결정계수 R^2의 값을 구하시오.

▶ MINITAB 결과

출처	DF	Adj SS	Adj MS	F-값	P-값
회귀	2	6940.19	3470.10	7.41	0.032
x1(온도)	1	26.01	26.01	0.06	0.823
x2(압력)	1	6311.73	6311.73	13.48	0.014
오차	5	2340.88	468.18		
총계	7	9281.08			

해설:

회귀모델에 대한 F-검정결과 p-값이 0.05보다 작으므로 귀무가설(H_0: 모든 회귀계수는 0이다)이 기각된다. 회귀모델은 반응을 설명하는데 적합하다. 결정계수는 0.748이다.

$$R^2 = \frac{S_{회귀}}{SST} = \frac{6940.19}{9281.08} = 0.748$$

(3) $\widehat{\beta_1}$와 $\widehat{\beta_2}$의 의미를 해석하시오.

▶ 풀이

$\widehat{\beta_1} = -0.180$은 온도가 1℃ 올라가면 반응은 0.180 단위만큼 감소한다는 것을 의미한다. $\widehat{\beta_2} = 11.9$가 의미하는 것은 압력이 1단위 올라가면 반응은 11.9단위만큼 증가한다는 것이다.

(4) $x_1 = 200$℃이고 $x_2 = 59psi$에서 제품강도의 추정값 $\hat{y}$을 구하시오. 이 $\hat{y}$의 분산의 추정값을 구하시오.

```
y(강도)에 대한 예측

회귀 방정식

y(강도) = -554 -0.180x1(온도) + 11.86x2(압력)

설정

변수          설정
x1(온도)       200
x2(압력)        59

예측

              SE
  적합치     적합치       90% CI            90% PI
 109.480      7.84  (93.69, 125.27)  (63.11, 155.85)
```

▶ 풀이

새로운 관찰점 $x_1=200$, $x_2=59$에서 추정된 반응값을 구하는 식은 $\hat{y}=x'\hat{\beta}$이다.

$$x=\begin{bmatrix}1\\200\\59\end{bmatrix}\text{이므로, } \hat{y}=[1\ 200\ 59]\begin{bmatrix}-554.3\\-0.1797\\11.8600\end{bmatrix}=109.50(\text{kg/cm}^2)$$

이다.

$x_1=200$, $x_2=59$일 때 강도 예측값 분산 추정치$[Var(\hat{y})]$를 구하면,

$$X=\begin{bmatrix}1&1&1&1&1&1&1&1\\195&179&205&204&201&184&210&209\\57&61&60&62&61&54&58&61\end{bmatrix},\ X'=\begin{bmatrix}1&195&57\\1&179&61\\1&205&60\\1&204&62\\1&201&61\\1&184&54\\1&210&58\\1&209&61\end{bmatrix}\text{이고,}$$

MINITAB 회귀분석결과의 분산분석표에서 $MSE=468.2$이고 새로운 관찰점(x)에서 강도 추정값에 대한 분산분석 추정치는 다음과 같다.

$$Var(\hat{y}) = x'(X'X)^{-1}x \times MSE$$

$$= [1\ 200\ 59]\begin{bmatrix} 82.8750 & -0.1346 & -0.9460 \\ -0.1346 & 0.0012 & -0.0019 \\ -0.9460 & -0.0019 & 0.0223 \end{bmatrix}\begin{bmatrix} 1 \\ 200 \\ 59 \end{bmatrix} \times 468.2$$

$$= 61.431(\text{kg/cm}^2)$$

8 7 어떤 고장에서 물의 소비량을 조사하기 위하여 매 달의 물소비량(y), 평균온도(x_1), 작업일수(x_2)와 작업량(x_3)에 관한 데이터를 얻었다.

물소비량(y) (단위: 1,000톤)	평균온도(x_1) (단위: ℃)	작업일수(x_2) (단위: 일)	작업량(x_3) (단위: 1,000톤)
2.8	10	27	64
3.9	24	26	72
3.9	25	28	80
4.4	28	26	88
3.1	15	30	81
3.1	18	24	45
3.5	22	27	46
3.6	22	25	69
3.0	12	27	54
3.3	15	25	39

(1) 데이터로부터 회귀방정식 $\hat{y} = \widehat{\beta_0} + \widehat{\beta_1}x_1 + \widehat{\beta_2}x_2 + \widehat{\beta_3}x_3$을 구하시오.

▶ 풀이

경험적으로 볼 때 물소비량과 상관관계가 높은 인자들이 온도, 작업일수, 작업량이었다. 독립변수들끼리 상호 독립이면서 종속변수와 상관관계가 클 것으로 예상되는 변수들 간에는 직선 회귀모델이 적합하다.

▶ MINITAB 결과

계수					
항	계수	SE 계수	T-값	P-값	VIF
상수	2.41	1.13	2.14	0.076	
x1(온도)	0.0698	0.0126	5.52	0.001	1.74
x2(작업일수)	−0.0248	0.0448	−0.55	0.601	1.80
x3(작업량)	0.00586	0.00505	1.16	0.290	2.26

(2) 회귀계수 $\widehat{\beta_1}$, $\widehat{\beta_2}$와 $\widehat{\beta_3}$의 의미를 설명하시오. .

▶ 풀이

$\widehat{\beta_1}=0.0698$이 의미하는 것은 온도가 1도 상승하면 물소비량은 0.0698×1000톤만큼 상승하며, $\widehat{\beta_2}=-0.0248$이 의미하는 것은 작업일수가 1일 늘어나면 물소비량은 0.0248×1000톤 감소한다. $\widehat{\beta_3}=0.00586$이 의미하는 것은 작업량이 1000톤 늘어나면 물 소비량은 0.00586×1000톤만큼 증가한다.

(3) $Var(\widehat{\beta_3})$을 구하시오.

σ^2을 MSE로 추정하면 $\widehat{Var}(\widehat{\beta_3})$은 무엇인가?

▶ 풀이

$$X=\begin{bmatrix} 1 & 10 & 27 & 64 \\ 1 & 24 & 26 & 72 \\ 1 & 25 & 28 & 80 \\ 1 & 28 & 26 & 88 \\ 1 & 15 & 30 & 81 \\ 1 & 18 & 24 & 45 \\ 1 & 22 & 27 & 46 \\ 1 & 22 & 25 & 69 \\ 1 & 12 & 27 & 54 \\ 1 & 15 & 25 & 39 \end{bmatrix}$$

$$(X'X)^{-1} = \begin{bmatrix} 42.84608 & -0.27452 & -1.66678 & 0.10500 \\ -0.27452 & 0.00540 & 0.00980 & -0.00139 \\ -1.66678 & 0.00980 & 0.06792 & -0.00502 \\ 0.10500 & -0.00139 & -0.00502 & 0.00086 \end{bmatrix}$$

회귀모델에 대한 분산분석표에서 $MSE = 0.02959$ 이다.

$Var(\hat{\beta}) = (X'X)^{-1}MSE$이므로

$$V(\hat{\beta}) = \begin{bmatrix} 42.84608 & -0.27452 & -1.66678 & 0.10500 \\ -0.27452 & 0.00540 & 0.00980 & -0.00139 \\ -1.66678 & 0.00980 & 0.06792 & -0.00502 \\ 0.10500 & -0.00139 & -0.00502 & 0.00086 \end{bmatrix} \times 0.02959$$

이다.

회귀계수 각각에 대한 분산추정치는 다음과 같다.

$$Var(\widehat{\beta_0}) = 42.84608 \times 0.02959 = 1.26781$$

$$Var(\widehat{\beta_1}) = 0.00540 \times 0.02959 = 0.00162$$

$$Var(\widehat{\beta_2}) = 0.06792 \times 0.02959 = 0.00201$$

$$Var(\widehat{\beta_3}) = 0.00086 \times 0.02959 = 0.000025$$

(4) 분산분석표를 작성하고, 결정계수 R^2을 구하시오.

▶ MINITAB 결과

분산 분석

출처	DF	Adj SS	Adj MS	F-값	P-값
회귀	3	2.04647	0.682155	23.05	0.001
x1(온도)	1	0.90196	0.901959	30.48	0.001
x2(작업일수)	1	0.00903	0.009031	0.31	0.601
x3(작업량)	1	0.03988	0.039877	1.35	0.290
오차	6	0.17753	0.029589		
총계	9	2.22400			

▶ 풀이

분산 분석표를 이용하여 결정계수 R^2을 구하면 0.92이다.

$$R^2 = \frac{S_{회귀}}{SST} = \frac{2.04647}{2.22400} = 0.92$$

(5) $x_1 = 20$, $x_2 = 27$, $x_3 = 60$에서 평균 물소비량을 추정하시오. 이 추정된 소비량의 표준편차의 추정값을 구하시오.

▶ MINITAB 결과

설정

변수	설정
x1(온도)	20
x2(작업일수)	27
x3(작업량)	60

예측

적합치	SE 적합치	90% CI	90% PI
3.4881	0.0712	(3.34984, 3.62644)	(3.12641, 3.84988)

해설

예측된 물소비량은 3.4881×1000톤이며, 표준편차 추정치는 0.0712이다.

09

요인배치법

학습목표

1. 실험목적에 적합한 요인실험을 계획할 수 있다.
2. 반복이 있는 요인실험과 반복이 없는 요인실험의 차이를 이해한다.
3. 교호작용에 대한 유의성 검정과 풀링을 이용한 분산분석을 할 수 있다.
4. 실험인자의 최적수준 조합을 구하여 반응값을 추정할 수 있다.

1. 2^n요인배치법이란?

1) 요인배치법의 개념

요인배치법에 의한 실험에서는 실험인자의 모든 수준조합에서 실험이 이루어지고 반응이 측정된다. 요인배치법에 의한 실험은 다수의 교호작용을 구할 수 있고, 주효과 역시 정도 좋게 구할 수 있는 장점은 있지만 실험인자 수가 많아지면 실험횟수가 급격히 증가하여 실험의 효율성이 떨어지는 단점도 있다. 예를 들어, 실험인자가 6개인 실험에서 인자들의 수준수가 각각 3, 4, 4, 4, 5, 5인 경우 반복실험을 하지 않는다고 하더라도 3×4×4×4×5×5=4800회라는 엄청난 횟수의 실험이 필요하게 된다. 이렇게 되면 전체 실험을 동일 조건에서 실행하기도 어려울 뿐 아니라 시간의 제약과 경비 문제 등도 발생하게 되어 실험의 효율성이 급격히 떨어진다.

일반적으로 공학실험의 경우 실험자가 이전의 경험이나 직관에 의해 최적의 실험영역에 대한 어느 정도 정보를 가지고 있는 경우라면, 특성치에 영향을 주리라고 예상되는 인자의 수를 늘리되 인자의 수준을 2나 3으로 줄여서 실험횟수를 줄일 수 있고 특성치에 대한 많은 정보를 효과적으로 얻을 수 있다.

이와 같이 실험횟수가 과다할 경우에는 실험목적을 달성할 수 있는 범위에서 인자의 수준을 2 또는 3으로 하여 실험의 크기를 줄일 필요가 있다. 이러한 목적의 실험으로는 2 수준의 실험인자 n개인 2^n요인실험, 3수준의 실험인자 n개인 3^n요인실험이 널리 쓰인다. 이들을 각각 2수준계 요인실험과 3수준계 요인실험이라고도 한다. 이들 요인실험을 요인배치법(factorial design)이라고 흔히 부른다.

특히 2수준의 실험은 공학실험에서 실험 초기에 다수의 많은 잠재인자들로 실험을 하여 반응에 유의하게 영향을 주는 소수의 중요인자들을 찾기 위한 실험(스크리닝 실험)으로 많이 쓰이고 있다.

2) 자료의 표현

인자가 A와 B인 2^2요인실험은 인자의 수준이 모두 2인 2원배치법의 일종으로 반복이 없는 경우 모형을 쓰면 다음과 같다. 요인실험에서는 데이터 표현을 x 대신에 y를 보통 사용한다.

$$y_{ij}=\mu+a_i+b_j+e_{ij},\ i=0,\ 1,\ \ j=0,\ 1$$

요인배치법으로 실험을 할 때 실험반복을 하지 않으면 2인자의 교호작용 $A\times B$가 오차와 교락(confounding)되기 때문에 교호작용이 유의할 경우 오차가 커져서 주효과가 유의하지 않게 되는 경우가 발생할 수 있다.

따라서, 2수준의 요인배치 실험으로 실험을 설계할 때 교호작용 효과가 유의할 것으로 판단된다면 반복실험을 하는 것이 좋다.

2수준계 실험에서는 수준이 둘 뿐이므로, 0을 낮은 수준 1을 높은 수준이라 하고, 자료를 $y_{ij}=a^ib^j$와 같이 정의하면 모든 자료는

$$y_{00}=a^0b^0=(1)$$
$$y_{10}=a^1b^0=a$$
$$y_{01}=a^0b^1=a$$
$$y_{11}=a^1b^1=ab$$

와 같이 표시한다. 여기서 $y_{00}=a^0b^0$는 1이 아닌 (1)로 나타내어 숫자 1과 구별하며, 두 인자 A, B 모두 낮은 수준에서 실험이 이루어진다는 것을 나타낸다.

문자 a는 $y_{10}=a^1b^0=a$, 즉 인자 A의 높은 수준과 인자 B의 낮은 수준에서의 실험자료임을 의미하므로 문자로 표시된 자료만 보면 그 실험이 어떤 실험인자의 어느 수준에서 이루어지는지도 알 수 있다. 이러한 방법으로 표현된 것을 처리조합(treatment combination), 또는 간단히 처리(treatment)라고도 한다. 반복이 있는 실험의 경우에도 각 수준조합에서의 평균을 이와 똑 같은 문자로 나타낸다. 인자가 A와 B인 2^2요인실험의 모든 처리조합 $\{(1),\ a,\ b,\ ab\}$을 시각적으로 나타내면 **[도표1]** (a)와 같다.

같은 방법으로, 실험인자가 A, B, C 세 개인 2^3요인실험의 처리조합은 모두 8개가 있으며 이를 처리조합으로 표현하면,

$$\{(1),\ a,\ b,\ c,\ ab,\ ac,\ bc,\ abc\}$$

도표1 ┊ 자료의 표현

(a) 2^2요인실험　　　　(b) 2^3요인실험

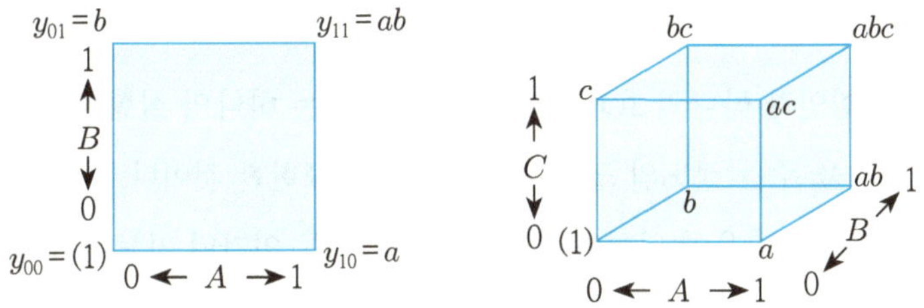

임을 [도표2]에서 확인할 수 있으며, 이를 기하학적으로 나타낸 것이 [도표1] (b)이다. 일반적으로 2^2요인실험에서 자료 ac는 인자 A, C의 높은 수준과 나머지 인자들의 낮은 수준에서 실험이 이루어 졌음을 의미하며, 수준 0과 1을 [도표2]에서와 같이 각각 −와 +로 나타내기도 한다.

도표2 ┊ 2^3요인실험의 수준조합별 자료

실험번호	실험조건		자료
	$A\ B\ C$	$A\ B\ C$	
1	0 0 0	− − −	(1) = 70
2	0 0 1	− − +	c = 62
3	0 1 0	− + −	b = 64
4	0 1 1	− + +	bc = 55
5	1 0 0	+ − −	a = 82
6	1 0 1	+ − +	ac = 93
7	1 1 0	+ + −	ab = 78
8	1 1 1	+ + +	abc = 90

2. 주효과와 교호작용

1) 주효과(main effect)

주효과는 실험인자 하나의 효과를 말한다. 주효과는 하나의 실험인자가 수준이 변할 때 반응에 영향을 주는 정도의 크기를 정량적으로 표현한 것이다. 주효과가 크다는 것은 해당 실험인자는 반응에 의미있는 변화를 일으키는 인자일 가능성이 높고, 제품설계 또는 공정개선에 중요한 인자로 다루어야 할 인자이다.

인자의 수준간 반응 평균 차이인 주효과(main effect)의 추정방법에 대해 알아보고 주효과와 유의확률(p-value)과의 관계를 살펴보자. 2수준 실험에서 주효과는 실험인자의 높은 수준에서 측정된 반응 평균값에서 실험인자의 낮은 수준에서 측정된 반응 평균값을 뺀 값이다.

즉, 효과(effect) A는

$$A = \frac{1}{4}\{a + ab + ac + abc\} - \frac{1}{4}\{(1) + b + c + bc\}$$
$$= (A\text{의 높은 수준에서의 반응 평균})$$
$$- (A\text{의 낮은 수준에서의 반응 평균})$$

과 같이 정의한다.

효과 A를 이해하기 쉽게 도시하면 [도표3]과 같다.

도표3 ⁞ 2^3요인실험에서 효과 A의 이해

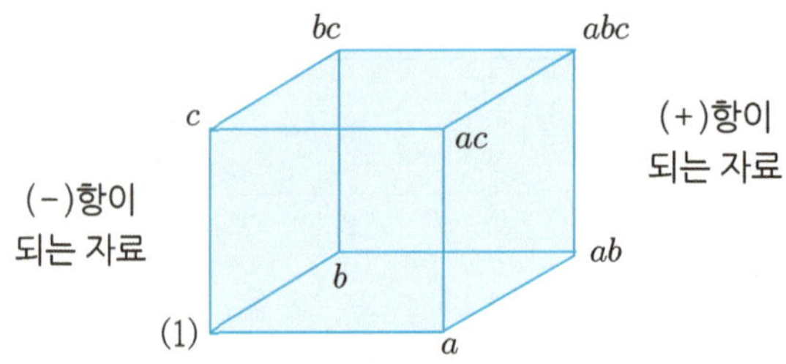

그런데, 효과 A의 (+)항에는 모두 a가 들어 있으며 (−)항에는 a가 들어 있지 않으므로 효과 A를

$$A = (a\text{가 들어 있는 자료의 평균}) - (a\text{가 들어 있지 않는 자료의 평균})$$

과 같이 나타낼 수 있다.

같은 방법으로 압력의 효과 B를 구하면

$$B = \frac{1}{4}\{b + ab + ac + abc\} - \frac{1}{4}\{(1) + a + c + ac\}$$

$$= (b\text{가 들어 있는 자료의 평균}) - (b\text{가 들어 있지 않는 자료의 평균})$$

와 같다. [도표2]의 자료에서 A의 주효과를 계산하면

$$A = \frac{1}{4}\{82 + 93 + 78 + 90\} - \frac{1}{4}\{70 + 62 + 64 + 55\}$$

$$= 85.75 - 62.75 = 23.00$$

이다.

2) 교호작용

교호작용은 특정인자의 수준이 변할 때 다른 인자가 이 수준변화에 의해 영향을 받아 반응에 유의하게 영향을 주는 것을 말한다.

이원배치 요인실험에서 교호작용은 실험을 반복할 때만 구할 수 있다.

[도표4]에서 인자 A와 C의 교호작용효과 $A \times C$는 어떻게 정의될까? 2^2요인실험에서 온도(A)와 촉매량(C)에 따른 수율을 조사한 결과 [도표4]와 같았다고 하자.

[도표4]에서 촉매량이 2%일 때 온도를 높이면 수율이 (1)에서 a로 올라가나, 촉매량이 3%일 때는 온도를 높이면 오히려 수율이 c에 ac로 내려간다. 이는 온도와 촉매량 간의 교호작용효과 때문이며 교호작용 효과는 $\{(1) + ac\}$와 $\{a + c\}$의 차가 커질수록 뚜렷해진다.

도표4 ¦ 온도와 촉매량에 따른 제품의 수율

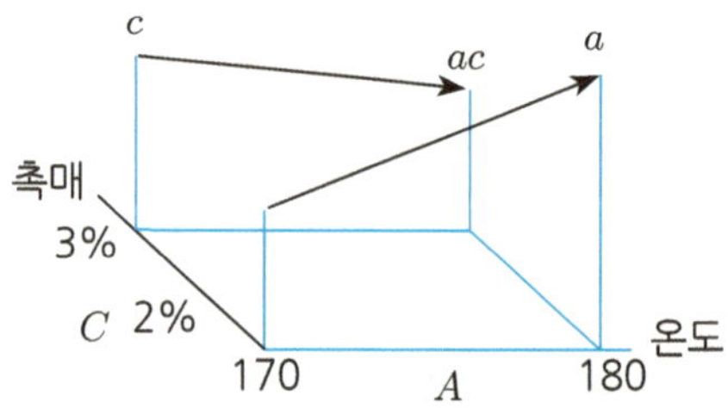

▣ Minitab 2^3요인실험 분석

▶ 통계분석>실험계획법>요인>요인설계분석

- 반응: y
- 항

  모형에 포함되는 항의 최대차수: 2

▶ 확인

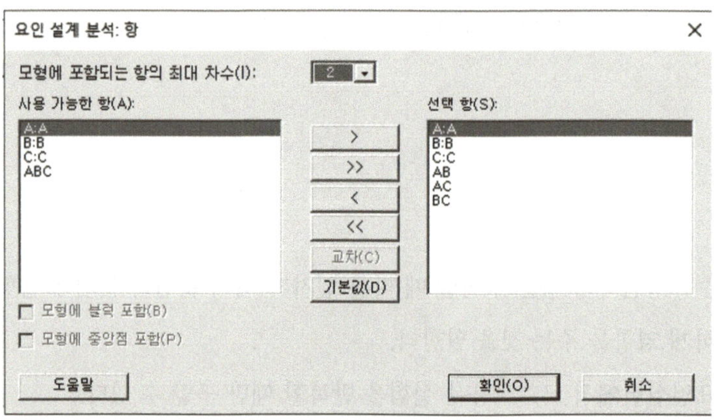

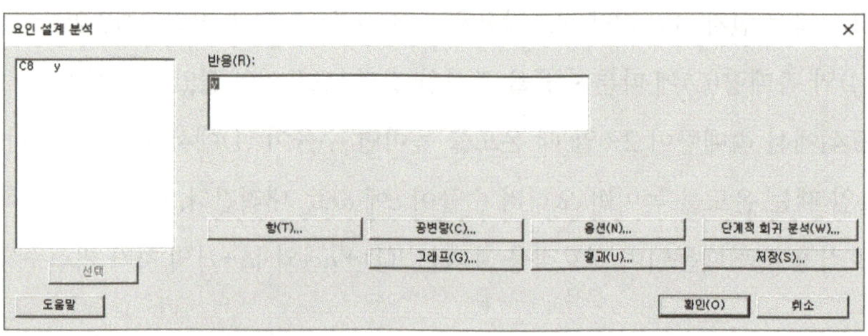

■ Minitab 2^3 요인실험 분석 결과

코드화된 계수

항	효과	계수	SE 계수	T-값	P-값	VIF
상수		74.250	0.250	297.00	0.002	
A	23.000	11.500	0.250	46.00	0.014	1.00
B	-5.000	-2.500	0.250	-10.00	0.063	1.00
C	1.500	0.750	0.250	3.00	0.205	1.00
A*B	1.500	0.750	0.250	3.00	0.205	1.00
A*C	10.000	5.000	0.250	20.00	0.032	1.00
B*C	-0.000	-0.000	0.250	-0.00	1.000	1.00

해설:

실험인자 A, B, C 의 주효과는 각각 23.000, -5.000, 1.5 이고 2인자 교호작용 $A\times B$, $A\times C$, $B\times C$의 효과는 각각 1.5, 10.00, 0.000 이다. 실험인자 A의 효과가 가장 크고 교호작용 $B\times C$ 는 효과가 0 이므로, 반응에 전혀 영향을 주지 않는다.

2수준의 A, B 두 인자로 요인실험을 계획하고 2회 반복 실험을 한 경우 교호작용 $A\times B$는 B가 높은 수준에서의 인자 A의 효과 평균과 B가 낮은 수준에서의 인자 A의 효과 평균 차이로 구한다.

예를 들어, 어느 화학 공정의 반응을 개선하기 위해 2수준의 실험인자 A(온도), B(시간)로 2^2요인실험을 한 결과 [도표5]와 같은 결과를 얻었다면, 교호작용 AB는

도표5 ⁝ 화학공정의 2^2요인실험

No	처리	요인		반응(y)
		B	B	
1	(1)	−	−	18, 19
2	a	+	−	27, 25
3	b	−	+	16, 15
4	ab	+	+	41, 43

교호작용 $AB = B$의 높은 수준에서 A의 효과 평균

$- B$의 낮은 수준에서 의 효과 평균

① B 높은 수준에서 A의 효과 평균

$$= \frac{(41+43)-(16+15)}{2} \times \frac{1}{2} = \frac{53}{4}$$

② B 낮은 수준에서 A의 효과 평균

$$= \frac{(27+25)-(18+19)}{2} \times \frac{1}{2} = \frac{15}{4}$$

교호작용 $A \times B =$ ① $-$ ② $= \frac{53}{4} - \frac{15}{4} = 9.5$

이다.

▣ Minitab 2^2 요인실험 분석

▶ 통계분석>실험계획법>요인>요인설계분석

- 반응: y
- 항

  모형에 포함되는 항의 최대차수: 2

▶ 확인

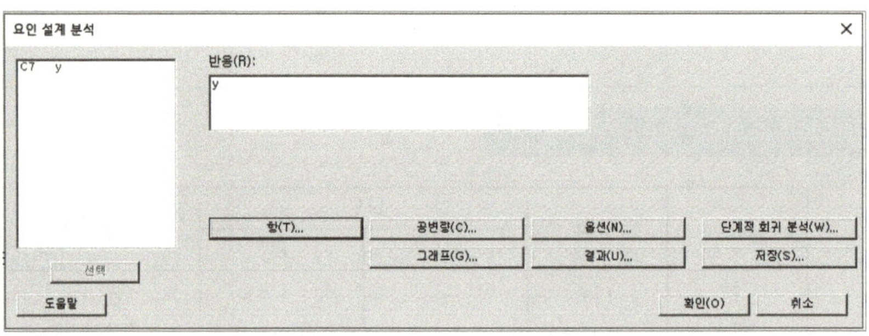

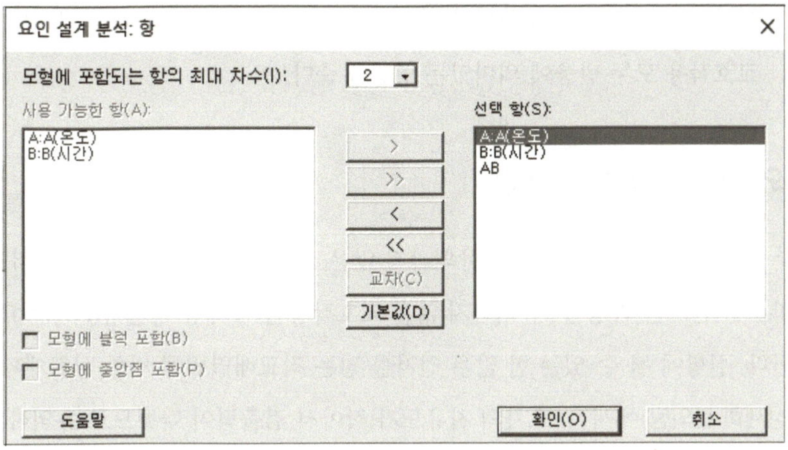

■ Minitab 2^2요인실험 분석 결과

분산 분석

출처	DF	Adj SS	Adj MS	F-값	P-값
모형	3	843.000	281.000	224.80	0.000
선형	2	662.500	331.250	265.00	0.000
A(온도)	1	578.000	578.000	462.40	0.000
B(시간)	1	84.500	84.500	67.60	0.001
2차 교호작용	1	180.500	180.500	144.40	0.000
A(온도)*B(시간)	1	180.500	180.500	144.40	0.000
오차	4	5.000	1.250		
총계	7	848.000			

코드화된 계수

항	효과	계수	SE 계수	T-값	P-값	VIF
상수		25.500	0.395	64.51	0.000	
A(온도)	17.000	8.500	0.395	21.50	0.000	1.00
B(시간)	6.500	3.250	0.395	8.22	0.001	1.00
A(온도)*B(시간)	9.500	4.750	0.395	12.02	0.000	1.00

해설:

인자 A(온도)와 B(시간)의 주효과는 각각 17.0, 6.5 이고 교호작용 $A \times B$ 효과는 9.5 이다.

분산분석표에서 요인 A, B, $A \times B$의 변동에 대한 F-검정 결과 P-값이 모두 0.000

이다. 유의수준($\alpha = 0.05$)에서 귀무가설(H_0 : 효과는 0이다) 이 기각된다. 주효과와 교호작용 모두 반응에 의미있는 영향을 준다.

3) 오차항에의 풀링(pooling)

분산분석표에서 F-검정결과 유의하지 않은 교호작용을 오차항에 넣어서 새로운 오차항으로 만드는 과정을 "유의하지 않은 교호작용을 오차항에 풀링(pooling)한다"라고 말한다. 실험에 될 수 있는 한 많은 인자를 넣는 직교배열법에 의한 실험계획(제11장에서 상세히 논의됨)에서는, 오차의 자유도가 작아서 검출력이 나쁘므로 유의하지 않은 인자도 오차항에 풀링할 수 있다. 그러나 원칙적으로 교호작용만이 풀링의 대상이 된다.

어떤 교호작용 X의 평균제곱의 기댓값 $E(V_X)$와 오차분산의 기대값이

$$E(V_X) = \sigma_E^2 + r\sigma_X^2$$

$$E(V_X) = \sigma_E^2$$

일 때, 분산분석표에서 귀무가설 $H_0 : \sigma_X^2 = 0$, 대립가설 $H_1 : \sigma_X^2 > 0$으로 F-검정한다. H_0가 옳을 때, $F_0 = V_X / V_E$는 F-분포에 따르며, 만약 $F_0 \leqq F(\phi_X, \phi_E ; \alpha)$이면 H_0가 옳다고 통계적인 결정을 내린다. H_0가 옳다고 결정될 때 교호작용이 무시될 수 있으므로 오차항에 풀링을 하게 된다. $H_0 : \sigma_X^2 = 0$가 옳을 때는

$$E(V_X) = \sigma_E^2$$

$$E(S_X) = \phi_X \sigma_E^2$$

과 같이 된다. S_X를 S_E에 넣어서 합치면 새로운 오차변동 $S_{E'}$은

$$S_{E'} = S_E + S_X$$

이 되고. 새로운 오차변동 $S_{E'}$의 자유도는 $\phi_{E'} = \phi_E + \phi_X$이 된다. 따라서 새로운 오차 분산은 다음과 같다.

$$V_{E'} = \frac{S_{E'}}{\phi_{E'}}$$

교호작용항을 오차항에 풀링할 것인가의 여부에 대하여서는 일정한 원칙은 없으나 다음의 세 가지를 고려하여 결정한다.

(1) 실험의 목적을 고려

교호작용의 존재여부가 중요한 실험에서는 비록 유의하지 않아도 풀링하지 않는다. 인자의 선택이 기술적으로 충분히 검토되었고 교호작용이 경험적으로 있으리라고 생각되는 실험에서도 일반적으로 풀링하지 않는다. 이와 반면에 직교배열표를 사용하는 실험에서 기술적으로 확실치 않지만 특성치에 영향을 미치고 있을지도 몰라서 취한 인자들이 있는 경우에 유의하지 않는 인자들을 풀링하는 수가 많다. 유의하지 않는 인자들의 교호작용은 풀링하는 것이 좋다.

(2) 기술적·통계적인 면을 고려

오차분산의 자유도 ϕ_E와 $\sigma_{A\times B}{}^2$의 계수 r의 크기를 고려하여 다음과 같이 결정할 수 있다.

① $\phi_E > 20$인 경우

이 경우에는 $\alpha = 0.05$에서 유의하지 않는 교호작용은 풀링하여 주는 것이 좋다. 이 경우는 r이 큰 경우로 풀링하여도 ϕ_E가 상당히 크므로 실질적으로는 큰 변화를 주지 않는다.

② $\phi_E \leqq 20$인 경우

이 때에는 $F_0 = V_{A\times B}/V_E \leqq 1$이면 풀링시키고, $1 < F_0 \leqq F(\phi_{A\times B}, \phi_E; 0.10)$일 때에는 r이 크면($r \geqq 3$) 풀링하고, $r=2$이거나 $F(\phi_{A\times B}, \phi_E; 0.05) > F_0 > F(\phi_{A\times B}, \phi_E; 0.10)$일 때에는 기술적인 측면을 고려하여 결정하여 준다.

(3) 제2종의 과오를 고려

실제로는 $\sigma_{A\times B}{}^2 = 0$이 아닌데도 F_0의 값이 작게 나와서 유의하지 않다고 판정하고 $\sigma_{A\times B}{}^2 = 0$이라고 판단하는 제2종의 과오(type II error)를 고려하여 결정하여 준다. 고유 기술적인 측면에서 제2종의 과오를 범하는 것이 큰 잘못일 때는 $F_0 \leqq 1$인 경우 이외에는 풀링하지 않는 것이 좋다. 그러나 제2종의 과오가 별로 문제시되지 않을 때에는 $F_0 \leqq F(\phi_{A\times B}, \phi_E; 0.10)$이면 풀링하고, $F(\phi_{A\times B}, \phi_E; 0.05) > F_0 > F(\phi_{A\times B}, \phi_E; 0.10)$이면 분석자가 판단하여 풀링하여 주어도 좋을 것이다.

3. 분산분석

1) 변동의 계산

[도표2]의 자료와 같은 2^3요인실험에서 교호작용효과 $A\times C$는 인자 B와 관련된 문자 b는 무시하고 a와 c만을 고려하여

$$AC = \frac{1}{4}\{(1)+b+ac+abc\} - \frac{1}{4}\{a+c+ab+bc\}$$

= (a, c가 짝수 개 들어 있는 자료의 평균, b는 무시)

− (a, c가 홀수 개 들어 있는 자료의 평균, b는 무시)

와 같이 정의된다. [도표2]의 자료의 교호작용효과 AC를 계산하면

$$AC = \frac{1}{4}(70+64+93+90) - \frac{1}{4}(82+62+78+55)$$

$$= 79.25 - 69.25 = 10.00$$

이 된다. 이 효과가 크다면 분산분석에서 온도(A)와 촉매량(C)의 교호작용의 변동(교호작용의 제곱합)이 커져 유의확률(P-값)이 작아질 것으로 예측되는데, 실제로 분산분석표 [도표6]에서 이 유의확률이 0.002로 매우 작음을 확인할 수 있다.

2^3요인실험의 3인자 교호작용효과 ABC는 다음과 같이 구한다.

$$ABC = \frac{1}{4}\{a+b+c+abc\} - \frac{1}{4}\{(1)+ab+ac+bc\}$$

= (a, b, c가 홀수 개 들어 있는 자료의 평균)

− (a, b, c가 짝수 개 들어 있는 자료의 평균)

효과 X의 제곱합(실험인자의 수준 변화에 의해 발생한 반응의 변동크기)은 아래 식

$$SS_X = r2^{n-2}X^2$$

에 의해 간편하게 계산할 수 있다. 여기서 r은 실험 반복수이다. [도표2] 자료의 예를 들면, 효과 A와 교호작용 효과 AC가 각각 $A = 23$, $AC = 10$이었고 $n = 3$, $r = 1$이므로

$$SS_A = 1 \times 2^{3-2} \times 23^2 = 1058$$

$$SS_{A \times C} = 1 \times 2^{3-2} \times 10^2 = 200$$

이 되어 분산분석표 [도표6]의 제곱합과 같음을 확인할 수 있다.

[도표2] 자료의 모형은 3원배치법과 같으므로 3원배치법 분석절차에 따라 분석할 수 있으며, 분석 결과 유의하지 않는 교호작용효과를 오차 항에 풀링하여 정리하면 [도표6]과 같다.

도표6 | 2^3요인실험의 분산분석표

요인	제곱합	자유도	평균제곱	F	유의확률
A	1058.000	1	1058.000	634.800	.000
B	50.000	1	50.000	30.000	.012
C	4.500	1	4.500	2.700	.199
$A \times C$	200.000	1	200.000	120.000	.002
E	5.000	3	1.667		
T	1317.500	7			

■ MINITAB을 이용한 요인실험 분석

요인실험의 분석 절차는 실험목적에 따라 크게 2가지로 나누어 볼 수 있다.

첫째, 관심 있는 교호작용과 주효과가 통계적으로 유의한지 조사하는 것이 목적인 실험이다. 주효과와 관심 있는 교호작용에 대한 유의성 검정을 위해 실험데이터로 분산분석을 한다. 반응 최적화는 주요 인자를 찾은 후 반응표면분석(RSM) 등의 최적화 실험을 통해 이루진다.

둘째, 현재의 실험영역에서 반응이 기존보다 더 개선되는 수준 조합을 찾을 목적

으로 요인실험을 하는 경우가 있다. 이러한 경우 분산분석으로 유의한 실험인자와 관심 있는 교호작용을 조사하는 것에 그치지 않고 현재의 반응값 보다 더 나은 값을 얻을 수 있는 실험인자들의 수준 조합을 찾고, 반응값 예측과 신뢰구간추정까지 진행하게 된다.

MINITAB으로 요인실험을 분석할 때 MINITAB이 제공하는 주효과도와 교호작용도, 구간그림 등의 그래프 기능을 최대한 활용하면 분산 분석 등의 통계적 검정 결과를 이해하는데 많은 도움이 된다.

■ MINITAB 요인실험분석 절차

① MINITAB 분산분석의 일반선형 모형을 이용하여 주효과와 관심 있는 교호작용(일반적으로 2인자 교호작용)을 모델에 지정하여 분산분석을 한다.
교호작용의 표시는 A*B와 같이 *를 사용한다.

② 분산분석을 실행하면 분산분석표에 입력한 모형대로 주효과와 교호작용에 대한 F값과 유의확률(P-값)이 제시된다. F값이 클수록 유의확률은 작아져서 귀무가설이 기각될 확률이 높아진다.

③ 오차의 자유도가 20 이상인 실험에서 유의수준($\alpha = 0.05$)에서 유의하지 않은 교호작용은 오차항에 풀링한 후 분산분석을 다시 한다. 오차의 자유도가 20 이하인 경우 F-값이 1 이하인 교호작용은 오차항에 풀링한 후 분산분석을 다시 한다.

④ 분산분석 후 유의한 주효과와 교호작용을 조사하여 교호작용이 유의한 경우 MINITAB의 교호작용도 분석을 통해 최적수준을 정해주고, 나머지 주효과들에 대한 주효과도 분석을 하여 최적수준 조합을 정한다.

⑤ 최적수준 조합에서 반응 값 추정과 구간추정을 하고 분석을 마무리한다.

예제

어떤 윤활유 정제공정에서 장치(A) 두 종류, 원료(B) 두 종류, 혼합온도(C) 두 수준, 혼합시간(D) 두 수준의 조건으로 4번 반복 실험하여 윤활유의 어떤 품질특성을 다음과 같이 구하였다. 분산분석표를 작성하고 이를 해석하라. 실험의 랜덤화는 총 $2^n r = 2^4 \cdot 4 = 64$회 실험을 완전 랜덤하게 실시하였다.

도표7 ┆ 반복이 있는 2^4요인실험 데이터

실험번호	실험조건 A	B	C	D	처리조합	데이터 반복1	반복2	반복3	반복4	합계
1	0	0	0	0	(1)	32	43	27	19	$T_{0000.}=121$
2	0	0	0	1	d	35	42	56	35	$T_{0001.}=168$
3	0	0	1	0	c	29	39	27	28	$T_{0010.}=123$
4	0	0	1	1	cd	40	44	53	36	$T_{0011.}=173$
5	0	1	0	0	b	26	36	24	18	$T_{0100.}=104$
6	0	1	0	1	bd	80	68	75	67	$T_{0101.}=290$
7	0	1	1	0	bc	36	31	32	30	$T_{0110.}=129$
8	0	1	1	1	bcd	105	99	74	73	$T_{0111.}=351$
9	1	0	0	0	a	47	41	48	45	$T_{1000.}=181$
10	1	0	0	1	ad	63	41	60	53	$T_{1001.}=217$
11	1	0	1	0	ac	51	34	40	48	$T_{1010.}=173$
12	1	0	1	1	acd	64	39	75	72	$T_{1011.}=250$
13	1	1	0	0	ab	61	76	56	64	$T_{1100.}=257$
14	1	1	0	1	abd	100	68	87	66	$T_{1101.}=321$
15	1	1	1	0	abc	76	65	70	63	$T_{1110.}=274$
16	1	1	1	1	$abcd$	90	82	89	101	$T_{1111.}=362$
					합계	935	848	893	818	T=3,494

풀이

■ MINITAB 일반선형 모형

▶ 통계분석 > 실험계획법 > 요인>요인설계분석

-반응:윤활유특성

- 항: 모형에 포함되는 항의 최대 차수: 4

▶ 확인

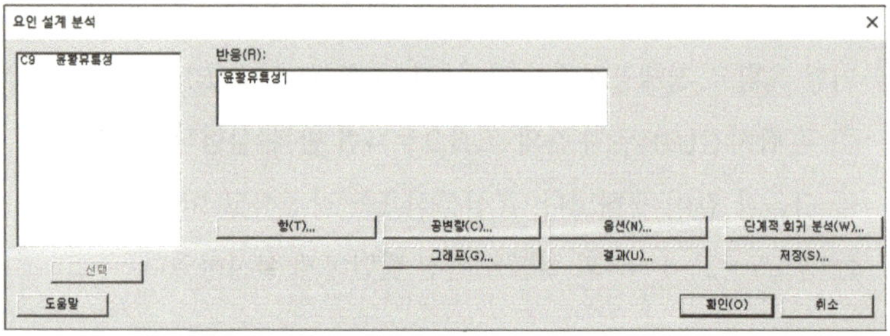

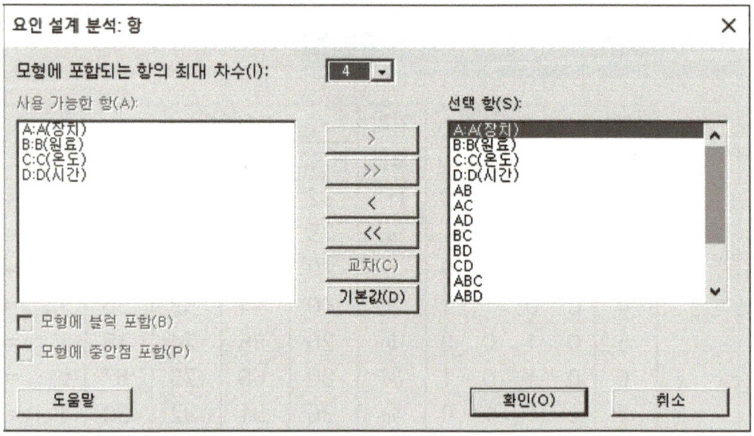

▶ MINITAB 결과

요인 회귀 분석: 윤활유특성 대A(장치), B(원료), C(온도), D(시간)

분산 분석

출처	DF	Adj SS	Adj MS	F-값	P-값
모형	15	26791.9	1786.13	18.77	0.000
선형	4	22199.6	5549.91	58.32	0.000
A(장치)	1	5184.0	5184.00	54.48	0.000
B(원료)	1	7267.6	7267.56	76.38	0.000
C(온도)	1	484.0	484.00	5.09	0.029
D(시간)	1	9264.1	9264.06	97.36	0.000
2차 교호작용	6	3349.6	558.27	5.87	0.000
A(장치)*B(원료)	1	169.0	169.00	1.78	0.189
A(장치)*C(온도)	1	1.6	1.56	0.02	0.899
A(장치)*D(시간)	1	900.0	900.00	9.46	0.003
B(원료)*C(온도)	1	196.0	196.00	2.06	0.158
B(원료)*D(시간)	1	1914.1	1914.06	20.11	0.000
C(온도)*D(시간)	1	169.0	169.00	1.78	0.189

3차 교호작용	4	1203.6	300.91	3.16	0.022
A(장치)*B(원료)*C(온도)	1	33.1	33.06	0.35	0.558
A(장치)*B(원료)*D(시간)	1	1156.0	1156.00	12.15	0.001
A(장치)*C(온도)*D(시간)	1	10.6	10.56	0.11	0.740
B(원료)*C(온도)*D(시간)	1	4.0	4.00	0.04	0.838
4차 교호작용	1	39.1	39.06	0.41	0.525
A(장치)*B(원료)*C(온도)*D(시간)	1	39.1	39.06	0.41	0.525
오차	48	4567.5	95.16		
총계	63	31359.4			

코드화된 계수

항	효과	계수	SE 계수	T-값	P-값	VIF
상수		54.59	1.22	44.77	0.000	
A(장치)	18.00	9.00	1.22	7.38	0.000	1.00
B(원료)	21.31	10.66	1.22	8.74	0.000	1.00
C(온도)	5.50	2.75	1.22	2.26	0.029	1.00
D(시간)	24.06	12.03	1.22	9.87	0.000	1.00
A(장치)*B(원료)	3.25	1.63	1.22	1.33	0.189	1.00
A(장치)*C(온도)	-0.31	-0.16	1.22	-0.13	0.899	1.00
A(장치)*D(시간)	-7.50	-3.75	1.22	-3.08	0.003	1.00
B(원료)*C(온도)	3.50	1.75	1.22	1.44	0.158	1.00
B(원료)*D(시간)	10.94	5.47	1.22	4.48	0.000	1.00
C(온도)*D(시간)	3.25	1.62	1.22	1.33	0.189	1.00
A(장치)*B(원료)*C(온도)	-1.44	-0.72	1.22	-0.59	0.558	1.00
A(장치)*B(원료)*D(시간)	-8.50	-4.25	1.22	-3.49	0.001	1.00
A(장치)*C(온도)*D(시간)	0.81	0.41	1.22	0.33	0.740	1.00
B(원료)*C(온도)*D(시간)	0.50	0.25	1.22	0.21	0.838	1.00
A(장치)*B(원료)*C(온도)*D(시간)	-1.56	-0.78	1.22	-0.64	0.525	1.00

해설:

주효과와 4인자 교호작용 까지 구해졌다. 분산분석표를 간단히 하기 위해 유의수준($\alpha = 0.1$)에서 유의하지 않은 고차의 교호작용 (A*B*C*D)부터 차례로 오차항에 풀링하고 분산분석을 반복한다.

▶ MINITAB 결과: 풀링(pooling) 후의 분산분석표

분산 분석

출처	DF	Adj SS	Adj MS	F-값	P-값
A	1	5184.0	5184.00	46.56	0.000
B	1	7267.6	7267.56	65.28	0.000
C	1	484.0	484.00	4.35	0.042
D	1	9264.1	9264.06	83.21	0.000
A*D	1	900.0	900.00	8.08	0.006
B*D	1	1914.1	1914.06	17.19	0.000
오차	57	6345.7	111.33		
적합성 결여	9	1778.2	197.58	2.08	0.051
순수 오차	48	4567.5	95.16		
총계	63	31359.4			

해설:

풀링 후의 분산분석 결과 인자 A, B, C, D의 주효과 모두 유의수준(α = 0.05)에서 유의하며, 교호작용 중에는 $A \times D$, $B \times D$가 유의하다.

▶ MINITAB 그래프 분석

$A \times D$ 교호작용 그래프

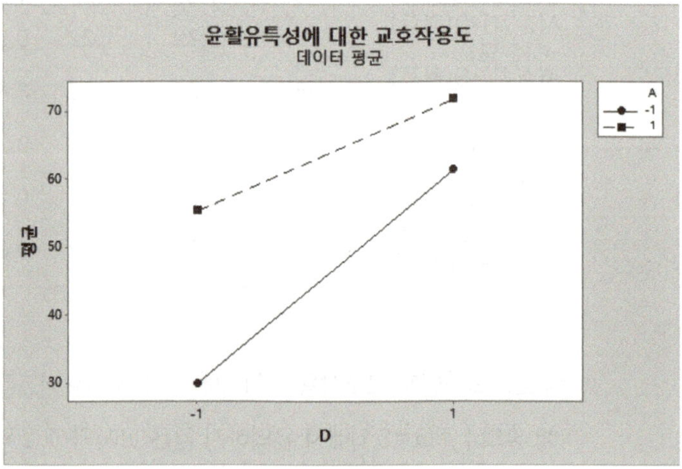

해설:

무시할 수 없을 정도의 교호작용이 있을 것으로 판단된다.

교호작용 $A \times D$의 네 개 수준 조합중 윤활유 특성이 가장 높은 수준조합은 A_1D_1이다.

▶ MINITAB 그래프 분석

$B \times D$ 교호작용 그래프

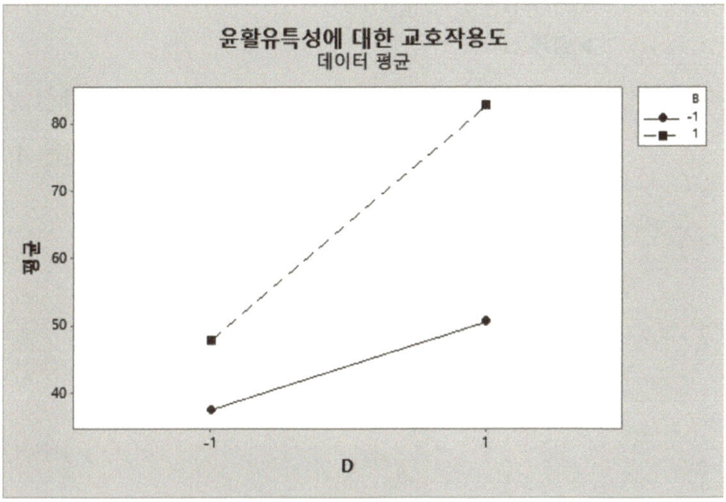

해설:

무시할 수 없을 정도의 교호작용이 있을 것으로 판단된다.

교호작용 $B \times D$ 의 네 개 수준 조합중 윤활유 특성이 가장 높은 수준 조합은 B_1D_1이다.

▶ MINITAB 그래프 분석

C 주효과도

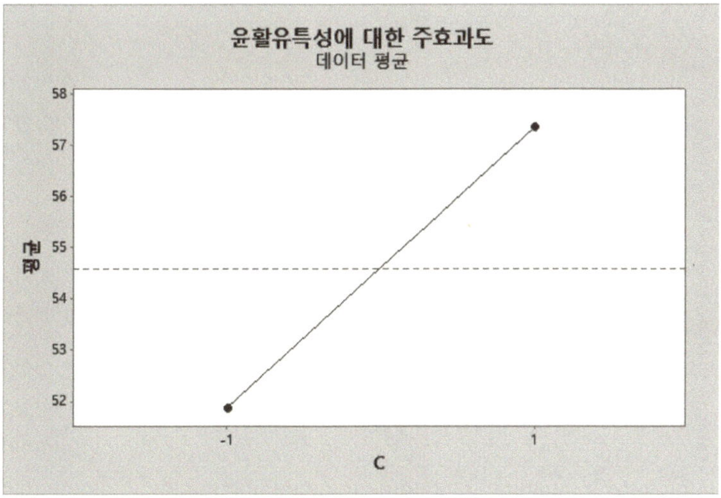

해설:

윤활유 특성 평균값이 높은 수준은 C_1이다.

▶결론

유의한 교호작용 $A \times D$, $B \times D$와 주효과 C에 대한 분석결과를 종합하면 윤활유 특성이 최대가 되는 인자들의 수준조합은 $A_1B_1C_1D_1$이다.

연습문제

9 1 어떤 제품의 종합반응에서 약품의 흡수속도가 제조시간에 영향을 미치고 있음을 알고 있다. 흡수속도에 대한 큰 요인이라고 생각되는 촉매량과 반응온도를 간단히 2수준만 취급하여 다음의 조건으로 3회 반복하여 2×2×3=12회 실험을 랜덤하게 행한 결과 다음의 데이터를 얻었다.

촉매량(%): $A_{-1}=0.3$, $A_1=0.5$

반응온도(℃): $B_{-1}=150$, $B_1=170$

단위 : 흡수속도(g/hr)

	A_{-1}	A_1
B_{-1}	94 88 92	102 100 105
B_1	98 99 95	110 108 113

(1) 주효과 A, B와 교호작용 $A\times B$를 구하시오.

▶ MINITAB 결과

코드화된 계수

항	효과	계수	SE 계수	T-값	P-값	VIF
상수		100.333	0.741	135.46	0.000	
A(촉매량)	12.000	6.000	0.741	8.10	0.000	1.00
B(반응온도)	7.000	3.500	0.741	4.73	0.001	1.00
A(촉매량) *B(반응온도)	1.000	0.500	0.741	0.68	0.519	1.00

해설:

A의 주효과는 12, B의 주효과는 7, 교호작용 $A\times B$의 효과는 1.0 이다. A의 주효과가 매우 크고 교호작용 $A\times B$는 무시해도 될 정도로 작다.

(2) 필요한 변동을 구한 후에 분산분석표를 작성하시오.

▶ MINITAB 결과

분산 분석

출처	DF	Adj SS	Adj MS	F-값	P-값
모형	3	582.000	194.000	29.47	0.000
선형	2	579.000	289.500	43.97	0.000
A(촉매량)	1	432.000	432.000	65.62	0.000
B(반응온도)	1	147.000	147.000	22.33	0.001
2차 교호작용	1	3.000	3.000	0.46	0.519
A(촉매량)*B(반응온도)	1	3.000	3.000	0.46	0.519
오차	8	52.667	6.583		
총계	11	634.667			

해설:

주효과 A, B는 유의수준($\alpha=0.05$)에서 유의하고, 교호작용 $A\times B$는 유의수준 0.1에서 유의하지 않다.

(3) 어떤 수준조합 $A\times B$에서 흡수속도가 가장 큰가를 구하고, 이 조건에서 흡수속도의 95% 신뢰구간을 추정하라(만약 $A\times B$가 유의하지 않으면 이를 에 풀링한 후에 실시하라).

▶ 풀이

유의하지 않은 교호작용 $A\times B$를 오차항에 풀링한 후 분산분석표를 작성하면 다음과 같다.

▶ MINITAB 결과

분산 분석

출처	DF	Adj SS	Adj MS	F-값	P-값
모형	2	579.000	289.500	46.81	0.000
선형	2	579.000	289.500	46.81	0.000
A(촉매량)	1	432.000	432.000	69.84	0.000

B(반응온도)	1	147.000	147.000	23.77	0.001
오차	9	55.667	6.185		
적합성 결여	1	3.000	3.000	0.46	0.519
순수 오차	8	52.667	6.583		
총계	11	634.667			

※ 유의한 교호작용이 없으므로 주효과 만으로 최적수준 조합을 구한다.

▶ MINITAB 그래프 분석

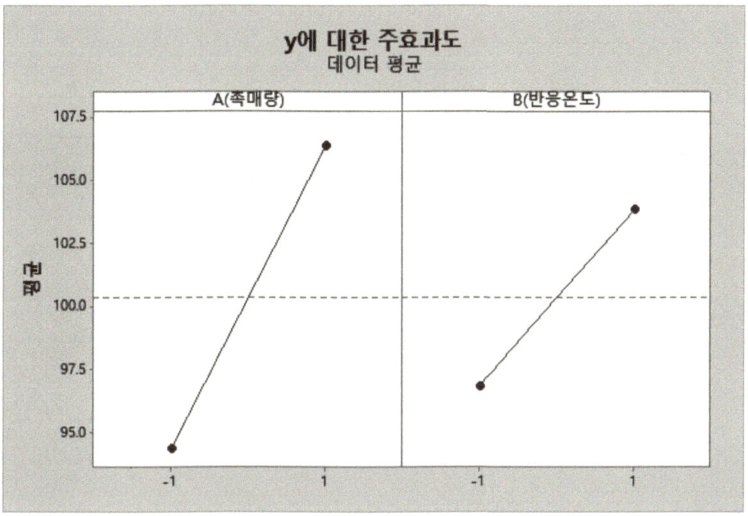

해설:

주효과 A와 B의 수준 중에서 흡수속도가 큰 수준은 A_1, B_1이다.

▶ A_1B_1에서 모평균에 대한 95% 신뢰구간 추정

$$(\bar{y}_{1..}+\bar{y}_{.1.}-\bar{y})\pm t\left(\phi_{E'};\frac{\alpha}{2}\right)\sqrt{\frac{V_{E'}}{n_e}}$$

여기서 n_e는 유효반복수이다.

$$n_e=\frac{\text{전체실험횟수}}{\text{유의한 인자의 자유도}+1}=\frac{12}{3}=4$$

따라서,

$$(106.333+108.333-100.33)\pm t(9\,;0.025)\sqrt{\frac{6.185}{4}}$$

$$=114.336\pm(2.262\times1.2435)=114.336\pm2.813$$

$$=(111.523,\ 111.149)$$

▶ MINITAB 그래프 분석

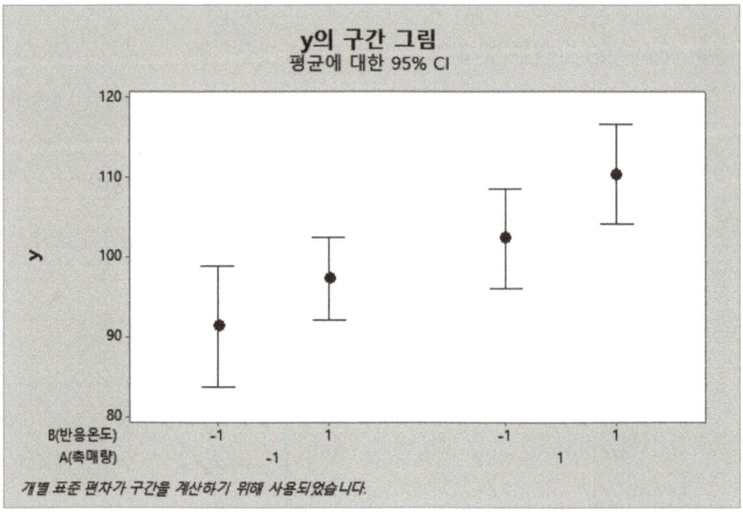

해설:

MINITAB으로 $A\times B$의 네 개 수준 조합별 모평균에 대한 95% 신뢰구간 그림을 그려보면 A_1B_1 조건에서 흡수속도 평균이 가장 높고 95% 신뢰구간이 나머지 신뢰구간과 겹치지 않으므로 유의한 차이가 있음을 알 수 있다.

9 2 어떤 농작물의 수확량에 영향을 주는 비료의 양에 따라서 어떻게 수확량이 달라지는가를 조사연구하기 위하여 퇴비(A)의 양을 2수준, 질소비료(B)의 양을 2수준, 인산비료(C)의 양을 2수준으로 취하여 실험재배시킨 결과 다음의 데이터를 얻었다.

실험조건			데이터	실험조건			데이터
A	B	C		A	B	C	
-1	-1	-1	(1)=32	1	-1	-1	a=19
-1	-1	1	c=25	1	-1	1	ac=12
-1	1	-1	b=44	1	1	-1	ab=29
-1	1	1	bc=42	1	1	1	abc=25

(1) 분산분석표를 작성하시오.

▶ MINITAB 결과

분산 분석

출처	DF	Adj SS	Adj MS	F-값	P-값
모형	6	821.500	136.917	273.83	0.046
선형	3	808.500	269.500	539.00	0.032
A	1	420.500	420.500	841.00	0.022
B	1	338.000	338.000	676.00	0.024
C	1	50.000	50.000	100.00	0.063
2차 교호작용	3	13.000	4.333	8.67	0.244
A*B	1	4.500	4.500	9.00	0.205
A*C	1	0.500	0.500	1.00	0.500
B*C	1	8.000	8.000	16.00	0.156
오차	1	0.500	0.500		
총계	7	822.000			

해설:

주효과 A, B, C모두 유의수준($\alpha=0.1$)에서 유의하다. 두 인자 교호작용은 유의하지 않다.

(2) 유의하지 않은 교호작용의 변동을 오차변동에 풀링시키고, 분산분석표를 새로이 작성하시오.

▶ MINITAB 결과

분산 분석					
출처	DF	Adj SS	Adj MS	F-값	P-값
모형	5	821.000	164.200	328.40	0.003
선형	3	808.500	269.500	539.00	0.002
A	1	420.500	420.500	841.00	0.001
B	1	338.000	338.000	676.00	0.001
C	1	50.000	50.000	100.00	0.010
2차 교호작용	2	12.500	6.250	12.50	0.074
A*B	1	4.500	4.500	9.00	0.095
B*C	1	8.000	8.000	16.00	0.057
오차	2	1.000	0.500		
총계	7	822.000			

해설:

유의하지 않은 교호작용 $A \times C$를 풀링한 후의 분산분석표이다. 주효과 모두 유의수준($\alpha = 0.05$)에서 유의하며, 교호작용 $A \times B$와 $B \times C$는 유의수준($\alpha = 0.1$)에서 유의하다.

(3) 유의한 실험인자 중 수확량이 가장 높은 수준조합을 구하시오.

▶ MINITAB 그래프 분석

$A \times B$ 교호작용도

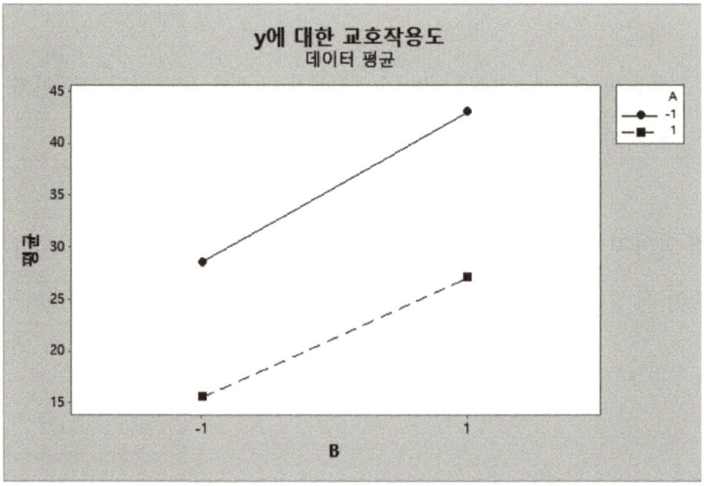

해설:

수확량이 최대가 되는 교호작용 $A\times B$의 수준 조합은 $A_{-1}B_1$이다.

▶ MINITAB 그래프 분석

$B\times C$ 교호작용도

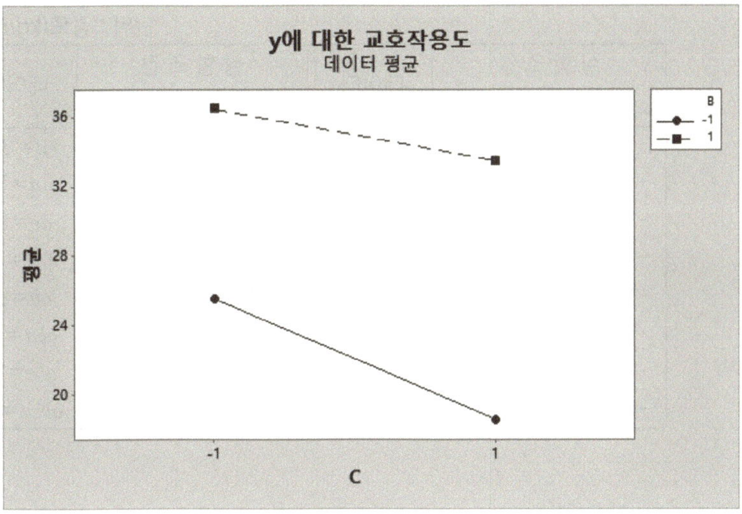

해설:

교호작용 $B\times C$의 수준 조합중 수확량이 가장 큰 조합은 B_1C_{-1}이다.

따라서, 유의한 실험인자의 최적수준조합은 $A_{-1}B_1C_{-1}$이다. 즉, 퇴비의 양은 낮은 수준, 질소비료의 양은 높은 수준, 인산 비료의 양은 낮은 수준일 때 수확량이 가장 높다.

9 3 어떤 플라스틱 제품의 강도에 영향을 주는 요인으로 배합비율(A), 소성온도(B), 반응온도(C), 가스속도(D)가 지적되었다. 이들 인자들이 강도에 어느 정도의 영향을 주는가를 조사하기 위하여 다음의 실험조건에서 16회를 완전 랜덤하게 실험하여 데이터를 구하였다.

$$\text{배합비율}(A)\colon A_{-1}=0.5,\quad A_1=0.8$$

소성온도(B): $B_{-1}=150℃$, $B_1=180℃$

반응온도(C): $C_{-1}=200℃$, $C_1=250℃$

가스속도(D): $D_{-1}=300l/분$, $D_1=400l/분$

분산분석표를 작성하시오.

단위 : 강도(kg/cm^2)

실험조건				데이터	실험조건				데이터
A	B	C	D		A	B	C	D	
-1	-1	-1	-1	(1)=79	1	-1	-1	-1	a=80
-1	-1	-1	1	d=79	1	-1	-1	1	ad=71
-1	-1	1	-1	c=85	1	-1	1	-1	ac=83
-1	-1	1	1	cd=71	1	-1	1	1	acd=67
-1	1	-1	-1	b=89	1	1	-1	-1	ab=84
-1	1	-1	1	bd=81	1	1	-1	1	abd=85
-1	1	1	-1	bc=91	1	1	1	-1	abc=88
-1	1	1	1	bcd=75	1	1	1	1	$abcd$=76

▶ MINITAB 결과

분산 분석

출처	DF	Adj SS	Adj MS	F-값	P-값
모형	9	703.250	78.139	39.90	0.000
선형	4	549.500	137.375	70.15	0.000
A(배합비)	1	16.000	16.000	8.17	0.029
B(소성온도)	1	182.250	182.250	93.06	0.000
C(반응온도)	1	9.000	9.000	4.60	0.076
D(가스속도)	1	342.250	342.250	174.77	0.000
2차 교호작용	4	117.750	29.438	15.03	0.003
A(배합비)*B(소성온도)	1	6.250	6.250	3.19	0.124
A(배합비)*D(가스속도)	1	0.250	0.250	0.13	0.733
B(소성온도)*D(가스속도)	1	1.000	1.000	0.51	0.502
C(반응온도)*D(가스속도)	1	110.250	110.250	56.30	0.000
3차 교호작용	1	36.000	36.000	18.38	0.005
A(배합비)*B(소성온도)*D(가스속도)	1	36.000	36.000	18.38	0.005
오차	6	11.750	1.958		
총계	15	715.000			

해설:

유의하지 않은 3인자 교호작용을 풀링한 후의 분산분석표이다. 주효과 A, B, D는 유의수준($\alpha=0.05$)에서 유의하며 C는 유의수준($\alpha=0.1$)에서 유의하다. 교호작용 $C\times D$와 는 유의수준($\alpha=0.05$)에서 유의하다.

10

교락법과 일부실시법

학습목표

1. 실험생성자를 이용하여 블럭을 설계할 수 있다.
2. 교락의 의미를 이해하고 일부실험의 교락관계를 설명할 수 있다.
3. 실험생성자와 정의대비로부터 교락관계를 설명할 수 있다.
4. 특정 교호작용을 블럭과 교락시키는 실험을 계획할 수 있다.
5. 2수준 일부실시법에 의한 실험을 설계하고, 분석 및 결과 해석을 할 수 있다.

1. 교락법에 의한 블록 실험설계

1) 교락법의 개념

2^n요인실험에서 인자의 수가 $n=6$이면 실험회수가 $2^6=64$나 되어, 한 배치(batch)에 8개의 시편밖에 들어갈 수 없거나 하루에 32회 밖에 실험 을 할 수 없는 경우라면, 동일 환경에서 전체의 실험을 하기가 불가능해질 수 있다. 이런 경우, 한 배치에 몇 개의 시편을 또는 하루에 어떤 수준 조합의 실험을 며칠 동안 해야 정보의 손실 없이 원하는 최적조건을 찾아낼 수 있을까와 같은 문제에 부닥친다. 이와 같이 인자의 수와 실험인자의 수준수가 많아지면 실험횟수가 기하급수적으로 증가하므로 적절한 실험계획을 세워야 하는데, 2^n요인실험이나 3^n요인실험에서 이런 문제를 해결할 수 있는 실험계획법이 교락법(confounding method)이다.

교락법은 고차의 교호작용을 블록(block)과 교락(confounding)시켜 실험 전체를 몇 개의 블록으로 나누고 블록 내에서 완전확률화의 원칙에 따라 실험함으로써 원하는 효과를 정도(precision) 높게 추론하고자 하는 실험계획법이다. 교락법에서는 일부 고차의 교호작용 효과 들은 구하지 않고 실험 전체를 몇 개의 블록으로 나누어 실험하기 때문에 희생된 효과를 따로 구하는 것은 불가능하다. 그런데 3인자 이상의 교호작용 효과는 다행히 유의하지 않는 경우가 많다.

블록 실험의 기본 아이디어는 전체 실험을 랜덤화 할 수 없을 때 동일한 실험환경을 갖는 몇 개의 블록을 만들고 그 안에서 완전 랜덤한 실험을 해 주어 실험의 정확성을 높이는 것이다.

2) 단독교락법에 의한 블록 설계

단독교락법은 블록과 교락되는 교호작용이 한 개인 경우이다. 인자가 A, B, C인 2^3요인실험의 실험횟수는 8회인데 하루에 4회의 실험 밖에 할 수 없다면 이틀에 나누어 실험을 해야 한다. 이 때, 우리는 전체실험을 2개의 블록으로 나누어 하루는 블록 1을 실험하고 다음날은 블록 2를 실험하면 서로 다른 날에 실험한 것이 전체 실험결과에 영향을 주는 것을 차단할 수 있다. 2수준의 인자 A, B, C를 이용하여 2개의 블록으로 나누기 위해서는 최고차의 교호작용효과 $A\times B\times C$를 블록효과와 교락(confounding)시켜야 하는데 이렇게 되면 교호작용 $A\times B\times C$를 블록효과와 분리하여 구할 수 없게 된다. 일반적으로 3차 이상의 교호작용은 유의하지 않은 경우가 많으므로 블록과 교락시키는 교호작용은 3차 이상의 교호작용을 많이 선택한다. 교호작용 $A\times B\times C$를 블록효과와 교락시키는 실험을 세워보자. 이 경우 모든 처리조합은

$$\{(1),\ a,\ b,\ c,\ ab,\ ac,\ bc,\ abc\}$$

이고, 교호작용효과 $A\times B\times C$를 구하는 식은 다음과 같다.

$$A\times B\times C=\frac{1}{4}\{a+b+c+abc\}-\frac{1}{4}\{(1)+ab+ac+bc\}$$

효과 $A\times B\times C$의 (+)항의 처리조합 $\{a,\ b,\ c,\ abc\}$를 블록 1, (-)항의 처리조합 $\{(1),\ ab,\ ac,\ bc\}$를 블록 2로 다음 [도표1] 과 같이 나누어 각각 다른 날짜에 실험을 하면 블록효과는 다음과 같이 구해진다.

$$\text{블럭효과}=\frac{1}{4}\{a+b+c+abc\}-\frac{1}{4}\{(1)+ab+ac+bc\}$$
$$=(\text{블록1의 자료의 평균})-(\text{블록2의 자료의 평균})$$

도표1 | 2^3요인실험의 교락법

블록 1	블록 2
a	(1)
b	ab
c	ac
abc	bc

위에서 본 바와 같이 블록효과와 교호작용 $A\times B\times C$가 같은 값으로 구해짐을 알 수 있다. 이것은 교호작용 $A\times B\times C$와 블록효과가 교락되었기 때문이다. 즉 교호작용효과

$A\times B\times C$를 검출할 수 없게 된다. 위의 실험은 교호작용 $A\times B\times C$를 구하지 않고 실험을 2개의 블록으로 나누어 실험함으로써 주효과와 2인자 교호작용을 정도 좋게 구할 수 있는 실험이다.

일반적으로 2^n요인실험에서 하나의 교호작용을 블록과 교락시키면 두 개의 블록으로 나눌 수 있는데 이와 같은 실험을 단독교락법 이라한다. 단독교락법에 의한 실험은 최고차의 교호작용효과를 구한 후 (+)항의 처리조합을 한 블록에 (-)항의 처리조합을 다른 블록에 배치하면 된다. 실험순서를 정할 때 두 블록 중 먼저 하나를 임의로 선택하고 그 블록에 속한 처리조합을 완전확률화(랜덤화)의 원칙에 따라 실험한 다음 두 번째 블록의 처리조합 또한 완전확률화(랜덤화)의 원칙에 따라 실험을 실시한다.

3) 이중교락법에 의한 블록 설계

단독교락법에서 교호작용효과 하나를 블록과 교락시키면 두 개의 블록이 만들어짐을 알았다. 인자가 A, B, C, D, E인 2^5요인실험의 처리조합은

$$\{(1), a, b, c, d, e, ab, ac, ad, ae, bc, bd, be, cd, ce, de, abc, abd, abe, acd, ace, ade, bcd, bce, bde, cde, abcd, abce, abde, acde, bcde, abcde\}$$

와 같이 모두 $2^5=32$개이다. 따라서 블록이 두 개인 2^5요인실험의 단독교락법에서는 한 블록에 16개의 처리조합이 들어가게 되는데, 16개의 처리조합도 동일 환경에서 실험할 수 없다면 블록의 개수를 늘릴 수밖에 없다. 이 경우에는 블록과 교락되는 교호작용 효과를 2개 이상 선택해야 한다. 이중교락에 3인자 교호작용 $A\times B\times C$와 $C\times D\times E$를 사용하기로 하면,

$$A\times B\times C=(a, b, c\text{가 홀수 개 들어 있는 자료의 평균; } d, e\text{는 무시})$$
$$-(a, b, c\text{가 짝수 개 들어 있는 자료의 평균; } d, e\text{는 무시})$$

와 같이 구할 수 있고, 그 결과 다음과 같은 두 블록을 얻는다.

$ABC(+)$: (a, b, c가 홀수 개 들어 있는 자료; d, e는 무시)

$$\{a, b, c, ad, ae, bd, be, cd, ce, abc, ade, bde, cde, abcd, abce, abcde\}$$

$ABC(-)$: (a, b, c가 짝수 개 들어 있는 자료; d, e는 무시)

$\{(1), d, e, ab, ac, bc, de, abd, abe, acd, ace, bcd, bce, abde, bcde\}$

다음으로 교호작용효과 $C \times D \times E$에 대하여 두 개의 블록으로 나누면 다음과 같다.

$CDE(+)$: (c, d, e가 홀수 개 들어 있는 자료; a, b는 무시)

$\{c, d, e, ac, ad, ae, bc, bd, be, abc, abd, abe, cde, acde, bcde, abcde\}$

$CDE(-)$: (c, d, e가 짝수 개 들어 있는 자료; a, b는 무시)

$\{(1), a, b, ab, cd, ce, de, acd, ace, ade, bcd, bce, bde, abcd, abce, abde\}$

여기서 $ABC(+)$와 $CDE(+)$는 각 효과의 (+)항의 자료군이고 $ABC(-)$와 $CDE(-)$는 각 효과의 (-)항의 자료군이다. 이제 32개의 처리조합을

$ABC(+)$와 $CDE(+)$에 동시에 속하는 자료군,
$ABC(+)$와 $CDE(-)$에 동시에 속하는 자료군,
$ABC(-)$와 $CDE(+)$에 동시에 속하는 자료군,
$ABC(-)$와 $CDE(-)$에 동시에 속하는 자료군

으로 나누면 [도표2]와 같은 결과를 얻는다.

도표2 ⁝ ABC와 CDE를 교락시킨 2^5요인실험

블록1	블록2	블록3	블록4
$c, ad, ae, bd, be, abc, cde, abcde$	$a, b, cd, ce, ade, bde, abcd, abce$	$d, e, ac, bc, abd, abe, acde, bcde$	$(1), ab, de, acd, ace, bcd, bce, abde$
$ABC(+)$ $CDE(+)$	$ABC(+)$ $CDE(-)$	$ABC(-)$ $CDE(+)$	$ABC(-)$ $CDE(-)$

[도표2]와 같이 교호작용효과 2개를 블록과 교락시키면 4개의 블록 이 만들어진다. 여기에 또 하나의 교호작용효과를 블록과 추가로 교락시키면 각 블록이 2개씩으로 쪼개져 8개의 블록이 만들어진다. 즉 블록은 교락시키는 교호작용효과의 개수에 따라 2^1, 2^2, 2^3, …개가 만들어지며, 블록과 교락되는 교호작용의 개수가 2개이면 2중교락, 3개

이면 3중교락이라 부른다.

두 효과를 블록과 교락시키면 두 효과의 곱 역시 블록과 교락된다. 위 예에서 $A \times B \times C$와 $C \times D \times E$를 블록과 교락시켰을 때 블록과 자동으로 교락되는 또 다른 효과는 교락되는 두 교호작용의 곱 $ABC \times CDE = ABC^2DE = ABDE$이 되고, 이 역시 블록과 교락된다. 여기서, $A^2 = B^2 = \cdots = 1$로 제곱이 되었을 때는 1로 간주한다. 따라서 블록효과와 교락되는 교호작용 효과는 3개가 된다. 즉, $A \times B \times C$, $C \times D \times E$ 그리고 $A \times B \times C \times E$는 블록효과와 교락되어 따로 분리하여 구할 수 없다.

4) 교락법의 사례

어떤 화합물의 순도는 다음과 같이 네 인자 A, B, C, D에 영향을 받는다고 생각되어 2^4요인실험의 2중 교락법의 실험을 한 후 순도를 측정하여 다음과 같이 정리하였다. 블록과 교락시킨 교호작용 2개는 ABC, BCD로 선택하였고, 두 교호작용의 곱 $ABC \times BCD = AB^2C^2D = AD$ 역시 블록과 교락되므로 정의대비는 $I = ABC = BCD = AD$가 된다. 정의대비는 블록과 교락되는 교호작용을 나타낸다.

인 자	수준 0	수준 1
A: 촉매제의 농도(%)	3	5
B: 수산화나트륨의 농도(%)	30	35
C: 젓는 속도(rpm)	15	20
D: 온도(℃)	50	70

블록1	블록2	블록3	블록4
$(1) = 99.62$	$ab = 99.70$	$a = 99.60$	$b = 99.73$
$bc = 99.70$	$ac = 99.44$	$abc = 99.68$	$c = 99.42$
$abd = 99.50$	$d = 99.41$	$bd = 99.47$	$ad = 99.38$
$acd = 99.25$	$bcd = 99.47$	$cd = 99.21$	$abcd = 99.46$
$ABC(+)$	$ABC(+)$	$ABC(-)$	$ABC(-)$
$BCD(+)$	$BCD(-)$	$BCD(+)$	$BCD(-)$

이 실험의 총 실험횟수는 16이므로 총 자유도는 15가 된다. 그래서 자유도가 15가 되도록 검출하고 싶은 효과의 자유도를 나열하면

블록 효과 자유도: 3(4 − 1 = 3)

주효과 자유도: 4(자유도 1인 주효과가 4개)

2인자 교호작용 효과 자유도: 6(자유도 1인 2인자 교호작용이 6개)

나머지 효과 자유도: 2

이므로 나머지 효과 자유도를 오차로 하면 주효과와 2인자 교호작용효과를 검출할 수 있을 것 같다. 그러나 블록 효과에 ABC, BCD, AD가 교락되어 있어 AD의 자유도가 블록 자유도에 합산되어 있으므로 실제 분산분석표를 작성하면 2인자 교호작용효과의 자유도는 5, 나머지 효과의 자유도는 3이 된다.

따라서 분산분석을 하기 위해서는 자료의 모형을

$$y_{ijkpq} = \mu + a_i + b_j + c_k + d_p + (\text{블록})_q$$
$$+ (ab)_{ij} + (ac)_{ik} + (bc)_{jk} + (bd)_{jp} + (cd)_{kp} + e_{ijkpq}$$

와 같이 하여 $(ad)_{ip}$를 포함시키지 않아야 한다. 이 모형을 적합시켜 분석하면 [도표 3]과 같다. 참고로 블록의 제곱합 SS_{BL}은

$$SS_{BL} = SS_{A\times B\times C} + SS_{B\times C\times D} + SS_{B\times D}$$

와 같음을 확인할 수 있다.

도표3 | 2^4요인실험의 교락법의 분산분석표

요인	제곱합	자유도	평균제곱	F	유의확률
블록	1.650E-03	3	5.500E-04	2.538	.232
A	2.500E-05	1	2.500E-05	.115	.756
B	.119	1	.119	549.346	.000
C	3.802E-02	1	3.802E-02	175.500	.001
D	.189	1	.189	873.346	.000
$A\times B$	1.000E-04	1	1.000E-04	.462	.546
$A\times C$	4.000E-04	1	4.000E-04	1.846	.267
$B\times C$	2.250E-02	1	2.250E-02	103.846	.002
$B\times D$	4.000E-04	1	4.000E-04	1.846	.267
$C\times D$	1.000E-04	1	1.000E-04	.462	.546
E	6.500E-04	3	2.167E-04		
T	.372	15			

도표4 ⋮ 풀링한 분산분석표

요인	제곱합	자유도	평균제곱	F	유의확률
A	2.500E-05	1	2.500E-05	.076	.789
B	.119	1	.119	360.682	.000
C	3.802E-02	1	3.802E-02	115.227	.000
D	.189	1	.189	573.409	.000
$B\times C$	2.250E-02	1	2.250E-02	68.182	.000
E	3.300E-03	10	3.300E-04		
T	.372	15			

[도표3]에서 유의하지 않은 블록과 교호작용을 모형에서 제거하여 오차항에 풀링한 후 다시 분석하면 [도표 4]와 같다.

[도표4]에서 효과 B, C, D, $B\times C$가 유의하므로 최적조건을 구하기 위해 D의 1원표와 B, C의 2원표를 구하면 각각 다음과 같다.

총 평균
99.503

D	평균
0	99.611
1	99.394

B	C	평균
0	0	99.503
	1	99.330

B	C	평균
1	0	99.600
	1	99.578

D의 1원표와 B, C의 2원표로부터 화합물의 순도를 높이는 최적조건을 찾으면 $B_1C_0D_0$가 된다. 이제 이 최적조건에서 순도 모평균 $\mu(B_1C_0D_0)$를 추정해 보자.

$$\begin{aligned}\mu(B_1C_0D_0) &= \mu+b_1+c_0+d_0+(bc)_{10} \\ &= \{\mu+b_1+c_0+(bc)_{10}\}+(\mu+d_0)-\mu\end{aligned}$$

이므로 추정량 $\hat{\mu}(B_1C_0D_0)$은

$$\begin{aligned}\hat{\mu}(B_1C_0D_0) &= \bar{y}_{.10..}+\bar{y}_{...0.}-\bar{\bar{y}} \\ &= 99.600+99.611-99.503 \\ &= 99.708\end{aligned}$$

과 같다.

예제 10·1

2^4요인실험에서 16회의 실험을 동일조건으로 실시할 수 없어 4개의 블록으로 나누어 교호작용 $A\times B\times C$, $B\times C\times D$, $A\times D$를 블록과 교락시켜 실험을 실시하고 다음의 데이터를 얻었다.

블록1	블록2	블록3	블록4
(1)=82	ab=80	a=76	b=71
bc=55	ac=85	abc=73	c=79
abd=88	d=84	bd=72	ad=79
acd=81	bcd=84	cd=74	abcd=89
$L_1=L_2=0$	$L_1=0$, $L_2=0$	$L_1=1$, $L_2=0$	$L_1=L_2=1$

분산분석표를 작성하시오.

풀이

▣ MINITAB을 이용한 블록실험의 설계

▶ 실험계획법 > 요인설계 > 요인설계생성

- 설계유형: 2-수준 요인(생성자 지정)
- 요인수: 4

▶설계

- 완전 요인설계
- 생성자
- 관련 생성자를 나열하여 블럭 정의: ABC BCD

▶ 확인

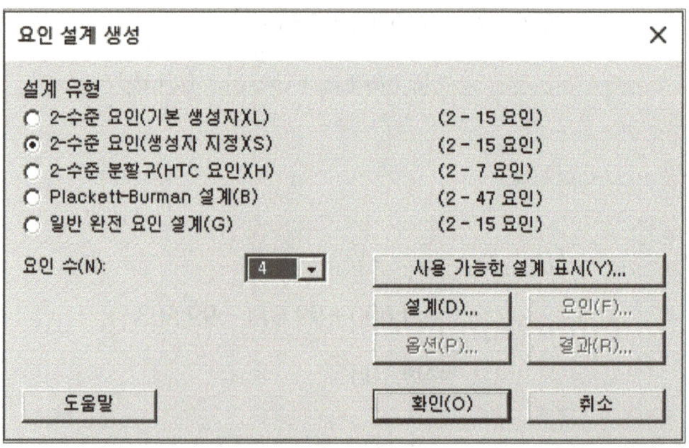

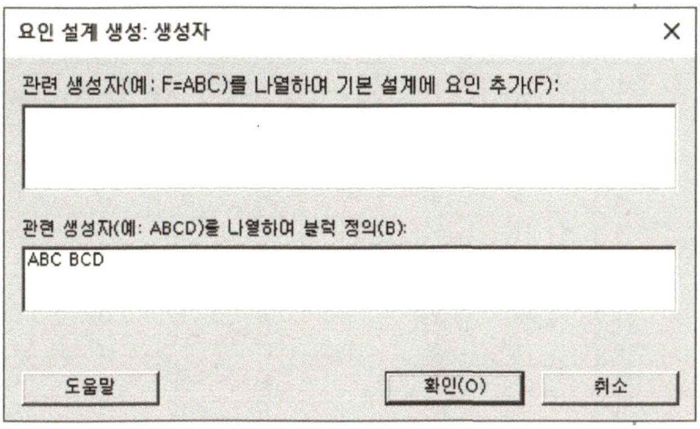

▶ MINITAB 결과

2개의 교호작용을 블럭과 교락시킨 실험계획

완전 요인 설계

설계 요약

```
  요인:    4        기본 설계:   4, 16     블럭을 포함한 해상도:   III
    런:   16         반복실험:       1
  블럭:    4    중앙점(전체):       0
```

* 참고 * 블럭이2차 교호작용과 교락되어 있습니다.
블럭 생성자:ABC, BCD

별칭 구조

I
블록1 = ABC
블록2 = BCD
블록3 = AD
A
B
C
D
AB
AC
BC
BD
CD
ABD
ACD
ABCD

▶ MINITAB 워크시트

↓	C1	C2	C3	C4	C5	C6	C7	C8
입력 방향	순서	런 순서	중앙점	블럭	A	B	C	D
1	12	1	1	3	-1	1	1	1
2	9	2	1	3	1	1	-1	-1
3	10	3	1	3	1	-1	1	-1
4	11	4	1	3	-1	-1	-1	1
5	8	5	1	2	-1	-1	1	1
6	7	6	1	2	-1	1	-1	1
7	6	7	1	2	1	1	1	-1
8	5	8	1	2	1	-1	-1	-1
9	2	9	1	1	-1	1	1	-1
10	1	10	1	1	-1	-1	-1	-1
11	3	11	1	1	1	1	-1	1
12	4	12	1	1	1	-1	1	1
13	13	13	1	4	-1	1	-1	-1
14	16	14	1	4	1	1	1	1
15	15	15	1	4	1	-1	-1	1
16	14	16	1	4	-1	-1	1	-1

해설:

16회의 전체 실험을 4개의 블록에 블럭당 4회의 실험을 할 수 있도록 배치한 실험이다. 교호작용 ABC, BCD, AD는 각각 블록 1, 2, 3과 교락되어 따로 구할 수 없다.

▣ MINITAB을 이용한 블록실험의 분석

▶ 통계분석 > 실험계획법>요인> 요인설계분석

- 반응: y
- 항
- 모형에 포함되는 항의 최대 차수: 2
- 모형에 블록 포함

▶ 확인

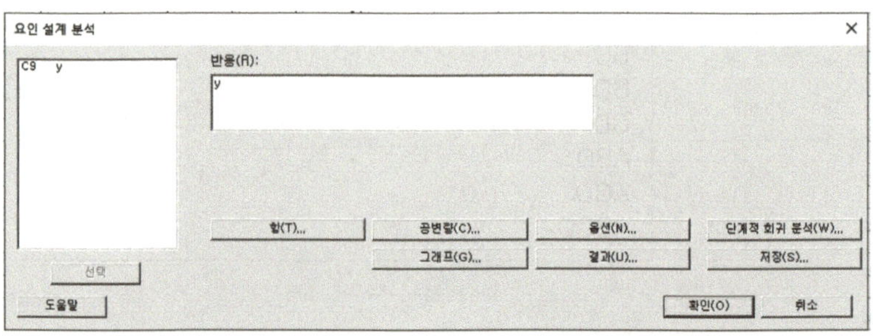

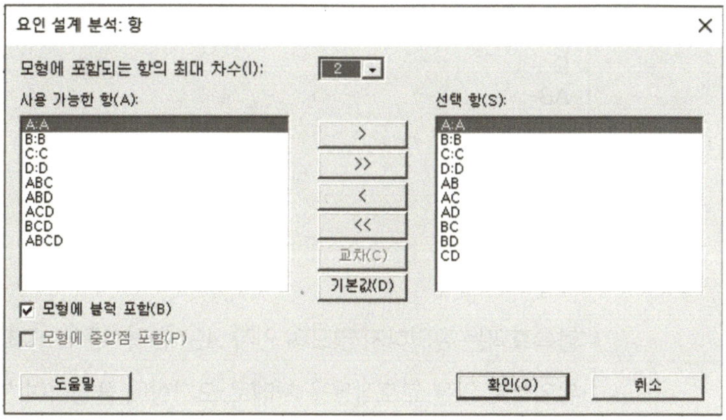

▶ MINITAB 결과

요인 회귀 분석: y 대 블럭, A, B, C, D

다음 항은 다른 항과 완전히 교락되어 있으며 제거되었습니다.
A*D

분산 분석

출처	DF	Adj SS	Adj MS	F-값	P-값
모형	12	952.50	79.375	3.03	0.196
블럭	3	199.50	66.500	2.54	0.232
선형	4	389.25	97.313	3.72	0.155
A	1	225.00	225.000	8.60	0.061
B	1	0.25	0.250	0.01	0.928
C	1	64.00	64.000	2.45	0.216
D	1	100.00	100.000	3.82	0.146
2차 교호작용	5	363.75	72.750	2.78	0.215
A*B	1	56.25	56.250	2.15	0.239
A*C	1	64.00	64.000	2.45	0.216
B*C	1	12.25	12.250	0.47	0.543
B*D	1	110.25	110.250	4.21	0.132
C*D	1	121.00	121.000	4.62	0.121
오차	3	78.50	26.167		
총계	15	1031.00			

별칭
I
블럭 1 +AD −ABC −BCD
블럭 2 −AD +ABC −BCD
블럭 3 −AD −ABC +BCD
A
B

C
D
AB
AC
BC
BD
CD

해설:

블록효과는 유의하지 않으며 인자 A는 유의수준($\alpha = 0.1$)에서 유의하다. 유의하지 않은 교호작용을 차례로 오차항에 풀링하여 분산분석을 반복해야 하지만 풀링후의 분산분석표는 생략한다.

2. 2^n형의 일부실시법

인자의 수가 많아지면 인자의 처리조합의 수는 급격히 증가하고 1반복의 실험만 실시하더라도 인자의 수가 만약 10개이면 $2^{10} = 1,024$번의 실험횟수로서 실험의 실시가 곤란하게 된다. 그러므로 필요로 하는 요인에 대한 정보를 얻기 위하여 의미가 적은 고차의 교호작용을 희생시켜서 실험의 횟수를 적게 하자는 것이 일부실시법(fractional replication 또는 fractional factorial design)의 개념이다. 일부실시법은 1반복(replication)의 일부(fraction)만을 실시하는 실험배치를 의미한다고 말할 수 있다.

도표5 2^3형에서의 $\frac{1}{2}$실시

정의대비 $I = ABC$	
블록 1	블록 2
a	(1)
b	ab
c	ac
abc	bc

1) 2^n형의 $\frac{1}{2}$실시의 경우

일부실시법의 배치는 교락법의 배치로부터 간단히 유도할 수 있다. 2^3요인실험을 생각해 보자. 3인자 교호작용 $A\times B\times C$를 블록과 교락시킨 배치는 [도표5]와 같다.

여기에서 실험횟수를 $\frac{1}{2}$로 줄이고 싶어 총 8회의 실험중 블록 1에 있는 4개의 조합만 실험하고 블록2의 4개 실험조합은 실험을 하지 않는다면 어떻게 될까? 이와 같은 경우 각 주효과와 교호작용을 구하기 위하여 다음과 같은 표가 작성된다.

도표6 $\frac{1}{2}$반복 2^3요인실험의 계수들($I=+ABC$)

요인효과	처리조합				제수
	a	b	c	abc	
M(평균)	+	+	+	+	4
A	+	−	−	+	2
B	−	+	−	+	2
C	−	−	+	+	2
AB	−	−	+	+	2
AC	−	+	−	+	2
BC	+	−	−	+	2
ABC	+	+	+	+	2

A의 주효과는 a를 포함하는 조합과 a를 포함하지 않는 조합의 차로

$$A=\frac{1}{2}\{(a+abc)-(b+c)\}$$

이다. 또한 교호작용 $B\times C$는 b, c를 짝수개 포함하는 조합과 아닌 것의 차로서

$$B\times C=\frac{1}{2}\{(a+abc)-(b+c)\}$$

이 된다. 이 식은 주효과 A를 추정하는 식과 동일한 것이다. 즉, 완전히 교락하고 있다. 이와 같이 동일한 추정식으로 표시할 수 있는 요인효과를 별명(alias)이라 한다. [도표6]

으로부터 서로 별명관계에 있는 것은 A와 $B\times C$ 이외에, B와 $A\times C$, C와 $A\times B$이다.

어느 요인효과가 별명이 되어 있느냐는 정의대비에 요인효과를 곱해서 얻을 수 있다. 즉,

$$A\text{의 별명은: } A\times(ABC)=A^2BC=BC$$
$$B\text{의 별명은: } B\times(ABC)=AB^2C=AC$$
$$C\text{의 별명은: } C\times(ABC)=ABC^2=AB$$

에서 구한다. 단, 2^n형에서는 $A^2=B^2=C^2=1$임을 유의하여야 한다.

주효과 A와 교호작용 $B\times C$가 동시에 추정되므로, $B\times C$가 존재하지 않으면 주효과 A를 구할 수 있다. 따라서 일부실시법은 별명 중 어느 한 쪽의 효과가 존재하지 않을 경우에 사용할 수 있다. 경험적으로 2인자 교호작용이 유의한 경우가 많으므로 주효과를 정확히 구하기 위해 가능하면 주효과와 2 인자 교호작용이 교락되지 않도록 실험을 설계하는 것이 안전하다. [도표5]에서 블록 1만 사용할 수 있는 경우는 2인자 교호작용 $A\times B$, $A\times C$, $B\times C$가 모두 무시될 수 있는 경우라야 한다. 일반적으로 일부실시법이 사용되는 것은 인자의 수가 많을(5개 이상) 경우이고, 그 때에는 주효과와 2인자 교호작용의 별명은 3차 이상의 고차의 교호작용이 되도록 배치할 필요가 있다.

일부실시법의 배치는 실제로는 직교배열법을 이용하면 대단히 편리하다.

도표7 $\frac{1}{2}$반복 2^3요인실험의 계수표($I=-ABC$)

요인효과	처리조합				제수
	(1)	ab	ac	bc	
M	+	+	+	+	4
A	−	+	+	−	2
B	−	+	−	+	2
C	−	−	+	+	2
AB	+	+	−	−	2
AC	+	−	+	−	2
BC	+	−	−	+	2
ABC	−	−	−	−	2

참고로 [도표5]에서 블록 1이 사용되지 않고 블록 2가 사용되었으면 어떻게 될까에 대하여 생각하여 보자. [도표6]과 같은 계수표를 작성하면 다음과 같다.

이 표에서 보는 바와 같이 정의대비 ABC의 부호가 모두 －이므로, 블록 2는 $I=-ABC$로 나타내기도 한다. 따라서 블록 1은 $I=+ABC$가 된다.

A의 주효과는

$$A=\frac{1}{2}\{(ab+ac)-((1)+bc)\}$$

이고 교호작용 $B\times C$는

$$B\times C=\frac{1}{2}\{((1)+bc)-(ab+ac)\}$$

가 되며, A는 교호작용 $B\times C$의 부호를 바꾼 것과 같고, $A=-BC$라고 표시할 수 있다. 즉, $B\times C$가 플러스(＋)의 값이면, 블록 1의 $\frac{1}{2}$반복을 사용하였을 때는 A의 효과가 과대평가 받게 되고, 블록 2를 사용하였을 때에는 A의 효과가 과소평가 받게 된다. 별명관계가 상호 미치는 영향을 구별하기 위하여 블록 2를 사용하였을 때의 별명관계의 표현식을

$$A=-BC$$
$$B=-AC$$
$$C=-AB$$

로 나타내기도 한다.

예제 10·2

2^4요인실험에서 $\frac{1}{2}$반복만 실험하고 싶다. 실험을 계획하고 그 별명관계를 설명하시오.

풀이 **■ MINITAB 요인실험설계**

▶ 실험계획법 > 요인 > 요인설계생성

- 설계유형: 2-수준 요인(기본생성자)

- 요인수: 4

▶ 설계

- 1/2 부분실시

▶ 확인

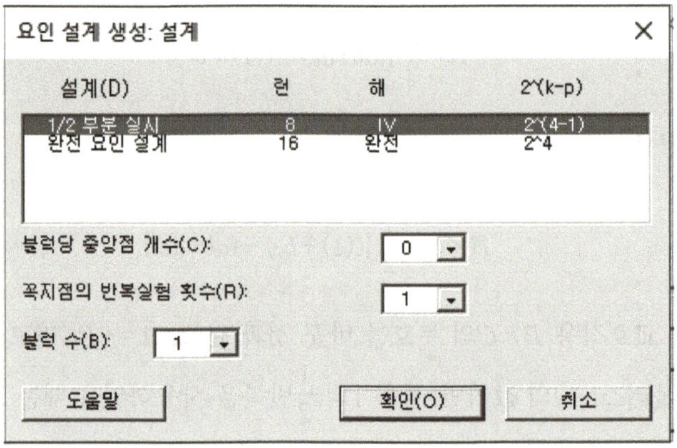

▶ MINITAB 결과

부분 요인 설계

설계 요약

요인:	4	기본 설계:	4, 8	블럭을 포함한 해상도:	IV
런:	8	반복실험:	1		1/2
블럭:	4	중앙점(전체):	0		

설계 생성자:D = AB

별칭 구조

I + ABCD
A + BCD
B + ACD
C + ABD
D + ABC
AB + CD
AC + BD
AD + BC

해설:

주효과 D와 교호작용 ABC를 교락시켜 만든 일부실험계획이다. 교락관계는 $A=BCD$, $B=ACD$, $C=ABD$, $D=ABC$, $AB=CD$, $AC=BD$, $AD=BC$이다.

2) 2^n형의 $\frac{1}{4}$실시의 경우

2^5형의 $2^5=32$회의 실험을 이중교락 시켜 블록과 $ABCD$, ACE와 BDE를 교락시켜 보자. 그러면 정의대비는

$$I=ABCD=ACE=BDE \tag{10·1}$$

로 표현된다. Kempthorne의 선형식을 사용하면

$$L_1=x_1+x_2+x_3+x_4 \pmod 2$$
$$L_2=x_1+x_3+x_5 \pmod 2$$
$$L_3=x_2+x_4+x_5 \pmod 2$$

로 표현되고 이 중에서 L_1과 L_2의 값을 각 처리조합에 대하여 구하면 다음과 같다.

처리조합	L_1	L_2	처리조합	L_1	L_2
(1)	0	0	abc	1	0
a	1	1	abd	1	1
b	1	0	abe	0	0
c	1	1	acd	1	0
d	1	0	ace	0	1
e	0	1	ade	0	0
ab	0	1	bcd	1	1
ac	0	0	bce	0	0
ad	0	1	bde	0	1
ae	1	0	cde	0	0
bc	0	1	$abcd$	0	0
bd	0	0	$abce$	1	1
be	1	1	$abde$	1	0

cd	0	1	$acde$	1	1
ce	1	0	$bcde$	1	0
de	1	1	$abcde$	0	1

이들 처리조합을 L_1과 L_2의 값에 따라 4개의 블록으로 만들면 [도표8]을 얻게 된다.

도표8 $I = ABCD = ACE = BDE$에 의한 2^5형의 이중교락

블록1	블록2	블록3	블록4
(1)	e	b	a
ac	ab	d	c
bd	ad	ae	be
abe	bc	ce	de
ade	cd	abc	abd
bce	ace	acd	bcd
cde	bde	$abde$	$abce$
$abcd$	$abcde$	$bcde$	$acde$
$L_1=0$	$L_1=0$	$L_1=1$	$L_1=1$
$L_2=0$	$L_2=1$	$L_2=0$	$L_2=1$

4블록 중에서 어느 한 블록을 택하여 실시하면 2^5형의 $\frac{1}{4}$반복 일부실시법이 되며, 이 경우의 별명관계는 식 (10·1)의 정의대비로부터 다음의 관계식을 얻는다.

$$A = BCD = CE = ABDE$$

$$B = ACD = ABCE = DE$$

$$C = ABD = AE = BCDE$$

$$D = ABC = ACDE = BE$$

$$E = ABCDE = AC = BD$$

$$AB = CD = BCE = ADE$$

$$AD = BC = CDE = ABE$$

따라서 [도표8]에서 어떤 블록을 실험하든 간에 2차 이상의 교호작용을 무시할 수 있다면 8회의 실험으로 주효과 A, B, C, D, E를 구할 수 있다.

2^5형의 $\frac{1}{4}$반복에서 정의대비를 식 (10·1)과 같이 하지 않고 최고차 교호작용 $ABCDE$를 블록과 교락시키면 어떻게 될까? 블록과 교락시키는 또 하나의 교호작용을 ABC라 한다면 정의대비는

$$I = ABCDE = ABC = DE \qquad (10 \cdot 2)$$

(교락되는 두 교호작용의 곱 역시 자동으로 블록과 교락된다)

로 표현되며, 별명관계는 다음과 같다.

$$A = BCDE = BC = ADE$$
$$B = ACDE = AC = BDE$$
$$C = ABDE = AB = CDE$$
$$D = ABCE = ABCD = E$$
$$AD = BCE = BCD = AE$$
$$BD = ACE = ACD = AE$$
$$CD = ABE = ABD = CE$$

즉, D와 E가 서로 별명관계에 있으므로 D의 주효과와 E의 주효과는 서로 분리되지 않는다. 이처럼 $\frac{1}{4}$반복에서는 최고차를 블록과 교락시키고 정의대비가 식 (10·2)와 같으면 일부 주효과간에 교락이 발생하거나, 또는 정의대비

$$I = ABCDE = E = ABCD \qquad (10 \cdot 3)$$

인 경우에는 주효과 E는 $\frac{1}{4}$반복에서는 구할 수 없게 된다. 따라서 $\frac{1}{4}$반복실험을 하고자 할 때는 정의대비를 식 (10·1)과 같이 4글자, 3글자, 3글자가 되도록 선택하여 주는 것이 좋다.

참고로 2^5형에서 이중교락을 시킬 경우에 정의대비에 나열되어 있는 글자의 수는 I를 제외하고, 언제나 모두 합쳐서 10개가 된다. 식 (10·1), (10·2), (10·3)의 정의대비에서 이런 결과를 검토할 수 있다.

연습문제

10 1 어떤 반응공정의 수율을 향상시킬 목적으로 반응시간(A), 반응온도(B), 성분(C)의 3가지 인자를 취하여 요인실험을 하였다. 3인자의 수준수는 각각 2수준씩 택하였으므로 인자의 수준의 조합은 8가지가 되는데 하루에 8회의 실험을 할 수 없으므로 3인자 교호작용 ABC를 날(日)과 교락시켜 실험하여 다음의 데이터를 얻었다. 분산분석표를 작성하시오. 수율이 가장 큰 인자들의 수준 조합을 구하시오.

반응시간(A) : $A_0=4$, $A_1=5$(시간)

반응온도(B) : $B_0=250$, $B_1=300$(℃)

성분의 양(C) : $C_0=3.0$, $C_1=3.5$(g)

(단위 %)

1일(R_1)	2일(R_2)
$a=83.3$	$ab=86.7$
$abc=86.3$	$(1)=83.1$
$b=86.8$	$ac=84.0$
$c=84.1$	$bc=86.5$

$I=ABC$

▶ MINITAB 결과

분산 분석

출처	DF	Adj SS	Adj MS	F-값	P-값
모형	5	18.2600	3.6520	182.60	0.005
블럭	1	0.0050	0.0050	0.25	0.667
선형	3	17.5350	5.8450	292.25	0.003
A(반응시간)	1	0.0050	0.0050	0.25	0.667
B(반응온도)	1	17.4050	17.4050	870.25	0.001
C(성분의양)	1	0.1250	0.1250	6.25	0.130
2차 교호작용	1	0.7200	0.7200	36.00	0.027
B(반응온도)*C(성분의양)	1	0.7200	0.7200	36.00	0.027
오차	2	0.0400	0.0200		
총계	7	18.3000			

해설:

블록과 실험인자 A의 효과는 유의수준($\alpha=0.1$)에서 유의하지 않으며 주효과 B와 교호작용 $B\times C$가 유의수준($\alpha=0.05$)에서 유의하다.

▶ MINITAB 그래프 분석

– BC 교호작용도

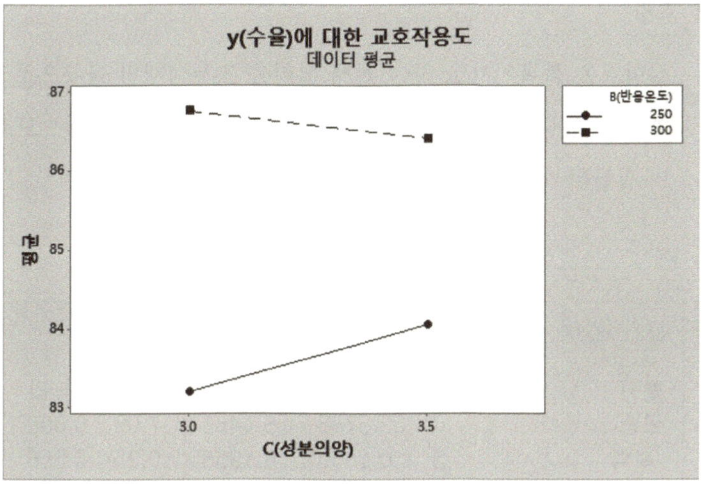

해설:

교호작용 $B\times C$의 4개 조합중 수율이 가장 높은 수준조합은 $B(300)$, $C(3.0)$ 일 때이다.

결론:

수율이 최대가 되는 실험인자 수준 조합은 $A(4)B(300)C(3.0)$ 이다.

10 2 위의 10 1의 실험에서 8회의 실험이 충분치 않다고 생각하여 교호작용 $A\times B\times C$를 다시 날(日)과 교락시켜서 추가로 8회의 실험을 실시하여 다음의 데이터를 얻었다.

3일(R_1)	4일(R_2)
$ab=88.2$	$abc=86.4$
$ac=84.8$	$a=84.2$
$bc=85.6$	$b=84.7$
$(1)=84.1$	$c=83.7$

$$I=ABC$$

이 데이터와 앞 문제의 데이터를 합하여 모두 16회 실험에 대한 분산분석을 실시하시오. 수율이 가장 높은 인자들의 수준 조합을 구하시오. 이 수준조합에서 수율의 모평균의 95% 신뢰구간을 구하시오.

▶ 풀이

실험일을 블록인자로 하여 전체 실험을 모두 4개의 블록으로 나누어 실험한 것이 된다. 블록크기(block size)가 4 인 블록이 4개 있으므로 모두 16회의 실험이 이루어진다.

▶ MINITAB 요인실험 분석 결과

분산 분석

출처	DF	Adj SS	Adj MS	F-값	P-값
모형	6	32.6788	5.4465	7.08	0.005
블럭	3	0.5869	0.1956	0.25	0.856
선형	3	32.0919	10.6973	13.91	0.001
A(반응시간)	1	2.9756	2.9756	3.87	0.081
B(반응온도)	1	28.8906	28.8906	37.57	0.000
C(성분의양)	1	0.2256	0.2256	0.29	0.601
오차	9	6.9206	0.7690		
총계	15	39.5994			

해설:

유의하지 않은 교호작용을 모두 오차항에 풀링한 후의 분산분석표이다.

블록효과의 P-값이 0.856으로 유의수준($\alpha=0.1$)에서 유의하지 않다. A의 주효과가 유의수준($\alpha=0.1$)에서 유의하고, B의 주효과는 유의수준($\alpha=0.05$)에서 유의하다.

▶ MINITAB 그래프 분석

A, B 주효과도

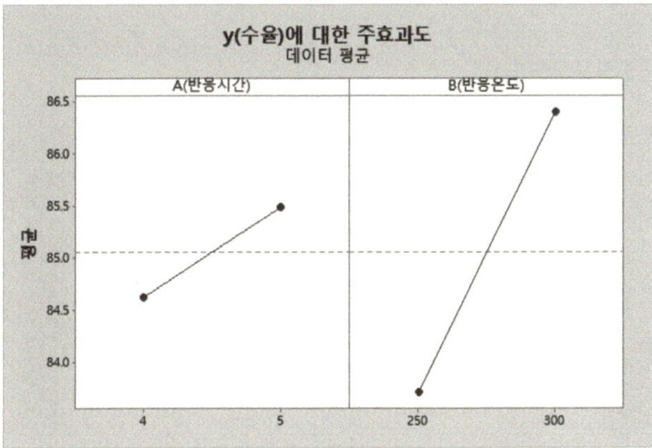

- 블럭효과 풀링 후의 분산분석표

분산 분석

출처	DF	Adj SS	Adj MS	F-값	P-값
모형	3	32.0919	10.6973	17.10	0.000
선형	3	32.0919	10.6973	17.10	0.000
A(반응시간)	1	2.9756	2.9756	4.76	0.050
B(반응온도)	1	28.8906	28.8906	46.18	0.000
C(성분의양)	1	0.2256	0.2256	0.36	0.559
오차	12	7.5075	0.6256		
총계	15	39.5994			

▶ 풀이

유의한 실험인자 A와 B에 대한 주효과도로부터 $A(5)$, $B(300)$일 때 수율이 가장 높음을 알 수 있다. 이 조건에서 MSE를 이용하여 반응 모평균에 대한 95% 신뢰구간을 구하면,

$$(\bar{y}_{1..}+\bar{y}_{.1.}-\bar{y})\pm t\left(\phi_{E'};\frac{\alpha}{2}\right)\sqrt{\frac{V_{E'}}{n_e}}$$

여기서 $n_e=\dfrac{16}{2+1}=5.333$

$$=(85.48+86.40-85.056)\pm t(12;0.025)\sqrt{\frac{0.625}{5.333}}$$

$$=86.824\pm(2.179\times0.3423)$$

$$=86.824\pm0.7460$$

$$=(86.08,\ 87.57)$$

이다.

▶ MINITAB 그래프 분석

AB 구간그림

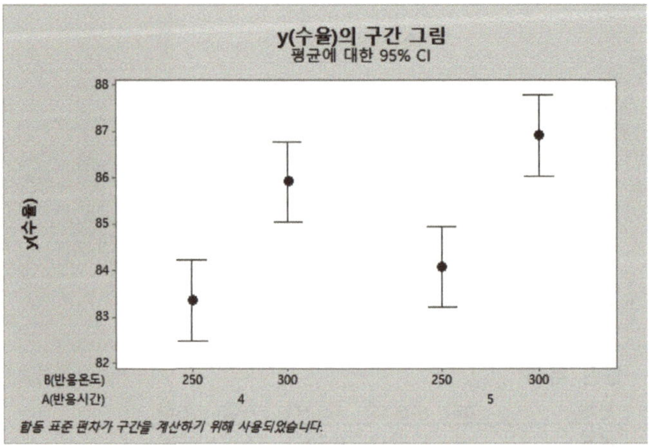

해설:

합동표준편차(S_p)를 이용하여 MINITAB으로 그린 A와 B의 수준별 반응 평균에 대한 95% 신뢰구간 그림이다. A(5) B(300)에서 수율이 가장 높다.

10 3 2^4형의 요인실험을 크기가 8(한 블록에 8개의 실험인자조합)인 블록 4개로 나누어 실험하고 싶다. 처음 블록 2개를 반복 I이라 하고, 다음 블록 2개를 블록 II라 하자.

(1) 블록 I 과 II 에 각각 최고차 교호작용 만을 완전교락시킨 실험을 계획하고 싶다. 어떻게 배치하면 좋은가?

▶ MINITAB으로 블록 실험설계하기

MINITAB을 이용하여 실험을 설계할 때 블럭 생성자를 ABCD로 지정하면 블럭 크기가 8인 2개의 블록이 생성된다. 여기에 실험반복을 추가하여 크기가 8인 4개의 블럭을 만든다.

설계 표

실행	블럭	A	B	C	D
1	1	+	−	−	−
2	1	−	+	−	−
3	1	−	−	+	−
4	1	+	+	+	−
5	1	−	−	−	+
6	1	+	+	−	+
7	1	+	−	+	+
8	1	−	+	+	+
9	2	−	−	−	−
10	2	+	+	−	−
11	2	+	−	+	−
12	2	−	+	+	−
13	2	+	−	−	+
14	2	−	+	−	+
15	2	−	−	+	+
16	2	+	+	+	+
17	3	+	−	−	−
18	3	−	+	−	−
19	3	−	−	+	−
20	3	+	+	+	−
21	3	−	−	−	+
22	3	+	+	−	+
23	3	+	−	+	+
24	3	−	+	+	+
25	4	−	−	−	−
26	4	+	+	−	−
27	4	+	−	+	−
28	4	−	+	+	−
29	4	+	−	−	+
30	4	−	+	−	+
31	4	−	−	+	+
32	4	+	+	+	+

블록 생성자: ABCD

별칭 구조

I

Blk = ABCD

A
B
C
D
AB
AC
AD
BC
BD
CD
ABC
ABD
ACD
BCD

(2) 실험횟수를 줄이기 위해 교호작용 $ABCD$와 ABD를 구하지 않고 부분교락으로 배치하고 싶다. 어떻게 배치하면 좋을까?

▶ MINITAB으로 블록 실험설계하기

한 블록에 8개의 처리조합이 있는 블록 4개를 만들면 된다. 블럭과 부분교락되는 교호작용은 *ABCD*, *ABD* 두 개이다. MINITAB을 이용하여 이와 같은 실험을 설계할 때 *ABCD*가 블럭과 교락된 실험과 *ABD*가 블럭과 교락된 실험을 따로 만든 후 둘을 합쳐서 만들면 된다.

데이터 표시

행	블럭	A	B	C	D
1	1	1	−1	−1	−1
2	1	−1	1	−1	−1
3	1	−1	−1	1	−1
4	1	1	1	1	−1
5	1	−1	−1	−1	1
6	1	1	1	−1	1
7	1	1	−1	1	1
8	1	−1	1	1	1
9	2	−1	−1	−1	−1
10	2	1	1	−1	−1
11	2	1	−1	1	−1
12	2	−1	1	1	−1
13	2	1	−1	−1	1
14	2	−1	1	−1	1
15	2	−1	−1	1	1
16	2	1	1	1	1
17	3	−1	−1	−1	−1
18	3	1	1	−1	−1
19	3	−1	−1	1	−1
20	3	1	1	1	−1
21	3	1	−1	−1	1
22	3	−1	1	−1	1
23	3	1	−1	1	1
24	3	−1	1	1	1
25	4	1	−1	−1	−1
26	4	−1	1	−1	−1
27	4	1	−1	1	−1
28	4	−1	1	1	−1
29	4	−1	−1	−1	1
30	4	1	1	−1	1
31	4	−1	−1	1	1
32	4	1	1	1	1

10 4 2^4요인실험에서 2개의 교호작용 ABC, ABD를 블록과 교락시키고 싶다. 정의대비를 작성하시오.

▶ 풀이

생성자(generator) ABC와 ABD의 곱으로 생성된 교호작용 CD ($ABC \times ABD = A^2B^2CD = CD$)도 자동으로 생성자가 되므로 정의대비 $I = ABC = ABD = CD$이다. 블럭크기가 4이고 블록 갯수가 4개인 실험이다.

10 5 탄산칼슘($CaCO_3$)을 만들려면 우선 A 공정에서 질산칼슘을 만들고, B 공정에서 탄산수소암모늄의 용액을 만들어, C 공정에서 양자를 반응시켜 침전을 탈수 세척하여 $CaCO_3$의 분말을 만든다. 이 공정에서 제조되는 $CaCO_3$의 어떤 품질특성이 다음 공정품질의 산포에 대해 가장 큰 영향을 주고 있다는 것을 알았으므로, 이 품질특성과 강한 상관관계가 있는 입도를 대용 특성치로 삼아 3개의 요인을 택하여 실험을 행한 결과 다음과 같은 데이터가 얻어졌다.

질산칼슘의 액온(℃): $A_{-1} = 20$, $A_1 = 25$

질산칼슘의 pH: $B_{-1} = 8.5$, $B_1 = 9.0$

반응온도(℃): $C_{-1} = 60$, $C_1 = 70$

단위: $CaCO_3$의 입도(μ)

반복	1(ABC교락)		2(AB교락)		3(AC교락)		4(BC교락)	
블록(日)	1	2	3	4	5	6	7	8
배치	(1)=52	a=50	(1)=47	a=51	(1)=55	a=50	(1)=48	b=59
	ab=53	b=51	c=44	b=51	ac=50	c=47	bc=49	c=47
	ac=43	c=50	ab=58	abc=44	abc=48	bc=49	a=44	ab=50
	bc=48	abc=49	abc=50	bc=52	b=54	ab=52	abc=46	ac=46

(1) 분산분석표를 작성하시오.

▶ MINITAB으로 블록실험 설계하기

교호작용 4개를 블록과 부분교락시킨 실험이다. MINITAB으로 이러한 실험을 계획하려면 2수준의 인자 A, B, C로 2개의 블럭을 만드는 작업을 4번 실행한 후 하나의 워크시트에 모두 합쳐 8개의 블럭을 만들면 된다.

▶ MINITAB 결과

분산 분석

출처	DF	Adj SS	Adj MS	F-값	P-값
모형	14	281.938	20.138	2.23	0.059
블럭	7	59.969	8.567	0.95	0.498
선형	3	216.594	72.198	7.98	0.002
A	1	11.281	11.281	1.25	0.280
B	1	81.281	81.281	8.99	0.008
C	1	124.031	124.031	13.71	0.002
2차 교호작용	3	5.500	1.833	0.20	0.893
A*B	1	0.667	0.667	0.07	0.789
A*C	1	4.167	4.167	0.46	0.506
B*C	1	0.667	0.667	0.07	0.789
3차 교호작용	1	3.375	3.375	0.37	0.549
A*B*C	1	3.375	3.375	0.37	0.549
오차	17	153.781	9.046		
총계	31	435.719			

해설:

분산분석 결과 주효과 B와 C가 유의수준($\alpha=0.05$)에서 유의하다.

(2) $CaCO_3$의 입도에 영향을 주는 유의한 인자는 무엇인가? $CaCO_3$의 입도가 가장 작은 인자들의 수준 조합을 구하시오. 이 조건에서의 입도 모평균의 95% 신뢰구간을 구하시오.

▶ MINITAB 결과

분산 분석					
출처	DF	Adj SS	Adj MS	F-값	P-값
모형	3	216.59	72.198	9.23	0.000
선형	3	216.59	72.198	9.23	0.000
A	1	11.28	11.281	1.44	0.240
B	1	81.28	81.281	10.39	0.003
C	1	124.03	124.031	15.85	0.000
오차	28	219.13	7.826		
총계	31	435.72			

해설:

유의하지 않은 2차, 3차 교호작용을 오차항에 풀링한 후의 분산분석결과 실험인자 B와 C가 유의수준($\alpha=0.05$)에서 유의하다.

▶ MINITAB 그래프 분석

B, C 주효과도

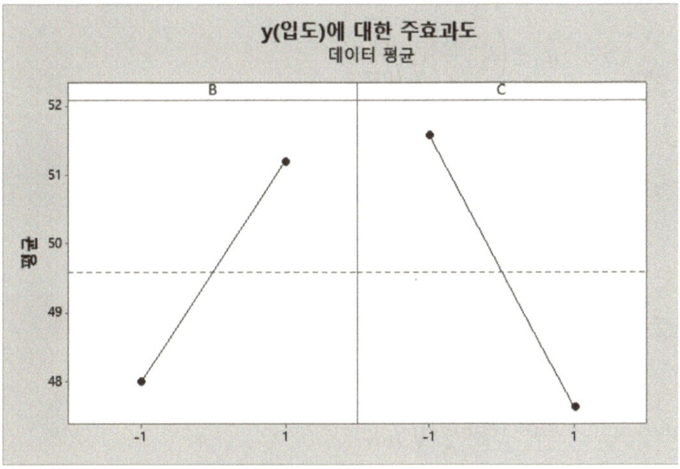

▶ 풀이

풀링 후 B와 C의 주효과도를 보면 입도가 작은 수준은 $B(-1)$ $C(1)$이다. 즉, B(pH) = 8.5, C(반응온도) = 70℃일 때 입도가 가장 작다. 이때 추정되는 입도의 크기와 입도 모평균에 대한 95% 신뢰구간은,

$$(\bar{y}_{.1.}+\bar{y}_{..1}-\bar{y})\pm t\left(\phi_{E'};\frac{\alpha}{2}\right)\sqrt{\frac{V_{E'}}{n_e}}$$

여기서 $n_e=\dfrac{32}{2+1}=10.667$

$$=(48.00+47.625-49.59)\pm t(17;0.025)\sqrt{\frac{7.826}{10.667}}$$

$$=46.035\pm(2.110\times0.734)$$

$$=46.035\pm1.549=(44.486,\ 47.584)$$

(3) 반응온도(C)의 변화(C_{-1}과 C_1)에 따라 입도의 모평균의 신뢰구간이 어떻게 변하는지 그래프를 작성하시오.

▶ 풀이

① C_{-1}에서의 모평균의 95% 신뢰구간(풀링전)

$$\bar{y}_{..1}\pm\left(\phi_E;\frac{\alpha}{2}\right)\sqrt{\frac{V_E}{lmr}}$$

$$=51.5625\pm t(17;0.025)\sqrt{\frac{9.046}{2\times2\times4}}$$

$$=51.5625\pm2.110\times0.752=51.5625\pm1.587$$

$$=(49.98,\ 53.15)$$

② C_1에서의 모평균의 95% 신뢰구간

$$\bar{y}_{..1}\pm\left(\phi_E;\frac{\alpha}{2}\right)\sqrt{\frac{V_E}{lmr}}$$

$$=47.625\pm t(17;0.025)\sqrt{\frac{9.046}{2\times2\times4}}$$

$$=47.625\pm1.587$$

$$=(46.038,\ 49.212)$$

▶ MINITAB 그래프 분석

C 구간그림: 합동표준편차를 이용한 신뢰구간

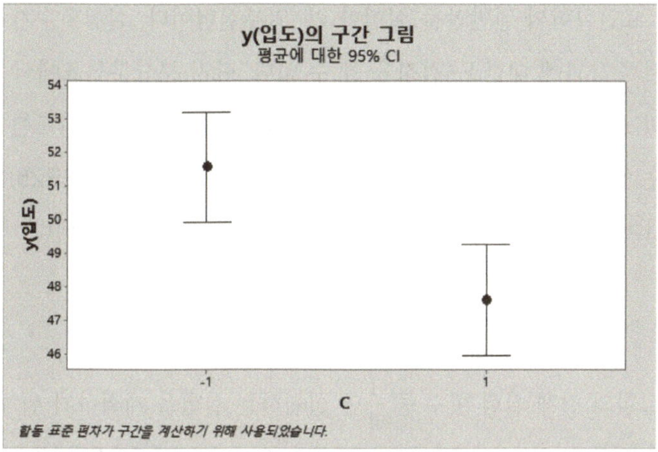

해설:

온도(C)가 높을 때, 즉 C_1수준에서 입도가 더 작다.

10 6 앞의 문제 10 1 에서 만약 첫 날의 데이터만이 다음과 같이 얻어졌다면 어떤 결과를 얻을 수 있는가? 분산분석표를 작성하시오.

$$a = 83.3$$
$$abc = 86.3$$
$$b = 86.8$$
$$c = 84.1$$

▶ MINITAB 결과

분산 분석

출처	DF	Adj SS	Adj MS	F-값	P-값
모형	3	8.56750	2.85583	*	*
선형	3	8.56750	2.85583	*	*
A(반응시간)	1	0.42250	0.42250	*	*
B(반응온도)	1	8.12250	8.12250	*	*
C(성분의양)	1	0.02250	0.02250	*	*
오차	0	*	*		
총계	3	8.56750			

해설:

2^3요인실험의 절반만을 실험한 2^{3-1}일부실험이다. 실험횟수가 충분치 않아서 주효과에 대한 F-검정을 할 수 없다. 단지 분산분석표에서 변동(제곱합)의 크기를 비교하여 영향력이 큰 인자를 정하거나 주효과도를 그려서 정할 수 있다. 세 개의 실험인자들 중 B(반응온도)의 변동(=8.1225)이 가장 커서 나머지 인자들보다 수율에 더 큰 영향을 줄 것으로 판단된다.

10 7 2^6 요인실험의 전체 실험 횟수 중 $\frac{1}{4}$만 실험하는 실험을 계획하기 위해 3차 이상의 교호작용을 주효과 A, B, C, D, E, F에 교락시키고 싶다. 정의대비를 구하고, 이 정의대비로부터 얻어지는 별명관계를 모두 작성하시오. 일부실시법의 배치를 작성하시오.

▶ 풀이

이 문제는 2수준의 실험인자 6개로 완전요인실험($2^6=64$회)의 $\frac{1}{4}$만 실험하는 2^{6-2}일부실험을 계획하는 것이다. 주효과는 3차 이상의 교호작용과 교락되어야 하므로 실험 생성자는 2개가 필요하다. 여기서는 ABC와 BCD를 생성자로 지정하고 각각 E와 F에 교락시켜 $E=ABC$, $F=BCD$로 지정하였다. $E\times F=AB^2C^2D=AD$ 역시 자동으로 실험 생성자가 되므로 정의대비는 다음과 같다.

$I=ABCE=BCDF=ADEF$

MINITAB을 이용하여 위의 정의대비대로 실험을 설계하면 아래 설계표와 같이 6개의 주효과는 3차 이상의 교호작용과 교락되어 있고, 2인자 교호작용은 2인자 끼리 교락되어 있다.

설계 표						
실행	A	B	C	D	E	F
1	−	−	−	−	−	−
2	+	−	−	−	+	−
3	−	+	−	−	+	+
4	+	+	−	−	−	+
5	−	−	+	−	+	+
6	+	−	+	−	−	+
7	−	+	+	−	−	−
8	+	+	+	−	+	−
9	−	−	−	+	−	+
10	+	−	−	+	+	+
11	−	+	−	+	+	−
12	+	+	−	+	−	−
13	−	−	+	+	+	−
14	+	−	+	+	−	−
15	−	+	+	+	−	+
16	+	+	+	+	+	+

별칭 구조(4차까지)
I + ABCE + ADEF + BCDF
A + BCE + DEF + ABCDF
B + ACE + CDF + ABDEF
C + ABE + BDF + ACDEF
D + AEF + BCF + ABCDE
E + ABC + ADF + BCDEF
F + ADE + BCD + ABCEF
AB + CE + ACDF + BDEF
AC + BE + ABDF + CDEF
AD + EF + ABCF + BCDE
AE + BC + DF + ABCDEF
AF + DE + ABCD + BCEF
BD + CF + ABEF + ACDE
BF + CD + ABDE + ACEF
ABD + ACF + BEF + CDE
ABF + ACD + BDE + CEF

10 8 2^8형의 $\frac{1}{4}$반복실험에서 정의대비를 어떻게 택하면 모든 주효과와 2차 교호작용이 3차 이상의 교호작용과 별명(alias)관계에 있도록 계획할 수 있는가? 이러한 실험을 만들기 위한 정의대비를 쓰시오.

▶ 풀이

이 문제는 2^8 요인실험의 전체 실험 횟수 256회 중 1/4 인 64회 만 실험하는 일부실험을 계획하는 것이다. 1/4 일부실험을 계획하려면 2개의 주효과를 고차의 교호작용과 교락 시켜야 한다. 여기서는 주효과 G, H를 각각 4차 교호작용 $ABCD$, $CDEF$와 교락 시키기로 한다. 즉, $G = ABCD$, $H = CDEF$로 하면, 두 생성자의 곱 역시 자동으로 생성자가 되므로 $G \times H = ABC^2D^2EF = ABEF$ 이고, 정의대비는 $I = ABCDG = CDEFH = ABEFGH$이다.

MINITAB을 이용하여 정의대비대로 실험을 설계하면 8개의 주효과는 4인자 이상의 교호작용과 교락되고, 2인자 교호작용은 3인자 이상의 교호작용과 교락되므로 주효과와 2인자 교호작용을 정도 좋게 구할 수 있는 실험이다.

▶ 별명관계

A + BCDG	ABE + FGH + CDEG
B + ACDG	ABF + EGH + CDFG
C + ABDG + DEFH	ABH + EFG + CDGH
D + ABCG + CEFH	ACE + ADFH + BDEG
E + CDFH	ACF + ADEH + BDFG
F + CDEH	ACH + ADEF + BDGH
G + ABCD	ADE + ACFH + BCEG
H + CDEF	ADF + ACEH + BCFG
AB + CDG + EFGH	ADH + ACEF + BCGH
AC + BDG	AEF + BGH + ACDH
AD + BCG	AEG + BFH + BCDE
AE + BFGH	AEH + BFG + ACDF
AF + BEGH	AFG + BEH + BCDF
AG + BCD + BEFH	AFH + BEG + ACDE
AH + BEFG	AGH + BEF + BCDH
BC + ADG	BCE + ADEG + BDFH
BD + ACG	BCF + ADFG + BDEH
BE + AFGH	BCH + ADGH + BDEF
BF + AEGH	BDE + ACEG + BCFH
BG + ACD + AEFH	BDF + ACFG + BCEH
BH + AEFG	BDH + ACGH + BCEF
CD + ABG + EFH	CEG + ABDE + DFGH
CE + DFH	CFG + ABDF + CDGH
CF + DEH	CGH + ABDH + DEFG
CG + ABD	DEG + ABCE + CFGH
CH + DEF	DFG + ABCF + CEGH
DE + CFH	DGH + ABCH + CEFG
DF + CEH	
DG + ABC	
DH + CEF	
EF + CDH + ABGH	
EG + ABFH	
EH + CDF + ABFG	
FG + ABEH	
FH + CDE + ABEG	
GH + ABEF	

11

직교배열표에 의한 실험계획

학습목표

1. 다양한 2수준계 직교배열표의 특징을 이해하고, 자신의 실험에 적합한 직교배열표를 선택할 수 있다.
2. 선점도를 이용하여 실험목적에 맞게 실험인자를 배치할 수 있다.
3. 직교배열표를 이용한 실험과 2수준 요인실험, 2수준 일부실험의 차이를 이해한다.
4. 직교배열표에 의한 실험 데이타로부터 분산분석을 할 수 있다.

1. 직교배열표란

1) 직교배열표의 의미

현장의 연구원이나 기술자들이 통계에 대한 깊은 지식 없이도 일부실험법의 설계가 시각적으로 가능하도록 서로 직교하는 열들로 구성된 표가 직교배열표(tables of orthogonal arrays)이다. 직교배열표를 이용하면 실험자가 관심이 있는 요인 효과들을 독립적으로 구할 수 있는 일부실험법을 시각적으로 계획할 수 있다.

예를 들어, 2 수준의 실험인자가 10개 있는 경우 총 $2^{10}=1,024$개의 실험조건중에서 최소의 실험횟수로 인자들의 유의성과 최적 조건을 구하고 싶다 하자. 이 경우에 최소의 실험조건의 수는 16개 정도이며, 이러한 16개의 필요한 실험조건들을 설계하고, 각 인자들의 변동계산을 용이하게 할 수 있도록 도와주는 표가 2 수준계 직교배열표의 하나인 $L_{16}(2^{15})$이다. 여기서 숫자 16은 실험횟수, 2 는 2수준계 직교배열표, 15는 직교배열표의 열의 개수를 의미한다. 따라서 $L_{16}(2^{15})$형 직교배열표는 실험횟수가 16회 이고 2 수준의 실험인자를 최대 15개까지 배치 할 수 있는 직교배열표이다.

2) 직교배열표의 사용 목적

직교배열표에 의한 실험계획의 중요 목적은 적은 실험횟수로 특성치에 영향을 주는 주요 인자들을 걸러내는 일(factors screening)이기 때문에 고려되는 인자의 수준 수는 일반적으로 2수준, 3수준이고 많아야 4수준 정도이다. 신제품 개발 시의 실험에서는 계량인자의 경우 실험자가 관심이 있는 인자의 관심영역구간의 양 끝 값을 2수준으로 하고, 곡선효과(curvature)가 있다고 판단될 때에는 구간의 중앙에서 1수준을 더 택하여 3수준 실험을 한다.

인자의 수준 선택 방법은 현재의 공정조건을 향상시키려고 하는 실험에서는 품질향상을 위한 인자의 수준 변화의 방향이 확실하면 그 방향으로 1수준을 택하고 현 공정조건을 포함하여 2수준 실험을 하고, 불확실할 때에는 양 방향에서 1수준씩 택하여 3수준 실험을 한다.

직교배열표에 의한 실험을 실시한 후 특성치에 대한 2~3개의 주요 인자의 영향을 조금 더 세밀히 연구해야 할 필요가 있을 때는 유의한 인자에 대한 수준을 더 택해서 이원배치법 또는 삼원배치법에 의한 실험계획법에 의해 분석을 실시할 수 있다.

3) 직교배열표의 장점

직교배열표가 가지고 있는 몇 가지 장점을 나열해보면 다음과 같다.

① 가장 큰 장점은 실험횟수를 크게 줄일 수 있어서 매우 경제적인 실험을 할 수 있다는 것이다. 인자가 많은 경우 직교배열표를 사용하면 일부실시법(fractional factorial design)의 실험배치를 쉽게 할 수 있다. 실험조건들은 주효과와 관심이 있는 2인자 교호작용효과들을 직교배열표의 열에 합리적으로 배치하여 결정된다.

② 실험 자료로부터 요인변동은 배치된 직교배열표의 해당 열에 의한 변동과 동일하며 각 열의 변동 계산이 용이하여 분산분석표(ANOVA table)작성이 수월하다.

③ 직교배열표의 임의로 선택된 두 개의 열은 서로 직교(orthogonal)한다. 따라서, 직교배열표에 의한 실험배치에서는 배치된 두 개의 인자들의 수준들의 모든 가능한 결합이 골고루 나와서 정확히 균형이 잡혀 있으므로 한 개의 인자에 대한 효과를 구할 때 다른 인자의 영향에 치우침이 없이 독자적으로 구해진다. 그러므로 총변동이 직교배열표의 각각의 열에 의한 변동의 합과 같아서, 총변동이 실험에서 고려된 각 인자 효과들의 변동으로 분할되는데, 이것을 직교화의 원리(principle of orthogonality)라고 부른다.

2. 2수준 인자의 실험

2수준의 실험에서는 각 요인의 자유도는 1이고, 직교배열표에서 각 열의 자유도도 1이다. 따라서 모든 교호작용이 무시되고 오차를 구하지 않아도 좋은 경우에 $L_4(2^3)$형에서는 3인자, $L_8(2^7)$형에서는 7인자, $L_{16}(2^{15})$형에서는 15인자까지 배치가 가능하다. 교호작용을 구하고자 하는 경우에는 배치될 수 있는 인자의 수는 교호작용의 자유도만큼 적게 된다. 배치는 직교배열표의 하단에 하고 기본표시와 서로 대응되도록 적는다.

구하고자 하는 요인(인자와 **교호작용**)은 서로 교락되지 않도록 배치하여야 한다. 구하고자 하는 요인의 자유도의 계가 2^m-1 이하이면, 실험의 크기는 일단 2^m으로 하고 $L_{2^m}(2^{2^m-1})$형을 사용하여 실험배치를 한다. 그러나 요인의 자유도의 계가 (열의 수) 이하라고 해도, 인자와 교호작용이 서로 교락되지 않는다는 보장이 없으므로 실험의 크기를 더 늘려야 하는 경우도 생긴다.

직교배열표에 요인을 배치시키는 방법에는 다음의 두 방법이 많이 쓰인다.

① 기본표시에 의한 방법

② 선점도에 의한 방법

먼저 기본표시에 의한 방법을 주로 설명하고 다음 절에서 선점도에 의한 방법을 설명하겠다.

1) 교호작용이 없는 경우 2수준의 실험

인자의 수가 7이하의 경우로 인자간의 교호작용이 존재하지 않는다고 생각될 경우에는 $L_8(2^7)$ 직교배열표를 사용하여 8회 실험으로 7까지의 주효과를 구할 수 있다. 그러나 8회 실험으로 7개의 인자를 배치하는 것은 오차를 구할 수 없으므로 무리라고 생각되고, 인자의 수가 5나 6까지는 $L_8(2^7)$을 사용하여 배치해도 좋을 것이다.

가령 5개의 인자를 배치하고 싶은 경우에는 [도표1]의 $L_8(2^7)$ 직교배열표에 7개의 열 중에서 5개의 열을 임의로 택하여 배치하면 된다. 5개의 인자를 각각 A, B, C, D, E로 표시하고 각각 열번호 1, 2, 3, 4, 5에 차례로 배치하면 실험할 인자의 실험조건은 [도표1]과 같이 된다. 열번호 6, 7의 배치에는 오차(e)를 썼으므로, 분산분석시에 오차항의 자유도는 2가 된다. 인자의 수준은 표 중의 숫자 0에는 수준 0을, 숫자 1에는 수준 1을 배치한다.

직교배열표에서 어떤 인자를 어떤 열번호에 배치하느냐, 또는 각 인자에 대해서 어떤 수준을 0 또는 1에 배치하느냐는 랜덤하게 결정한다. 그러나 가급적이면 기본표시 a에는 A를 b에는 B를 배치시키면 취급하기에 편리한 점이 있다. 그리고 실험번호대로 실

도표1 | $L_8(2^7)$에 5인자의 배치

실험번호	열번호							실험조건	데이터
	1	2	3	4	5	6	7		
1	0	0	0	0	0	0	0	$A_0B_0C_0D_0E_0$	(1) = 9
2	0	0	0	1	1	1	1	$A_0B_0C_0D_1E_1$	de = 12
3	0	1	1	0	0	1	1	$A_0B_1C_1D_0E_0$	bc = 8
4	0	1	1	1	1	0	0	$A_0B_1C_1D_1E_1$	$bcde$ = 15
5	1	0	1	0	1	0	1	$A_1B_0C_1D_0E_1$	ace = 16
6	1	0	1	1	0	1	0	$A_1B_0C_1D_1E_0$	acd = 20
7	1	1	0	0	1	1	0	$A_1B_1C_0D_0E_1$	abe = 13
8	1	1	0	1	0	0	1	$A_1B_1C_0D_1E_0$	abd = 13
기본표시	a	b	ab	c	ac	bc	abc	T = 106	
배 치	A	B	C	D	E	e	e		

험순서를 정하여서는 안되며, 반드시 실험순서는 랜덤하게 정해 주어야 한다.

[도표1]과 같이 실험 조건이 설정되어 8회의 실험을 하면 이것은 2^5형 실험의 $\frac{1}{4}$반복에 해당한다. 이와 같은 일부실시법의 별명관계가 어떤 것인가를 살펴보자.

기본표시 a에는 인자 A를, b에는 B를 배치했으므로 ab에는 교호작용 AB가 나타나나 여기에 C를 배치하였으므로 C와 AB는 서로 교락하고 있다. 또는 기본표시 c에는 C를 배치하였으므로, 기본표시 ac에는 교호작용 AD가 나타나야 하나 E를 배치하였으므로 E와 AD는 서로 교락하고 있다. 따라서 $C=AB$와 $E=AD$의 교락관계로 부터, C와 E를 각각 양변에 곱하여 $I=ABC$와 $I=ADC$를 얻으며, 이 2개를 곱하여 $ABC\times ADE=A^2BCDE$를 얻는다. 따라서 정의대비는

$$I=ABC=ADC=BCDE \qquad (11\cdot1)$$

가 되고, 별명관계는 다음과 같다.

$$A=BC=DE=ABCDE$$

$$B = AC = ABDE = CDE$$
$$C = AB = ACDE = BDE$$
$$D = ABCD = AE = BCE \tag{11·2}$$
$$E = ABCE = AD = BCD$$
$$BD = ACD = ABE = CE$$
$$ABD = CD = BE = ACE$$

정의대비 식 (11·1)로부터

$$L_1 = x_1 + x_2 + x_3 (\mathrm{mod} 2)$$
$$L_2 = x_1 + x_4 + x_5 (\mathrm{mod} 2) \tag{11·3}$$

를 만들 수 있고, $\frac{1}{4}$실시를 계획하기 위해 $L_1 = 0$, $L_2 = 0$를 주는 실험조건을 찾으면

$$(1),\ de,\ bc,\ bcde,\ ace,\ acd,\ abe,\ abd \tag{11·4}$$

이 된다. 이것은 사실상 [도표1] 에서 구한 8회의 실험조건과 일치하는 것이다.

이처럼 앞장에서 배운 바에 의하면 일부실시법을 계획할 때에는 식 (11·1)과 같은 정의대비를 만들고, 식 (11·3)의 표현식을 빌려 식 (11·4)에 있는 실험조건을 찾는 복잡한 과정을 거쳐야 하나, 직교배열표를 이용할 때에는 이러한 모든 과정이 전부 필요 없게 되고, $L_8(2^7)$과 같은 직교배열표를 사용하여 간단하게 8개의 실험 조건을 찾아낼 수 있다. 이 8개의 수준조합에 따라서 실험을 하면, 식 (11·2)의 별명관계에서 보는 바와 같이, 2차 이상의 모든 교호작용을 무시할 때 A, B, C, D, E의 주효과를 검출할 수 있고, 오차항에는 교호작용 $BD = ACD = ABE = ABD = CD = BE = ACE$가 풀링되어 있다.

[도표1]의 6, 7열은 오차항으로 배치하였는데 기본표시가 각각 bc, abc이므로, 배치로 볼 때에는 교호작용 BD, ABD가 각각 있어야 할 자리이다. 이것은 BD와 ABD 등이 풀링되어 오차로 간주되고 있다는 의미이다.

만약 8회의 실험조건에 대한 데이터로 [도표1]의 오른쪽에 실려있는 값이 나왔다고 하자. 분산분석은 어떻게 행해질 수 있는가? 모든 인자에 대한 주효과나 변동은 같은 방법으로 구할 수 있으므로, 보기로서 인자 A를 살펴보자.

$$주효과\ A = \frac{1}{4}\{(수준\ 1의\ 데이터의\ 합) - (수준\ 0의\ 데이터의\ 합)\}$$

$$= \frac{1}{4}\{(ace + acd + abe + abd) - ((1) + de + bc + bcde)\}$$

$$= \frac{1}{4}\{(16 + 20 + 13 + 13) - (9 + 12 + 8 + 15)\}$$

$$= \frac{1}{4}(62 - 44) = \frac{1}{4}(18) = 4.5$$

$$A의\ 변동(S_A) = \frac{1}{8}\{(수준\ 1의\ 데이터의\ 합) - (수준\ 0의\ 데이터의\ 합)\}^2$$

$$= \frac{1}{8}(18)^2 = 40.5$$

위와 같이 하여 모든 변동을 구할 수 있으나 [도표2]의 계산표를 쓰면, 더욱 편리하게 계산할 수 있다. 여기서 (2)항의 (1)의 합은 데이터의 총합계 T로 모든 열번호에 대하여 동일하게 나와야만 한다. 이것은 계산의 체크로 사용된다.

도표2 ⁞ $L_8(2^7)$형 직교배열표에 대한 계산표

열번호	1		2		3		4		5		6		7	
요인	A		B		C		D		E		e		e	
수준	0	1	0	1	0	1	0	1	0	1	0	1	0	1
데이터	9	16	9	8	9	8	9	12	9	12	9	12	9	12
	12	20	12	15	12	15	8	15	8	15	15	8	15	8
	8	13	16	13	13	16	16	20	20	16	16	20	20	16
	15	13	20	13	13	20	13	13	13	13	13	13	13	13
(1) 계	44	62	57	49	47	59	46	60	50	56	53	53	57	49
(2) (1)의 합	106		106		106		106		106		106		106	
(3) (1)의 차	18		-8		12		14		6		0		-8	
(4) (3)2	324		64		144		196		36		0		64	
(5) (4)/8	40.5		8		18		24.5		4.5		0		8	

(3)항은 (1)의 차로서 1수준의 데이터의 합에서 0 수준의 데이터의 합을 뺀 것으로, 이 값을 4로 나누면 주효과가 얻어진다. (5)항은 변동으로 차례대로 S_A, S_B, S_C, S_D, S_E

가 나온다. 그리고 열번호 6, 7의 변동을 합한 것이 오차항의 변동이 된다. 이 결과를 분산분석표로 작성하면 [도표3]과 같다.

도표2 ⋮ $L_8(2^7)$형 직교배열표에 대한 계산표

요인	S	ϕ	V	F_0
$A(BC, DE, ABCDE)$	40.5	1	40.5	10.125
$B(AC, ABCD, CDE)$	8.0	1	8.0	2.0
$C(AB, ACDE, BDE)$	18.0	1	18.0	4.5
$D(ABCD, AE, BCE)$	24.5	1	24.5	6.125
$E(ABCE, AD, BCD)$	4.5	1	4.5	1.125
오차$(BD, ACD, ABE, CE, ABD, CD, BE, ACE)$	8.0	2	4.0	
T	103.5	7		

직교배열표를 사용하여 실험을 할 때는 별명관계를 규명할 필요가 없으므로 [도표3]에 있는 바와 같이 요인에 교락되어 있는 것을 전부 기록할 필요는 없다. 여기서는 참고로 써 본 것이다. B와 E인자의 변동이 크지 않으므로 이를 오차항에 풀링시키면 다음과 같은 분산분석표를 얻는다. 분산분석표에서 (반응)변동이 크지 않다는 것은 실험인자 수준을 바꾸어도 실제 반응값은 큰 변화가 없다는 것을 의미하며 이것은 또한 해당 실험인자가 중요한 인자가 아니라고 판단할 근거가 된다.

다음의 표에 의하여 유의수준($\alpha=0.10$)에서 A, D는 유의하고 C는 유의하지 않으나 무시할 수 있는 인자로는 볼 수 없다.

요인	S	ϕ	V	F_0	$F(0.10)$
A	40.5	1	40.5	7.903*	4.54
C	18.0	1	18.0	3.513	4.54
D	24.5	1	24.5	4.781*	4.54
오차	20.5	4	5.125		
T	103.5	7			

2) 교호작용이 있는 경우 2수준의 실험

실험인자간에 교호작용이 있으리라 판단되고, 이 교호작용이 어느 정도 큰가를 알고 싶은 경우가 있다. 이런 경우에 직교배열표를 이용한 실험의 배치는 어떻게 하면 좋은가? 예를 들어 설명하여 보기로 하자.

2수준 4인자(A, B, C, D)에 대한 실험을 8회 실험만으로 하여 다음의 요인들을 검출하고 싶다고 하자.

주효과: A, B, C, D

교호작용: $A\times B$, $A\times C$

여기서 선정된 교호작용은 기술적 지식, 제조상의 정보 등을 토대로 하여 얻어진 것이다. 8회의 실험에서 자유도는 7이고, 알려고 하는 요인효과는 6이므로 자유도가 하나 남는데, 그것은 오차항으로 한다. 물론 분산분석 결과 유의하지 않는 요인도 오차항에 풀링할 수 있다.

이 경우에 실험배치는 $L_8(2^7)$형 직교배열표를 사용하여 [도표4]와 같이 할 수 있다. 교

도표4 ⁞ $L_8(2^7)$에 5인자의 배치

실험번호	열번호							실험조건
	1	2	3	4	5	6	7	
1	0	0	0	0	0	0	0	$A_0B_0C_0D_0=(1)$
2	0	0	0	1	1	1	1	$A_0B_0C_1D_1=cd$
3	0	1	1	0	0	1	1	$A_0B_1C_0D_1=bd$
4	0	1	1	1	1	0	0	$A_0B_1C_1D_0=bc$
5	1	0	1	0	1	0	1	$A_1B_0C_0D_0=a$
6	1	0	1	1	0	1	0	$A_1B_0C_1D_1=acd$
7	1	1	0	0	1	1	0	$A_1B_1C_0D_1=abd$
8	1	1	0	1	0	0	1	$A_1B_1C_1D_0=abc$
기본표시	a	b	a b	c	a c	b c	a b c	
배치	A	B	$A\times B$	C	$A\times C$	D	e	

호작용 $A\times B$는 인자 A, B가 각각 기본표시 a, b에 배치되면 반드시 기본표시 ab에 배치시켜야 하고, 교호작용 $A\times C$는 인자 A, C가 각각 기본표시 a, c에 배치되면 반드시 기본표시 ac에 배치되어야 한다.

변동 A, B, C, D의 계산은 [도표2]와 같이 구하면 되고, $A\times B$, $A\times C$의 변동도 유사하게 구할 수 있다. 예를 들어 $A\times B$의 변동은 3열에서 1수준으로 되어 있는 3, 4, 5, 6번의 실험번호에서 나온 데이터의 합에서 0수준으로 되어 있는 1, 2, 7, 8번의 데이터의 합을 빼어 제곱하고 8로 나누면 된다. 즉,

$$S_{A\times B}=\frac{1}{8}\{(3,\ 4,\ 5,\ 6\text{번 실험의 데이터 합})-(1,\ 2,\ 7,\ 8\text{번 실험의 데이터 합})\}^2$$

으로 얻어진다. 마찬가지로 교호작용 $A\times C$의 변동은

$$S_{A\times C}=\frac{1}{8}\{(2,\ 4,\ 5,\ 7\text{번 실험의 데이터 합})-(1,\ 3,\ 6,\ 8\text{번 실험의 데이터 합})\}^2$$

에 의하여 구해진다.

분산분석 후에 모평균의 추정에 있어서 특성치를 최대(최소도 똑같은 방법으로 취급함)로 하는 실험조건은 다음과 같은 절차에 의하여 구한다. 3인자 이상의 교호작용은 없는 것으로 가정한 경우이다.

① 유의한 2인자 교호작용이 있으면 이 2인자에 대한 이원표(two-way table)를 작성하고, 이원표로부터 특성치를 최대로 하는 2인자의 조건을 구한다. 이렇게 하여 유의한 교호작용과 관련된 모든 인자의 최적조건을 구한다.

② 위의 ①에서 최적조건이 구해지지 않은 인자 중에서 유의한 인자가 있으면 이들 인자에 대한 일원표(one-way table)를 작성하여 이들 인자에 대한 최적조건을 구한다.

③ 위의 ①과 ②의 결과를 합쳐서 모든 무시되지 않는 인자들의 최적조건을 구한다. 만약 ①에서 한 인자에 대한 상이한 최적조건이 얻어졌다면, 그 인자의 일원표로부터 결정한다. 예를 들면, $A\times B$와 $A\times C$가 유의한 경우에, AB이원표로부터 A_0가 최적이고, AC이원표로부터 A_1이 최적으로 나오는 경우에는 A의 일원표를 작성하여 A_0와 A_1을 비교하여 결정한다.

최적수준조합을 결정하는 문제는 다음의 예제를 통하여 자세히 설명하기로 하겠다.

예제 11·1

어떤 합성수지의 절연부품을 제조하고 있는 공정에 있어서 이 부품의 수명을 길게 하기 위해, 제조공정상에 취급된 인자를 다음과 같이 잡고 수명을 측정하였다.

인자
- A : 주원료의 pH 값
- B : 부원료의 혼합비(B_1, B_2)
- C : 반응온도(C_1, C_2)
- D : 성형온도(D_1, D_2)
- F : 성형압력(F_1, F_2)
- G : 성형시간(G_1, G_2)
- H : 냉각온도(H_1, H_2)

도표5 ⋮ 실험의 배치와 데이터

실험번호	실험순서	열번호 1	2	3	4	5	6	7	8	9	10	11	12	13	14	15	데이터 (y)
1	5	1	1	1	1	1	1	1	1	1	1	1	1	1	1	1	59
2	16	1	1	1	1	1	1	1	2	2	2	2	2	2	2	2	59
3	6	1	1	1	2	2	2	2	1	1	1	1	2	2	2	2	65
4	14	1	1	1	2	2	2	2	2	2	2	2	1	1	1	1	51
5	3	1	2	2	1	1	2	2	1	1	2	2	1	1	2	2	69
6	8	1	2	2	1	1	2	2	2	2	1	1	2	2	1	1	61
7	4	1	2	2	2	2	1	1	1	1	2	2	2	2	1	1	71
8	11	1	2	2	2	2	1	1	2	2	1	1	1	1	2	2	55
9	15	2	1	2	1	2	1	2	1	2	1	2	1	2	1	2	60
10	12	2	1	2	1	2	1	2	2	1	2	1	2	1	2	1	51
11	1	2	1	2	2	1	2	1	1	2	1	2	2	1	2	1	63
12	10	2	1	2	2	1	2	1	2	1	2	1	1	2	1	2	47
13	7	2	2	1	1	2	2	1	1	2	2	1	1	2	2	1	64
14	2	2	2	1	1	2	2	1	2	1	1	2	2	1	1	2	65
15	13	2	2	1	2	1	1	2	1	2	2	1	2	1	1	2	68
16	9	2	2	1	2	1	1	2	2	1	1	2	1	2	2	1	56
기본표시		a	b	ab	c	ac	bc	abc	d	ad	bd	abd	cd	acd	bcd	$abcd$	T=964
배치		A	B	$A \times B$	C	e	e	e	D	e	e	F	$C \times D$	e	G	H	

풀이 ▶ MINITAB 결과

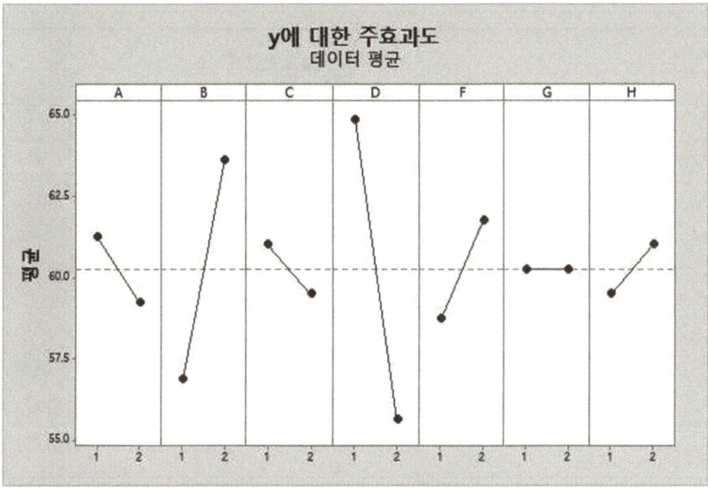

분산 분석: 일반선형모형

요인	DF	Adj SS	Adj MS	F-값	P-값
A	1	16.000	16.000	24.00	0.003
B	1	182.250	182.250	273.37	0.000
C	1	9.000	9.000	13.50	0.010
D	1	342.250	342.250	513.38	0.000
F	1	36.000	36.000	54.00	0.000
G	1	0.000	0.000	0.00	1.000
H	1	9.000	9.000	13.50	0.010
A*B	1	6.250	6.250	9.38	0.022
C*D	1	110.250	110.250	165.37	0.000
오차	6	4.000	0.667		
총계	15	715.000			

해설:

주효과 A, B, C, D, F, G, H와 관심 있는 교호작용 $A \times B$, $C \times D$에 대한 F-검정결과 G를 제외한 모든 요인이 유의수준($\alpha = 0.05$)에서 유의하다. 수명이 가장 길게 되는 인자들의 수준 조합을 구하기 위해 유의한 교호작용 $A \times B$와 $C \times D$에 대한 교호작용도를 그려서 반응값이 크게 되는 수준조합을 먼저 정한 다음 나머지 실험인자의 수준을 정한다.

▶ MINITAB 그래프 분석

AB 교호작용도

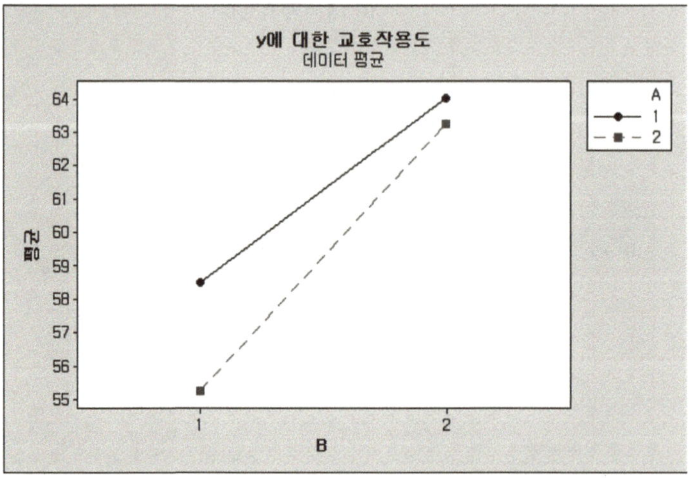

해설:

A와 B의 수준 4가지 조합중 수명이 가장 긴 수준은 A_1B_2이다.

▶ MINITAB 그래프 분석

CD 교호작용도

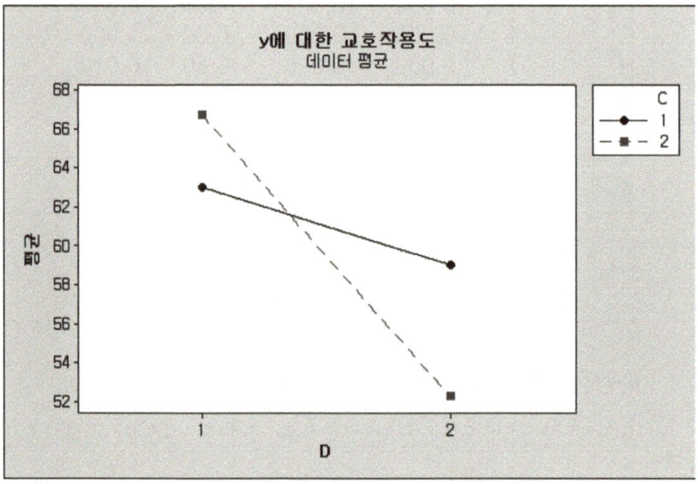

해설:

C와 D의 4개 수준조합중 수명이 가장 긴 수준은 C_2D_1이다.

▶ MINITAB 그래프 분석

FH 주효과도

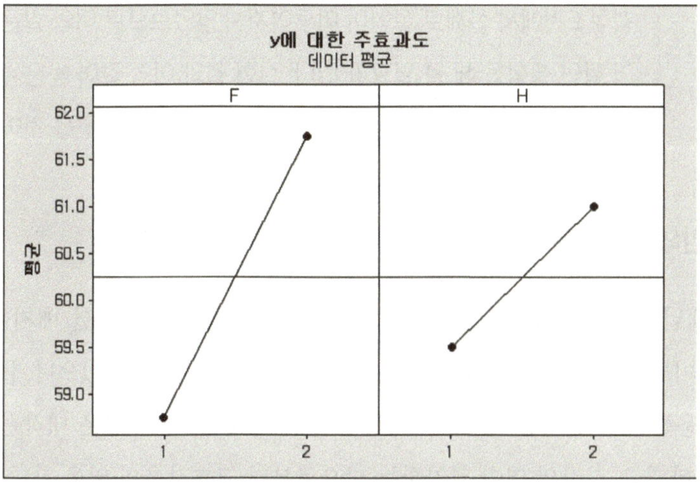

해설:

주효과 FH의 수준 중에서 수명이 긴 수준을 정하면 F_2H_2이다.

교호작용 분석과 주효과 분석을 종합하면 유의한 인자들의 최적수준 조합은 $A_1B_2C_2D_1F_2H_2$이다.

▶ 최적조건에서의 수명 추정

위에서 추정에 의하여 얻어진 최적조건 $A_1B_2C_2D_1F_2H_2$은 $2^7=128$개의 실험조건 중에서 가장 좋으리라고 예측되는 데이터로부터 추정된 조건이다. 추정된 최적조건에서 수명이 어느 정도인가를 추정하여 보자. 데이터의 구조식으로부터

$$\begin{aligned}
&\hat{\mu}(A_1B_2C_2D_1F_2H_2)\\
&=\widehat{\mu+a_1+b_2+(ab)_{12}+c_2+d_1+(cd)_{21}+f_2+h_2}\\
&=\widehat{\mu+a_1+b_2+(ab)_{12}}+\widehat{\mu+c_2+d_1+(cd)_{21}}+\widehat{\mu+f_2}+\widehat{\mu+h_2}-3\hat{\mu}\\
&=\frac{256}{4}+\frac{267}{4}+\frac{494}{8}+\frac{488}{8}-3\left(\frac{964}{16}\right)\\
&=72.75
\end{aligned}$$

를 얻는다.

실측치로는 71이 최고였는데 1.75가 증가된 수명을 주는 조건 $A_1B_2C_2$ $D_1F_2H_2$이 존재한다는 것이다. 인자 G는 0수준이든 1수준이든 관계없다. 이 최적조건에서 실제로 실험이 이루어지지 않았으므로 이와 같은 조건에 맞추어 확인 실험을 해 볼 필요가 있다. 실험 결과 이와 같이 높은 수명을 준다면 합성수지의 공정을 바꾸어 $A_1B_2C_2D_1F_2H_2$으로 하면 좋을 것이다.

3) 2열간의 교호작용

직교배열표를 이용할 때 한 열에 요인 x를, 다른 열에 요인 y를 배치하면 교호작용 $x\times y$가 어느 열에 나타나는가는 기본표시를 사용하여 구할 수 있으나, [도표6]과 같은 표를 이용하면 쉽게 찾을 수 있다. 하나의 열은 횡축에, 다른 열은 대각선 열(( )로 나타냄)에 나타내고, 각각의 열이 교차하는 난으로부터 교호작용의 열을 찾아낼 수 있다. 예를 들어, 인자 A를 4열에 배치하고 인자 B를 9열에 배치하면 교호작용 $A\times B$는 13열에 나타난다.

도표6 ¦ 2열간의 교호작용을 구하는 표

군		1	2		3				4							
열		1	2	3	4	5	6	7	8	9	10	11	12	13	14	15
군	1	(1)	3	2	5	4	7	6	9	8	11	10	13	12	15	14
	2		(2)	1	6	7	4	5	10	11	8	9	14	15	12	13
				(3)	7	6	5	4	11	10	9	8	15	14	13	12
	3				(4)	1	2	3	12	13	14	15	8	9	10	11
						(5)	3	2	13	12	15	14	9	8	11	10
							(6)	1	14	15	12	13	10	11	8	9
								(7)	15	14	13	12	11	10	9	8
	4								(8)	1	2	3	4	5	6	7
										(9)	3	2	5	4	7	6
											(10)	1	6	7	4	5
												(11)	7	6	5	4
													(12)	1	2	3
														(13)	3	2
															(14)	1

[도표6]을 사용할 때 교호작용과 군과의 관계는 다음의 법칙을 따른다. 인자 A를 i군에, 인자 B를 j군에 배치했을 때 교호작용 $A \times B$는

① $i=j$이면 교호작용의 군은 i, j보다 작은 값의 군으로부터 구해진다.
즉, 2군과 2군의 교호작용은 1군에 나타나고, 3군과 3군의 교호작용은 1군이나 2군에 나타난다.

② $i>j$이면 교호작용은 i군에 나타난다. 즉, 3군과 4군의 교호작용은 4군에 나타난다.

[도표6]을 사용할 때 $L_8(2^7)$형이면 1, 2, 3군 만을 사용하고, $L_{16}(2^{15})$형이면 1, 2, 3, 4군을 모두 사용한다.

4) 선점도에 의한 배치법

직교배열표에 구하고 싶은 요인을 배치할 때 기본표시를 이용하여 배치할 수도 있으나 선점도를 이용하여 배치할 수도 있다. 선점도는 3인자 교호작용은 무시하고 주효과와 2인자 교호작용과의 관계를 도시한 것으로 2수준의 선점도는 다음과 같은 법칙을 가진다.

① 선, 점 모두 자유도 1을 갖고, 하나의 열에 대응하고 있다.

② 점과 점은 각각 하나의 요인을, 그리고 이 두 점을 연결하는 선은 그의 교호작용의 관계를 나타내고 있다.

$L_4(2^3)$형의 직교배열표에 대해서는 하나의 선점도가, $L_8(2^7)$에는 2개가, 그리고 $L_{16}(2^{15})$에는 6개의 선점도가 많이 쓰인다. 이들은 [도표7], [도표8], [도표9]에 도시되어 있다.

위의 선점도에서 선 및 점에 부여된 수치는 열번호를 나타내고 있다.

도표7 | $L_4(2^3)$형 선점도

도표8 $L_8(2^7)$형 선점도

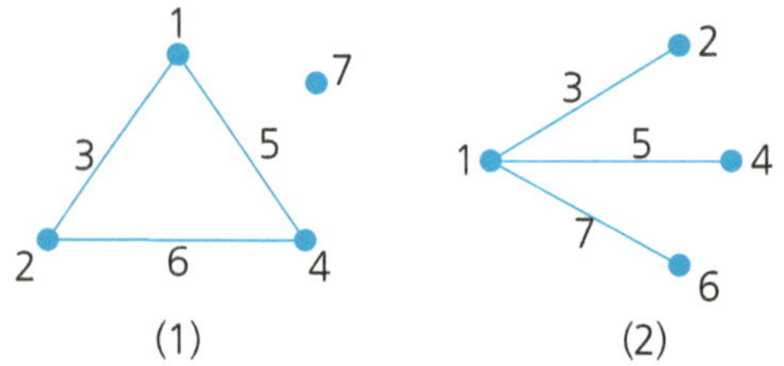

도표9 $L_{16}(2^{15})$형 선점도

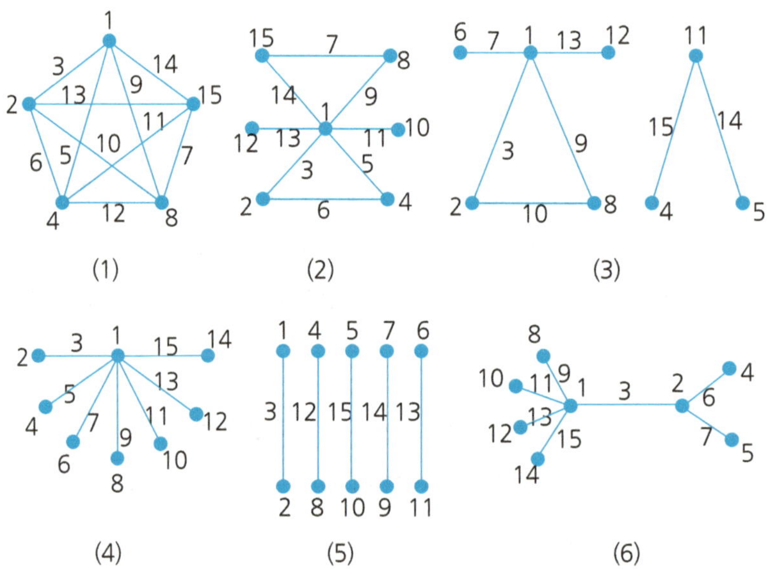

5) 적용사례

다음은 모 제당공장에서 공업표준화 작업의 일환으로 $L_{16}(2^{15})$형 직교배열표를 적용한 사례이다.

탄산포충은 정당공정의 관문으로서 이후의 후속 공정에 파급되는 효과가 크다. 이러한 중요성 때문에 이에 대한 연구가 각 제당공장마다 활발히 전개되어 왔으나 각 공장의 공정특성에 따라 그 최적작업조건은 다르게 된다. 이 공장에서는 새로운 포충 이론을 근거로 한 공장실험을 실시하여 그 최적작업조건의 도출을 시도하였다.

탄산포충공정은 당액 탈색률과 후속여과 공정의 여과성으로 그 성과가 나타나며 최종적으로 총 원가의 절감과 품질개선에 반영된다. 이 책에서는 탈색률만 검토하여 보기로 하자. 관련된 인자와 수준은 다음과 같이 정하고, 실험의 배치와 데이터는 [도표 10]과 같이 구하였다. A인자와 B인자간에는 교호작용이 있으리 판단되어 이를 구하고 싶다.

A: 제2탑 pH(4수준): $A_1 = 7.5$, $A_2 = 8.0$, $A_3 = 8.5$, $A_4 = 9.0$

B: 제2탑 온도(2수준): $B_1 = 65℃$, $B_2 = 75℃$

C: 제3탑 pH(2수준): $C_1 = 7.0$, $C_2 = 8.5$

D: 제3탑 온도(2수준): $D_1 = 60℃$, $D_2 = 80℃$

F: 수조온도(2수준): $F_1 = 70℃$, $F_2 = 80℃$

G: 포충시간(2수준): $G_1 = 40$분, $G_2 = 60$분

도표10 ┆ 제당공장 데이터

실험번호	실험순서	열번호 1	2	3	4	5	6	7	8	9	10	11	12	13	14	15	데이터 (탈색률:%)
1	5	1	1	1	1	1	1	1	1	1	1	1	1	1	1	1	61.3
2	16	1	1	1	1	1	1	1	2	2	2	2	2	2	2	2	60.3
3	6	1	1	1	2	2	2	2	1	1	1	1	2	2	2	2	60.4
4	14	1	1	1	2	2	2	2	2	2	2	2	1	1	1	1	60.8
5	3	1	2	2	1	1	2	2	1	1	2	2	1	1	2	2	59.3
6	8	1	2	2	1	1	2	2	2	2	1	1	2	2	1	1	55.4
7	4	1	2	2	2	2	1	1	1	1	2	2	2	2	1	1	56.6
8	11	1	2	2	2	2	1	1	2	2	1	1	1	1	2	2	59.3
9	15	2	1	2	1	2	1	2	1	2	1	2	1	2	1	2	58.0
10	12	2	1	2	1	2	1	2	2	1	2	1	2	1	2	1	57.4
11	1	2	1	2	2	1	2	1	1	2	1	2	2	1	2	1	52.7
12	10	2	1	2	2	1	2	1	2	1	2	1	1	2	1	2	59.4
13	7	2	2	1	1	2	2	1	1	2	2	1	1	2	2	1	57.2
14	2	2	2	1	1	2	2	1	2	1	1	2	2	1	1	2	55.8
15	13	2	2	1	2	1	1	2	1	2	2	1	2	1	1	2	56.0
16	9	2	2	1	2	1	1	2	2	1	1	2	1	2	2	1	60.0
기본표시		a	b	ab	c	ac	bc	abc	d	ad	bd	abd	cd	acd	bcd	$abcd$	계: 929.9
배치		A	A	$A \times B$	A	$A \times B$	A	$A \times B$	C	D	e	e	F	e	e	G	

해설:

이 실험은 4 수준의 실험인자 1개와 2 수준의 실험인자 5개를 2 수준계 직교배열표 $L_{16}(2^{15})$에 배치하는 방법에 대한 것이다. 실험인자 A의 4 수준을 만드는데 3개의 열을 사용하였다. 즉, 기본표시 b(2열), c(4열), bc(6열)가 배치 된 열을 조합하여 4개의 수준을 만들면 [도표11]과 같다.

도표11 2수준의 3개 열을 이용한 4 수준 열 만들기

번호	2열	4열	6열	수준
1	1	1	1	1
2	1	1	1	1
3	1	2	2	2
4	1	2	2	2
5	2	1	2	3
6	2	1	2	3
7	2	2	1	4
8	2	2	1	4
9	1	1	1	1
10	1	1	1	1
11	1	2	2	2
12	1	2	2	2
13	2	1	2	3
14	2	1	2	3
15	2	2	1	4
16	2	2	1	4

실험인자 B를 기본표시 a인 1열 에 배치하면 교호작용 AB는 다음과 같이 표시 할 수 있다.

$$(a)(b) = ab,\ (a)(c) = ac,\ (a)(bc) = abc$$

기본표시가 ab, ac, abc인 열은 각각 3, 5, 7열이므로, 교호작용 AB는 3열, 5열, 7열에 나타난다.

MINITAB을 이용하여 직교배열표 실험의 분산분석을 하는 방법에 대해 알아보자.

▣ MINITAB 분석

▶ 통계분석 > 분산분석 > 일반선형모형>일반선형모형 적합

- 반응: y
- 요인: A B C D F G

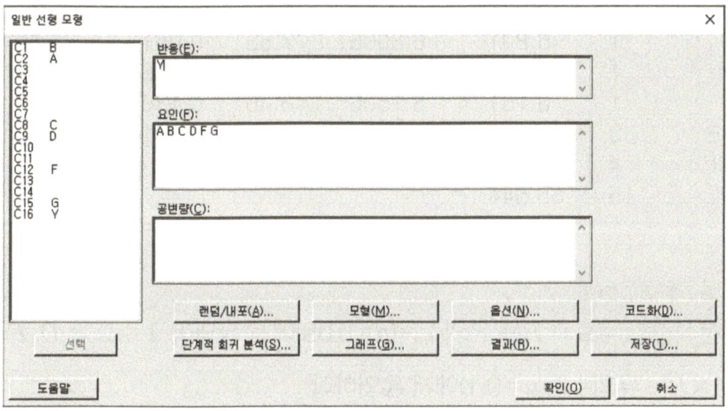

▶ 모형

- 교호작용의 최대 차수: 2
- (요인 및 공변량 모두를 선택 한 다음)
- 추가
- 모형 안의 항에서 주효과와 교호작용 A*B 만 남기고 나머지 모두 제거

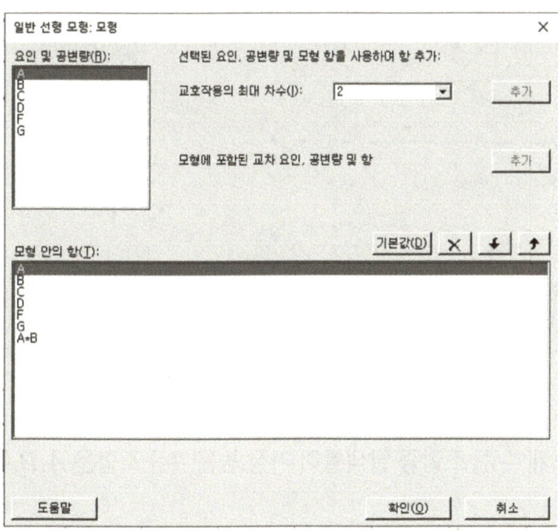

▶ 확인

▶ MINITAB 분석결과

분산 분석

출처	DF	Adj SS	Adj MS	F-값	P-값
A	3	11.072	3.6906	4.06	0.105
B	1	17.851	17.8506	19.63	0.011
C	1	2.976	2.9756	3.27	0.145
D	1	6.891	6.8906	7.58	0.051
F	1	26.781	26.7806	29.45	0.006
G	1	3.151	3.1506	3.46	0.136
A*B	3	13.187	4.3956	4.83	0.081
오차	4	3.638	0.9094		
총계	15	85.544			

해설:

분산분석결과 주효과 B는 유의수준($\alpha=0.05$)에서 유의하고 주효과 D, F와 교호작용 $A\times B$는 유의수준($\alpha=0.1$)에서 유의하다.

▶ MINITAB 그래프 분석

AB 교호작용도

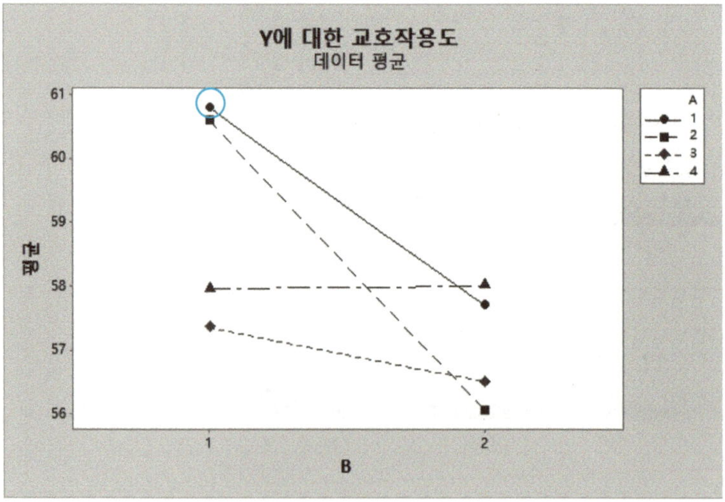

해설:

교호작용 $A\times B$의 8개 수준 조합중 탈색률이 가장 높은 수준조합은 A_1B_1이다.

▶ MINITAB 그래프 분석

D, F 주효과도

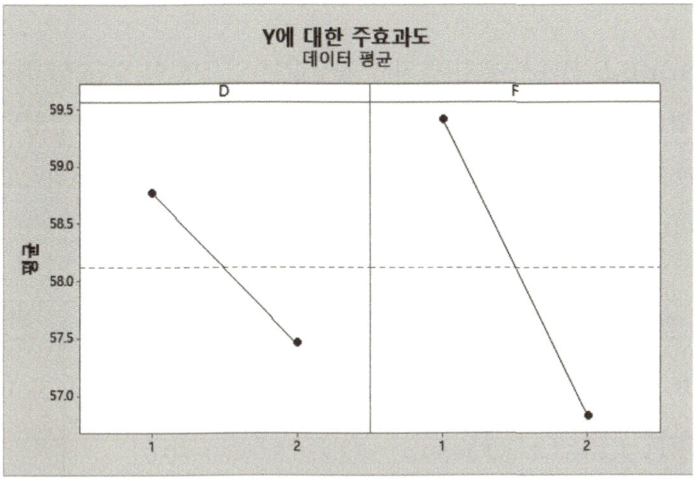

해설:

주효과 D, F의 주효과도로부터 탈색률이 높은 수준은 D_1, F_1이다.

AB 교호작용과 주효과 분석을 종합하면 탈색률이 가장높은 수준조합은 $A_1B_1D_1F_1$이다.

▶ 최적조건에서의 수명 추정

최적 조건에서 탈색률의 추정치는 다음과 같다.

$$\hat{\mu}(A_1B_1D_1F_1) = \overline{\mu + b_1 + d_1 + f_1 + (ab)_{11}}$$

$$= \widehat{\mu + a_1 + b_2 + (ab)_{11}} + \widehat{\mu + d_1} + \widehat{\mu + f_1} - \widehat{\mu + a_1} - \hat{\mu}$$

$= AB$ 이원표에서 A_1B_1 반응평균 $+ D_1$반응평균 $+ F_1$반응평균

$- A_1$반응평균 $-$ 전체평균

그런데 D_1의 반응평균은 다음과 같다.

$$\frac{61.3 + 60.4 + 58.3 + 56.6 + 57.4 + 59.4 + 55.8 + 60.0}{8} = 58.775\%$$

같은 방법으로 F_1과 A_1의 반응평균을 구하여 정리하면

$$\hat{\mu}(A_1B_1D_1F_1) = \frac{121.6}{2} + 58.775 + 59.4125 - 59.25 - 58.1188$$

$$= 61.6187\,\%$$

우연히 $A_1B_1D_1F_1$에서 실험이 되어 측정값이 있으며 이 값은 61.3%이다. 여기서 얻은 추정치 61.6187%는 다른 데이터들로부터 정보가 반영된 값으로 $A_1B_1D_1F_1$에서 수없이 반복실험하면 평균치가 61.6187%가 되리라고 믿어지는 값이다.

	A_1	A_2	A_3	A_4	계	평균
B_1	61.3+60.3 =121.6 (①+②)	60.4+60.8 =121.2 (③+④)	59.3+55.4 =114.7 (⑤+⑥)	56.6+59.3 =115.9 (⑦+⑧)	473.4	59.1750
B_2	58.0+57.4 =115.4 (⑨+⑩)	52.7+59.4 =112.1 (⑪+⑫)	57.2+55.8 =113.0 (⑬+⑭)	56.0+60.0 =116.0 (⑮+⑯)	456.5	57.0625
계 평균	237.0 59.25	233.3 58.325	227.7 56.925	231.9 57.975	929.9	58.1188

AB 2원표( )안은 실험번호를 나타냄)

연습문제

11 1 2수준의 인자 A, B, C, D를 배치하고 교호작용 $A \times B$, $A \times C$, $B \times C$를 구하고 싶다. 최소의 실험횟수로 실험할 수 있도록 배치하시오.

▶ 풀이

자유도 합계 = 1 + 1 + 1 + 1 + 1 + 1 + 1 = 7이다. 자유도가 7 이상이면서 최소의 실험을 할 수 있는 직교배열표는 $L_8(2^7)$ 직교배열표이다. 직교배열표에서 주효과와 교호작용이 배치되는 열은 다음과 같다.

1열: A, 2열: B, 3열: $A \times B$, 4열: C, 5열: $A \times C$, 6열: $B \times C$, 7열: D

11 2 스틸렌과 크로톤알데히드와의 고압 공중합을 행하여 생성중합체의 수율을 올리기 위한 실험을 하였다. 다음의 요인을 택하여 전체를 랜덤화하여 실험을 한 결과 다음 표와 같이 되었다. 실험결과를 해석하고 결론은 쓰시오. 여기선 교호작용이 있을 것 같은 $A \times B$, $B \times C$, $G \times H$를 구할 수 있도록 되어 있다.

인 자	수 준 1	수 준 2
A : 스틸렌	3(ml)	5(ml)
B : 크로톤 알데히드	6(ml)	10(ml)
C : 촉매의 종류	열촉매	$AIBN$
D : 전처리 방법	D_1	D_2
F : 압력	500(kg/cm^2)	1,000(kg/cm^2)
G : 반응시간	40(hr)	20(hr)
H : 반응온도	80(℃)	100(℃)
I : 반응용기	I_1	I_2
J : 세척법	J_1	J_2

실험 번호	열번호 1	2	3	4	5	6	7	8	9	10	11	12	13	14	15	데이터 (y)
1	1	1	1	1	1	1	1	1	1	1	1	1	1	1	1	12.5
2	1	1	1	1	1	1	1	2	2	2	2	2	2	2	2	13.4
3	1	1	1	2	2	2	2	1	1	1	1	2	2	2	2	14.8
4	1	1	1	2	2	2	2	2	2	2	2	1	1	1	1	11.5
5	1	2	2	1	1	2	2	1	1	2	2	1	1	2	2	12.8
6	1	2	2	1	1	2	2	2	2	1	1	2	2	1	1	12.3
7	1	2	2	2	2	1	1	1	1	2	2	2	2	1	1	13.3
8	1	2	2	2	2	1	1	2	2	1	1	1	1	2	2	13.0
9	2	1	2	1	2	1	2	1	2	1	2	1	2	1	2	12.4
10	2	1	2	1	2	1	2	2	1	2	1	2	1	2	1	14.3
11	2	1	2	2	1	2	1	1	2	1	2	2	1	2	1	14.7
12	2	1	2	2	1	2	1	2	1	2	1	1	2	1	2	10.8
13	2	2	1	1	2	2	1	1	2	2	1	1	2	2	1	12.9
14	2	2	1	1	2	2	1	2	1	1	2	2	1	1	2	13.0
15	2	2	1	2	1	1	2	1	2	2	1	2	1	1	2	13.4
16	2	2	1	2	1	1	2	2	1	1	2	1	2	2	1	11.3
기본 표시	a	b	ab	c	ac	bc	abc	d	ad	bd	abd	cd	acd	bcd	$abcd$	T=206.4
배치	B	g	e	I	D	C	$B\times C$	H	e	$G\times H$	J	A	$A\times B$	F	e	

▶ MINITAB 결과

일반선형모형: 분산 분석

출처	DF	Adj SS	Adj MS	F-값	P-값
B	1	0.0400	0.04000	1.00	0.391
G	1	0.3600	0.36000	9.00	0.058
I	1	0.0400	0.04000	1.00	0.391
D	1	1.0000	1.00000	25.00	0.015
C	1	0.0400	0.04000	1.00	0.391
BC	1	0.0400	0.04000	1.00	0.391
H	1	3.2400	3.24000	81.00	0.003
GH	1	0.1600	0.16000	4.00	0.139
J	1	0.1600	0.16000	4.00	0.139
A	1	9.0000	9.00000	225.00	0.001
AB	1	1.0000	1.00000	25.00	0.015
F	1	4.0000	4.00000	100.00	0.002
오차	3	0.1200	0.04000		
총계	15	19.2000			

해설:

주효과 G는 유의수준($\alpha=0.1$)에서 유의하고 주효과 D, H, A, F는 ($\alpha=0.05$)에서 유의하다. 관심있는 2인자 교호작용 중 $A\times B$가 유의주준($\alpha=0.05$)에서 유의하다. 주효과 B는 유의하지 않지만 교호작용 $A\times B$가 유의하므로 B를 풀링할 수 없다.

▶ MINITAB 그래프 분석

AB 교호작용도

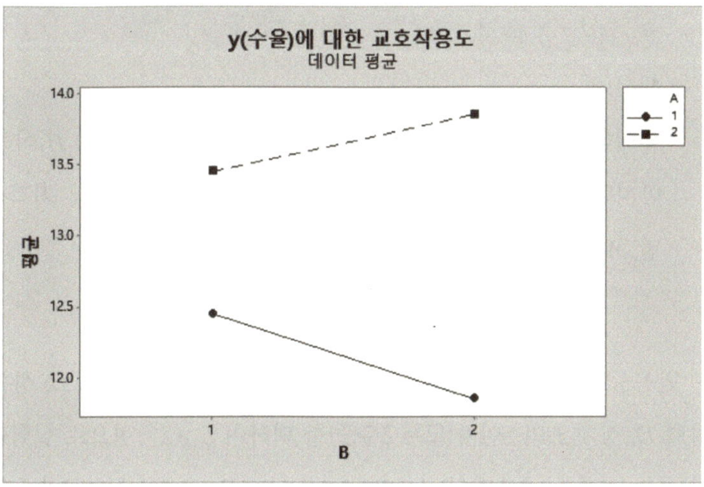

해설:

유의한 교호작용 $A\times B$의 4개의 수준 조합 중에서 수율이 가장 높은 수준 조합은 A_2B_2이다.

▶ MINITAB 그래프 분석

D, F, G, H 주효과도

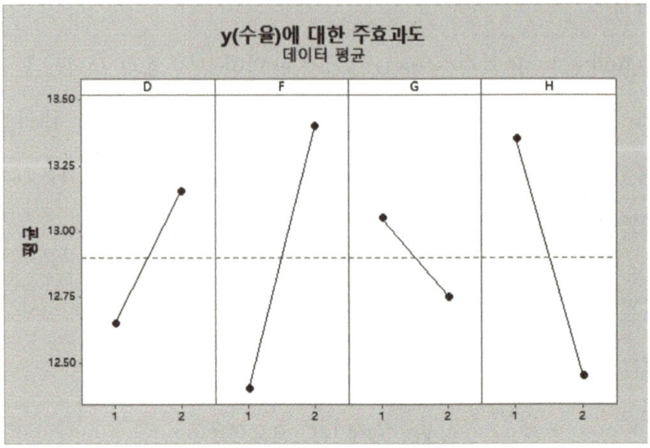

해설:

유의한 주효과들 중 수율이 높은 수준을 정하면, $D_2F_2G_1H_1$이다.

마지막으로 유의한 교호작용과 주효과 분석결과로부터 최적 수준을 정하면, $A_2B_2D_2F_2G_1H_1$이다.

11 **3** 어떤 반응공정의 수율을 올릴 목적으로 반응시간 A, 반응온도 B, 성분의 양 C, 반응압력 D, 장치 E의 5인자(**모두 2수준**)를 택하여 $L_{16}(2^{15})$형으로 실험을 하였다. 알고자 하는 효과는 주효과와 $A\times B$, $A\times C$, $A\times D$, $B\times C$, $B\times D$의 5가지 2인자 교호작용이므로 다음의 선점도를 사용해서 1에 A, 2에 B, 8에 C, 15에 D, 7에 E를 배치하여 16회의 실험을 랜덤하게 하였다.

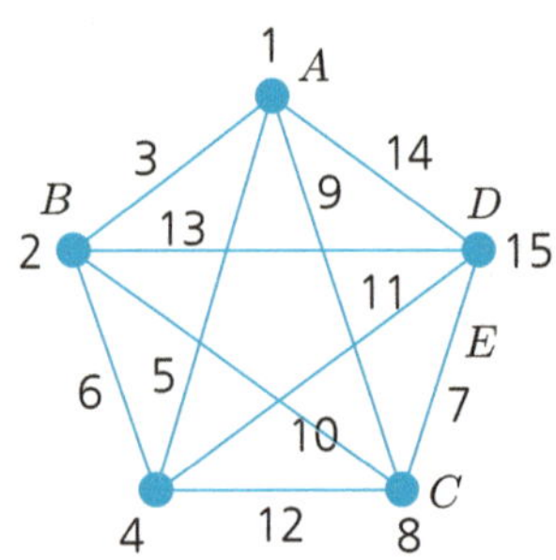

그 결과 $L_{16}(2^{15})$의 실험번호에 대하여 다음의 데이터를 얻었다. 분산분석표를 작성하고 유의한 요인들의 최적수준조합을 구하고, 이 조건에서 모평균을 95%의 신뢰율로 구간추정하시오.

실험번호	1	2	3	4	5	6	7	8
데 이 터	78.3	85.7	77.8	86.0	89.1	90.5	89.2	91.4
실험번호	9	10	11	12	13	14	15	16
데 이 터	92.6	94.9	92.8	94.7	82.3	90.0	81.7	90.2

▶ MINITAB 결과

분산 분석

출처	DF	Adj SS	Adj MS	F-값	P-값
A	1	60.840	60.840	8.36	0.034
B	1	0.160	0.160	0.02	0.888
C	1	98.010	98.010	13.47	0.014
D	1	0.090	0.090	0.01	0.916
E	1	0.160	0.160	0.02	0.888
A*B	1	249.640	249.640	34.30	0.002
A*C	1	0.090	0.090	0.01	0.916
A*D	1	0.090	0.090	0.01	0.916
B*C	1	0.000	0.000	0.00	1.000
B*D	1	0.090	0.090	0.01	0.916
오차	5	36.390	7.278		
총계	15	445.560			

해설:

주효과 A와 C, 교호작용 $A \times B$가 유의수준($\alpha = 0.05$)에서 유의하다.

▶ MINITAB 그래프 분석

AB 교호작용도

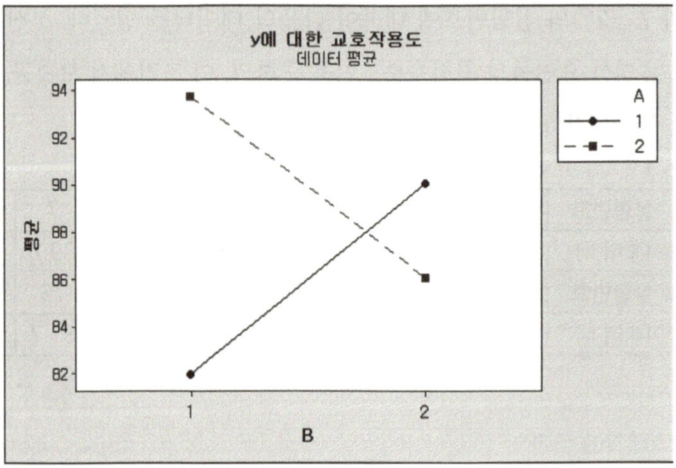

해설:

교호작용 $A \times B$의 4개 수준 조합 중 수율이 가장 높은 수준은 A_2B_1이다.

▶ MINITAB 그래프 분석

C 주효과도

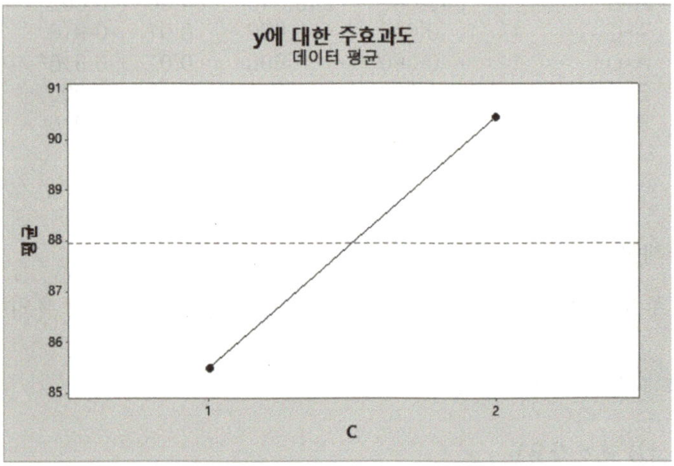

해설:

인자 C의 수준 중에서 수율이 가장 높은 수준은 C_2이다.

교호작용도와 주효과도를 종합하면 최적수준조합은 $A_2B_1C_2$이다.

최적수준조합에서의 95% 신뢰구간을 구하면,

$$(\bar{x}_{21\ldots} + \bar{x}_{..2..} - \bar{x}_{.1\ldots}) \pm t\left(\phi_E ; \frac{\alpha}{2}\right)\sqrt{\frac{V_E}{n_e}}$$

분산분석표에서 $V_E = 7.278$, $\frac{1}{n_e} = \frac{1}{4} + \frac{1}{8} - \frac{1}{8}$이므로 $n_e = 4$

$$= 96.475 \pm 2.571\sqrt{\frac{7.278}{4}}$$

$$= (93.007,\ 99.947)$$

11 4 합성섬유의 어떤 특성치를 올리기 위하여 방사 중에

A : 구금공경(2수준)

B : 구금공배열(2수준)

C : 온도(4수준)

D : 풍량(2수준)

의 4인자를 골라 실험을 하였다. 교호작용은 $A \times B$만을 구하고 싶다. 배치는 $L_{16}(2^{15})$형의 직교배열표에서 A를 6열, B를 9열, 따라서 $A \times B$를 15열에, D를 2열에, C를 1, 10, 11열에 배치하였다. C의 수준의 1열과 10열로부터

1열	10열	C의 수준
1	1	C_0
1	2	C_1
2	1	C_2
2	2	C_3

으로 정하여 실험하였다. 얻어진 데이터는 다음과 같다. 분산분석을 행하고, 특성치를 가장 크게 하는 최적조건을 구하시오.

실험번호	1	2	3	4	5	6	7	8	9	10	11	12	13	14	15	16
데이터	64	58	82	59	75	67	62	68	76	64	76	77	75	85	77	70

▶ 풀이

실험을 계획할 때 MINITAB에서 $L_{16}(2^{15})$직교배열표를 선택한 후 직교배열표의 15개 열중 1열, 10열, 11열을 조합하여 새로운 열을 만들고 4수준의 C를 배치한다.

▶ MINITAB 분석결과

분산 분석

출처	DF	Adj SS	Adj MS	F-값	P-값
A	1	203.06	203.06	15.11	0.005
B	1	33.06	33.06	2.46	0.155
A*B	1	232.56	232.56	17.31	0.003
C	3	379.69	126.56	9.42	0.005
D	1	33.06	33.06	2.46	0.155
오차	8	107.50	13.44		
총계	15	988.94			

해설:

주효과 A, B, C, D 와 관심있는 교호작용 $A\times B$에 대한 F-검정 결과 주효과 A 와 C, 교호작용 $A\times B$가 유의수준($\alpha=0.05$)에서 유의하다.

▶ MINITAB 그래프 분석

AB 교호작용도

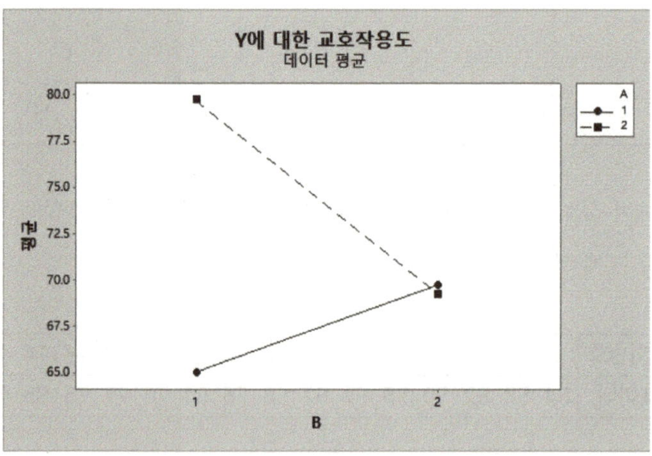

해설:

유의한 교호작용 $A \times B$의 4개의 수준 조합중 특성치가 가장 높은 조합은 A_2B_1이다.

▶ MINITAB 그래프 분석

C 주효과도

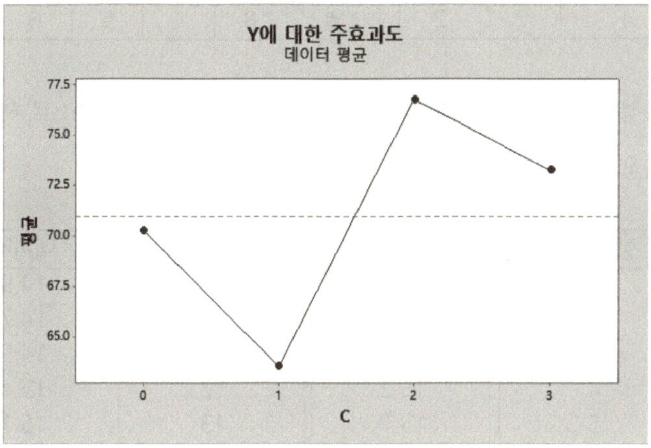

해설:

인자 C의 수준 중 특성치가 높은 수준은 C_2이다.

유의한 인자들의 분석결과를 종합하면 최적수준 조합은 $A_2B_1C_2$이다.

11 5 방적공정에서 어떤 특성치를 줄일 목적으로

부품의 type A : 3수준 A_0, A_1, A_2,

B부의 gauge B : 2수준 B_1, B_2

C부의 gauge C : 2수준 C_1, C_2

D부의 gauge D : 2수준 D_1, D_2

E부의 gauge E : 2수준 E_1, E_2

기계의 type F : 2수준 F_1, F_2

의 6인자를 골라, 인자 A는 가수준 $A_3(=A_0)$를 넣어 $A\times B$, $B\times C$, $B\times D$를 구할 수 있도록 다음과 같이 배치하여 실험하였다.

수준 \ 열	1	2
A_0	1	1
A_1	1	2
A_2	2	1
A_3	2	2

인자	B	C	D	E	F
열	8	4	5	6	7

얻어진 특성치의 값은 다음과 같다. 분산분석하고 특성치를 최소로 하는 최적조건을 찾으시오.

실험번호	데이터	실험번호	데이터
1	14.2	9	14.9
2	14.2	10	14.7
3	14.7	11	14.9
4	15.2	12	15.4
5	15.7	13	15.1
6	14.4	14	14.2
7	14.9	15	15.6
8	15.0	16	16.1

(MINITAB 분석을 위한 직교배열표 수정 방법)

$L_{16}(2^{15})$직교배열표의 1열과 2열의 수준을 조합하여 3 열에 A를 배치한 다음 수준 A_3를 A_0로 변경한 다음 분산분석을 하면 다음과 같다.

▶ MINITAB 결과

분산 분석

출처	DF	Adj SS	Adj MS	F-값	P-값
A	2	0.02375	0.01188	0.05	0.951
B	1	0.07225	0.07225	0.31	0.604
A*B	2	0.34375	0.17187	0.73	0.527
C	1	1.21000	1.21000	5.14	0.073

B*C	1	1.00000	1.00000	4.25	0.094
D	1	0.20250	0.20250	0.86	0.396
E	1	0.00000	0.00000	0.00	1.000
F	1	0.72250	0.72250	3.07	0.140
오차	5	1.17750	0.23550		
총계	15	4.72000			

해설:

주효과와 교호작용이 모두 유의하지 않다. 이러한 경우 F-값이 작은 요인들을 오차항에 풀링한 다음 분산분석을 하면 디음과 같다.

▶ MINITAB 분석결과

- 풀링후의 분산분석표

분산 분석

출처	DF	Adj SS	Adj MS	F-값	P-값
B	1	0.04000	0.04000	0.25	0.626
C	1	1.21000	1.21000	7.62	0.019
F	1	0.72250	0.72250	4.55	0.056
B*C	1	1.00000	1.00000	6.29	0.029
오차	11	1.74750	0.15886		
적합성 결여	3	0.08750	0.02917	0.14	0.933
순수 오차	8	1.66000	0.20750		
총계	15	4.72000			

해설:

교호작용 $B\times C$와 주효과 F가 유의하다.

▶ MINITAB 그래프 분석

- BC 교호작용도

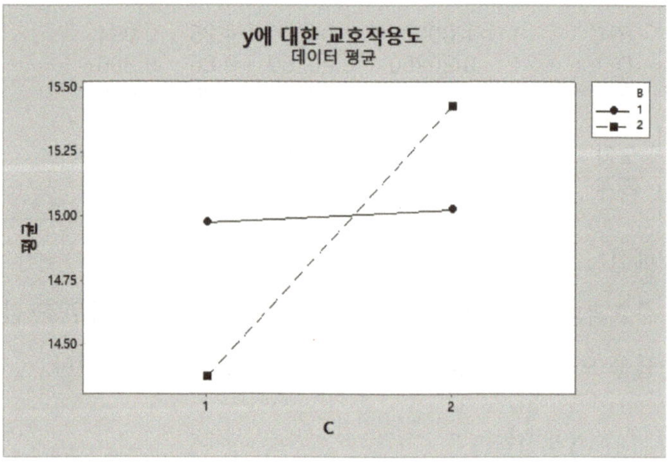

해설:

유의한 교호작용 $B \times C$의 4개 수준 조합중 특성치가 가장 작은 수준 조합은 B_2C_1이다.

▶ MINITAB 그래프 분석

- F 주효과도

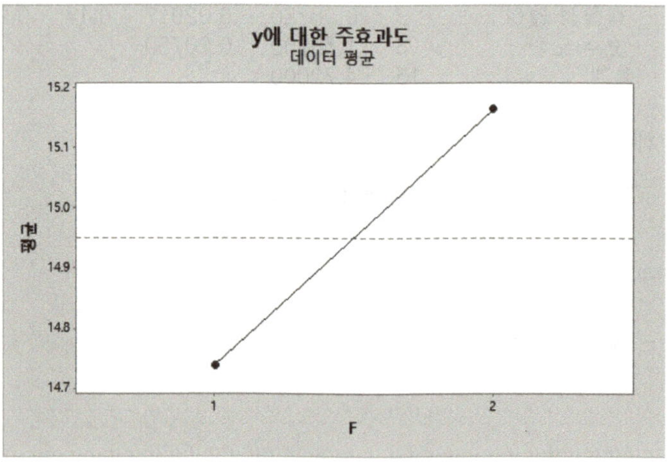

해설:

유의한 인자 F의 특성치가 작은 수준은 F_1이다. 유의한 교호작용 BC와 주효과 분석결과를 종합하여 최적수준을 정하면, $B_2C_1F_1$이다.

12

반응표면 분석 실험

학습목표

1. 반응의 곡면성 확인을 위한 실험을 설계할 수 있다.
2. 2차 회귀모델을 위한 다양한 실험법을 이해하고, 실험의 설계, 실행, 분석을 할 수 있다.
3. 반응 등고선도를 이용하여 반응 특성을 해석할 수 있다.
4. 2차회귀모델을 이용하여 정상점(stationary point)을 구할 수 있다.
5. 정준형식(canonical form)을 구하여 정상점 부근의 반응 특성을 분석할 수 있다.
6. 여러 특성치를 동시에 만족시키는 최적해를 구할 수 있다.

1. 반응표면분석이란

엔지니어가 어떤 화학공정의 결과 얻어진 화공약품의 수율에 관심이 있는 경우 실험에 고려된 인자가 반응온도, 반응시간, 반응압력 등과 같이 계량인자(quantitative factor)인 경우를 생각하여 보자. 합리적인 실험계획법에 의해서 얻어진 실험 자료를 분석한 후 실험자의 일차적인 목적은 수율에 영향을 주는 유의한 인자효과들을 찾는 것이고, 그 다음의 궁극적인 목적은 수율을 최적으로 하는 공정 조건을 찾는 것이다.

실험계획법의 가장 중요한 목적은 관심을 갖고 있는 어떤 특성치를 최대 또는 최소로 하는 최적조건을 찾는 것이다. 그런데 일반적인 실험계획법에서 최적조건은 실제로 실험을 했건 안했건 실험하기 전 미리 정한 인자들의 수준조합 중 하나가 되는 제약이 있다.

예를들어, 온도가 인자인 일원배치법에서 각 수준의 모평균의 추정치가 [도표1] (a)와 같았다면 특성치를 최대로 하는 최적조건은 350℃가 된다.

그러나 최적조건은 [도표1] (b)와 같이 350℃보다 더 높은 온도일 가능성이 커 보인다. 이 온도는 실험 전 미리 정하지 않은 수준이며, 이 수준을 찾을 수 있다면 실험의 결과는 훨씬 바람직할 것이다.

인자가 둘인 경우에는, 인자의 각 수준에서의 추정치들을 3차원 공간에 나타내면 다음 [도표2]와 같이 어떤 평면이나 곡면 상에 있는 점들이 되므로 이 면상의 최대점이나

도표1 | 최적조건

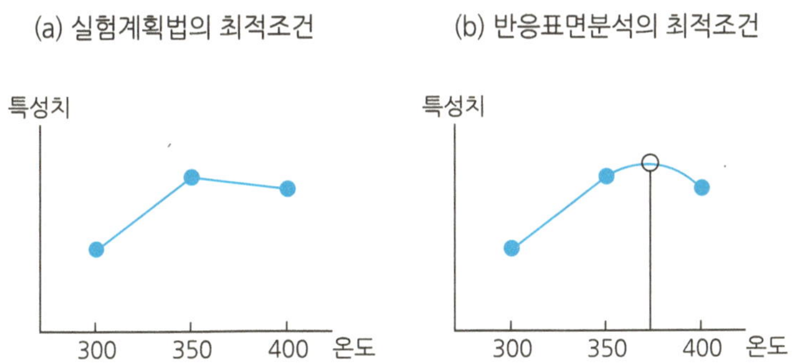

도표2 인자가 둘인 경우의 반응표면

(a) 최대점의 예 (b) 최소점의 예 (c) 안부점의 예

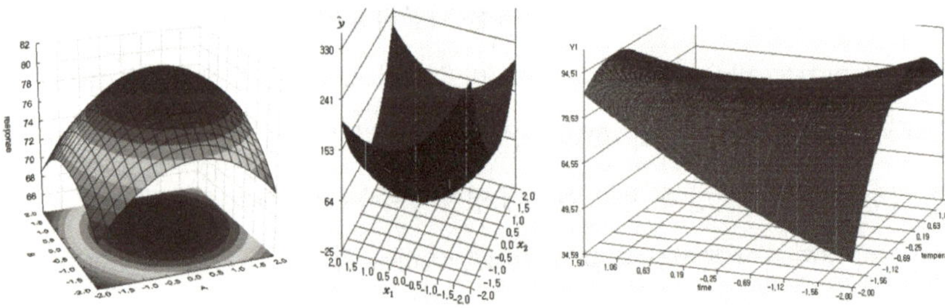

최소점을 찾아 최적조건으로 하면 되겠다. 이와 같이 실험 결과의 추정치들을 지나는 선이나 면을 반응표면(response surface)이라 하고, 실험자의 관심영역에서 최적조건을 찾는 방법을 반응표면분석(response surface analysis)이라 한다.

2. 반응표면방정식과 최적조건의 발견

1) 반응표면 방정식

반응변수인 수율 y가 독립변수인 반응시간 x_1, 반응온도 x_2의 함수관계이고, 관심영역에 있는 임의의 독립변수들의 값 x_1, x_2에서의 반응변수의 모평균 η를

$$\eta = f(x_1, x_2) \tag{12·1}$$

라고 표현하자. 이 식을 x_1과 x_2로 편미분하여 영으로 놓고 풀어서 얻어진 (x_1, x_2)의 점을 정상점(stationary point)이라고 하며, 이 점은 다음의 세 가지 중 하나이다.

① 최대점: 모평균 η를 최대로 하는 점

② 최소점: 모평균 η를 최소로 하는 점

③ 안부점: 모평균 η를 방향에 따라 최대 또는 최소로 하는 점.

식 (12·1)을 x_1과 x_2의 좌표에 그린 그림을 반응표면이라 한다. [도표3]에는 4가지 형태의 대표적인 반응표면이 주어져 있다. 반응표면에서 동일한 모평균 η를 갖는 (x_1, x_2)를 연결하여 2차원 평면에 그린 그림을 등고선 그림이라고 한다.

도표3 반응표면의 등고선의 4가지 형태

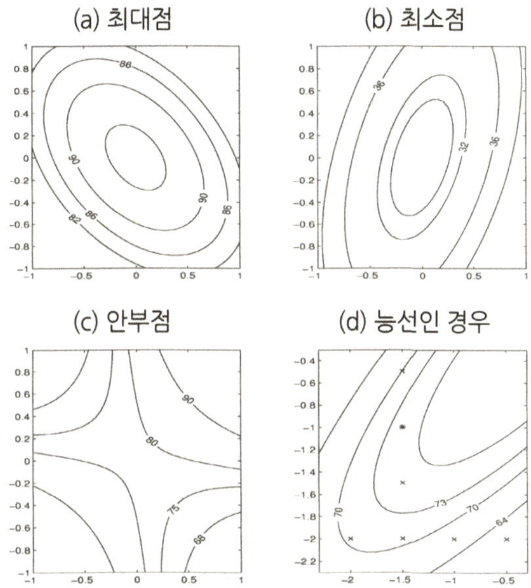

[도표3]에서 (a)는 산의 모양으로 정상점에서 최대값을 갖고, (b)는 사발의 모양으로 최소값을, (c)는 말의 등허리에 놓는 안장의 모양으로 안부점(saddle point)을 갖는다. (d)는 올라가는 능선(rising ridge)의 모양으로 관심영역에서 정상점이 존재하지 않는다.

2) 최적조건의 발

인자가 둘인 경우에는 일반적으로 곡면을 나타내는 식

$$E(y) = \beta_0 + \beta_1 x_1 + \beta_2 x_2 + \beta_{11} {x_1}^2 + \beta_{22} {x_2}^2 + \beta_{12} x_1 x_2$$

에 적합시켜 최적조건을 구하게 된다. 곡면을 적합시킬 경우 이의 추정식

$$\hat{y}=\hat{\beta}_0+\hat{\beta}_1x_1+\hat{\beta}_2x_2+\hat{\beta}_{11}x_1^{\,2}+\hat{\beta}_{22}x_2^{\,2}+\hat{\beta}_{12}x_1x_2$$

에 대하여

$$\frac{\partial\hat{y}}{\partial x_1}=0,\ \frac{\partial\hat{y}}{\partial x_2}=0$$

을 동시에 만족하는 점 $(x_1,\ x_2)$을 반응표면의 정상점(stationary point)이라 부르는데, 이 정상점은 다음 세 가지 중 하나가 된다.

① $\hat{y}$가 최대가 되는 점(최대점)
② $\hat{y}$가 최소가 되는 점(최소점)
③ $\hat{y}$가 최대도 최소도 아닌 점(안부점)

$\hat{y}$가 최대도 최소도 아닌 경우의 반응표면은 [도표3](c)와 같은 말안장 모양이므로 이 점을 안장점(saddle point) 또는 안부점이라 부른다. 곡면을 나타내는 2차 반응표면식을 행렬을 이용하여 표현하면

$$E(y)=\beta_0+x'b+x'Bx,\ x=\begin{pmatrix} x_1 \\ x_2 \end{pmatrix},\ b=\begin{pmatrix} \beta_1 \\ \beta_2 \end{pmatrix},\ B=\begin{pmatrix} \beta_{11} & \beta_{12}/2 \\ \beta_{12}/2 & \beta_{22} \end{pmatrix}$$

와 같고 이 때 정상점(stationary point)을 구하면

$$x_0=-\mathrm{B}^{-1}b/2$$

가 된다. 여기서 B^{-1}는 B의 역행렬이다.

3. 반응표면 실험계획법

1) 2차 다항 회귀모형

최적조건 근처의 영역에서는 반응표면의 근사모형으로 독립변수들의 곡선효과가 고려된 2차 다항 회귀모형(second order regression model)을 가정한다. 다음의 적용사례

를 고찰하여 보자. 어떤 비닐봉지 제조회사에서는 빵을 싸는 비닐봉지의 마감을 할(붙일) 때의 접착력 y을 가장 크게 하는 공정의 조건을 찾는 데에 관심이 있다. 마감할 때의 온도 T, 냉각할 때의 온도 C와 폴리에틸렌의 첨가제의 양 P가 반응값에 영향을 주는 계량인자로 알려져 있고, 실험자가 우선 관심을 가지고 있는 T, C, P의 범위는 각각 (100℃, 140℃), (5℃, 15℃), (0.5%, 1.7%)이다.

독립변수들은 선형 변환하여 관심영역이 (−1, 1) 사이에 있도록 하는 것이 편리하다. 독립변수(실험인자)를 선형변환 하는 이유는 실험을 마친 후 회귀모델을 만들어 반응을 분석하기가 훨씬 수월해지기 때문이다. 선형변환 변수(x_i)로 회귀모델을 구하여 최적해를 구한 다음 현장에 적용할 때는 원래의 실험변수(X_i)로 변환한다.

실험변수(X_i)를 x_i로 선형변환하는 일반식은 다음과 같다.

$$x_i = \frac{\text{실험변수}(X_i) - \text{실험범위의 중앙값}}{0.5 \times \text{실험범위}}$$

위의 식을 이용하여 접착력 개선실험의 실험변수(X_i)를 선형변환하면,

$$x_1 = \frac{T-120}{20}$$

$$x_2 = \frac{C-10}{5}$$

$$x_3 = \frac{P-1.1}{0.6}$$

이고, 반응값 y에 대한 2차 다항모형은 다음과 같다

$$y = \beta_0 + \sum_{i=1}^{3} \beta_i x_i + \sum_{i=1}^{3} \beta_{ii} x_i^2 + \sum_{i=1}^{2} \sum_{j=i+1}^{3} \beta_{ij} x_i x_j + \varepsilon \qquad (12 \cdot 2)$$

2) 반응표면분석 실험계획법의 종류

반응표면분석을 위하여 많이 사용되는 실험계획법에 대하여 알아보자. 먼저 반응표면의 추정이 1차 회귀모형(first order regression model)으로 적절하다고 판단될 때에는 다음의 실험계획이 흔히 쓰인다.

① 2^b요인배치법

② 2수준계의 일부실시법

③ 심플렉스 계획법(simplex design)

다음으로 반응표면의 추정이 2차 회귀모형(second order regression model)으로 적절하다고 생각될 경우에는 다음과 같은 실험계획이 자주 쓰인다.

① 3^b요인배치법

② 3수준계의 일부실시법

③ 중심합성계획(central composite design)

④ 회전계획(rotatable design)

⑤ 회전중심합성계획(rotatable central composite design)

⑥ Box-Behnken 계획법

위에 열거한 아홉 가지 중에서 몇 가지만 상세히 살펴보도록 하자.

3) 중심합성계획과 8각형 계획

반응표면분석에서 중요한 것은 최소의 실험으로 최적의 실험결과를 얻기 위한 실험점과 실험점의 수이다. 이와 관련된 연구 결과로 중심합성계획법, 회전계획법, 회전중심합성계획법, Box-Behnken계획법 등 수많은 반응표면 실험계획법이 알려져 있다. 이와 같은 실험계획법의 실험점들은 흥미영역(region of interest)이라 불리는

$$x_1^2 + x_2^2 \le a^2,\ a\text{는 상수}$$

의 영역에 있으며 실험인자 수가 2 인 경우 a는 보통 1 또는 $\sqrt{2}$를 많이 쓴다.

실험인자 수가 k개 일 때 2차 반응표면을 적합시키기 위한 중심합성계획법(central composite design)의 실험점은 [도표4]와 같고, 2^k개의 요인실험점과 $2k$개의 축점 그리고 $n(\ge 1)$개의 중심점으로 이루어져 총 실험점의 수는 $2^k + 2k + n$개 이다. 반응표면이 곡면일 때 중심점의 영향이 크므로 신뢰성 있는 회귀식을 구하기 위해 중심점에서 실험을 반복 해준다. $k=2$인 경우 중심합성계획법의 실험점을 도시하면 [도표5](a)와 같고,

도표4 실험인자수가 k개인 중심합성계획의 실험점

x_1	x_2	x_3	$\cdots$	x_k	
−1	−1	−1	$\cdots$	−1	$2k$요인실험점
		$\cdots$			
1	1	1	$\cdots$	1	
0	0	0	$\cdots$	0	중심점
		$\cdots$			
0	0	0	$\cdots$	0	
$-\alpha$	0	0	$\cdots$	0	축점(α)
α	0	0	$\cdots$	0	
		$\cdots$			
0	0	0	$\cdots$	$-\alpha$	
0	0	0	$\cdots$	α	

도표5 중심합성계획법과 8각형 실험계획법

(a) 중심합성계획법 (b) 8각형실험계획법

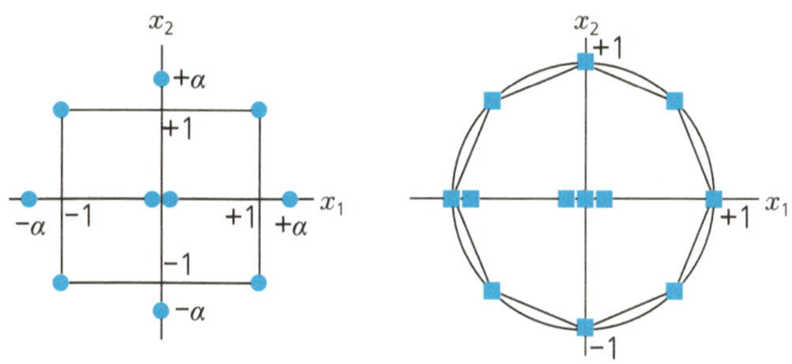

축점(α)은 k에 따라 또 계획행렬의 최적화에 따라 다른데, 일반적으로 $k=2$인 경우 $\sqrt{2}=1.414$, $k=3$인 경우에는 1.682를 축점으로한다. [도표5](b)]는 회전중심합성계획법의 일종인 8각형실험계획법의 실험점을 나타내고 있다.

공업실험에서는 실험조건을 변경시키는 시간과 비용이 많이 든다. 그렇기 때문에 적은 실험횟수로 이차 다항모형의 회귀계수를 추정 할 수 있는 효율적인 실험법의 개발이 절실하다. 이 목적으로 현재까지 가장 많이 사용되고 있는 실험설계가 중심합성계획(CCD: central composite design)이다.

반응표면분석에서 실험 중심점에서 동일한 거리에 위치한 반응 추정값의 오차가 같아 지도록 실험을 계획하는 것이 바람직하다. 이러한 실험을 회전성(rotatability)이 있는 실험이라고 하며, 중심 합성계획법에서 축점을 정할 때 회전성(rotatability)을 고려하여 정해 주면 회전성이 확보된 실험으로 정도 좋은 회귀식을 구할 수 있다.

[도표9]의 실험 데이터를 이용하여 최소제곱법으로 2차 다항 회귀계수를 추정하여 얻은 회귀식은

$$\hat{y} = 11.48 - 1.14x_1 + 0.12x_2 + 1.08x_3 - 0.86x_1^2 - 1.14x_2^2 - 1.22x_3^2 - 0.41x_1x_2 - 0.56x_1x_3 + 0.21x_2x_3$$

이 되는데, 이 회귀식의 중요한 성질은 원점 $0' = (0, 0, 0)$에서 동일한 거리에 있는 좌표 $x' = (x_1, x_2, x_3)$에서 추정된 회귀식 $\hat{y}$의 분산 크기가 같다. 이러한 실험설계를 바람직한 실험설계로 간주하여, 회전가능 실험계획(rotatable design)이라 한다.

도표6 | 회전가능 중심합성 계획

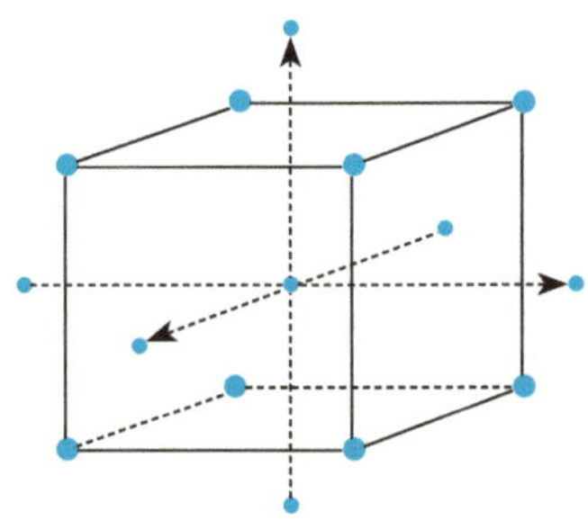

$k=3$일 때 중심합성계획법의 축점 $\alpha = \pm\sqrt{3}$

도표7 | $k=2$, 회전가능 중심합성설계와 내접설계

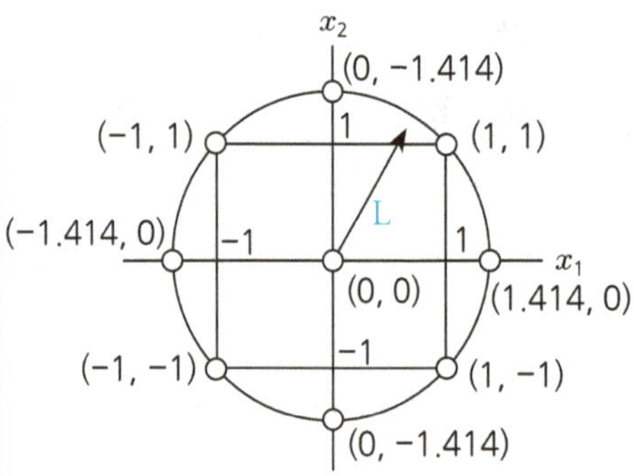

<$k=2$ 회전가능한 CCD>

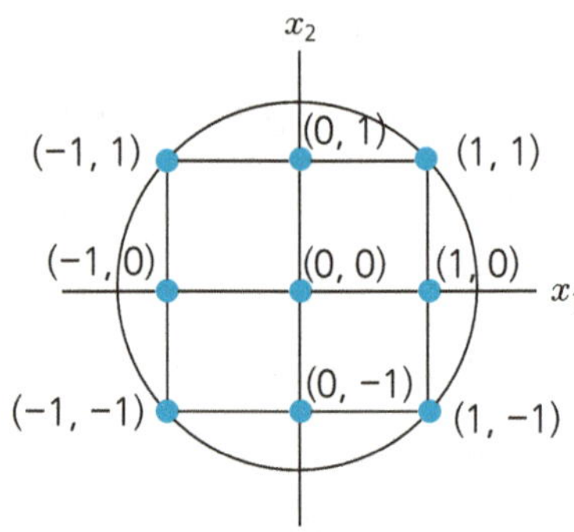

<$k=2$ 내접설계: 회전성 없음>

도표8 ┆ 회전 중심합성계획과 중심합성계획

1. $\alpha=1$ 내접설계
2. $\alpha=(F)^{\frac{1}{4}}$ 회전 중심합성 계획
3. $\alpha=\sqrt{K}$ 중심합성 계획

K	F	회전 중심합성계획: α	중심합성계획: α
2	4	1.414	1.414
3	8	1.682	1.7315
4	16	2	2

F=요인실험점의 개수

K=실험인자의 개수

α= 축점

도표9 ┆ 중심합성계획(독립변수가 3개인 경우)

x_1	x_2	x_3	y
−1	−1	−1	7.6
1	−1	−1	7.9
−1	1	−1	8.9
1	1	−1	7.1
−1	−1	1	10.2
1	−1	1	7.8
−1	1	1	11.9
1	1	1	8.3
0	0	0	11.5
0	0	0	11.2
0	0	0	13.8
0	0	0	10.7
0	0	0	11.0
0	0	0	10.9
−1.682	0	0	10.8
−1.682	0	0	6.0
0	−1.682	0	7.9
0	−1.682	0	7.3
0	0	−1.682	5.0
0	0	−1.682	9.8

도표10 ¦ 균등 정밀 회전가능 중심합성계획

k	2	3	4	5	6	7	8
F	4	8	16	16	32	64	128
n_a	4	6	8	10	12	14	16
n_0	5	6	7	6	9	14	20
α	1.414	1.682	2.000	2.000	2.378	2.828	3.364

n_a=축점 개수
n_0=중심점 개수

[도표6]의 중심합성계획이 이 성질을 만족하기에 회전가능 중심합성계획(rotatable CCD)이라 한다. [도표7]의 회전가능한 CCD의 또다른 바람직한 성질은 원점에서의 $\hat{y}$의 분산의 크기와 원점에서 단위 길이만큼 떨어진 독립변수들의 값에서의 $\hat{y}$의 분산의 크기를 같게 해준다는 사실이다. 그리고 실제로 계산해 보면, 단위 구면체(unit sphere) 내의 독립변수 값에서 추정된 $\hat{y}$의 분산 크기가 거의 똑같아서, 이러한 실험설계를 균등 정밀 실험계획(uniform precision design)이라 하고 [도표10]에 주어진 중심합성계획을 균등 정밀 중심합성계획(uniform precision CCD)이라 한다.

따라서 [도표10]에 주어진 중심합성계획은 회전가능 중심합성계획이면서 동시에 균등 정밀 중심합성계획이 되고, 이러한 중심합성계획을 균등 정밀 회전가능 중심합성계획(uniform precision rotatable CCD)이라 한다. 균등 정밀 회전가능 중심합성계획은 관심영역의 중심점인 원점에서의 실험횟수 n_0와 축점의 위치인 α의 값에 의해서 결정되는데 이 값들이 [도표10]에 주어진다. 독립변수의 개수 k가 5개 이상인 경우 실험횟수를 줄이기 위해 요인실험점들은 2^{k-1}일부실험법으로 하며 이 점들의 개수를 F(요인실험점의 개수)로 표시하고 축점들의 개수를 n_a로 표시한다.

4) Box-Behnken 실험

인자가 계량인자이고 3수준인 경우에 2차 회귀방정식도 구하고 최적조건을 찾을 수 있는 실험계획법으로 Box & Behnken에 의하여 제안된 Box-Behnken(B-B) 계획법이 있다. 이 계획법은 인자의 수가 k개인 경우에 3^k요인배치법보다는 실험점의 수가 많지 않으면서도 직교블록(orthogonal blocking)을 만들기 용이하고, 2차 회귀방정식을 구할 수 있기 때문에 반응표면분석에서 흔히 사용된다.

실험인자 개수가 3개인 경우($k=3$) Box-Behnken 실험점을 그림으로 나타내면 [도표 11]과 같다. 이 그림에서 실험인자는 모두 3수준에서 실험되고 있고, 중심점에 3회 반복실험이 이루어진다. 그리고 또 하나의 특징은 구석점(corner point)에 실험점이 하나도 없고 변의 중심점과 전체 중심점에서만 실험점이 정해진다.

도표11 ┆ $k=3$ Box-Behnken 실험

$k=3$의 Box-Behnken 계획법의 그래프

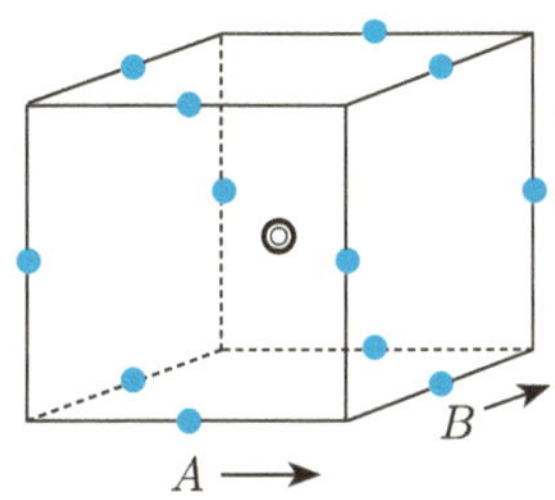

반응표면분석에서는 2차 회귀방정식을 구할 수 있고, 최적조건을 찾을 수만 있으면 구석점에서 실험이 되고 안 되는 것은 특별한 의미는 없다. Box-Behnken실험은 실험현장의 환경적 제약에 의해 구석점(coner points)에서 실험이 불가능하거나 기술적으로 의미가 없는 경우 반응표면 분석을 위한 실험계획으로 활용할 수 있어서 유용한 실험계획법이다.

예제 12·1

이 예제는 Frankel의 논문에 실려 있는 실험의 내용을 인용한 것이다.

Mercapatobenzothiazole(MBT)의 합성과정에 있어서 중요한 독립변수(인자)로 작용하는 것은 합성시간과 합성온도로 알려져 있으며, 이 두 인자가 MBT의 합성률에 어떠한 영향을 주고 있는가를 알아내고자 다음의 실험을 하였다.

각 독립변수를 선형변환시켜서

$$x_1 = \frac{\text{합성시간}(hr) - 12}{8}, \quad x_2 = \frac{\text{합성온도}(℃) - 250}{30}$$

으로 간단히 하여 주고, 12개의 데이터를 [도표12]와 같이 얻었다.

도표12 ¦ MBT 실험데이터

실험번호	실제의 독립변수		선형변환된 독립변수		반응량
	ξ_1(합성시간)	ξ_1(합성온도)	x_1	x_2	y(합성률: %)
1	4	250	−1	0	83.8
2	20	250	1	0	81.7
3	12	250	0	0	82.4
4	12	250	0	0	82.9
5	12	220	0	−1	84.7
6	12	280	0	1	57.9
7	12	250	0	0	81.2
8	6.3	229	$-\sqrt{2}/2$	$-\sqrt{2}/2$	81.3
9	6.3	271	$-\sqrt{2}/2$	$\sqrt{2}/2$	83.1
10	17.7	229	$\sqrt{2}/2$	$-\sqrt{2}/2$	85.3
11	17.7	271	$\sqrt{2}/2$	$\sqrt{2}/2$	72.7
12	4	250	−1	0	82.0

이 12개의 데이터 점(data points)을 그래프에 그려보면 [도표13]과 같게 된다. 이와 같이 배치된 실험계획법을 8각형 실험계획법이라 부른다.

도표13 ¦ 8각형 실험계획법

8각형실험계획법

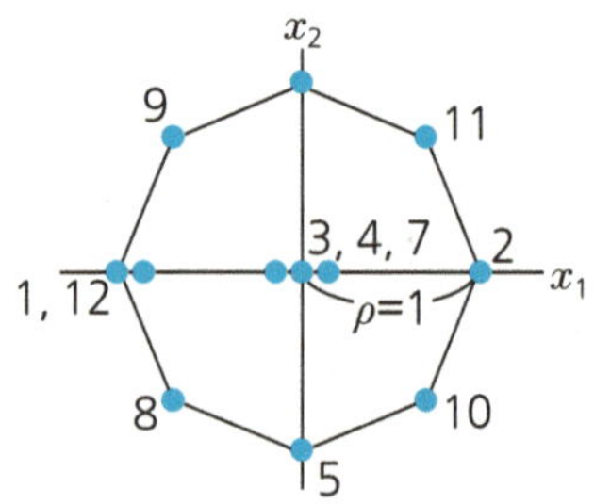

(숫자는 실험번호를 나타냄)

풀이 ■ MINITAB 반응표면설계분석

▶ 통계분석 > 실험계획법 > 반응표면 > 반응표면설계분석

-반응: 합성률

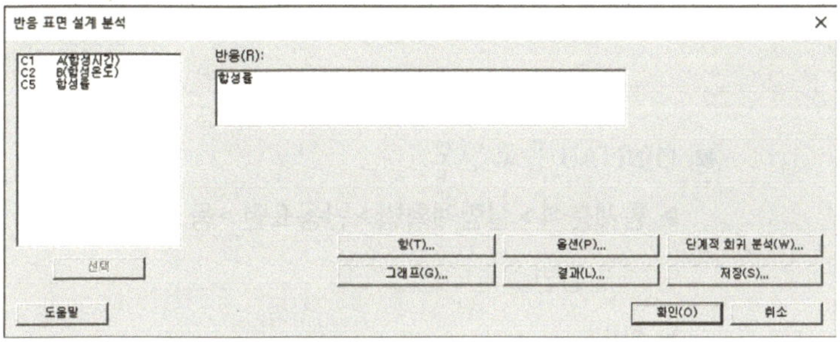

-항: 완전2차

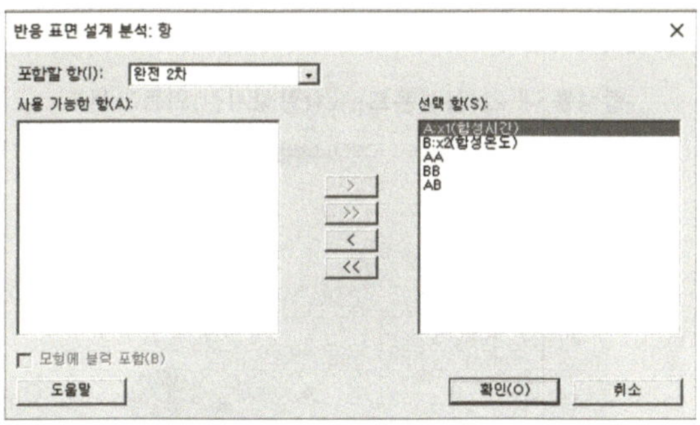

▶ 확인

▶ MINITAB 분석결과

코드화된 계수

항	계수	SE 계수	T-값	P-값	VIF
상수	82.20	2.70	30.45	0.000	
x1(합성시간)	-1.01	2.15	-0.47	0.655	1.04
x2(합성온도)	-8.61	2.34	-3.68	0.010	1.00
x1(합성시간)*x1(합성시간)	1.37	3.69	0.37	0.723	1.19
x2(합성온도)*x2(합성온도)	-8.79	3.91	-2.25	0.066	1.16
x1(합성시간)*x2(합성온도)	-7.20	4.68	-1.54	0.175	1.00

모형 요약

S	R-제곱	R-제곱(수정)	R-제곱(예측)
4.67618	79.52%	62.45%	0.00%

해설:

2차 회귀모형은 $y = 82.20 - 1.01x_1 - 8.61x_2 + 1.37{x_1}^2 - 8.79{x_2}^2 - 7.20x_1x_2$이다.

결정계수(R^2)는 79.52%로 2차회귀모형은 독립변수와 반응(합성률)과의 관계를 79.52% 설명해주고 있다.

▣ MINITAB 등고선도

▶ 통계분석 > 실험계획법 > 반응표면 > 등고선도

- 반응변수: 합성률

▶ 확인

▶ MINITAB 결과

합성률 등고선도

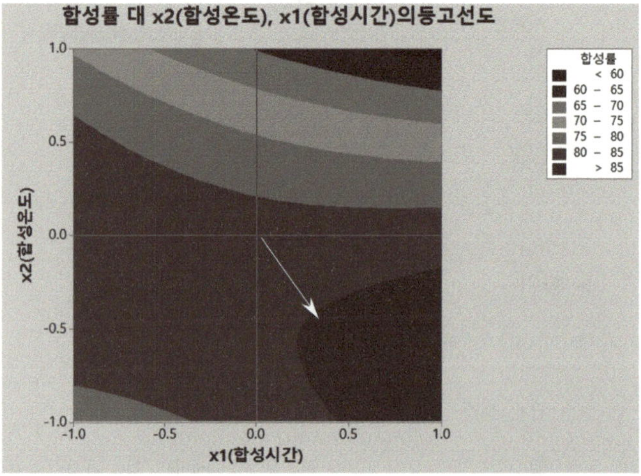

해설 :

합성률은 실험중심점에서 우측 하단 방향(합성온도는 낮고 반응 시간은 높은 실험영역) 으로 증가 한다.

▣ MINITAB 최적해 분석

▶ 통계분석 > 실험계획법 > 반응표면설계 > 반응최적화 도구

▶ 목적: 최대화

▶ 설정

- 목적: 최대화

- 하한: 85

- 목표값: 90

▶ 확인

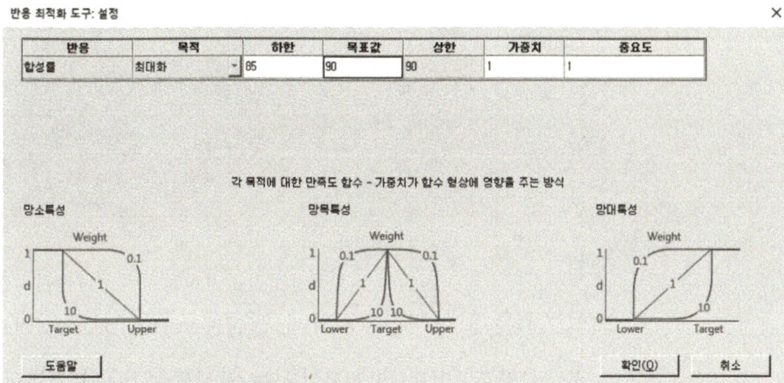

▶ MINITAB 분석결과

반응 최적화: 합성률

파라미터

반응	목적	하한	목표값	상한	가중치	중요도
합성률	최대값	85	90		1	1

솔루션

솔루션	x1(합성시간)	x2(합성온도)	합성률 적합치	종합 만족도
1	1	−0.898990	89.6676	0.933521

다중 반응 예측

변수	설정
x1(합성시간)	1
x2(합성온도)	−0.89899

반응	적합치	SE 적합치	95% CI	95% PI
합성률	89.67	6.44	(73.91, 105.42)	(70.19, 109.14)

(최적화 그림)

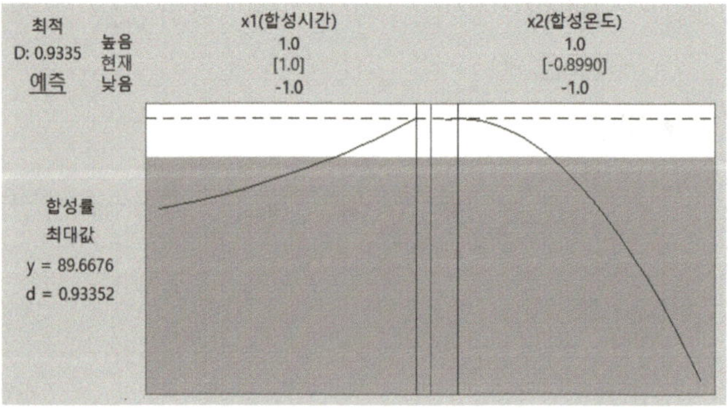

해설:

최적조건은 합성시간=20(hr), 합성온도=223.03 (250-30×0.8990 =223.03)(℃)이며 이때 예상되는 합성률은 89.6676%이다.

예제 12·2

소의 정액(bovine semen)을 영하 79℃로 보관하고 있는 어떤 실험실에서, 정액의 생존율(survival%)을 최대로 하기 위한 인자들의 최적조건을 찾기 위하여 다음의 실험을 하였다. 정액의 생존율에 영향을 주리라고 생각되는 3개의 인자(독립변수)로서 첫째로 구연산 나트륨(sodium citrate)의 %, 둘째로 글리세린(glycerine)의 %, 셋째로 평형시간(equilibration time)을 취해 주었다. 반응변수 y는 소의 정자(spermatozoa) 중에 살아있는 백분율을 측정한 것이다. 독립변수들의 값을 다음과 같이 변환에 의하여 간략화 하였다.

$$x_1 = \frac{\text{구연산나트륨}\% - 3}{0.7},\ x_2 = \frac{\text{글리세린}\% - 8.0}{3.0},\ x_3 = \frac{\text{평형시간} - 16.0}{6.0}$$

각 독립변수는 5개의 수준에서 측정되었다. 이 실험계획 에서 사용된 중심합성계획의 계획행렬과 그 데이터 벡터를 표시하면

계획수준		-2	-1	0	1	2
실제의 값	x_1(%)	1.6	2.3	3.0	3.7	4.4
	x_2(%)	2.0	5.0	8.0	11.0	14.0
	x_3(hr)	4.0	10.0	16.0	22.0	28.0

$$D = \begin{bmatrix} -1 & -1 & -1 \\ 1 & -1 & -1 \\ -1 & 1 & -1 \\ 1 & 1 & -1 \\ -1 & -1 & 1 \\ 1 & -1 & 1 \\ -1 & 1 & 1 \\ 1 & 1 & 1 \\ 0 & 0 & 0 \\ -2 & 0 & 0 \\ 2 & 0 & 0 \\ 0 & -2 & 0 \\ 0 & 2 & 0 \\ 0 & 0 & -2 \\ 0 & 0 & 2 \end{bmatrix} \quad (x_1 \; x_2 \; x_3) \qquad Y = \begin{bmatrix} 57 \\ 40 \\ 19 \\ 40 \\ 54 \\ 41 \\ 21 \\ 43 \\ 63 \\ 28 \\ 11 \\ 2 \\ 18 \\ 56 \\ 46 \end{bmatrix}$$

(1) 2차 모델 추정

풀이

▶ MINITAB 결과

MINITAB 반응표면분석: 2차 다항회귀모델

코드화된 계수

항	계수	SE 계수	T-값	P-값	VIF
상수	66.1	11.5	5.74	0.002	
x1(%)	-1.31	3.27	-0.40	0.704	1.00
x2(%)	-2.31	3.27	-0.71	0.511	1.00
x3(hr)	-1.06	3.27	-0.33	0.758	1.00
x1(%)*x1(%)	-11.26	3.93	-2.87	0.035	2.07
x2(%)*x2(%)	-13.64	3.93	-3.47	0.018	2.07
x3(hr)*x3(hr)	-3.39	3.93	-0.86	0.427	2.07
x1(%)*x2(%)	9.13	4.62	1.98	0.105	1.00
x1(%)*x3(hr)	0.63	4.62	0.14	0.898	1.00
x2(%)*x3(hr)	0.88	4.62	0.19	0.857	1.00

해설:

x_1^2, x_2^2의 회귀계수가 유의수준($\alpha=0.05$)에서 유의하므로 2차 모형이 반응을 설명하는데 적합하다.

분산 분석					
출처	DF	Adj SS	Adj MS	F-값	P-값
모형	9	3929.57	436.62	2.56	0.157
선형	3	131.19	43.73	0.26	0.854
x1(%)	1	27.56	27.56	0.16	0.704
x2(%)	1	85.56	85.56	0.50	0.511
x3(hr)	1	18.06	18.06	0.11	0.758
제곱	3	3123.00	1041.00	6.10	0.040
x1(%)*x1(%)	1	1405.39	1405.39	8.23	0.035
x2(%)*x2(%)	1	2060.52	2060.52	12.07	0.018
x3(hr)*x3(hr)	1	127.21	127.21	0.75	0.427
2차 교호작용	3	675.37	225.12	1.32	0.366
x1(%)*x2(%)	1	666.12	666.12	3.90	0.105
x1(%)*x3(hr)	1	3.13	3.13	0.02	0.898
x2(%)*x3(hr)	1	6.13	6.13	0.04	0.857
오차	5	853.37	170.67		
총계	14	4782.93			

해설:

반응표면 분석의 F=완전 2차 회귀모형에 대한 분산분석 결과 제곱항은 유의수준($\alpha=0.05$)에서 유의하며 선형항과 2차교호작용 항은 유의수준($\alpha=0.1$)에서 유의하지 않다.

▶ MINITAB 반응 등고선도 분석

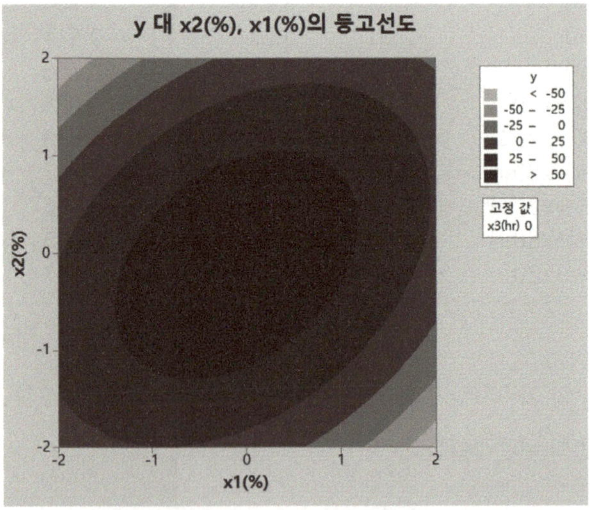

해설:

정상점은 최대점이며 실험중심점 근처에 있다.

▣ MINITAB 최적해 분석

▶ 통계분석 > 실험계획법 > 반응표면설계 > 반응최적화 도구

▶ 목적: 최대화

▶ 설정

- 하한: 55

- 목표: 65

▶ 확인

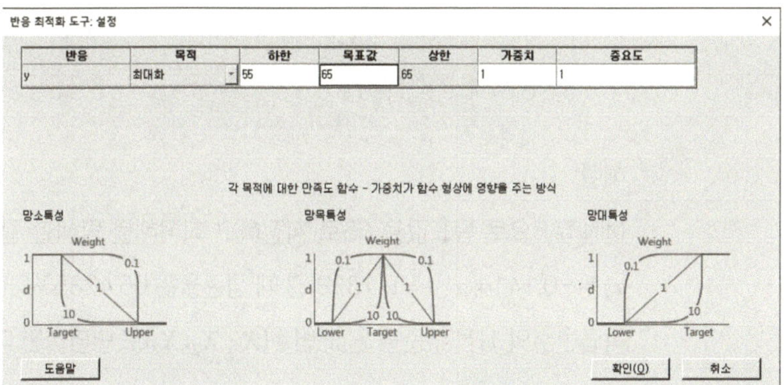

▶ MINITAB 분석결과

반응 최적화: y

파라미터

반응	목적	하한	목표값	상한	가중치	중요도
y	최대값	55	65		1	1

솔루션

솔루션	x1(%)	x2(%)	x3(hr)	y적합치	종합 만족도
1	-0.101010	-0.141414	-0.181818	66.4285	1

다중 반응 예측

변수	설정			
x1(%)	-0.10101			
x2(%)	-0.141414			
x3(hr)	-0.181818			

반응	적합치	SE 적합치	95% CI	95% PI
y	66.4	11.3	(37.3, 95.6)	(22.0, 110.9)

(최적화 그림)

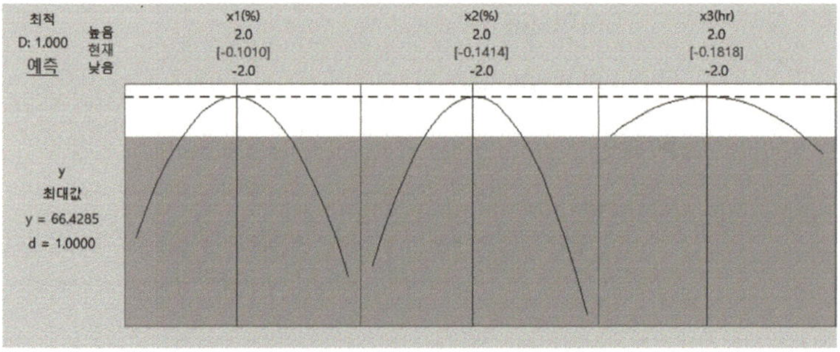

해설:

MINITAB으로 목표값을 65로 지정하고 최적해를 탐색한 결과 x_1=-0.101, x_2=−0.1414, x_3=−0.1818 일 때 생존율은 66.4285%이다.

독립변수의 최적 수준을 원래 변수(X_1, X_2, X_3)로 변환하면 다음과 같다.

−0.1010=(X_1−3)/0.7 로부터 X_1(구연산나트륨)=3−0.0707=2.92(%)

−0.1414=(X_2−8)/3.0 로부터 X_2(글리세린)=8−0.303=7.58(%)

−0.1818=(X_3−16)/6 로부터 X_3(평형시간)=16−0.8484=14.91(hr)

▶ 결론

X_1(구연산 나트륨)=2.92%, X_2(글리세린)=7.58%, X_3(평형시간)=14.91 (hr)일때 소의 정자 생존률은 66.4%이다.

예제 12·3

이 사례는 모 타이어 회사에서 Monopoly radial 타이어의 주행성능을 향상시키기 위하여 실시된 반응표면 실험계획법 적용사례이다.

현재 사용중인 Monopoly radial 타이어의 주행시험 결과를 분석한 결과 사고의 원인이 벨트 끝(belt edge)부분의 분리현상(separation)으로 인한 것이 90% 이상을 차지하고 있음을 알아내고, 벨트고무인 505번 배합고무의 접착성을 개선하고자 하였다. 현용 505번 배합고무의 Steel 접착력은 시험결과 $68kg/in^2$이었다.

접착력에 영향을 주리라고 믿어지는 여러 가지 인자에 대한 연구 결과, 배합고무를 만들 때 사용되는 G300과 V130이 가장 중요한 인자임을 알아내고, 이에 관한 집중적인 연구를 실시하기로 하였다. 데이터 분석을 용이하게 하여주기 위하여 요인실험을 계획하고, G300을 A인자로 하고 V130을 B인자로 하여 각각 3수준을 현재 사용되는 (α, β) 수준을 중심으로 다음과 같이 변화 시켜 반복 3회를 실시하여 모두 27회 실험을 실시키로 하였다.

이 실험의 목적은 G300과 V130의 최적수준을 찾기 위한 것이므로, 이원배치법에 의한 분산분석보다 반응표면분석을 통한 최적수준의 결정이 더 바람직하다고 생각하고 다음의 변수변환을 하였다.

$$x_1 = \frac{(G300\text{의 양}) - \alpha}{2}, \quad x_2 = \frac{(V130\text{의 양}) - \beta}{0.5}$$

도표14 ┆ 적용 사례의 데이터

번호	x_1	x_2	y_1(접착력)	y_2(Modulus)	y_3(신율)
1	-1	-1	79	116	445
2	-1	-1	79	118	440
3	-1	-1	74	117	430
4	-1	0	65	138	420
5	-1	0	62	140	400
6	-1	0	67	131	430
7	-1	1	66	139	400
8	-1	1	67	132	420

9	-1	1	70	133	430
10	0	-1	84	144	430
11	0	-1	79	131	420
12	0	-1	73	143	435
13	0	0	76	136	425
14	0	0	77	143	425
15	0	0	78	136	400
16	0	1	82	143	365
17	0	1	80	148	340
18	0	1	74	152	395
19	1	-1	83	124	415
20	1	-1	75	125	435
21	1	-1	78	129	435
22	1	0	85	139	390
23	1	0	72	146	400
24	1	0	67	137	395
25	1	1	82	139	400
26	1	1	79	143	420
27	1	1	78	152	355

(1) y_1(접착력)의 2차 다항회귀모델

▶ MINITAB 결과

코드화된 계수

항	계수	SE 계수	T-값	P-값	VIF
상수	75.00	1.89	39.63	0.000	
x1(G300)	3.89	1.04	3.75	0.001	1.00
x2(V130)	−1.44	1.04	−1.39	0.178	1.00
x1(G300)*x1(G300)	−4.33	1.80	−2.41	0.025	1.00
x2(V130)*x2(V130)	4.67	1.80	2.60	0.017	1.00
x1(G300)*x2(V130)	2.67	1.27	2.10	0.048	1.00

분산 분석

출처	DF	Adj SS	Adj MS	F-값	P-값
모형	5	638.44	127.69	6.60	0.001
선형	2	309.78	154.89	8.01	0.003
x1(G300)	1	272.22	272.22	14.07	0.001

x2(V130)	1	37.56	37.56	1.94	0.178
제곱	2	243.33	121.67	6.29	0.007
x1(G300)*x1(G300)	1	112.67	112.67	5.82	0.025
x2(V130)*x2(V130)	1	130.67	130.67	6.75	0.017
2차 교호작용	1	85.33	85.33	4.41	0.048
x1(G300)*x2(V130)	1	85.33	85.33	4.41	0.048
오차	21	406.22	19.34		
적합성 결여	3	56.89	18.96	0.98	0.425
순수 오차	18	349.33	19.41		
총계	26	1044.67			

해설:

y_1(접착력)의 2차 다항회귀 모형을 최소제곱법으로 추정하고 실험변수 x_1, x_2의 제곱항의 유의성 검정 결과 $p-$값이 각각 0.025, 0.017이므로 유의수준($\alpha = 0.05$)에서 귀무가설(H_0 : 회귀계수는 0이다)은 기각된다. 2차 다항 회귀모형에 대한 $F-$검정결과 $p-$값이 0.001로 매우 유의하다. 적합된 2차 다항모델은 반응을 설명하는 데 적합하다.

▶ MINITAB 그래프 분석

반응등고선도: 접착력(y_1)

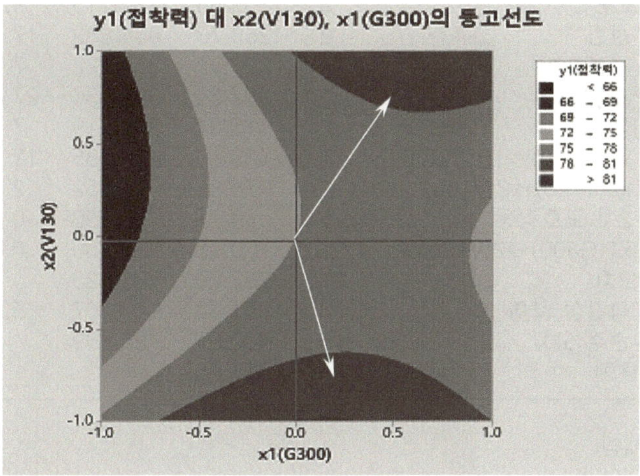

해설:

정상점은 안부점(saddle point)이다. 접착력은 실험중심점(0, 0)에서 x_2 축으로 상, 하 양 방향으로 반응값이 증가한다. x_2 축의 양 끝점 에서 거의 동일한 접착력이 예상된다.

(2) y_2(modulus)의 2차 다항회귀모델

▶ MINITAB 결과

코드화된 계수

항	계수	SE 계수	T-값	P-값	VIF
상수	144.15	2.58	55.97	0.000	
x1(G300)	3.89	1.41	2.76	0.012	1.00
x2(V130)	7.44	1.41	5.28	0.000	1.00
x1(G300)*x1(G300)	-8.56	2.44	-3.50	0.002	1.00
x2(V130)*x2(V130)	-3.56	2.44	-1.46	0.160	1.00
x1(G300)*x2(V130)	0.25	1.73	0.14	0.886	1.00

해설:

y_2(modulus)의 2차 다항모형을 최소제곱법으로 추정하여 x_1의 제곱항에 대한 통계검정결과 $p-$값이 각각 0.002로서 유의하다. 하지만 x_2 제곱항의 계수는 유의하지 않다.

분산 분석

출처	DF	Adj SS	Adj MS	F-값	P-값
모형	5	1785.56	357.113	9.97	0.000
선형	2	1269.78	634.889	17.72	0.000
x1(G300)	1	272.22	272.222	7.60	0.012
x2(V130)	1	997.56	997.556	27.85	0.000
제곱	2	515.04	257.519	7.19	0.004
x1(G300)*x1(G300)	1	439.19	439.185	12.26	0.002
x2(V130)*x2(V130)	1	75.85	75.852	2.12	0.160
2차 교호작용	1	0.75	0.750	0.02	0.886
x1(G300)*x2(V130)	1	0.75	0.750	0.02	0.886
오차	21	752.29	35.823		
적합성 결여	3	351.62	117.207	5.27	0.009
순수 오차	18	400.67	22.259		
총계	26	2537.85			

해설:

추정된 2차 다항 회귀모형에 대한 $F-$검정결과 회귀모형에 대한 $p-$값이 0.000로 매우 유의하다. 선형항과 제곱항은 계수는 유의수준($\alpha=0.05$) 에서 유의하다. 교호작용 항의 계수는 유의수준($\alpha=0.1$)에서 유의하지 않다.

▶ MINITAB 그래프 분석

반응등고선도: Modulus(y_2)

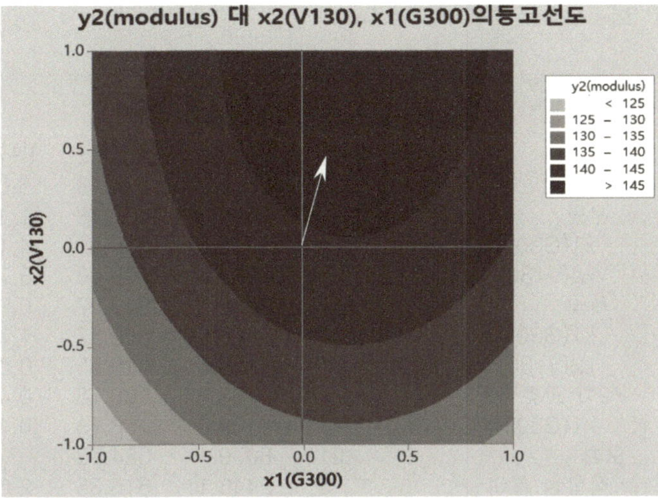

해설:

정상점은 최대값을 갖는 최대점이다. 실험중심점에서 x_2가 증가하는 방향으로 반응값이 상승하는 상승능선이 존재 할 것으로 보이므로 실험영역 밖에서 확인실험을 해보는 것도 의미가 있다.

(3) y_3(신율)의 2차 다항회귀모델

▶ MINITAB 분석결과

코드화된 계수

항	계수	SE 계수	T-값	P-값	VIF
상수	402.41	8.44	47.67	0.000	
x1(G300)	-9.44	4.62	-2.04	0.054	1.00
x2(V130)	-20.00	4.62	-4.33	0.000	1.00
x1(G300)*x1(G300)	10.56	8.01	1.32	0.202	1.00
x2(V130)*x2(V130)	2.22	8.01	0.28	0.784	1.00
x1(G300)*x2(V130)	-3.75	5.66	-0.66	0.515	1.00

해설:

y_3(신율)의 2차 다항모형의 x_1^2, x_2^2의 p값이 각각 0.202, 0.784로 유의수준

(α=0.1)에서 유의하지 않다. 1차항 x_1의 회귀계수는 유의수준(α=0.1)에서 유의하고, x_2의 회귀계수는 유의수준(α=0.1)에서 유의하다. y_3(신율)은 1차 회귀식으로 설명해도 별 무리가 없을 것으로 판단된다.

분산 분석

출처	DF	Adj SS	Adj MS	F-값	P-값
모형	5	9672.5	1934.49	5.03	0.003
선형	2	8805.6	4402.78	11.44	0.000
x1(G300)	1	1605.6	1605.56	4.17	0.054
x2(V130)	1	7200.0	7200.00	18.71	0.000
제곱	2	698.1	349.07	0.91	0.419
x1(G300)*x1(G300)	1	668.5	668.52	1.74	0.202
x2(V130)*x2(V130)	1	29.6	29.63	0.08	0.784
2차 교호작용	1	168.8	168.75	0.44	0.515
x1(G300)*x2(V130)	1	168.8	168.75	0.44	0.515
오차	21	8079.4	384.73		
적합성 결여	3	2446.1	815.35	2.61	0.083
순수 오차	18	5633.3	312.96		
총계	26	17751.9			

해설:

추정된 2차 회귀모형에 대한 분산분석결과 선형항은 유의수준(α=0.05)에서 유의하다. 하지만 제곱항과 2차 교호작용 항은 유의수준(α=0.1)에서 유의하지 않다.

▶ MINITAB 그래프 분석

반응등고선: 신율(y_3)

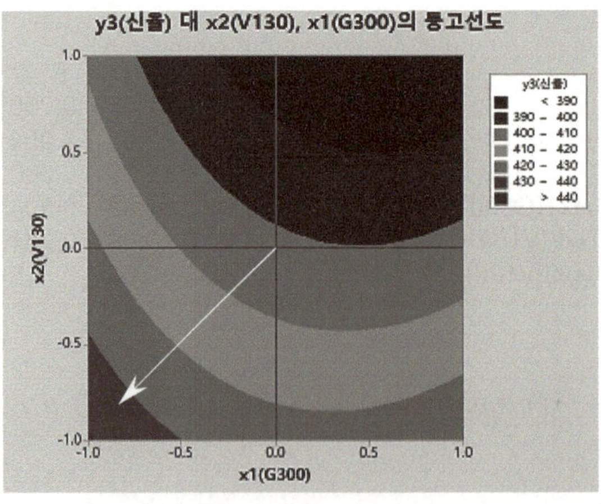

해설:

신율(y_3)은 실험 중심점에서 x_1, x_2가 모두 감소하는 방향으로 증가 한다.

(4) 최적해 분석

이 회사에서 희망하는 것은 y_2(300% modulus)의 값이 145 이상이고, y_3(신율)가 388 이상이면서 y_1(접착력)을 최대로 하여주는 조건을 찾는 것이다.

▣ MINITAB 반응최적화 도구

▶ 통계분석 > 실험계획법 > 반응표면 > 반응최적화 도구

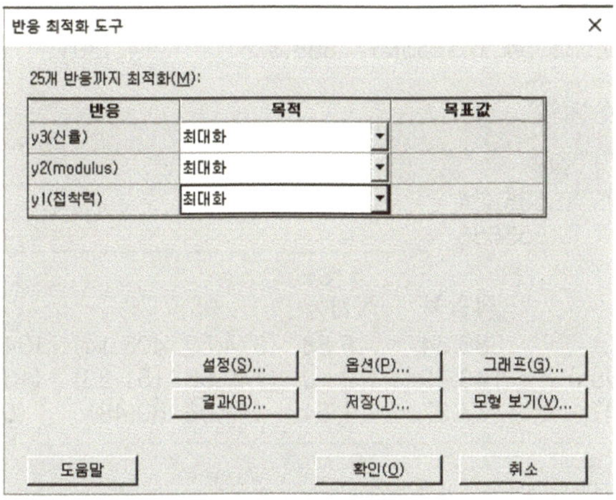

▶ 설정

- y_1 : 목표: 최대화, 하한: 75, 목표값: 85, 가중치: 10
- y_2 : 목표: 최대화, 하한: 145, 목표값: 185, 가중치: 1
- y_3 : 목적: 최대화, 하한: 388, 목표값: 430, 가중치: 1

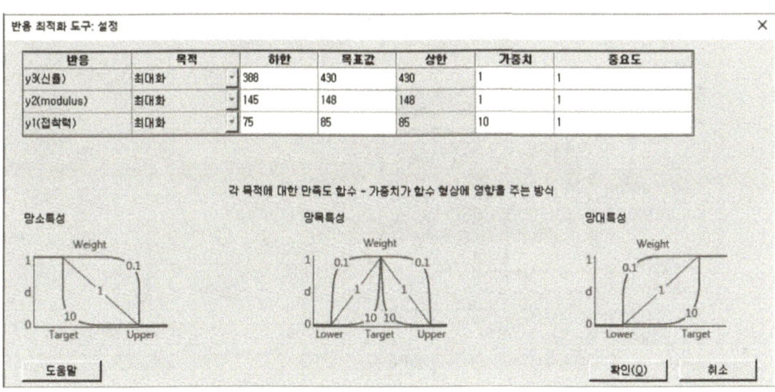

▶ 확인

▶ MINITAB 분석결과

반응 최적화: y3(신율), y2(modulus), y1(접착력)

파라미터

반응	목적	하한	목표값	상한	가중치	중요도
y3(신율)	최대값	388	430		1	1
y2(modulus)	최대값	145	148		1	1
y1(접착력)	최대값	75	85		10	1

솔루션

솔루션	x1(G300)	x2(V130)	y3(신율) 적합치	y2(modulus) 적합치	y1(접착력) 적합치	종합 만족도
1	0.535354	0.555556	388.836	146.891	77.2710	0.0016603

다중 반응 예측

변수	설정
x1(G300)	0.535354
x2(V130)	0.555556

반응	적합치	SE 적합치	95% CI	95% PI
y3(신율)	388.84	6.88	(374.53, 403.14)	(345.61, 432.06)
y2(modulus)	146.89	2.10	(142.53, 151.25)	(133.70, 160.08)
y1(접착력)	77.27	1.54	(74.06, 80.48)	(67.58, 86.96)

(최적화 그림)

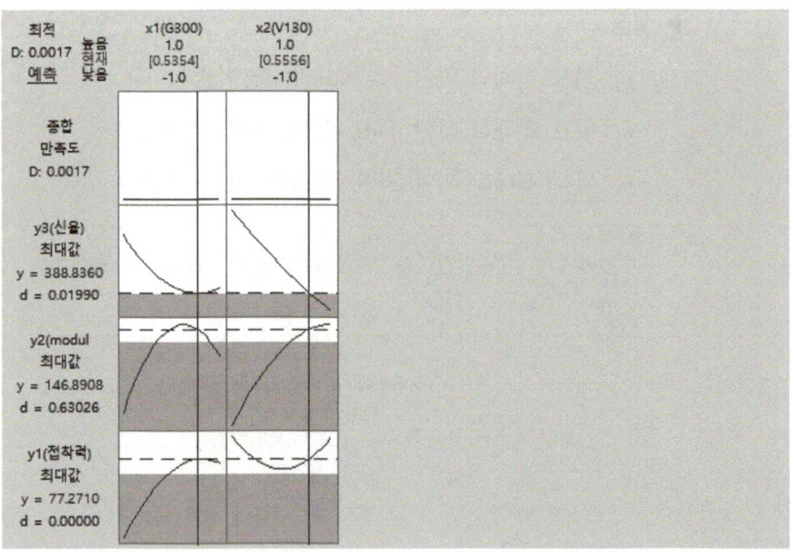

해설:

MINITAB 분석에서 접착력(y_1)을 최대화 하는 것이 중요하다도 판단되어 가중치를 10으로 하였다. 최적해는 실험인자 x_1(G300), x_2(V130)가 각각 0.535, 0.555일 때이다. 이때 예상되는 반응값은 접착력(y_1), Modulus(y_2), 신율(y_3)이 각각 77.27, 146.89, 388.83이다. 독립변수 x_1, x_2는 원래의 실험 변수를 표준화한 변수이므로 현장에 적용하기 위해서는 다음과 같이 최적해를 원래의 변수로 환산해 주어야 하다.

G300의 양 = α(현재사용량) + 2 × 0.535
V130의 양 = β(현재사용량) + 0.5 × 0.555

G300과 V130의 최적 배합수준은 현재수준보다 높은 곳에 있음을 알 수 있다.

4. 정준분석

균등 정밀 회전가능 중심합성계획의 실험데이터를 이용하여 2차 다항 회귀모형의 회귀식을 추정한 후 목표는 반응값을 최적으로 하는 공정조건을 찾는 것이다. 최적조건에서의 독립변수들의 값을 최적점(optimum point)이라하고 최적점에서의 반응값을 최적 반응값이라 한다.

k개의 선형변환된(코드화) 변수로 표현된 2차 다항 회귀모형의 추정식은 다음과 같이 절편항, 선형항, 제곱항, 상호작용항으로 표기한다.

$$\hat{y} = \beta_0 + \sum_{i=1}^{k} \beta_i x_i + \sum_{i=1}^{k} \beta_{ii} {x_i}^2 + \sum_{i=1}^{k-1} \sum_{j=i+1}^{k} \beta_{ij} x_i x_j \qquad (12\cdot3)$$

실험인자가 2개인 경우 2차 다항 회귀모형의 추정식 $\hat{y}$는

$$\hat{y} = \beta_0 + \beta_1 x_1 + \beta_2 x_2 + \beta_{12} {x_1}^2 + \beta_{22} {x_2}^2 + \beta_{12} x_1 x_2$$

이다.

실험인자가 k개 일 때 2차 다항회귀모형의 회귀계수는 절편항 1개, 1차항 k개, 제곱항 k개, 교호작용항 $\frac{k(k-1)}{2}$개 이고, 모두 $1+2+\frac{k(k-1)}{2}$개 이다.

식 (12·3)으로 표현된 반응표면에서 최적점을 찾으려면 반응표면 함수를 각 변수에 대해 편미분한 함수를 0으로 놓고 얻어지는 연립방정식을 풀어야 한다. 즉,

$$\frac{\partial \hat{y}}{\partial x_1}=\frac{\partial \hat{y}}{\partial x_2}=\cdots=\frac{\partial \hat{y}}{\partial x_k}=0$$

이 k개의 연립방정식의 해를 $x_0=(x_{01},\ x_{02},\ \cdots,\ x_{0k})$로 표기하자. 그리고, 이와 같은 점을 정상점(stationary point)이라 부른다. 정상점은 2차 회귀모형의 그래프가 상승 (또는 하강) 하다가 기울기가 0 이 되는 지점이므로 최대값 또는 최소값 중 하나 인 경우가 많다. 하지만 정상점이 반드시 최적점은 아니다. 반응표면이 산과 사발의 모양일 때는 정상점에서 각각 최대값과 최소값을 갖지만, 반응표면이 말 안장의 모양일 때는 일반적으로 두 개의 정상점을 갖는다 이러한 정상점을 안부점(saddlepoint)이라고 부른다. 안부점이 존재 할 경우 최적점은 정준분석(canonical analysis)을 통해 구할 수 있다. 또한 실험범위에서 반응표면이 올라가는 능선의 모양일 때는 상승능선(rising ridge)이 존재한다. 상승능선이 존재 할 경우 정상점은 실험범위 밖에 존재하게 된다.

식 (12·3)에 주어진 2차 다항 회귀모형의 추정식만을 보아서는 반응표면의 모양이 크게 분류하여 4가지 모양들 중에서 어떠한 모양에 해당되는 지를 판단할 수가 없다. 정준분석이란 2차 다항 회귀모형의 추정식을 변환하여 반응표면의 모양이 크게 분류하여 4가지 모양들 중에서 어떠한 모양에 해당되는 지를 쉽게 판단할 수 있도록 도와주는 반응표면분석의 기법이다.

이차 다항 모형의 추정식 (12·3)를 다음과 같은 행렬 모형으로 표현하자.

$$\hat{y}=b_0+\boldsymbol{x}'\boldsymbol{b}+\boldsymbol{x}'\boldsymbol{B}\boldsymbol{x} \qquad (12\cdot4)$$

여기서 각 행렬들은 다음을 나타낸다.

$$\boldsymbol{x}=\begin{bmatrix} x_1 \\ x_2 \\ \vdots \\ x_k \end{bmatrix} \quad \boldsymbol{b}=\begin{bmatrix} b_1 \\ b_2 \\ \vdots \\ b_k \end{bmatrix} \quad \boldsymbol{B}=\begin{bmatrix} b_{11} & b_{12}/2 & \cdots & b_{1k}/2 \\ & b_{22} & \cdots & b_{2k}/2 \\ & & \ddots & \vdots \\ (\text{대칭}) & & & b_{kk} \end{bmatrix}$$

적합된 모형 (2)에서 정상점 x_0는 다음과 같이 구한다.

$$\frac{\partial \hat{y}}{\partial \boldsymbol{x}} = \boldsymbol{b} + 2\boldsymbol{B}\boldsymbol{x} = 0 \;\Rightarrow\; x_0 = (x_{01}, x_{02}, \cdots, x_{0k}) = -\frac{1}{2}\boldsymbol{B}^{-1}\boldsymbol{b}$$

또한, 정상점에서 반응 추정값 $\hat{y}_s$는

$$\hat{y}_s = \beta_0 + \frac{1}{2}x_0'b$$

이다.

정상점이 최대 반응점인지, 또는 최소 반응점인지, 또는 안부점인지는 2차항의 계수 행렬 $\boldsymbol{B}$의 고유값(eigenvalue)의 부호로 판정한다.

B의 고유값(λ)	정상점
전부 음수이면	최대점
전부 양수이면	최소점
음수와 양수가 섞여 있으면	안부점

그런데, 사실상 $\boldsymbol{B}$의 고유값(λ)의 부호뿐 아니라 고유값의 절대 크기 또한 시스템을 이해하는데 필수적이다. 이런 점을 감안하면 모형 (12·3)을 직접 사용하는 대신, 다음과 같이 새로운 좌표 체계로 표시한 모형의 도입이 분석에 매우 도움이 된다.

$$\hat{y} = \hat{y}_s + \lambda_1 w_1^2 + \lambda_2 w_2^2 + \cdots + \lambda_k w_k^2 \tag{12·5}$$

여기서 $\hat{y}_s$는 정상점 x_0에서의 반응값의 추정치이고 회귀계수 λ_k들은 $\boldsymbol{B}$의 고유값(λ)들이다.

모형 (12·5)를 모형 (12·3)의 정준형식(canonical form)이라 부른다. 모형 (12·3)은 원래 $(x_1, x_2, \cdots, x_k)$ 직교 좌표 체계에서 표현된 2차 다항식인데, 모형 (12·5)는 2차 다항식의 정상점을 중심으로 즉, 정상점을 새로운 원점으로 하여 원래의 직교좌표축들을 동시에 회전시켜서 새로운 직교 좌표 체계인 $(w_1, w_2, \cdots, w_k)$로 간단하게 표현된 2차 다항식이다. [도표15]에 $k=2$일 때 좌표축의 회전을 도시하였다.

도표15 ¦ 2차 모형의 정준 형식

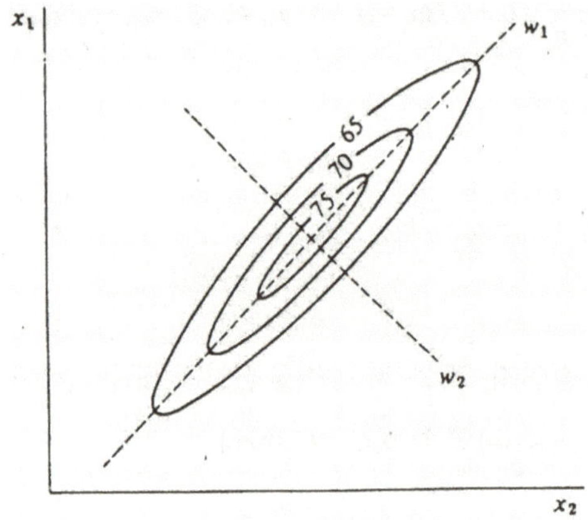

정준형식은 원래의 2차 다항 모형에 비하여 해석상 매우 다루기가 편하다. 즉, 원래 2차 모형에는 1차항뿐 아니라 x_ix_j와 같은 교호작용을 나타내는 2차항들도 들어있어 적합된 회귀계수들의 의미를 해석하기가 어려운 면이 있지만, 정준 형식에서는 순수 2차 항들의 계수가 곧 해당 변수의 고유값(eigen value)이므로, 정상점의 본질에 대한 판정이 쉽다. 또한, 각 독립변수의 반응값에 대한 영향의 크기는 각 고유값의 절대값에 비례하는데, 원래 2차 모형에는 이런 영향의 측도가 없는 반면, 정준형식에서는 고유값의 크기만으로 어느 변수가 반응값에 가장 영향력이 큰지 등을 쉽게 알 수 있다. 이렇게 정준 형식을 통하여 반응표면을 분석하는 통계 기법을 정준분석(canonical analysis)이라 한다.

정준형식(canonical form)에서 고유값들의 부호를 기준으로 정상점의 성격을 구분하는 방법은 앞서 요약하였다. 이것과 더불어 고유값의 크기까지 고려하여 시스템을 해석하는 방법을 $k=2$인 경우의 몇 가지 상황을 기초로 생각해보자. 부호화된 변수 x_1과 x_2에 대한 행렬 $\boldsymbol{B}$의 고유값을 각각 λ_1과 λ_2라 하자.

만일 $\lambda_1<\lambda_2<0$이면 정상점은 최대 반응점이고, 정상점을 중심으로 정준변수 w_2에 비하여 정준변수 w_1에 대한 반응의 변화가 급하다. 만일 $\lambda_1>\lambda_2>0$이면 정상점은 최소 반응점이고, 정준변수 w_2에 비하여 정준변수 w_1에 대한 반응의 변화가 급하다. 만일 고유

치의 부호가 달라서 $\lambda_1>0$, $\lambda_2<0$, $|\lambda_1|>|\lambda_2|$이면 정상점은 안부점(saddle points)이고, 변수 w_2에 대하여 반응은 감소할 것이고, 변수 w_1에 대한 반응은 증가할 것이다. 그리고, 변수 w_1에 대한 반응의 변화가 급하다.

예제 12·4

예제 12·3에서 반응 y_1(접착력)의 2차 회귀모형에 대한 정준분석(canonical analysis)을 실시하여 정상점(x_0)과 정상점에서의 반응 예측값($\hat{y}_s$), 정준식을 구하시오. 정상점은 최소점, 최대점, 안장점 중 어느 것에 해당하는가?

풀이 y(접착력) $=75+3.899x_1-1.444x_2-4.333{x_1}^2+4.667{x_2}^2+2.667x_1x_2$로부터 행렬 x, b, B는 다음과 같다.

$$\boldsymbol{x}=\begin{bmatrix} x_1 \\ x_2 \end{bmatrix} \quad \boldsymbol{b}=\begin{bmatrix} 3.899 \\ -1.444 \end{bmatrix} \quad \boldsymbol{B}=\begin{bmatrix} -4.333 & 1.334 \\ 1.334 & 4.667 \end{bmatrix}$$

행렬 $\boldsymbol{B}$의 역행렬 B^{-1}은,

$$\begin{bmatrix} -4.333 & 1.334 \\ 1.334 & 4.667 \end{bmatrix}^{-1}=\begin{bmatrix} -0.212120 & 0.060632 \\ 0.060632 & 0.196940 \end{bmatrix}$$

이다.

1. 정상점(stationary point)

$x_0=(x_{01},\ x_{02})=-\dfrac{1}{2}\boldsymbol{B}^{-1}\boldsymbol{b}$ 로부터,

$$x_0=(x_{01},\ x_{02})=-\frac{1}{2}\times\begin{bmatrix} -0.212120 & 0.060632 \\ 0.060632 & 0.196940 \end{bmatrix}\begin{bmatrix} 3.899 \\ -1.444 \end{bmatrix}=\begin{bmatrix} 0.457 \\ 0.024 \end{bmatrix}$$

정상점은 (0.457, 0.024) 이다.

2. 정상점에서 예측되는 반응(접착력) 값

$$\hat{y}_s=75+\frac{1}{2}[0.457\ \ 0.024]\begin{bmatrix} 3.899 \\ -1.444 \end{bmatrix}=76.747 \text{ 이다.}$$

3. 정준형식(canonical form)

행렬 B의 고유값 (λ_1, λ_2)을 먼저 구한다. 행렬 B의 고유값은 $|B-\lambda I|=0$을 만족하는 λ값이다.

$\begin{bmatrix} -4.333-\lambda & 1.334 \\ 1.334 & 4.667-\lambda \end{bmatrix}=0$을 간단히 하면, $\lambda^2+0.333\lambda-22=0$이 되고 이차방정식의 해를 구하면 $\lambda_1=4.86$, $\lambda_2=-4.53$이다. 정준형식(canonical form)은 $\hat{y}=76.747+4.86w_1^2-4.53w_2^2$이다.

정준변수 w_1, w_2의 계수 λ_1, λ_2 부호가 서로 다르므로 정상점은 최대점도 최소점도 아닌 안부점(saddle point) 이다.

▣ MINITAB 으로 역행렬과 고유값 구하기

MINITAB을 이용하면 반응표면분석의 정상점과 정준형식을 구하기 위한 행렬 B의 역행렬과 고유값(eigen value)을 쉽게 구할 수 있다.

(1) MINITAB 워크시트의 1열과 2열에 행렬 B를 입력한다.

↓	C1	C2	C3
1	-4.333	1.334	
2	1.334	4.667	
3			

(2) 데이터>복사>열을 행렬로

- 복사될 열 : C1 C2
- 복사된 데이터 저장: M1
- 확인

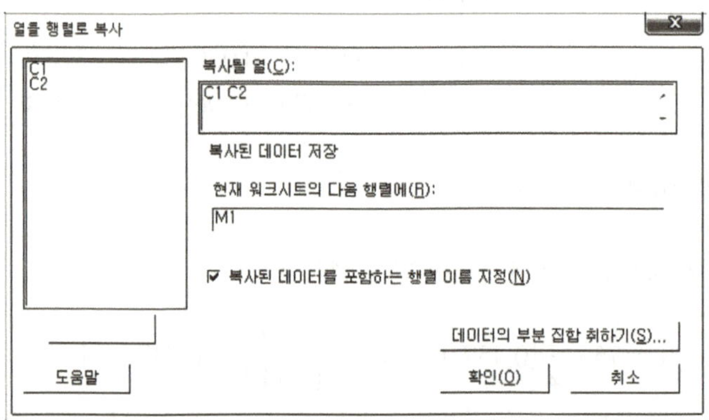

(3) 계산>행렬>역행렬 구하기

- 역행렬을 위한 행렬위치: M1
- 결과 저장위치: M2

(4) 편집기>명령줄 표시

- PRINT M2

▶ MINITAB 출력

데이터 표시

```
행렬 M2

-0.212120  0.060632
 0.060632  0.196940

MTB >
```

해설:

MINITAB 세션 창에 역행렬 B^{-1}이 출력된다.

▣ MINITAB 으로 행렬 B의 고유값 구하기

(1) 부터 (2) 까지의 순서는 역행렬을 구할때와 같다.

(3) 계산>행렬>고유분석

- 분석할 행렬: M1
- 저장 고유값 열: C6
- 고유벡터행렬: M10
- 확인

C5	C6	C7
	4.86057	
	-4.52657	

▶ MINITAB 출력: 고유값

해설:

지정한 워크시트 열(C6)에 고유값 계산결과가 저장된다.

$\lambda_1 = 4.86057$, $\lambda_2 = -4.52657$이다.

(4) 편집>명령줄 편집기

- PRINT M10

▶ MINITAB 결과

고유벡터(eigen vector)행렬

데이터 표시

행렬 M10

```
0.143598   0.989636
0.989636  -0.143598

MTB > |
```

해설:

고유벡터 행렬(M10)은 세션창에 출력 된다.

5. 최대경사법

최대경사법(the method of steepest descent)은 축차적인 실험을 통하여 반응치가 커지는 방향으로 이동해 가면서 인자들의 최적수준을 찾아가는 실험계획법을 말한다. 앞에서 다룬 EVOP법은 공장의 현장에서 사용되는 실험계획으로 주로 사용되지만, 최대경사법은 실험실이나 파일럿 플랜트(pilot plant)에서 주로 사용되는 방법으로 특히, 신제품 이나 새로운 생산공정의 연구·개발에 인자들의 최적조건을 모르는 상태에서 탐색적 연구를 통해 최적조건을 찾아가는 방법으로 많이 사용된다.

반응값을 작게 하여 주는 방향으로 이동해 가고 싶은 경우가 있는데, 이 때에도 최대경사법을 사용한다. 반응값을 크게 하여 주거나, 작게 하여 주거나 개념상 똑같은 의미이므로 크게 하여 주는 것만 다루기로 한다.

최대경사법 실행 절차는 다음과 같다.

① 원래 실험인자들(ξ_1, ξ_2, $\cdots$, ξ_k)의 수준을 수치변환시켜서 선형변환된 변수들(x_1, x_2, $\cdots$, x_k)의 흥미영역이 $-1 \le x_i \le 1$, $i=1, 2, \cdots, k$이 되도록 만든다. 이 때 인자들의 수준은 비교적 좁은 범위 내에서 선택하여 반응표면이 흥미영역 내에서 평면으

로 생각될 수 있도록 한다.

② 실험인자(독립변수) $x_1, x_2, \cdots, x_k$에 대한 2^k요인배치법, 또는 2^k요인실험의 일부실시법으로 실험을 하여 관심이 있는 반응에 대한 데이터를 수집한다.

이 때 각 인자의 2 수준은 (－1, 1)로 한다. 필요시 실험 중심점(0, 0, ⋯, 0)에서 여러번 반응값을 측정하여 반응의 곡면성 여부를 확인 할 수 있다.

③ 데이터를 최소제곱법에 의하여 적합시켜 1차 회귀모형

$$\hat{y} = \hat{\beta}_0 + \hat{\beta}_1 x_1 + \hat{\beta}_2 x_2 + \cdots + \hat{\beta}_k x_k$$

를 구한다.

④ 1차 회귀모형에서 얻은 기울기 $\hat{\beta}_i$로부터 중심점에서 시작하여 반응값을 가장 빠르게 증가시킬 수 있는 최대경사방향(path of steepest ascent)을 구한다.

$$\frac{\partial \hat{y}}{\partial x_i} = \hat{\beta}_i, \quad i = 1, 2, \cdots, k$$

로 되어, 최대경사방향에 있어서의 x_i의 변화는 $\hat{\beta}_i$에 비례한다.

⑤ 최대경사방향으로 중심점을 옮긴 후에(어느 정도 멀리 옮기는가는 실험자가 결정하여야 함) 다시 위의 ②~④의 절차를 반복하여 나간다. 이처럼 몇차례 반복실험 후에 반응값이 증가 하다가 감소하거나 1차 회귀방정식의 기울기 $\hat{\beta}_i$가 모두 작을 때에는 반응표면이 평탄한 지역(정상점 부근)에 도달한 것을 의미하며, 가까운 곳에 최고점(maximum point)이 있다는 의미가 된다. 최대경사법의 실험은 여기서 끝나게 된다.

최대경사법에 의하여 최고점 근처에 왔다고 믿어지면, 곡면을 적합시킬 수 있는 실험계획법(중심합성계획법 이나 기타 반응표면 실험계획법)을 사용하여 2차 회귀모형을 적합시켜 최적점과 최적점에서의 최적 반응값을 찾는다

Box와 Wilson은 최대경사법을 사용하여 최고점이 있는 지역을 찾아가고, 그 다음 단계로 적절한 반응표면실험계획(중심합성계획, Box-Behnken 등)에 의하여 최고점을 찾아내는 일련의 통계적 방법을 등산법(climbing method)이라고 불렀다.

다음의 예제를 통하여 최대경사법의 사용방법을 상세히 설명하기로 한다.

예제 12·5

어떤 플라스틱 틀(plastic die)의 마모를 최소화시키기 위하여 에폭시수지(epoxy resin)의 농도(x_1)와 성형기의 위치(x_2)가 어떤 값을 취하면 좋은가를 알고자 한다. 최적수준을 찾기 위하여 중심점($x_1 = x_2 = 0$)에서 출발하여 최대경사방향을 따라 축차적으로 실험하여 가고 싶다. 특성치는 일정기간이 지난 후에 마모되는 플라스틱 틀의 두께(mm)를 측정한 값이다. 여기서 x_1과 x_2는 다음과 같이 선형변환시킨 것이다. 원래의 농도를 ξ_1이라고 하고, 원래의 위치를 ξ_2로 나타내기로 하자.

$$x_1 = 4(\text{농도}) - 3 = 4\xi_1 - 3$$
$$x_2 = 2(\text{위치}) - 2 = 2\xi_1 - 2$$

최대경사법을 사용하여 최적방향을 찾기 위한 첫번째 실험으로 2^2요인실험을 실시하였다. [도표16]에서 4개의 점이 실험점이고, 점 근처에 있는 수치가 특성치이다. 일단 $-1 \le x_1 \le 1$, $-1 \le x_2 \le 1$의 범위에서 1차 회귀모형

$$y = \beta_0 + \beta_1 x_1 + \beta_2 x_2 + c$$

이 경사방향을 찾는 데는 적절한 모형이라고 가정한다.

$\beta_0, \beta_1, \beta_2$의 추정은 중회귀분석의 행렬사용법을 쓰면

$$\hat{\boldsymbol{\beta}} = \begin{bmatrix} \hat{\beta}_0 \\ \hat{\beta}_1 \\ \hat{\beta}_2 \end{bmatrix} = (X'X)^{-1} X\boldsymbol{y}$$

도표16 ⁝ 2^2요인실험

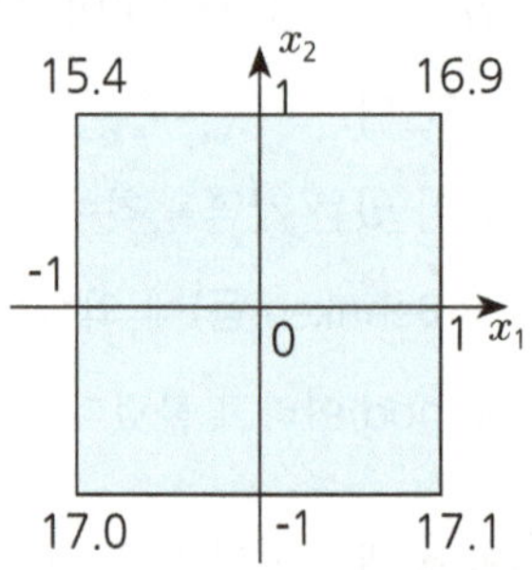

x_1	x_2	y
1	1	16.9
1	−1	17.1
−1	1	15.4
−1	−1	17.0

로 구할 수 있다. 위에서

$$X=\begin{bmatrix} 1 & 1 & 1 \\ 1 & 1 & -1 \\ 1 & -1 & 1 \\ 1 & -1 & -1 \end{bmatrix} \quad \boldsymbol{y}=\begin{bmatrix} 16.9 \\ 17.1 \\ 15.4 \\ 17.0 \end{bmatrix}$$

이므로

$$X'X=\begin{bmatrix} 4 & 0 & 0 \\ 0 & 4 & 0 \\ 0 & 0 & 4 \end{bmatrix} \quad X'\boldsymbol{y}=\begin{bmatrix} 66.4 \\ 1.6 \\ -1.8 \end{bmatrix}$$

이 된다. 따라서

$$\begin{bmatrix} \hat{\beta}_0 \\ \hat{\beta}_1 \\ \hat{\beta}_2 \end{bmatrix}=(X'X)^{-1}X'\boldsymbol{y}=\begin{bmatrix} \frac{1}{4} & 0 & 0 \\ 0 & \frac{1}{4} & 0 \\ 0 & 0 & \frac{1}{4} \end{bmatrix}\begin{bmatrix} 66.4 \\ 1.6 \\ -1.8 \end{bmatrix}=\begin{bmatrix} 16.6 \\ 0.4 \\ -0.45 \end{bmatrix}$$

$$\begin{bmatrix} \dfrac{\partial \hat{y}}{\partial x_1} \\ \dfrac{\partial \hat{y}}{\partial x_2} \end{bmatrix}=\begin{bmatrix} \hat{\beta}_1 \\ \hat{\beta}_2 \end{bmatrix}=\begin{bmatrix} 0.4 \\ -0.45 \end{bmatrix}$$

도표17 최대경사방향

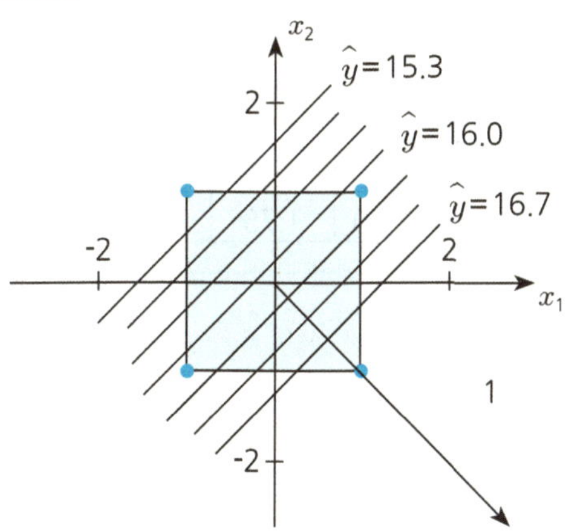

가 된다.

이것은 중심점 (0, 0)으로부터 최대경사방향은 x_1이 0.4만큼 증가할 때 x_2는 0.45 만큼 감소되는 방향이라는 의미가 된다.

최대경사방향으로 어느 정도 가야만 다음 실험을 위하여 좋은가는 실험자가 결정해야 할 문제이나 일반적으로 x_1 단위의 증가가 1~3정도면 알맞은 것으로 알려져 있다. 최대경사방향으로 어느 정도 가는 것이 좋은가를 결정하는 데 [도표 18]과 같은 분석이 유용하게 쓰인다.

[도표18]에서 x_1을 기준으로 1단위씩 증가시켜 나가면서 4단위까지 최대경사방향을 따라서 움직여가며 좌표(x_1, x_2)와 (ξ_1, ξ_2)를 구하고, 이 좌표들에서 $\hat{y}$의 값을 구하였다. 기준 증가폭 Δ를 $(x_1, x_2) = (1, -1.125)$로 한 것은 x_1과 x_2의 기울기가 각각 0.40, −0.45이므로 이에 비례하도록 잡아놓은 것이다. 즉,

$$x_1 = \frac{0.40}{0.40} = 1,\ \ x_2 = \frac{-0.45}{0.40} = -1.125$$

ξ_1과 ξ_2의 값들은 변환공식에서 쉽게 얻을 수 있다.

도표18 최대경사방향

최대경사방향	선형변환된 독립변수		원래의 독립변수		반응추정값 $\hat{y}$=16.6+0.4x_1-0.45x_2
	x_1	x_2	ξ_1(농도)	ξ_2(위치)	
중심점Δ	0	0	0.75	1.000	16.6
중심점+2Δ	1	-1.125	0.25	-0.5625	0.9
중심점+2Δ	1	-1.125	1.00	-0.4375	17.5
중심점+3Δ	2	-2.250	1.25	-0.1250	18.4
중심점+4Δ	3	-3.375	1.50	-0.6875	18.3
	4	-4.500	1.75	-1.2500	17.2

[도표18]을 사용하여 중심점에서 최대경사방향으로 중심점 +2Δ의 위치에서 좌표가 $(x_1, x_2) = (2, -2.250)$이고 이 때 반응값은 18.4 이다. 중심점에서 +4Δ 만큼 이동한 좌표가 $(x_1, x_2) = (4, -4.500)$ 이고 이 때 반응값은 17.2 로 이전 좌표에서의 반

응값 18.3 보다 작다. 이것으로 보아 정상점은 중심점에서 +2Δ 와 +4Δ이동한 사이에 있을 가능성이 높다. 이 영역을 포함하는 실험범위를 정하여반응표면분석을 위한 실험(중심합성계획, Box-Behnken 실험, 3수준 요인실험 등)을 실시하여 2차 회귀모형을 만들고 정준분석, 반응등고선도 분석을 하여 정상점 부근의 반응값 변화를 탐색하고, 정상점과 최적 반응값을 구한다.

최대 경사방향을 계산하기 위한 1차 회귀모형 $y=\beta_0+\beta_1x_1+\beta_2x_2+c$을 추정할 때 행렬을 사용하지 않고 다음과 같이 구할 수도 있다. [도표18]의 데이터를 예를 들어 설명하여 보자. (x_1, x_2, y)의 값을 회귀모형에 대입시키면

$$y_1=16.9=\beta_0+\beta_1+\beta_2+c_1$$
$$y_2=17.1=\beta_0+\beta_1-\beta_2+c_2$$
$$y_3=15.4=\beta_0-\beta_1+\beta_2+c_3$$
$$y_4=17.0=\beta_0-\beta_1-\beta_2+c_4$$

를 얻는다. 오차 c_k를 무시하고 $\beta_0, \beta_1, \beta_2$에 대하여 연립방정식을 풀어서 그 값을 $\hat{\beta}_0$, $\hat{\beta}_1, \hat{\beta}_2$이라 놓으면

$$\hat{\beta}_0=\frac{16.9+17.1+15.4+17.0}{4}=16.6$$
$$\hat{\beta}_1=\frac{16.9+17.1-15.4-17.0}{4}=0.4$$
$$\hat{\beta}_2=\frac{16.9+15.4-17.1-17.0}{4}=0.45$$

를 얻는다. 이것은 행렬을 사용하여 구한 최소제곱 추정값과 일치한다.

6. 회귀모델의 적합성결여 검정(lack-of-fit)

8장에서 추정된 회귀방정식을 평가하는 방법으로 많이 사용되는 측도(measure)로서 4가지를 설명하였다.

① 분산분석표에 의한 F-검정

② 결정계수 R^2

③ 잔차평균제곱 MSE

④ $\hat{\beta}_i$과 y의 분산

위의 4가지 방법 외에 추정된 회귀방정식을 검정하는 방법으로 적합성 결여 검정(lack-of-fit)이 많이 사용되고 있다. MINITAB으로 반응표면분석을 실행하면 적합된 모델의 유의성 검정을 위한 분산분석표에 적합성결여에 대한 F 검정 결과를 제시해 주므로 추정된 회귀식을 검정할 수 있다.

1) 적합성 결여(lack-of-fit)검정을 위한 가설

적합성 결여란 실험을 통해 구한 다항회귀모델이 데이터를 설명하는데 적합하지 못해 발생한 변동이 무시할 수 없을 정도로 커서 회귀모델을 신뢰하기 어렵다는 것을 말한다. 분산분석에서는 적합성 결여 제곱합(SS_{LOF})을 구하고 순수오차 제곱합(SS_{FE})을 구하여 F-검정을 한다.

적합성결여 검정을 위한 가설은,

귀무가설(H_0): 모델이 적합하지 않아 발생한 변동은 0이다.
(또는, 모델이 데이터를 설명하는데 적합하다)

대립가설(H_1): 모델이 적합하지 않아 발생한 변동이 0이 아니다.
(또는, 모델이 데이터를 설명하는데 적합하지 않다)

이다. 그러므로 귀무가설(H_0)이 기각되면 모델 부적합으로 인한 변동의 크기가 0보다 크다고 결론을 내리고 적합된 회귀모델은 반응을 설명하는데 좋지 않은 모델이라고 결론을 내린다. 귀무가설이 기각되는 경우는 F-검정에 대한 유의확률(P-값)이 유의수준($\alpha=0.05$)보다 작은 경우이다.

적합성결여 검정은 아래와 같이 오차 제곱합(SS_E)을 두 개의 요소로 분리하여 실시된다.

$$SS_E = SS_{PE} + SS_{LOF} = \mathrm{SS_{PE}} + \mathrm{SS_{LOF}}$$

여기서 순수오차 제곱합 $\mathrm{SS_{PE}}$는 실험을 반복할 때 발생하는 오차를 제곱하여 더한 값이며, 회귀모델과 상관없이 항상 일정한 값을 갖는다. $\mathrm{SS_{LOF}}$는 모델 부적합에 의한 오차 변동의 크기로서 회귀모델이 어떻게 추정되는가에 따라 그 값이 다르게 된다.

수준이 k인 실험인자 $\mathrm{x}_{i,\ i=1,\ 2,\ \cdots,\ k}$의 각 수준에서 n_i개의 데이터(반응값)를 얻었다면 다음과 같이 쓸 수 있다.

$y_{11},\ y_{12}, \cdots, y_{1n_1} = x_1$ 수준에서 반복측정 반응값

$y_{21},\ y_{22}, \cdots, y_{2n_2} = x_2$ 수준에서 반복측정 반응값

$\vdots$

$y_{k1},\ y_{k2}, \cdots, y_{kn_k} = x_k$ 수준에서 반복측정 반응값

여기서 k = 수준수,

n_i = 수준 i의 데이터 수

독립변수 x_1수준에서의 순수오차 제곱합을 구하면,

$$\sum_{u=1}^{n_1}(y_{1u} - \bar{y}_1)^2$$

이 되고, 자유도는 $n_1 - 1$이다. ($n_1 = x_1$ 수준에서의 데이터 수)

k개의 수준으로 확장하여 순수오차 제곱합(SS_{PE})을 구하면,

$$SS_{PE} = \sum_{i=1}^{k}\sum_{j=1}^{n_i}(y_{ij} - \bar{y}_i)^2$$

이다.

F 검정을 위한 순수오차 제곱합의 자유도는 k개 수준에 대한 자유도 합이므로,

$$\phi_{PE} = \sum_{i=1}^{k}(n_i - 1) = N - k$$

($n_i = x_i$ 수준에서의 데이터 수, k = 수준 수, N = 데이터 수 합계)

적합성 결여 제곱합(SS_{LOF})의 자유도는 $SS_E = SS_{LOF} + SS_{PE}$로부터

$$\phi_{LOF} = \phi_E - \phi_{PE} = (N-p) - (N-k) = k-p$$

여기서 p는 회귀모델에 포함된 계수의 개수이다.

적합성결여(SS_{LOF})에 대한 F-검정을 위한 F_0 값을 구하는 식은 다음과 같다.

$$F_0 = \frac{MS_{LOF}}{MS_{PE}} = \frac{SS_{LOF}/(k-p)}{SS_{PE}/(N-k)}$$

예제 12·6

Monopoly radial 타이어의 주행성능을 향상시키기 위하여 실시된 반응표면 실험계획법 적용사례에서, 접착력(y_1)에 대한 2차 다항 회귀모델의 적합성 결여 검정을 위한 순수오차(pure error)를 구하면 아래의 표와 같다.

도표19 ¦ Monopoly radial 타이어 접착력 반응모델의 순수오차

실험 번호	수 준		반복수	자유도	$\sum_{j=1}^{n_i}(y_{ij}-\bar{y}_i)^2$
	x_1	x_2			
1	1	1	3	2	8.67
2	-1	1	3	2	8.67
3	1	-1	3	2	32.67
4	-1	-1	3	2	16.67
5	0	1	3	2	34.67
6	0	-1	3	2	60.67
7	1	0	3	2	172.67
8	-1	0	3	2	12.67
9	0	0	3	2	2.00
합 계			27	18	349.33

풀이 모두 9개의 실험점이 있으며 각 실험점에서 3회 반복실험이 이루어졌다. 또한, 추정된 회귀모델은 실험인자 2개(x_1, x_2)로 구한 반응표면 분석을 위한 2차 회귀모델이므로 회귀계수 개수(P)는 모두 6개이다.

순수오차 제곱합 $SS_{PE}=349.33$ 이고 데이터 수 합계(N)는 27개이다. $SSE=406.22$이므로, $SSE=SS_{LOF}+SS_{PE}$로부터 적합성결여 제곱합 $SS_{LOF}=SSE-SS_{PE}=406.22-349.33=56.89$ 이다.

또한, $k=9$, $p=6$이므로 SS_{LOF}의 자유도는 $\phi_{LOF}=k-p=9-6=3$이다.

F-검정을 위한 F_0 값을 구하면 다음과 같다.

$$F_0=\frac{MS_{LOF}}{MS_{PE}}=\frac{SS_{LOF}/(k-p)}{SS_{PE}/(N-k)}=\frac{56.89/3}{349.33/18}=\frac{18.9967}{19.44072}$$
$$=0.9788$$

이때 유의확률(P-값) $=1-P(X<F_0=0.9788)=1-0.57535=0.425$이다.

유의확률(p-값)이 유의수준($\alpha=0.05$) 보다 크다. 귀무가설(H_0: 모델 부적합으로 인한 변동은 0이다)을 기각할 수 없다. 적합된 회귀모델은 실험인자와 반응값의 관계를 잘 설명해주는 모델이다.

2) 적합성 결여 검정(lack-of-fit)을 위한 조건

적합성 결여 검정은 모델이 어떻게 적합 되더라도 항상 일정한 값을 갖는 순수오차(pure error)를 구할 수 있어야 가능하다. 순수오차는 반복실험을 통해서만 구해지므로 적합성결여 검정을 하려면 반드시 실험점 중에 반복한 실험점이 하나라도 있어야 한다. 또한, 실험점 수가 구하고자 하는 반응모델의 회귀계수 개수보다 많아야 한다.

3) 귀무가설(H_0)이 기각될 경우의 대책

적합성결여에 대한 F-검정 결과 p-값이 0.05보다 작아서 유의하게 되면(즉, 귀무가설이 기각되면) 현재 추정된 회귀모델은 반응을 설명하는데 적합하지 않으므로 모델을 어떻게 활용할 것인가를 결정해야 한다. 가장 단순한 방법은 실험인자와 반응과의 관계를 이해하기 위한 참고자료 정도로 활용하는 것이다.

만일 중요한 실험인자가 다항회귀 모델에서 빠졌거나 다항모델의 차수가 적합하지 않다고 판단되면, 실험인자를 바꾸거나 모델 차수를 변경하여 다항모델을 만들어 적합성 결여검정을 다시 한다. 순수오차 자유도가 작아서 귀무가설이 기각되는 경우도 있으므로 실험반복을 하지 않은 다른 실험점에서 실험을 반복한 후 적합성 결여 검정을 다시 해 본다.

적합성 결여검정을 하려면 적어도 하나 이상의 실험점에서 실험을 반복해 주어야 하므로 실험계획 단계에서 적합성결여 검정 여부를 결정해야 한다. 2차 다항회귀 모델을 구하기 위한 실험법으로 가장 많이 사용되는 중심합성계획법(CCD)의 중심점에서 반복 실험을 하는 주된 이유는 신뢰성이 높은 회귀식을 구하기 위한 것이지만 순수오차를 구하여 적합성 결여 검정을 하려는 의도도 포함되어 있다.

연습문제

12 1 어떤 화학공장에서 생산되고 있는 제품의 마지막 생산공정에서 두 개의 독립변수 (ξ_1 = 압력, ξ_2 = 온도)에 의하여 그 제품의 강도(단위 kg/cm^2)가 영향을 받는다고 한다. 이 실험은 어떤 압력과 온도에 맞추어 제품을 생산하는 것이 이 제품의 강도를 세게 할 것인 가를 찾는 실험이다. 계산을 간편히 하기 위하여 다음과 같이 선형변환하여 새로운 변수 x_1과 x_2를 만들어 주었다.

$$x_1 = \frac{\text{압력} - 30}{20}, \quad x_2 = \frac{\text{온도} - 205}{10}$$

다음 그림과 같이 6각형 실험계획법(hexagonal design)에 의하여 얻어진 데이터는 아래 표와 같다.

실험번호	실제의 독립변수		변환된 독립변수		실제의 반응량 y(kg/cm²)
	$\xi_1(psi)$	ξ_2(℃)	x_1	x_2	
1	10	205	−1	0	54.6
2	20	213.66	−0.5	$\sqrt{0.75}$	71.7
3	20	196.34	−0.5	$-\sqrt{0.75}$	59.8
4	40	213.66	0.5	$\sqrt{0.75}$	78.7
5	40	196.34	0.5	$-\sqrt{0.75}$	78.9
6	50	205	1	0	91.0
7	30	205	0	0	90.4
8	30	205	0	0	87.5
9	30	205	0	0	91.0
10	30	205	0	0	88.3

(1) 2차 회귀모형을 적합시키고, 정상점을 구하시오.

▶ 풀이

독립변수 x_1, x_2에 의한 반응표면 분석을 위한 2차 회귀모형은

$$\hat{y} = \beta_0 + \beta_1 x_1 + \beta_2 x_2 + \beta_{11} x_1^2 + \beta_{22} x_2^2 + \beta_{12} x_1 x_2$$

이므로 x와 y는

$$x=\begin{bmatrix} 1 & -1 & 0 & 1 & 0 & 0 \\ 1 & -1 & 0.866 & 0 & 1 & -0.433 \\ 1 & -1 & -0.866 & 0 & 1 & 0.433 \\ 1 & 1 & 0.866 & 0 & 1 & 0.433 \\ 1 & 1 & -0.866 & 0 & 1 & -0.433 \\ 1 & 1 & 0 & 1 & 0 & 0 \\ 1 & 0 & 0 & 0 & 0 & 0 \\ 1 & 0 & 0 & 0 & 0 & 0 \\ 1 & 0 & 0 & 0 & 0 & 0 \\ 1 & 0 & 0 & 0 & 0 & 0 \end{bmatrix} \quad y=\begin{bmatrix} 54.6 \\ 71.7 \\ 59.8 \\ 78.7 \\ 78.9 \\ 91.0 \\ 90.4 \\ 87.5 \\ 91.0 \\ 88.3 \end{bmatrix}$$

와 같다.

$$x'x=\begin{bmatrix} 10 & 0 & 0 & 3 & 3 & 0 \\ 0 & 3 & 0 & 0 & 0 & 0 \\ 0 & 0 & 3 & 0 & 0 & 0 \\ 3 & 0 & 0 & 2.25 & 0.75 & 0 \\ 3 & 0 & 0 & 0.75 & 2.25 & 0 \\ 0 & 0 & 0 & 0 & 0 & 0.75 \end{bmatrix}\text{이고,}$$

$$(x'x)^{-1}=\begin{bmatrix} 0.25 & 0 & 0 & -0.3 & -0.25 & 0 \\ 0 & 0.33 & 0 & 0 & 0 & 0 \\ 0 & 0 & 0.33 & 0 & 0 & 0 \\ -0.25 & 0 & 0 & 0.75 & 0.0833 & 0 \\ -0.25 & 0 & 0 & 0.08 & 0.75 & 0 \\ 0 & 0 & 0 & 0 & 0 & 1.333 \end{bmatrix},\ x'y=\begin{bmatrix} 791.900 \\ 49.450 \\ 10.132 \\ 217.875 \\ 216.825 \end{bmatrix}$$

이므로 회귀계수 β_0, β_1, β_2, β_{11}, β_{22}, β_{12}의 최소제곱추정치를 구하면 다음과 같다.

$$\hat{\beta}=(x'x)^{-1}x'y=(\beta_0, \beta_1, \beta_{11}, \beta_{22}, \beta_{12})$$

$$\hat{\beta}=\begin{bmatrix} 0.25 & 0 & 0 & -0.3 & -0.25 & 0 \\ 0 & 0.33 & 0 & 0 & 0 & 0 \\ 0 & 0 & 0.33 & 0 & 0 & 0 \\ -0.25 & 0 & 0 & 0.75 & 0.0833 & 0 \\ -0.25 & 0 & 0 & 0.08 & 0.75 & 0 \\ 0 & 0 & 0 & 0 & 0 & 1.333 \end{bmatrix} \times \begin{bmatrix} 791.900 \\ 49.450 \\ 10.132 \\ 217.875 \\ 216.825 \\ -5.2395 \end{bmatrix}$$

$$=\begin{bmatrix} 89.300 \\ 16.483 \\ 3.777 \\ -16.500 \\ -17.200 \\ -6.986 \end{bmatrix}\begin{matrix} \beta_0 \\ \beta_1 \\ \beta_2 \\ \beta_{11} \\ \beta_{22} \\ \beta_{12} \end{matrix} \text{ 이다.}$$

또한 행렬 B와 벡터 b는

$$B=\begin{bmatrix} \beta_{11} & \frac{1}{2}\beta_{12} \\ \frac{1}{2}\beta_{12} & \beta_{22} \end{bmatrix}=\begin{bmatrix} -16.5 & -3.49297 \\ -3.49297 & -17.2000 \end{bmatrix},\ b=\begin{bmatrix} 16.483 \\ 3.377 \end{bmatrix}\text{이다.}$$

따라서 정상점(x_0)은

$$x_0=\frac{1}{2}B^{-1}b=\begin{bmatrix} 0.5002 \\ -0.0034 \end{bmatrix}\begin{matrix} x_{01} \\ x_{02} \end{matrix}$$

정상점(x_{01}, x_{02})은 (0.5002, -0.0034)이다.

정상점에서의 반응 예측값은 ($\hat{y}_s$)

$$\begin{aligned} \hat{y}_s &= \hat{\beta}_0+\frac{1}{2}x_0{}'b \\ &=89.30+0.5\times 8.235 \\ &=93.42 \end{aligned}$$

정상점에서의반응값은 93.42 이다.

▶ MINITAB 그래프 분석

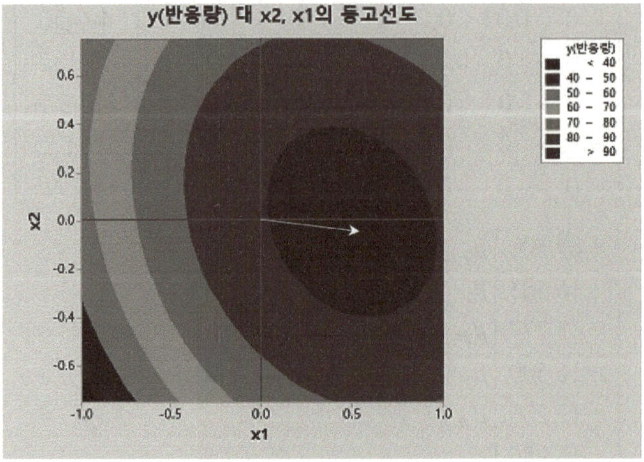

해설:

정상점은 최대점이며, 실험의 중심점에서 가까운 곳에 있다.

(3) 정준분석에 필요한 고유값 λ_1, λ_2를 구하고, 반응함수의 정준형식(canonical form)를 쓰시오.

▶ 풀이

- 행렬 B의 고유값(λ)은 $|B-\lambda I|=0$의 해이다.

$$\begin{vmatrix} -16.5-\lambda & -3.493 \\ -3.493 & -17.2000-\lambda \end{vmatrix}=0\ ,\ \ \lambda^2+33.7\lambda+271.6=0$$

의 해를 구하면(근의 공식을 이용)

$\lambda_1=-20.36,\ \ \lambda_2=-13.34$이다.

- 정준형식(canonical form)

$$\begin{aligned} y &= \hat{y}_s+\lambda_1+\lambda_1 w_1{}^2+\lambda_2 w_2{}^2 \\ &= 93.42-20.36w_1{}^2-13.34w_2{}^2 \end{aligned}$$

(4) 적합된 반응표면의 성격을 간단히 기술하시오. 정상점은 최대점인가, 최소점인가, 안부점인가?

▶ 풀이

정준변수(w)의 계수가 모두 음의 값이므로 정상점은 최대점이다. 또한, 정상점 주변에서 반응은 정준변수 계수의 절대값이 큰 w_1 방향으로 크게 감소하다.

12 2 어떤 공정에서 수율(yield)이 공정시간(ξ_1)과 공정온도(ξ_2)에 큰 영향을 받는 것으로 알려져 있다. 다음의 데이터는 ξ_1과 ξ_2의 변화에 따른 수율(y)에 관한 실험자료이다.

실험번호	실제의 실험조건		선형변환된 조건		y(%)
	ξ_1(시간)	ξ_2(온도℃)	x_1	x_2	
1	4	250	-1	0	57.4
2	20	250	1	0	70.5
3	12	250	0	0	55.0
4	12	250	0	0	53.6
5	12	220	0	-1	54.0
6	12	280	0	1	71.0
7	12	250	0	0	52.8
8	6.3	229	$-\sqrt{2}/2$	$-\sqrt{2}/2$	54.9
9	6.3	271	$-\sqrt{2}/2$	$\sqrt{2}/2$	52.5
10	17.7	229	$\sqrt{2}/2$	$-\sqrt{2}/2$	60.8
11	17.7	271	$\sqrt{2}/2$	$\sqrt{2}/2$	69.8

(1) 어떤 실험계획법이 사용되었는가?

▶ 풀이

8각형 실험계획이다.

(2) 독립변수의 선형변환 공식을 쓰시오

▶ 풀이

원래의 변수를 표준화시킨 변수 x_1, x_2는 다음과 같이 변환되었음.

$$x_1 = \frac{\xi_1 - 12}{8}, \quad x_2 = \frac{\xi_2 - 250}{10}$$

(3) 반응표면분석을 위한 2차 회귀모형을 구하시오.

▶ MINITAB 결과

코드화된 계수

항	계수	SE 계수	T-값	P-값	VIF
상수	53.799	2.17	24.74	0.000	
x1	7.377	1.88	3.92	0.011	1.00
x2	5.417	1.88	2.88	0.035	1.00
x1*x1	8.290	3.17	2.61	0.047	1.09
x2*x2	6.840	3.17	2.16	0.083	1.09
x1*x2	5.702	3.77	1.51	0.191	1.00

해설:

$$y = 53.799 + 7.377x_1 + 5.417x_2 + 8.290x_1^2 + 6.840x_2^2 + 5.702x_1x_2$$

(4) 정준분석(canonical analysis)을 하여 정준형태(canonical form)를 구하시오.

▶ 풀이

– 정상점(x_0)

$$\boldsymbol{x}_0 = -\frac{1}{2}\boldsymbol{B}^{-1}\boldsymbol{b}$$

$$B = \begin{bmatrix} \beta_{11} & \frac{1}{2}\beta_{12} \\ \frac{1}{2}\beta_{12} & \beta_{22} \end{bmatrix} = \begin{bmatrix} 8.290 & 2.851 \\ 2.851 & 6.840 \end{bmatrix}, \quad b = (7.377, 5.417)'$$

$$\boldsymbol{B}^{-1}\boldsymbol{b} = \begin{bmatrix} 0.72083 \\ 0.49151 \end{bmatrix}$$

이고,

정상점$(x_0) = -\frac{1}{2}B^{-1}b = \begin{bmatrix} -0.3604 \\ -0.2458 \end{bmatrix}$이다.

정상점에서 반응예측값($\hat{y}_s$)을 구하면,

$$\hat{y}_s = \beta_0 + \frac{1}{2}x_0{}'b$$
$$= 53.799 + \frac{1}{2}[-0.3604, -0.2458]\begin{bmatrix} 7.377 \\ 8.417 \end{bmatrix}$$
$$= 51.80\text{이다.}$$

- 정준분석을 위해 행렬 B의 고유값(λ)을 구한다.

$$B = \begin{bmatrix} \beta_{11} & \frac{1}{2}\beta_{12} \\ \frac{1}{2}\beta_{12} & \beta_{22} \end{bmatrix} = \begin{bmatrix} 8.290 & 2.851 \\ 2.851 & 6.840 \end{bmatrix}$$

$$|B - \lambda I| = \begin{vmatrix} 8.290 - \lambda & 2.851 \\ 2.851 & 6.840 - \lambda \end{vmatrix} = 0\text{을 만족하는 } \lambda\text{값을 구하면}$$

$$\lambda^2 = 15.1\lambda + 48.51 = 0$$

$$\lambda_1 = 4.06675,\ \lambda_2 = 11.0325\text{이다.}$$

행렬 B의 고유값(λ)은 정준변수의 계수이다.

- 정준형식(canonical form)

$$\hat{y} = \hat{y}_s + \lambda_1 w_1{}^2 + \lambda_2 w_2{}^2$$
$$= 51.80 + 4.0675w_1{}^2 + 11.0325w_2{}^2$$

(5) 정상점은 최대점인가, 최소점인가, 안부점인가?

▶ 풀이

행렬 B의 고유값(λ)이 모두 양의 값이므로 정상점에서 구한 반응값은 최소값이다.

(6) 정상점 근처에서 반응표면의 등고선도를 그리시오.

▶ MINITAB 그래프 분석

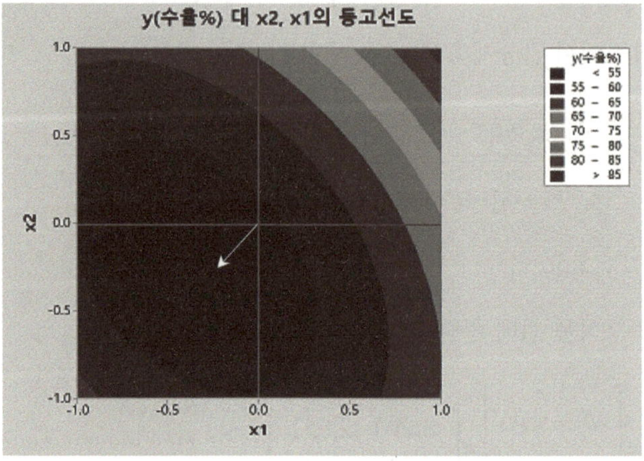

해설:

정상점(stationary point)은 최소점이며 실험의 중심점에서 멀지 않다.

12 3 변수변환된 두 개의 독립변수 x_1과 x_2가 수율 y에 미치는 영향을 조사하기 위하여 다음의 데이터를 얻었다.

no	x_1	x_2	y(%)
1	1.000	0.000	95.5
2	0.500	0.866	77.9
3	-0.500	0.866	76.2
4	-1.000	0.000	54.5
5	-0.500	-0.866	63.9
6	0.500	-0.866	79.1
7	0.000	0.000	96.8
8	0.000	0.000	94.8
9	0.000	0.000	94.4

(1) 어떤 실험계획법을 사용하였는가?

▶ 풀이

6각형 실험계획법이다.

(2) 1차 회귀모형을 적합시켜라. 이 모형이 y와 x_1, x_2와의 관계를 설명하는데 충분한 역할을 하고 있는가? 결정계수 R^2의 값은 얼마인가?

▶ MINITAB 결과: 1차 회귀 모형

코드화된 계수

항	계수	SE 계수	T-값	P-값	VIF
상수	81.46	4.33	18.81	0.000	
x1	16.48	7.50	2.20	0.070	1.00
x2	3.20	7.50	0.43	0.684	1.00

해설:

1차 회귀모형은 $y=81.46+16.48x_1+3.20x_2$ 이다.

분산 분석

출처	DF	Adj SS	Adj MS	F-값	P-값
모형	2	845.90	422.952	2.51	0.162
선형	2	845.90	422.952	2.51	0.162
x1	1	815.10	815.101	4.83	0.070
x2	1	30.80	30.803	0.18	0.684
오차	6	1013.04	168.840		
적합성 결여	4	1009.73	252.433	152.68	0.007
순수 오차	2	3.31	1.653		
총계	8	1858.94			

모형 요약

S	R-제곱	R-제곱(수정)	R-제곱(예측)
12.9938	45.50%	27.34%	0.00%

해설:

1차 회귀모형의 결정계수(R^2)가 45.50%로 매우 낮다. 또한 x_1, x_2의 회귀계수가 유의수준($\alpha=0.05$)에서 유의하지 않다.

(3) 2차 회귀모형을 적합시키고 R^2의 값을 구하시오.

▶ MINITAB 결과

반응표면분석: 2차 회귀 모형

코드화된 계수

항	계수	SE 계수	T-값	P-값	VIF
상수	95.333	3.34	28.58	0.000	
x1	16.483	3.34	4.94	0.016	1.00
x2	3.204	3.34	0.96	0.408	1.00
x1*x1	-20.333	5.27	-3.86	0.031	1.04
x2*x2	-21.301	5.27	-4.04	0.027	1.04
x1*x2	-7.794	6.67	-1.17	0.327	1.00

해설:

2차 회귀모형은 $y=95.333+16.483x_1+3.204x_2-20.333x_1{}^2-21.301x_2{}^2-7.794x_1x_2$이다.

분산 분석

출처	DF	Adj SS	Adj MS	F-값	P-값
모형	5	1758.83	351.767	10.54	0.040
선형	2	845.90	422.952	12.67	0.034
x1	1	815.10	815.101	24.43	0.016
x2	1	30.80	30.803	0.92	0.408
제곱	2	867.37	433.684	13.00	0.033
x1*x1	1	496.13	496.133	14.87	0.031
x2*x2	1	544.43	544.428	16.32	0.027
2차 교호작용	1	45.56	45.562	1.37	0.327
x1*x2	1	45.56	45.562	1.37	0.327
오차	3	100.11	33.369		
적합성 결여	1	96.80	96.802	58.55	0.017
순수 오차	2	3.31	1.653		
총계	8	1858.94			

모형 요약

S	R-제곱	R-제곱(수정)	R-제곱(예측)
5.77663	94.61%	85.64%	0.00%

해설:

제곱항 $x_1{}^2$과 $x_2{}^2$의 회귀계수에 대한 p-값이 각각 0.031, 0.027로 유의수준($\alpha=0.05$)에서 유의하다. 또한, 결정계수(R^2)가 94.61%로 설명력이 매우 높다. 이차 회귀모형은 반응을 설명하는데 적합하다.

(4) 정상점(x_0)을 구하시오. 정상점 주변의 반응등고선도를 구하시오.

▶ 풀이

정상점, $\boldsymbol{x}_0 = -\dfrac{1}{2}\boldsymbol{B}^{-1}\boldsymbol{b}$

$$B = \begin{bmatrix} \beta_{11} & \frac{1}{2}\beta_{12} \\ \frac{1}{2}\beta_{12} & \beta_{22} \end{bmatrix} = \begin{bmatrix} -20.333 & -3.897 \\ -3.897 & -21.301 \end{bmatrix}, \quad b = (16.483,\ 3.204)'$$

$$x_0 = -\frac{1}{2}B^{-1}b = \begin{bmatrix} 0.4051 \\ 0.0011 \end{bmatrix}$$

정상점(x_{01}, x_{02})은 (0.4051, 0.0011)이다.

▶ MINITAB 그래프 분석

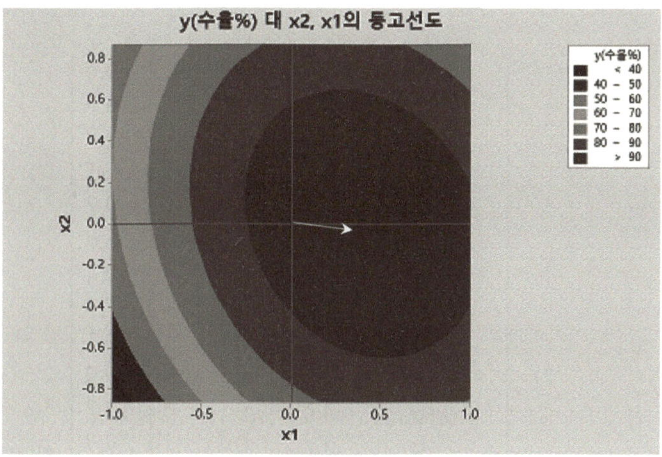

해설:

정상점은 실험의 중심점 부근에 있고 최대점이다.

12 4 어떤 공장에서 식빵을 포장하는 비닐 포장지를 만드는데 이 포장지의 포장력(seal strength, grams/inch)은 세 개의 공정조건에 의하여 주로 영향을 받는 것으로 알려져 있다. 첫째 포장기계의 온도(sealing temperature, ℉), 열 냉각장치의 온도(cooling bar temperature, ℉) 그리고 원료에 첨가하여 배합시켜 주는 폴리에칠렌의 양(polyethylene additivity, %)이다. 이 변수들의 값을 다음과 같은 변환에 의하여 간략화하였다.

$$x_1 = \frac{\text{포장기계의 온도} - 255^\circ\text{F}}{30}, \quad x_2 = \frac{\text{냉각온도} - 55^\circ\text{F}}{9}, \quad x_3 = \frac{\text{폴리에칠렌\%} - 1.1\%}{0.6}$$

계획수준		-1.682	-1.0	0	1.0	1.682
실제의 값	x_1(℉)	204.5	225	255	285	305.5
	x_2(℉)	39.9	46	55	64	70.1
	x_3(%)	0.09	0	1.1	1.7	2.11

$$D = \begin{bmatrix} -1 & -1 & -1 \\ 1 & -1 & -1 \\ -1 & 1 & -1 \\ 1 & 1 & -1 \\ -1 & -1 & 1 \\ 1 & -1 & 1 \\ -1 & 1 & 1 \\ 1 & 1 & 1 \\ 0 & 0 & 0 \\ 0 & 0 & 0 \\ 0 & 0 & 0 \\ 0 & 0 & 0 \\ 0 & 0 & 0 \\ 0 & 0 & 0 \\ -1.682 & 0 & 0 \\ 1.682 & 0 & 0 \\ 0 & -1.682 & 0 \\ 0 & 1.682 & 0 \\ 0 & 0 & -1.682 \\ 0 & 0 & 1.682 \end{bmatrix} \quad Y = \begin{bmatrix} 6.6 \\ 6.9 \\ 7.9 \\ 6.1 \\ 9.2 \\ 6.8 \\ 10.4 \\ 7.3 \\ 10.1 \\ 9.9 \\ 12.2 \\ 9.7 \\ 9.7 \\ 9.6 \\ 9.3 \\ 5.0 \\ 6.9 \\ 6.3 \\ 4.0 \\ 8.6 \end{bmatrix}$$

(열: x_1, x_2, x_3)

(1) 사용된 실험계획법은 어떠한 실험계획법인가?

▶ 풀이

중심점에서 6회 반복실험을 한 중심합성계획법(CCD)이다.

(2) 반응표면분석을 위한 2차 회귀식을 구하시오.

▶ MINITAB 결과

반응표면분석: 2차 회귀모형

코드화된 계수

항	계수	SE 계수	T-값	P-값	VIF
상수	10.16	0.444	22.88	0.000	
x1(포장기계온도)	-1.10	0.295	-3.74	0.004	1.00
x2(냉각온도)	0.09	0.295	0.30	0.773	1.00
x3(폴리에칠)	1.02	0.295	3.46	0.006	1.00
x1(포장기계온도)*x1(포장기계온도)	-0.76	0.287	-2.65	0.024	1.02
x2(냉각온도)*x2(냉각온도)	-1.04	0.287	-3.63	0.005	1.02
x3(폴리에칠)*x3(폴리에칠)	-1.15	0.287	-4.00	0.003	1.02
x1(포장기계온도)*x2(냉각온도)	-0.35	0.385	-0.91	0.385	1.00
x1(포장기계온도)*x3(폴리에칠)	-0.50	0.385	-1.30	0.223	1.00
x2(냉각온도)*x3(폴리에칠)	0.15	0.385	0.39	0.705	1.00

해설:

2차 회귀모형은 $y=10.16-1.10x_1+0.09x_2+1.02x_3-0.76{x_1}^2-1.04{x_2}^2-1.15{x_3}^2-0.35x_1x_2-0.50x_1x_3+0.15x_2x_3$이다. x_1, x_2, x_3제곱항의 회귀계수에 대한 유의성 검정결과 유의수준($\alpha=0.05$)에서 모두 유의하며, 결정계수(R^2)는 85.56%로 비교적 높다. 추정된 2차 회귀 모델은 반응을 잘 설명해주는 모델이다.

(3) 정상점(x_0)을 구하시오.

▶ 풀이

$$B=\begin{bmatrix}\beta_{11} & \frac{1}{2}\beta_{12} & \frac{1}{2}\beta_{13} \\ \frac{1}{2}\beta_{12} & \beta_{22} & \frac{1}{2}\beta_{23} \\ \frac{1}{2}\beta_{13} & \beta_{23} & \beta_{33}\end{bmatrix}=\begin{bmatrix}-0.7596 & -0.175 & -0.25 \\ -0.175 & -1.0424 & 0.075 \\ -0.25 & 0.075 & -1.1485\end{bmatrix}$$

$b=(-0.1037, 0.0872, 1.0205)'$

$$B'=\begin{bmatrix}-1.4928 & 0.2753 & 0.34293 \\ 0.2753 & -1.0146 & -0.1262 \\ 0.34293 & -0.1262 & -0.9536\end{bmatrix}$$

$$x_0=-\frac{1}{2}B^{-1}b=\begin{bmatrix}-1.011 \\ 0.261 \\ 0.681\end{bmatrix}$$

정상점(x_{01}, x_{02}, x_{03})은 (−1.011, 0.261, 0.681)이다.

(4) 정준분석의 형태를 쓰시오.

▶ 풀이:

① 실험인자가 3개 일 때 정준형식($\hat{y}$)의 일반형

$$\hat{y}=\hat{y}_s+\lambda_1 w_1{}^2+\lambda_2 w_2{}^2+\lambda_3 w_3{}^2$$

② 정상점에서 반응 추정값

$$\begin{aligned}\hat{y}_s&=\beta_0+\frac{1}{2}x_0{}'b \\ &=10.1648+\frac{1}{2}[-1.011, 0.261, 0.681]\begin{bmatrix}-1.1037 \\ 0.0872 \\ 1.0205\end{bmatrix} \\ &=11.08\end{aligned}$$

③ 행렬 B의 고유값(λ)

행렬 B의 고유값은 $|B-\lambda I|=0$의 해이다.

$$|B-\lambda I|=\begin{bmatrix}-0.7596-\lambda & -0.175 & -0.25 \\ -0.175 & -1.0424-\lambda & 0.075 \\ -0.25 & 0.075 & -1.1485-\lambda\end{bmatrix}=0$$

의 해를 구하면, $\lambda_1 = -1.271$, $\lambda_2 = -1.117$, $\lambda_3 = -0.562$

④ 정준형식

$\hat{y} = 11.08 - 1.271w_1^2 - 1.117w_2^2 - 0.562w_3^2$ 이다.

(5) 정상점은 최대점인가, 최소점인가, 안부점인가?

▶ 풀이

행렬 B의 고유값(λ)이 모두 음의 값을 가지므로 정상점에서 구한 반응 예측값은 최대점이다.

12 5 어떤 특성치(y)가 반응시간(ξ_1), 온도(ξ_2)에 따라서 어떻게 영향을 받는가를 알기 위하여 $x_1 = \frac{\text{시간} - 90}{10}$, $x_2 = \frac{\text{온도} - 205}{10}$와 같이 변수변환 하여 실험하였다.

(1) x_1, x_2에 간단한 실험으로 2^2요인실험을 실시하여 다음의 데이터를 얻었다.

x_1	x_2	y
-1	-1	81.2
1	-1	83.3
-1	1	79.5
1	1	81.2

1차 직선 회귀식을 추정하고 의미를 해석하시오.

▶ MINITAB 결과

회귀 분석: y 대x1, x2

분산 분석

출처	DF	Adj SS	Adj MS	F-값	P-값
회귀	2	7.22000	3.61000	90.25	0.074

```
 x1      1  3.61000  3.61000  90.25  0.067
 x2      1  3.61000  3.61000  90.25  0.067
오차     1  0.04000  0.04000
총계     3  7.26000
```

모형 요약

```
  S   R-제곱   R-제곱(수정)  R-제곱(예측)
0.2  99.45%         98.35%        91.18%
```

계수

```
항          계수   SE 계수    T-값    P-값   VIF
상수      81.300    0.100  813.00   0.001
x1         0.950    0.100    9.50   0.067  1.00
x2        -0.950    0.100   -9.50   0.067  1.00
```

회귀 방정식

```
y = 81.300 +0.950x1 -0.950x2
```

해설:

실험인자 시간(x_1)과 온도(x_2)는 유의수준($\alpha=0.1$)에서 유의하다.

시간과 온도의 회귀계수가 0.95로 같으므로 시간과 온도의 한 단위 변화가 반응에 미치는 영향의 크기는 같다. 결정계수가 99.4% 이다. 1차 회귀모형은 실험인자와 반응과의 관계를 99.4% 설명해주고 있다. 1차 회귀모델은 반응을 잘 설명해 주고 있다.

(2) 2^2요인실험이 너무 적은 실험횟수라고 생각하여 추가로 다음 8개의 데이터를 얻었다.

x_1	x_2	y
0	0	88.0
0	0	86.8
0	0	89.7
0	0	85.0
1.414	0	89.2
-1.414	0	79.3
0	1.414	83.5
0	-1.414	85.2

12개 데이터를 모두 사용하여 1차 직선 회귀식을 다시 구하시오. 회귀식 평가를 위한 분산분석표를 작성하고, 결정계수 R^2의 값을 구하시오.

▶ MINITAB 결과

회귀 분석: y 대x1(시간), x2(온도)

분산 분석

출처	DF	Adj SS	Adj MS	F-값	P-값
회귀	2	44.420	22.210	2.02	0.188
x1(시간)	1	39.608	39.608	3.61	0.090
x2(온도)	1	4.811	4.811	0.44	0.525
오차	9	98.883	10.987		
적합성 결여	6	87.115	14.519	3.70	0.155
순수 오차	3	11.768	3.923		
총계	11	143.303			

모형 요약

S	R-제곱	R-제곱(수정)	R-제곱(예측)
3.31466	31.00%	15.66%	0.00%

계수

항	계수	SE 계수	T-값	P-값	VIF
상수	84.325	0.957	88.13	0.000	
x1(시간)	2.225	1.17	1.90	0.090	1.00
x2(온도)	-0.776	1.17	-0.66	0.525	1.00

회귀 방정식

y = 84.325 +2.225x1(시간) -0.776x2(온도)

해설:

시간(x_1)은 유의수준($\alpha=0.05$)에서 유의하지만, 온도(x_2)는 유의하지 않다. 결정계수가 31.0%로서 설명력이 낮다. 회귀모델의 분산분석결과 P-값이 0.188로서 유의하지 않다. 따라서 1차 모형은 반응을 설명하는데 적합하지 않다. 고차의 회귀모델을 만들어보거나 실험범위를 변경하면 모델이 개선될 수 있는지 검토할 필요가 있다.

(3) 위의 (2)에서 구한 R^2의 값이 충분히 크지 못하여, 가정된 1차 회귀모형이 적절치 않다고 판단하였다. 2차 회귀모형을 구하시오. 분산분석표를 작성하고 R^2의 값을 구하여 위의 (2)의 결과와 비교하시오.

▶ MINITAB 결과

반응표면분석: 2차 회귀모형

코드화된 계수

항	계수	SE 계수	T-값	P-값	VIF
상수	87.375	1.34	65.26	0.000	
x1(시간)	2.225	0.947	2.35	0.057	1.00
x2(온도)	-0.776	0.947	-0.82	0.444	1.00
x1(시간)*x1(시간)	-2.313	1.06	-2.18	0.072	1.04
x2(온도)*x2(온도)	-2.263	1.06	-2.14	0.076	1.04
x1(시간)*x2(온도)	-0.100	1.34	-0.07	0.943	1.00

분산 분석

출처	DF	Adj SS	Adj MS	F-값	P-값
모형	5	100.285	20.0569	2.80	0.121
선형	2	44.420	22.2098	3.10	0.119
x1(시간)	1	39.608	39.6082	5.52	0.057
x2(온도)	1	4.811	4.8115	0.67	0.444
제곱	2	55.825	27.9125	3.89	0.082
x1(시간)*x1(시간)	1	34.225	34.2250	4.77	0.072
x2(온도)*x2(온도)	1	32.761	32.7610	4.57	0.076
2차 교호작용	1	0.040	0.0400	0.01	0.943
x1(시간)*x2(온도)	1	0.040	0.0400	0.01	0.943
오차	6	43.018	7.1696		
적합성 결여	3	31.250	10.4168	2.66	0.222
순수 오차	3	11.768	3.9225		
총계	11	143.303			

해설:

2차 회귀모형은 $y=87.375+2.225x_1-0.776x_2-2.313{x_1}^2-2.263{x_2}^2-0.100x_1x_2$이다. 제곱항 ${x_1}^2$, ${x_2}^2$의 회귀계수는 유의수준($\alpha=0.1$)에서 유의하다. 적합성결여 검정결과 P-값이 0.222로 유의수준($\alpha=0.05$)에서 귀무가설(H_0: 회귀식은 적합하다)을 기각할 수 없다. 2차 모델은 반응을 설명하는데 적합한 모델이다. 결정계수(R^2) 역시 69.98%로서 1차 모델 대비 훨씬 높다.

13

혼합물 실험계획

학습목표

1. 혼합물 실험과 요인실험의 차이를 이해한다.
2. 혼합물 성분 선별 실험을 계획할 수 있다.
3. Scheffe의 2차 다항회귀 모델을 위한 혼합물 실험을 계획할 수 있다.
4. 혼합물 다항회귀 모델의 유의성을 검정할 수 있다.
5. 제약조건이 있는 실험과 제약조건이 없는 실험의 차이를 이해한다.
6. 유사성분(pseudo component)을 도입하여 제약조건이 있는 실험점을 표시할 수 있다.

1. 혼합물 실험이란

대부분의 실험계획은 하나 또는 두 개 이상의 인자(x_1, x_2, $\cdots$, x_k)가 어떤 관심 있는 반응량 y에 유의한 영향을 미치는가를 발견하거나, 더 나아가서 y를 최대 또는 최소화 시키는 x_i들의 최적조건을 찾는 데 그 목적이 있다. 일원배치법, 이원배치법, 분할법, 요인배치법, 반응표면 실험계획법 등이 여기에 속하며 이러한 실험계획법들은 인자들이 취할 수 있는 상호간의 비율이나 그 합 $\sum_{i=1}^{k} x_i$에는 제약조건이 붙지 않는다. 그러나 잉크, 타이어, 페인트 등과 같이 제품이 여러(k개라 하자) 성분(components)의 혼합으로 이루어져 있고 각 성분의 혼합량이 문제가 아니라 혼합비율(mixing proportion)만이 문제가 되는 경우가 있다. 혼합물 실험은 이처럼 몇 개 성분의 혼합물(mixture)에 관한 실험에서 반응에 통계적으로 의미 있는 영향을 주는 성분을 찾고 또 반응을 최대 또는 최소로 하는 최적 혼합 비율을 찾고자 할 때 적합한 실험계획법이다.

k개의 성분의 혼합에 있어서 x_i를 i번째 성분의 혼합비율이라고 하면 다음과 같은 관계식을 만족시켜야 한다.

$$x_1 + x_2 + \cdots + x_k = 1,\ x_i \geqq 0,\ i = 1, 2, \cdots, k \qquad (13\cdot1)$$

즉, 실험에 사용되는 모든 성분비율을 더하면 항상 1 이되어야 한다. 예를 들어서 타이어의 원료를 배합할 때에 들어가는 성분으로 생고무(x_1), 합성고무(x_2), 카본블랙(x_3), 약품A(x_4), 약품B(x_5)가 있고 이들을 어떤 비율로 배합하는 것이 가장 좋은가를 찾는 실험은

$$x_1 + x_2 + x_3 + x_4 + x_5 = 1,\ x_i \geqq 0,\ i = 1, 2, \cdots, 5$$

을 만족시키는 혼합물의 혼합비율에 관한 실험이 되는 것이다.

수학자들은 위의 식 (13·1)과 같은 관계식을 만족시키는 점(x_1, x_2, $\cdots$, x_k)의 집합을 차원 심플렉스(simplex)라고 부른다. $k=3$인 경우는 [도표1]에서 보는 바와 같이 삼각형이 되고, $k=4$인 경우는 사면체가 된다. 그러므로 혼합비율에 관한 실험계획은 결국 심플렉스상의 어떤 점을 실험의 처리조합으로 선택하여 실험을 하느냐에 달려 있

는 것이다. 2차원 심플렉스는 [도표1]에서 보는 바와 같이 임의의 좌표(x_1, x_2, x_3)는 항상 $x_1+x_2+x_3=1$이 되며, $x_1=1$이 되는 꼭지점의 좌표는 (1, 0, 0)이고, 꼭지점 $x_2=1$과 $x_3=1$을 연결하는 직선상에서는 x_1의 값은 0이다. $x_1=1$에서 밑변으로 그어진 직선이 x_2와 x_3의 꼭지점을 연결하는 직선과 만나는 점의 좌표는 $\left(0, \frac{1}{2}, \frac{1}{2}\right)$이 되고, 이 점에서 x_1의 꼭지점으로 이동함에 따라서 x_1의 값은 0에서 1로 변하고 x_2와 x_3의 값은

$$x_2=x_3=\frac{1}{2}(1-x_1)$$

을 취하게 된다. 삼각형의 중심점의 좌표는 $\left(\frac{1}{3}, \frac{1}{3}, \frac{1}{3}\right)$이 된다. 이와 같은 요령으로 이 삼각좌표를 읽으면 될 것이다.

혼합물에 관한 실험계획을 처음으로 체계적으로 연구한 사람은 Scheffe이며 그 후 많은 통계학자들이 이 분야에 관한 연구결과를 발표하였다.

혼합물 실험계획에서는 최적조건을 최소의 실험으로 찾기 위해서 어떤 혼합비율 즉, 실험점을 어떻게 결정할 것인가가 중요한 문제가 된다.

혼합물 실험계획의 실험점은 $(k-1)$차원 심플렉스(simplex)에 배치하는데, k가 3과 4인 경우의 심플렉스와 좌표를 도시하면 [도표1]과 같다.

도표1 ┆ $(k-1)$차원 심플렉스와 좌표

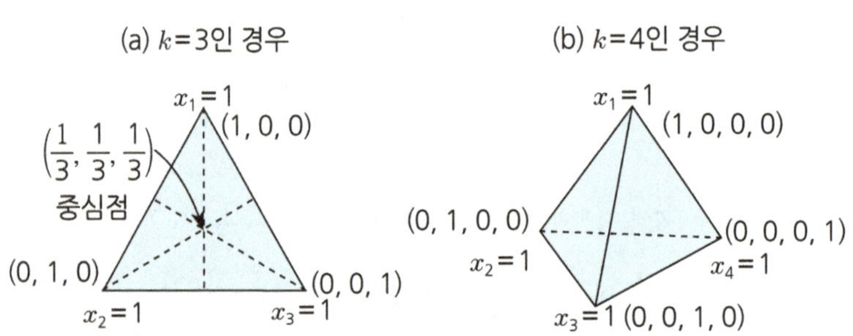

혼합물 실험계획법에서 혼합비율의 최적조건을 찾기 위해 반응표면분석에서처럼 회귀식의 기법을 이용한다. 주로 사용하는 모형은 1차와 2차 회귀모형이다.

1) 혼합물실험의 반응분석을 위한 다항모델

성분이 2개인 혼합물 실험의 반응표면에 관한 2차 회귀모형은

$$E(y) = \beta_0 + \beta_1 x_1 + \beta_2 x_2 + \beta_{11} {x_1}^2 + \beta_{22} {x_2}^2 + \beta_{12} x_1 x_2$$

인데, 제약조건 $x_1 + x_2 = 1$때문에

$$\beta_0 = \beta_0 (x_1 + x_2)$$
$${x_1}^2 = x_1 (1 - x_2) = x_1 - x_1 x_2$$
$${x_2}^2 = x_2 (1 - x_1) = x_2 - x_1 x_2$$

의 관계가 있고, 이 관계식들을 모형식에 대입하여 정리하면 다음과 같이 절편 β_0와 제곱항의 계수 β_{11}, β_{22}가 없어지게 된다.

$$E(y) = \beta_1 x_1 + \beta_2 x_2 + \beta_{12} x_1 x_2$$

이를 성분이 k개인 일반적인 경우로 확장하면, 2차 회귀모형식은

$$E(y) = \sum_{i=1}^{k} \beta_i x_i + \sum_{i<j} \beta_{ij} x_i x_j$$

와 같고 1차 회귀모형식은

$$E(y) = \beta_1 x_1 + \beta_2 x_2 + \cdots + \beta_k x_k$$

와 같다. 이와 같이 반응표면 분석을 위한 2차 회귀모형과 다르게 혼합물의 2차 회귀모형은 절편과 제곱항이 없는데 이러한 모델을 Scheffe 모델이라고 부르기도 한다.

k개의 성분으로 Scheffe 2차 다항모델을 만들기 위해 필요한 회귀계수는 1차항의 회귀계수 개와 2차항의 회귀계수 ${}_kC_2 = \frac{k(k-1)}{2}$개이다.

그러므로 Scheffe 2차 다항모델을 만들려면 실험점은 최소 $k + \frac{k(k-1)}{2}$개가 되어야 한다.

2) Scheffe의 특수 3차 모형

반응표면분석(RSM)에서 실험인자와 반응과의 관계는 주로 2차 다항모델을 사용하지만 혼합물 실험의 경우 2차 이상의 모델을 이용한 반응분석이 필요한 경우가 있다. 성분이 세 개인 실험에서 세 성분의 혼합에 의한 실험점 하나를 선택하여 반응을 측정하면 세 성분 혼합에 의한 효과를 나타내는 회귀계수 하나를 추가할 수 있다. 성분이 3개 일 때 Scheffe의 특수 3차 모델까지 확장하면 다음과 같다.

$$E(y) = \beta_1 x_1 + \beta_2 x_2 + \beta_3 x_3 + \beta_{12} x_1 x_2 + \beta_{13} x_1 x_3 + \beta_{23} x_2 x_3 + \beta_{123} x_1 x_2 x_3$$

특수 3차 모델을 k개의 성분까지 확장하여 일반화 하면 다음과 같은 다항식으로 나타낼 수 있다.

$$E(y) = \sum_{i=1}^{k} \beta_i x_i + \sum_{i=1}^{k-1} \sum_{j=i+1}^{k} \beta_{ij} x_i x_j + \sum_{i=1}^{k-2} \sum_{j=i+1}^{k-1} \sum_{j=i+1}^{k} x_i x_j x_k$$

특수 3차 다항 모델을 만들려면 모두 $k + {}_kC_2 + {}_kC_3$개의 회귀계수가 필요하며 실험을 계획할 때 실험점의 수는 이보다 많아야 한다.

2. 혼합물 실험계획법

1) 혼합물 실험계획법의 실험점

혼합물 실험계획법은 실험점을 심플렉스의 어떤 점에 배치하느냐에 따라 격자배열법, 중심배열법, Lambrakis 실험계획법, 선별계획법 등으로 불리며 몇 가지 실험점을 도시하면 [도표2]와 같다.

격자배열법(lattice design)은 Scheffe(1958)가 제안한 실험계획법으로, 심플렉스의 모든 영역에 실험점을 균일하게 배치하는 방법으로, 각 인자 x_i, $i = 1, 2, \cdots, k$를 개의 동등한 간격으로 나눈

$$x_i = 0, \frac{1}{m}, \frac{2}{m}, \cdots, \frac{m-1}{m}, 1$$

도표2 | 혼합물 실험계획법의 실험점

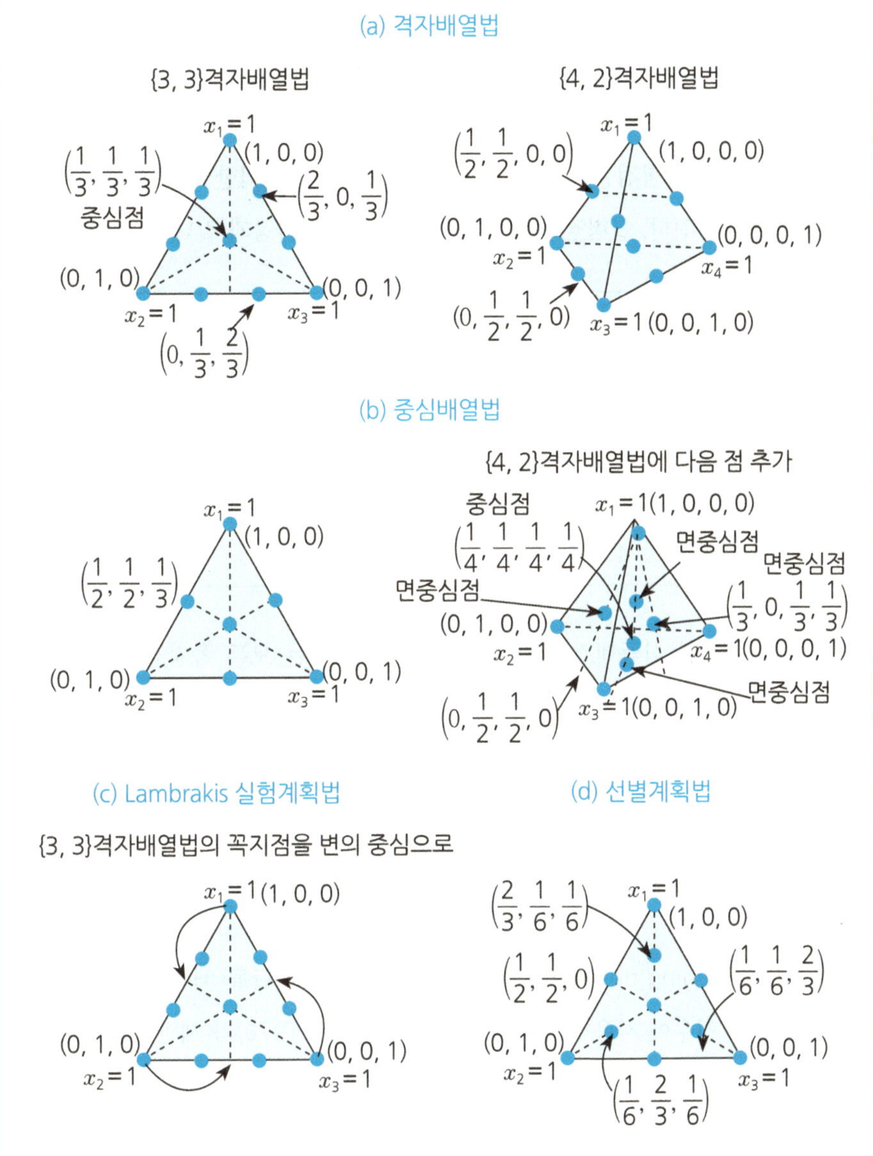

중 $\sum x_i = 1$을 만족하는 모든$(x_1, x_2, \cdots, x_k)$를 실험점으로 한다. Scheffe는 이를 $\{k, m\}$격자배열법(simplex design)이라 불렀다. 여기서 k는 실험 성분개수이고 m은 격자도이다. 격자도는 심플렉스 공간을 몇 개로 나눌 것인지를 결정하는 요소이며 격자도가 높을수록 실험점이 늘어나게 되어 실험을 좀 더 세밀하게 할 수 있는 장점이 있으나 실험비용과 시간이 크게 증가하는 단점이 있다.

$\{k, m\}$격자배열의 실험점 수는 ${}_{m+k-1}C_m = \dfrac{(m+k-1)!}{m!(k-1)!}$개이다

심플렉스 중심배열법(simplex centroid design)은 Scheffe(1963)가 격자배열법을 보완하여 만든 것으로 실험점은 모두 2^k-1개이며 꼭지점을 제외한 모든 실험이 변, 면 등의 중심에서 이루어진다. 실험점을 구체적으로 표현하면 다음과 같다.

실험점	개수	중심배열법의 좌표
꼭지점	k	$x_i=1,\ x_j=0,\ x_j \neq x_i$
변 중심점	${}_kC_2$	$(\frac{1}{2}, \frac{1}{2}, 0, \cdots, 0), \cdots, (0, \cdots, 0, \frac{1}{2}, \frac{1}{2})$
면 중심점	${}_kC_3$	$(\frac{1}{3}, \frac{1}{3}, \frac{1}{3}, 0, \cdots, 0), \cdots, (0, \cdots, 0, \frac{1}{3}, \frac{1}{3}, \frac{1}{3})$
…	…	…
중심점	1	$(\frac{1}{k}, \frac{1}{k}, \cdots, \frac{1}{k})$

참고로, $(k-1)$차원 심플렉스에서 전체중심점의 좌표는 모든 꼭지점 좌표의 평균이며, 면의 중심점의 좌표는 그 면의 꼭지점 좌표의 평균이다.

Lambrakis(1969)가 제안한 실험계획법의 실험점은 격자배열법에서 k개의 꼭지점 대신

$$\left(0, \frac{1}{k-1}, \frac{1}{k-1}, \cdots, \frac{1}{k-1}\right), \cdots, \left(\frac{1}{k-1}, \frac{1}{k-1}, \cdots, \frac{1}{k-1}, 0\right)$$

을 사용한다.

선별계획법(screening design)은 인자의 수가 많다고 판단될 때 중요한 인자들만을 선별해내고 싶은 경우에 사용하도록 Snee와 Marquardt(1976)가 제안한 실험계획법으로 실험점은 다음과 같이 $3k+1$로 이루어져 있다.

실험점	개수	선별계획법의 좌표
꼭지점	k	$x_i=1,\ x_j=0,\ x_j \neq x_i$
내부점	k	$\begin{cases} x_i = \dfrac{k+1}{2k} \\ x_j = \dfrac{1}{2k},\ i \neq j \end{cases}$

중심점	1	$x_i = \frac{1}{k}$, $i = 1, 2, \cdots, k$
변점	k	$\begin{cases} x_i = 0 \\ x_j = \frac{1}{k-1}, \ i \neq j \end{cases}$

예제 13·1

심플렉스 선별계획법은 인자의 수가 많은 경우 흔히 사용되나 예제로 간편히 설명하기 위하여 $k=3$인 문제로 취급하여 보자. Kurotori는 어떤 특수한 폭약(propellant)을 만드는 데 들어가는 세 가지 성분

x_1 : 접착제(binder)
x_2 : 산화제(oxidizer)
x_3 : 연료(fuel)

을 배합하여 탄성계수(modulus of elasticity) y를 좋게 하여 주는 성분의 혼합비율을 찾으려 하였다. 실험으로부터 얻어진 데이터는 다음과 같다.

x_1	x_2	x_3	y
1	0	0	2,350
0	1	0	2,450
0	0	1	2,650
$\frac{2}{3}$	$\frac{1}{6}$	$\frac{1}{6}$	2,690
$\frac{1}{6}$	$\frac{2}{3}$	$\frac{1}{6}$	2,770
$\frac{1}{3}$	$\frac{1}{6}$	$\frac{2}{3}$	2,980
$\frac{1}{3}$	$\frac{1}{3}$	$\frac{1}{3}$	3,000
0	$\frac{1}{2}$	$\frac{1}{2}$	2,950
$\frac{1}{2}$	0	$\frac{1}{2}$	2,750
$\frac{1}{2}$	$\frac{1}{2}$	0	2,400

해설:

심플렉스 선별실험은 꼭지점, 내부점(축점), 중심점, 변점으로 구성된다.

풀이

■ MINITAB 혼합물 실험계획

▶ 통계분석 > 실험계획법>혼합 > 혼합설계 생성

- 심플렉스 중심
- 성분수: 3

▶ 설계

- 축점을 추기하여 실험 확대

▶ 확인

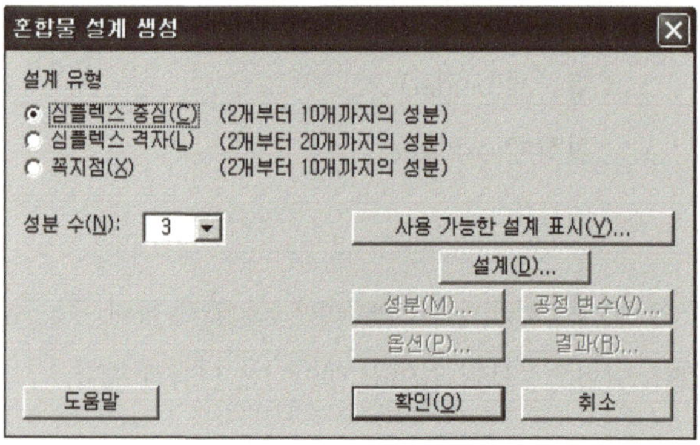

MINITAB으로 성분이 세 개인 혼합물 실험의 꼭지점, 축점, 변의 중심점, 전체중심점을 선택하여 실험점 10개를 선택하였다.

▶ 혼합물 선별 실험점

C1	C2	C3	C4	C5	C6	C7
표준 순서	런 순서	점 유형	블럭	x1	x2	x3
1	1	1	1	1.00000	0.00000	0.00000
2	2	1	1	0.00000	1.00000	0.00000
3	3	1	1	0.00000	0.00000	1.00000
4	4	2	1	0.50000	0.50000	0.00000
5	5	2	1	0.50000	0.00000	0.50000
6	6	2	1	0.00000	0.50000	0.50000
7	7	0	1	0.33333	0.33333	0.33333
8	8	-1	1	0.66667	0.16667	0.16667
9	9	-1	1	0.16667	0.66667	0.16667
10	10	-1	1	0.16667	0.16667	0.66667

보기:

점유형 1=꼭지점, 2=변 중심점, 0=중심점, -1=축점

▣ MINITAB 혼합물 실험분석

▶ 통계분석 > 실험계획법>혼합>혼합설계분석

- 반응: y

▶ 항

- 2차
- 모형에 대한 성분항 포함:

▶ 확인

▶ MINITAB 분석결과

혼합에 대한 회귀 분석: y 대 x1, x2, x3

y(성분 비율)에대한 추정된 회귀 계수

항	계수	SE 계수	T-값	P-값	VIF
x1	2328	135	*	*	1.97
x2	2473	133	*	*	2.29
x3	2620	138	*	*	1.66
x1*x2	486	615	0.79	0.474	2.18
x1*x3	1379	627	2.20	0.093	1.80
x2*x3	2069	622	3.33	0.029	2.00

모형 요약

S	R-제곱	R-제곱(수정)	PRESS	R-제곱(예측)
139.376	84.94%	66.11%	3408626	0.00%

y에 대한 분산 분석(성분 비율)

출처	DF	Seq SS	Adj SS	Adj MS	F-값	P-값
회귀 분석	5	438187	438187	87637	4.51	0.085
선형	2	124568	44446	22223	1.14	0.405
2차	3	313619	313619	104540	5.38	0.069
x1*x2	1	12536	12124	12124	0.62	0.474
x1*x3	1	86050	93863	93863	4.83	0.093
x2*x3	1	215032	215032	215032	11.07	0.029
잔차 오차	4	77703	77703	19426		
적합성 결여	3	55653	55653	18551	0.84	0.645
순수 오차	1	22050	22050	22050		
총계	9	515890				

해설:

Scheffe 2차 다항모델의 계수 값과 2차 모델에 대한 분산분석표이다.

성분 x_1과 x_2의 혼합에 의한 효과(x_1*x_2) 가 유의수준 $\alpha=0.1$에서 유의하

지 않다. 성분 x_1과 x_3, x_2와 x_3의 혼합에 의한 효과는 유의하므로 두 성분을 혼합할 때의 효과는 개별성분의 효과를 평균한 값보다 더 크다고 할 수 있다. 결정계수(R-제곱)는 92.84%로 매우 높다. 적합된 2차 모델은 반응을 설명하는데 적합하다.

▶ MINITAB 혼합물 등고선도 분석

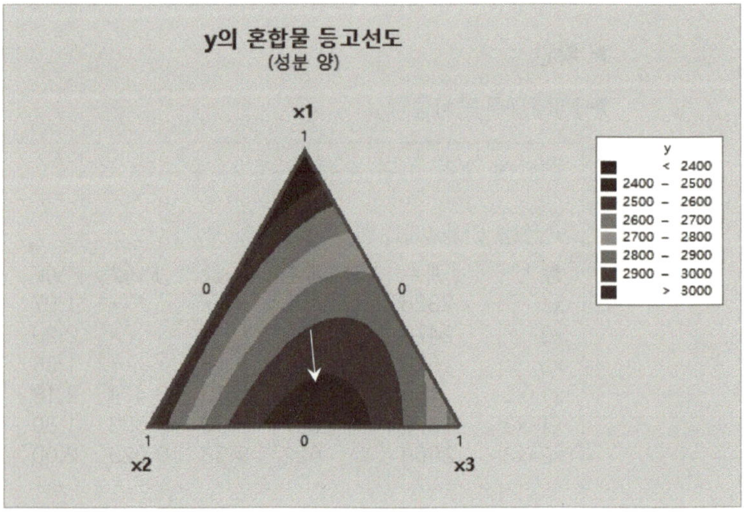

해설:

적합된 2차 scheffe 모델을 이용하여 그린 반응등고선도이다.

실험중심점에서 x_1을 가능한 적게 혼합하고, x_1과 x_3를 약 절반씩 혼합하는 방향으로 반응(탄성계수)이 이 증가 하고 있음을 알 수 있다.

▶ **통계분석 > 실험계획법>혼합>반응최적화 도구**

- 선택됨: y

▶ **설정**

- 목적: 최대화 - 하한: 2900 - 목표값: 3100

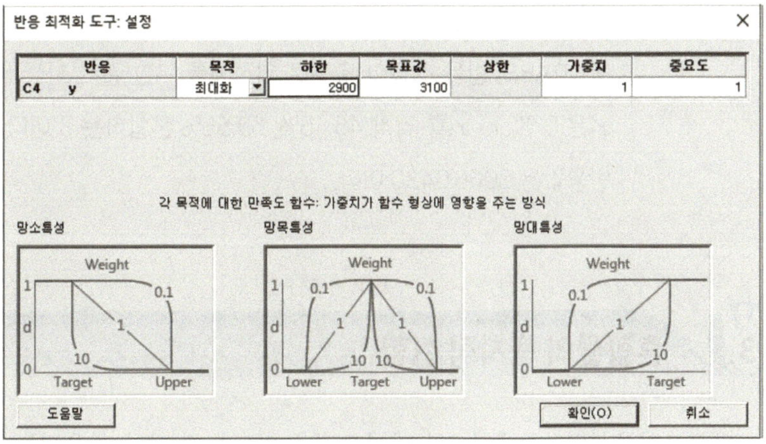

▶ 확인

▶ MINITAB 반응최적화 분석결과

반응 최적화

파라미터

	목적	하한	목표값	상한	가중치	중요도
y	최대값	2900	3100	3100	1	1

글로벌 솔루션

성분

x1 = 0

x2 = 0.464520

x3 = 0.535480

예측 반응

y = 3066.04 , 만족도 = 0.830215

종합 만족도 = 0.830215

(최적화 그림)

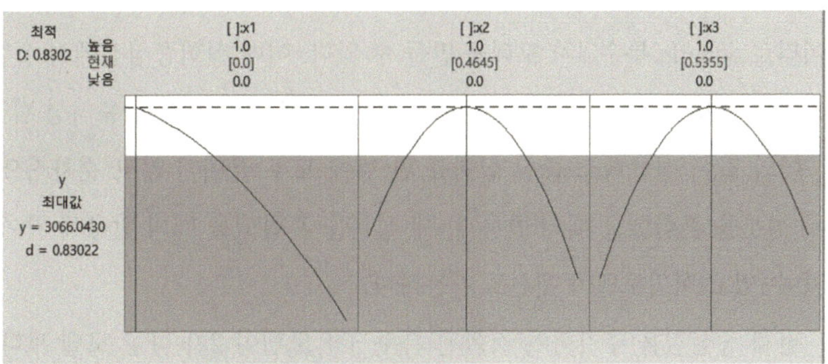

해설:

MINITAB의 반응 최적화 도구로 최적해를 구한 결과 최적 성분 혼합비율은 x_1은 0 %, x_2, x_3를 각각 46.45%, 53.55% 혼합하는 것이다. 이때 예상되는 반응값은 3066.0430 이다.

3. 혼합물의 축차적 실험

반응표면분석(RSM)에서 2차 다항모델을 만드는데 많이 활용되는 중심합성계획법(CCD)은 한 번에 모든 실험을 끝내지 않고 반응이 개선되는 방향을 찾아서 순차적으로 실험을 진행하다가 최적해가 있을 것으로 예상되는 지점에서 2차 다항모델을 만들고 최적해를 구하는 축차적 실험 방법으로도 많이 활용되고 있다.

반응표면분석의 축차적 실험개념은 혼합물 실험에도 그대로 적용가능하다. Scheffe 2차 다항 모델의 경우 1차항의 회귀계수는 단일성분의 실험결과로부터 구해지며 2차항의 모델은 2개 성분의 혼합에 의한 실험결과로부터 구해진다. 그렇기 때문에 Scheffe 2차 다항 모델을 구하기 위해서는 적어도 두 개 성분의 혼합에 의한 실험이 이루어져야 하며, 특수 3차 모델을 만들기 위해서는 반드시 세 개 성분이 혼합된 실험점에서 반응값이 측정되어야 한다.

예를들어 **[도표3]**에 설명한 것처럼 3개의 성분{$k=3$}으로 실험 할 때 처음에는 차수가 2인 심플렉스 실험을 하여 2차 다항회귀 모델을 만들었으나 설명력이 약해 모델을 개선할 필요가 있을 경우 세 성분이 모두 혼합되는 실험 중심점(1/3, 1/3, 1/3)에서 실험을 추가하면 심플렉스 중심실험을 두 단계로 나누어 실행한 것과 같고 측정된 실험데이터로 Scheffe 특수 3차 모델을 만들 수 있다. 이때 실험중심점에서 실험을 반복해주면 오차를 정도 좋게 구할 수 있고 특수 3차 모델에 대한 통계적 유의성 검정도 할 수 있다.

이와 같이 심플렉스 중심 실험을 한 번에 모두 끝내지 않고 순차적으로 실험을 하면 두 성분을 혼합했을 때의 반응과, 세 성분을 혼합했을 때의 반응에 차이가 있는지 확인할 수 있고 회귀모델의 개선도 가능하다.

전체 중심점을 추가하여 적합된 특수 3차 모델이 2차 다항 모델 보다 설명력이 높다면 세 가지 성분의 혼합효과가 유의하다고 할 수 있다. 좀 더 확장된 3차 모델을 구하고자 한다면 실험영역 안에 있는 축점 3개를 실험점으로 추가하여 실험을 하고 혼합물 회귀모델을 만들면 되므로 매우 효율적이 실험이 된다.

도표3 | 심플렉스 실험을 이용한 축차적 실험

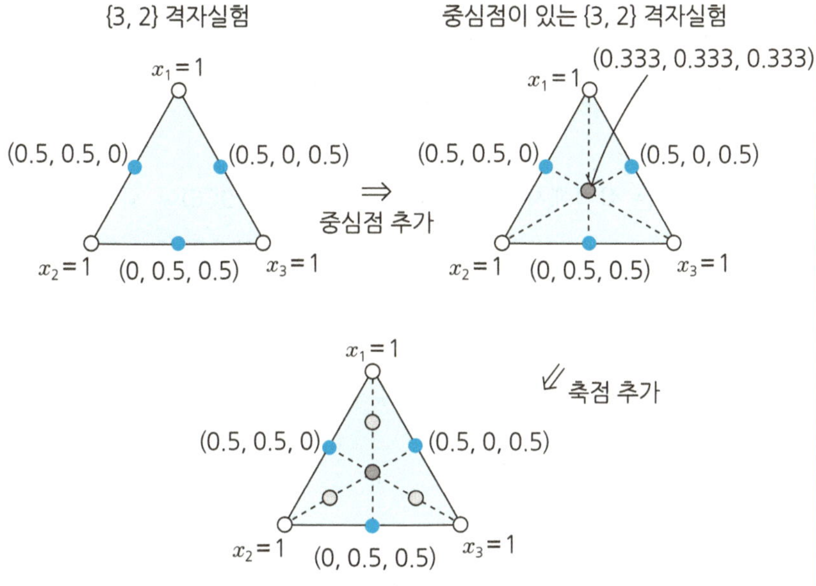

축점이 추가된 {$k=3$} 심플렉스 중심배열 실험

이와 같이 혼합물실험의 격자실험과 중심배열 실험을 적절히 활용하면 반응표면분석(RSM)실험에서 축차적 실험을 통해 중심합성계획법을 이용하여 축차적 실험을 통해 반응을 탐색했던 것과 같이 혼합물 실험의 반응을 탐색할 수 있다.

5. 제한된 영역에서의 실험계획법

1) 제한된 영역에서의 혼합물 실험

실험성분이 제약조건(constraints)을 갖게 되면 제약조건에 의한 새로운 실험영역은 더 이상 등간격으로 나눌 수 있는 심플렉스(simplex)가 아닌 경우가 자주 발생한다. 특히 실험성분이 상한 제약조건(upper constraints)을 갖는 다면 제약조건에 의해 만들어진 새로운 실험영역은 심플렉스가 아닌 경우가 대부분이다. 이러한 경우 심플렉스 실험법은 사용할 수 없다.

제약조건이 있는 실험에서는 Mclean과 Anderson(1966)이 제안한 꼭지점계획법(extreme vertices design)을 많이 사용한다. 이 실험계획법은 제한된 영역이 가지는 모든 꼭지점과 이 꼭지점들의 선형조합으로 이루어지는 몇 개의 점을 적절히 선택하는 실험계획법이다.

2) 유사성분(pseudo component)

유사성분은 제약조건에 의해 만들어진 새로운 실험점을 표준화하기 위해 도입된 개념이다. 제약조건이 있는 실험은 실험영역이 전체 실험영역의 일부분에 한정되는데, 이때 실험점을 원래 성분의 비율을 사용하여 그대로 표시하면 실험의 관리가 번거롭고 실험결과 분석이 용이하지 않기 때문에 유사성분을 도입하여 제약조건이 없는 실험과 같은 조건으로 만든다.

세 개의 성분 x_1, x_2, x_3를 혼합하여 실험을 할 때 각 성분의 혼합범위를 하한제약조건(L_i)과 상한 제약조건(U_i)으로 표시하면 다음과 같다.

$$x_1 + x_2 + x_3 = 1$$
$$L_1 \le x_1 \le U_1$$
$$L_2 \le x_2 \le U_2$$
$$L_3 \le x_3 \le U_3$$

도표4 ┆ 상한 제약조건 1개와 하한 제약조건이 있는 혼합물실험

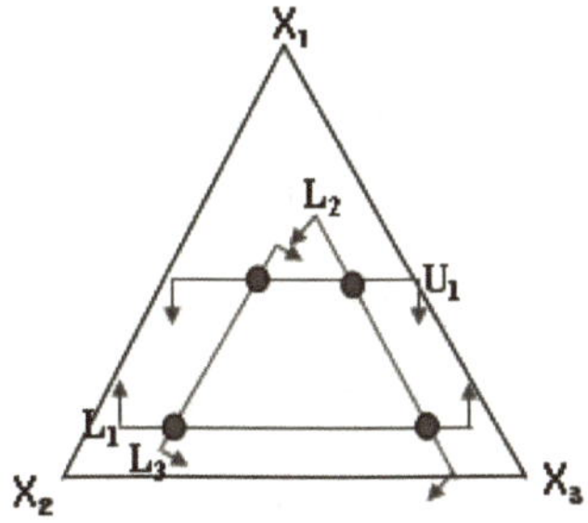

제약조건에 의해 생성된 새로운 실험영역은 전체 실험영역의 일부분에 해당하며 [도표4]에서처럼 새로운 꼭지점이 생성된다. 제약조건에 의해 만들어진 새로운 실험점의 좌표를 표시할 때 유사성분을 도입하여 표준화 하면 제약조건이 있는 실험이 제약조건이 없는 실험과 같은 상황이 되어 실험의 관리와 분석이 매우 편리해진다.

새로운 실험영역에 대한 유사성분 는 하한제약조건을 이용하여 다음과 같이 표시할 수 있다.

$$x_i = \frac{x_i - L_i}{1 - L}$$

L = 하한제약조건의 합

L_i = 성분 의 하한제약조건

x_i = 원래성분비율

원래성분(x_i)을 유사성분(pseudo component)으로 변환하면 유사성분($x_i{}'$)은 제약조건이 없는 실험의 경우와 같게 된다.

$$x_1{}' + x_2{}' + x_3{}' = 1$$

$$0 \leq x_1{}' \leq 1$$

$$0 \leq x_2{}' \leq 1$$

$$0 \leq x_3{}' \leq 1$$

6. 제약조건이 있는 실험 사례

음료회사의 신제품 개발 담당자는 기존의 탄산음료(x_1)와 과일주스(x_2) 인삼음료(x_3)를 혼합하여 소비자 기호도가 높은 새로운 맛의 음료를 개발하기 위한 실험을 계획한다고 하자. 이때 실험자는 경험적으로 볼 때 흥미 있는 성분 혼합범위를 정하여 혼합음료를 만들고 10명의 패널에게 시음할 수 있도록 하였다. 기호도 평가는 아주 낮음 1점, 보통 5점, 아주 높음 10점으로 평가하고 각 시료에 대해 10개의 기호도 평가점수 평균값을 계산하여 기록하였다. Scheffe 2차 다항회귀 모델을 만들고 기호도가 가장 높은 세 성분의 혼합조건을 구하고자 한다.

$$0.3 \leq x_1 \leq 0.6$$

$$0.3 \leq x_2 \leq 0.6$$

$$0.1 \leq x_3 \leq 0.3$$

실험점 번호	원래의 성분			유사성분			기호도
	x_1	x_2	x_3	x_1'	x_2'	x_3'	
1	0.6	0.3	0.1	1.0	0.0	0.0	7.8
2	0.3	0.6	0.1	0.0	1.0	0.0	5.5
3	0.3	0.4	0.3	0.0	0.333	0.667	8.5
4	0.4	0.3	0.3	0.333	0.0	0.667	8.3
5	0.45	0.45	0.1	0.50	0.500	0.00	5.2
6	0.3	0.5	0.2	0.0	0.667	0.333	5.8
7	0.35	0.35	0.3	0.167	0.167	0.667	8.7
8	0.5	0.3	0.2	0.667	0.0	0.333	5.3

▣ MINITAB 혼합물실험 계획

▶ 통계분석 > 실험계획법 > 혼합>혼합설계 생성

- 꼭지점
- 성분수: 3

▶ 설계

- 설계차수: 2

▶ 성분

- 단일 총계: 1

	하한	상한
- x_1	0.3	0.6
- x_2	0.3	0.6
- x_3	0.1	0.3

▶ 확인

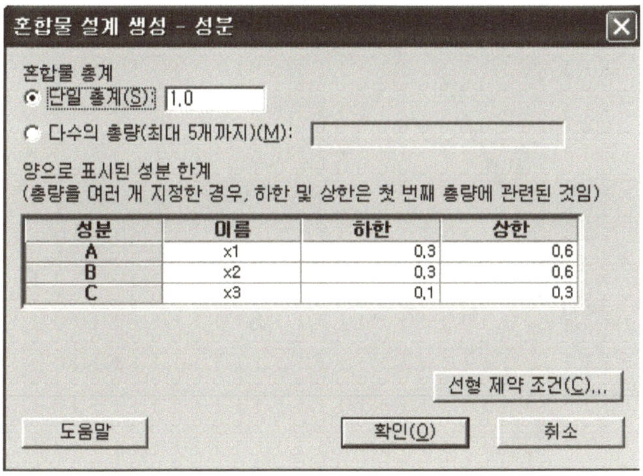

MINITAB을 이용하여 제약조건이 있는 실험을 계획한 결과, [도표5]와 같이 모두 8개의 실험점이 선택되었다.

도표5 혼합주스 개발 실험계획

C1 표준 순서	C2 런 순서	C3 점 유형	C4 블럭	C5 x1	C6 x2	C7 x3
1	1	1	1	0.30	0.60	0.1
2	2	1	1	0.30	0.40	0.3
3	3	1	1	0.60	0.30	0.1
4	4	1	1	0.40	0.30	0.3
5	5	2	1	0.30	0.50	0.2
6	6	2	1	0.50	0.30	0.2
7	7	2	1	0.45	0.45	0.1
8	8	2	1	0.35	0.35	0.3

각각의 단일 성분들은 모두 상한 제약조건과 하한 제약조건을 가지므로 새로운 실험영역은 [도표6]과 같이 4각형 모양이 되고, 의 꼭지점 좌표와 의 꼭지점 좌표는 1 아닌 0.6이 된다.

도표6 제약조건에 의한 실험영역

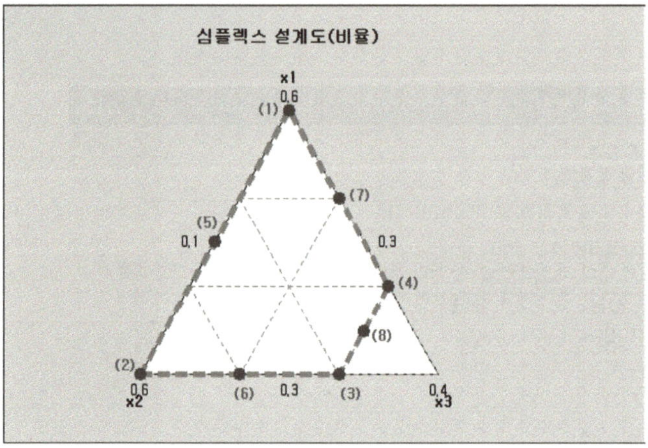

제약조건에 의해 만들어진 새로운 실험영역에서 꼭지점 4개와 두 성분의 조합을 나타내는 변의 중심점을 실험점으로 선택하면 모두 8개의 실험점이 선택되고 각각의 실험점에서 성분별 혼합비율은 [도표5]와 같다.

여기서 유사성분(x_i')을 도입하여 제약조건에 의해 만들어진 새로운 꼭지점 좌표를 1로 표준화 하고 같은 방법으로 8개의 실험점 모두를 변환하면 유사성분은 아래와 같이 제약 조건이 없는 실험과 같은 조건이 되어 실험의 관리와 해석이 매우 편리해진다.

1) 하한 제약조건을 이용한 유사성분의 계산

실험자가 선택한 원래의 실험성분을 $x_i(i=1,\ 2,\ \cdots,\ k)$라 하면 유사성분($x_i'$)은 다음과 같은 식으로 구해진다.

$$x_i{}' = \frac{x_i - L_i}{1 - L}$$

L = 하한제약조건의 합

L_i = 성분 의 하한제약조건

x_i = 원래성분비율

혼합주스 개발 사례에서 실험성분 x_1, x_2, x_3에 대한 유사성분($x_i{}'$)을 구하면 다음과 같다.

$$L = 0.3 + 0.3 + 0.1 = 0.7$$

$$L_1 = 0.3,\ L_2 = 0.3,\ L_3 = 0.1,$$

$$x_1{}' = \frac{0.6 - 0.3}{1 - 0.7} = 1,\ \ x_2{}' = \frac{0.6 - 0.3}{1 - 0.7} = 1,\ \ x_3{}' = \frac{0.3 - 0.1}{1 - 0.7} = 0.66667$$

MINITAB에서는 아래와 같이 실험자가 실험을 설계할 때 지정한 성분 제약조건을 〈양〉으로 표시하고, 제약조건에 의해 새롭게 설정된 실험영역은 〈비율〉로 표시하며, 〈비율〉을 유사성분을 도입하여 표준화 시킨 값을 〈유사성분〉으로 표시해 준다.

혼합물 성분의 한계

	양		비율		유사 성분	
성분	하한	상한	하한	상한	하한	상한
x_1	0.30000	0.60000	0.30000	0.60000	0.00000	1.00000
x_2	0.30000	0.60000	0.30000	0.60000	0.00000	1.00000
x_3	0.10000	0.30000	0.10000	0.30000	0.00000	0.66667

유사성분을 도입하여 [도표5]의 실험점 8개를 변환하면 [도표7]과 같다.

도표7 ¦ 원래성분과 유사성분의 실험점

실험점 번호	원래의 성분			유사성분		
	x_1	x_2	x_3	x_1'	x_2'	x_3'
1	0.6	0.3	0.1	1.0	0.0	0.0
2	0.3	0.6	0.1	0.0	1.0	0.0
3	0.3	0.4	0.3	0.0	0.333	0.667
4	0.4	0.3	0.3	0.333	0.0	0.667
5	0.45	0.45	0.1	0.50	0.500	0.00
6	0.3	0.5	0.2	0.0	0.667	0.333
7	0.35	0.35	0.3	0.167	0.167	0.667
8	0.5	0.3	0.2	0.667	0.0	0.333

▶ MINITAB 혼합물실험 분석 절차

실험을 마친 후 실험자가 가장 먼저 해야할 것은 실험데이타를 이용하여 반응을 가장 잘 설명해 주는 다항회귀 모델을 찾는 것이다.

일반적으로 실험을 마친 후의 결과분석은 다음의 다섯 단계로 진행된다.

① 최소제곱법으로 혼합물 다항회귀모형을 만든다.

② 다항회귀모델계수의 통계적 유의성을 검정한다.

③ 다항회귀모델에 대한 통계적 유의성을 검정한다.

④ 등고선도 분석을 하여 반응의 변화를 탐색한다.

⑤ 최적화 도구를 이용하여 최적반응값을 구한다.

■ MINITAB 혼합물실험 분석: 다항회귀모델 구축과 검정

▶ 통계분석 > 실험계획법 > 혼합물설계 > 혼합물 설계분석

- 반응: y
- 성분분석: 유사성분

▶ 설계

- 설계차수: 2

▶ 항

- 모형에 대한 성분항 포함: 2차

▶ 확인

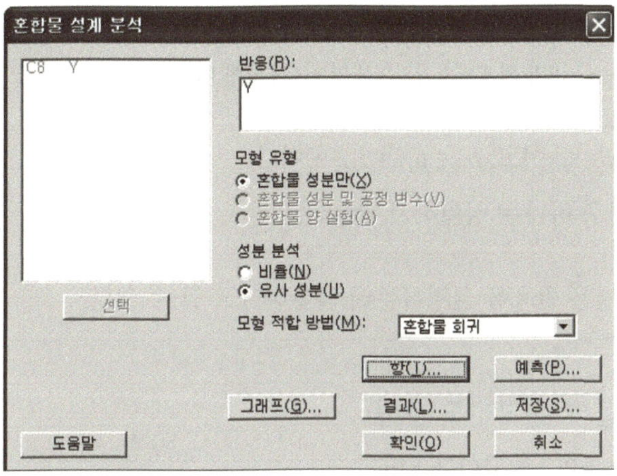

▶ MINITAB 결과

혼합물에 대한 회귀 분석: Y 대 x1, x2, x3

Y(유사 성분)에 대한 추정된 회귀 계수

항	계수	SE 계수	T	P	VIF
x1	7.70	0.4460	*	*	1.781
x2	5.57	0.4460	*	*	1.781
x3	15.64	1.2899	*	*	12.640
x1*x2	-5.60	2.2032	-2.54	0.126	1.500
x1*x3	-21.57	3.6642	-5.89	0.028	7.286
x2*x3	-15.20	3.6642	-4.15	0.054	7.286

S = 0.452490　　PRESS = 39.1454

R-제곱 = 97.62%　　R-제곱(예측) = 0.00%　　R-제곱(수정) = 91.66%

Y(유사 성분)에 대한 추정된 회귀 계수

출처	DF	Seq SS	Adj SS	Adj MS	F	P
회귀분석	5	16.7793	16.7793	3.35585	16.39	0.058
선형	2	9.3270	13.1849	6.59245	32.20	0.030
2차	3	7.4522	7.4522	2.48408	12.13	0.077
잔차 오차	2	0.4095	0.4095	0.20475		
총계	7	17.1888				

해설:

회귀계수에 대한 분석결과, 기호도에 미치는 영향력을 크기 순으로 나열하면 $x_3 > x_1 > x_2$ 순이다. 또한, 2차항의 회귀계수 중 x_1x_3와 x_2x_3가 유의하므로 두 성분이 혼합했을 때의 효과는 기호도에 유의한 영향을 준다고 볼 수 있다. 계수가 음의 값이므로 두 성분 혼합은 기호도를 떨어뜨리는 효과가 있음을 알 수 있다.

회귀모델의 결정계수는 97.62%이고, 회귀모델에 대한 분산분석결과 p-값이 0.058로서 유의수준($\alpha=0.1$)에서 다음 귀무가설이 기각된다.

귀무가설(H_0): $\beta_1=\beta_2=\beta_3$이고, $\beta_{12}=\beta_{13}=\beta_{23}=0$이다.

대립가설(H_1): 적어도 하나는 성립하지 않는다.

적합된 Scheffe 2차 모델은 반응을 설명하는데 적합하다고 할 수 있다.

▣ MINITAB 혼합물실험 분석: 등고선도 분석

▶ 통계분석 > 실험계획법 > 혼합 > 등고선/표면도

- 등고선도

▶ 설정

- 반응: y

▶ 확인

▶ MINITAB 등고선도 분석

음료혼합실험의 반응등고선도

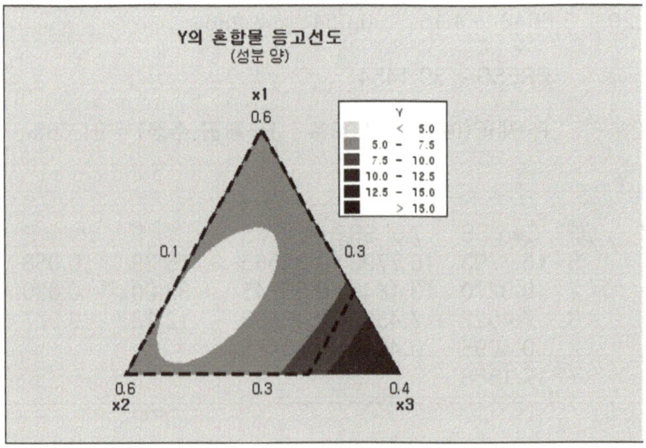

해설:

현재의 실험영역에서 기호도는 x_3 혼합비율이 증가하는 방향으로 높다.

소비자들은 현재의 실험영역에서 성분 x_3를 많이 혼합한 음료를 선호하며 실험영역 밖에서 더 높은 기호도가 나올 가능성도 있음을 알 수 있다.

▣ MINITAB 최적화 도구

▶ 통계분석 > 실험계획법 > 혼합 > 반응최적화 도구

- 선택됨: y
- 적합모형의 구성요소: 비율

▶ 설정

- 목적: 최대화
- 하한: 8
- 목표값: 9

▶ 확인

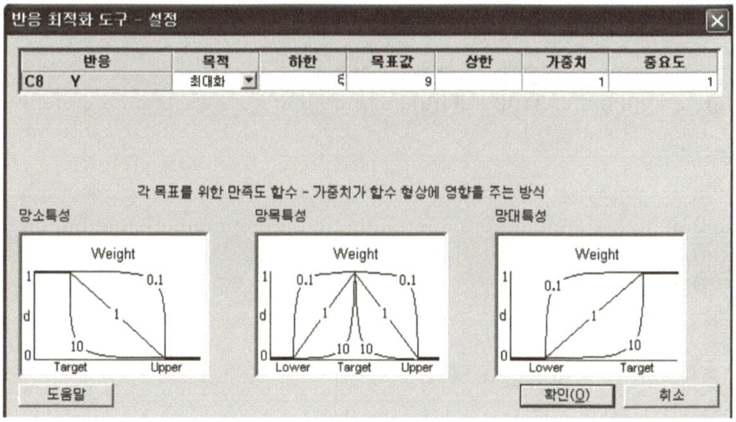

반응(기호도)은 클수록 좋으므로 목적함수를 최대화로 지정하였으며, 하한값을 8, 목표값을 9로 지정하였다.

▶ MINITAB 그래프 분석

최적화 도구 분석결과

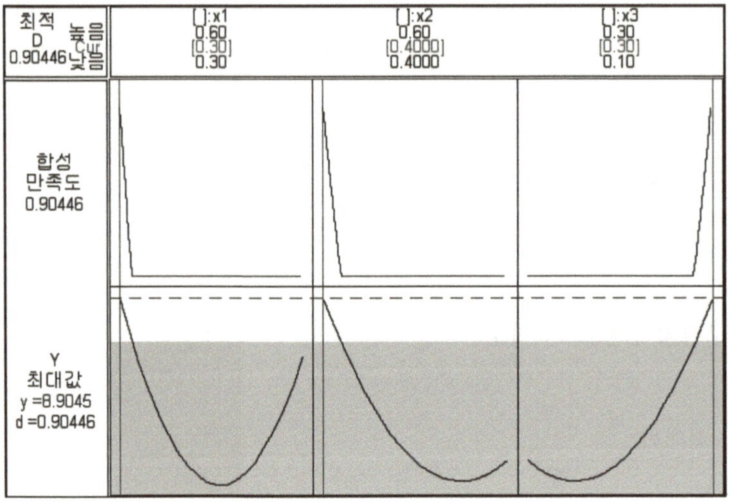

▶ MINITAB 결과

반응 최적화

모수

	목적	하한	목표값	상한	가중치	중요도
y	최대값	2900	3100	3100	1	1

글로벌 솔루션

성분

x1 = 0.3
x2 = 0.4
x3 = 0.3

예측 반응

y = 8.90446 , 만족도 = 0.904461

종합 만족도 = 0.904461

해설:

최적혼합비율은 $x_1 = 30\%$, $x_2 = 40\%$, $x_3 = 30\%$이다.

이때 예상되는 소비자의 기호도는 8.9점이다.

예제 13·2

어떤 특수한 형태의 조명탄(flare)을 만들어 내기 위하여 다음과 같은 4개의 혼합 성분이 사용된다.

x_1 : 마그네슘(magnesium)

x_2 : 질산나트륨(sodium nitrate)

x_3 : 질산스트론튬(strontium nitrate)

x_4 : 접착제(binder)

이 제조회사에서의 과거의 자료를 바탕으로 다음의 영역만이 실험상 흥미가 있는 영역이다.

$$0.40 \leq x_1 \leq 0.60$$

$$0.10 \leq x_2 \leq 0.50$$

$$0.10 \leq x_3 \leq 0.50$$

$$0.03 \leq x_4 \leq 0.08$$

이 실험의 목적은 조명탄의 밝기가 인자의 어떤 조합에서 가장 강해지는가를 찾아내고자 하는 것이다.

위의 실험영역을 그림으로 그려보니 [도표8]과 같이 사면체 속에 위치하는 6면체

도표8 | 조명탄 실험을 위한 꼭지점계획법

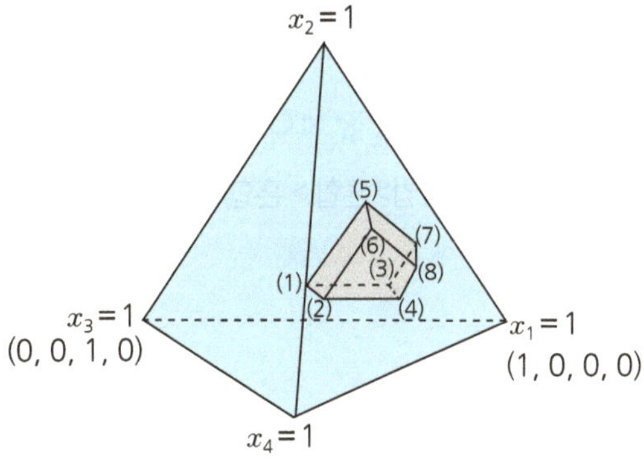

가 되었다. 이 6면체는 8개의 꼭지점을 가지고 있다. 따라서 이 8개의 꼭지점(처리번호가 (1)에서 (8)까지)을 실험점으로 선택하고, 또한 6면체에서 각 면의 중심점(처리번호가 (9)에서 (14))을 실험점으로 잡아 주었다.

마지막으로 6면체의 중심점(처리번호 (15))을 실험점으로 선택하였다. 이 점은 8개의 꼭지점 좌표들의 평균으로 얻어진다. 이처럼 15개의 실험점에서 얻은 조명탄의 광도(양초불 1,000개에 비유하여 측정된 값)를 측정하여 보니 다음의 [도표9]와 같았다.

도표8 ┆ 조명탄 실험을 위한 꼭지점계획법

처리조합번호	x_1	x_2	x_3	x_4	y(광도)
(1)	0.40	0.10	0.47	0.03	75
(2)	0.40	0.10	0.42	0.08	180
(3)	0.60	0.10	0.27	0.03	195
(4)	0.60	0.10	0.22	0.08	300
(5)	0.40	0.47	0.10	0.03	145
(6)	0.40	0.42	0.10	0.08	230
(7)	0.60	0.27	0.10	0.03	220
(8)	0.60	0.22	0.10	0.08	350
(9)	0.50	0.10	0.345	0.055	220
(10)	0.50	0.345	0.10	0.055	260
(11)	0.40	0.2725	0.2725	0.055	190
(12)	0.60	0.1725	0.1725	0.055	310
(13)	0.50	0.235	0.235	0.03	260
(14)	0.50	0.21	0.21	0.08	390
(15)	0.50	0.2225	0.2225	0.055	395

풀이

▣ MINITAB으로 혼합물 실험계획

▶ 통계분석 > 실험계획법>혼합 > 혼합설계 생성

- 꼭지점
- 성분수: 4

▶ 확인

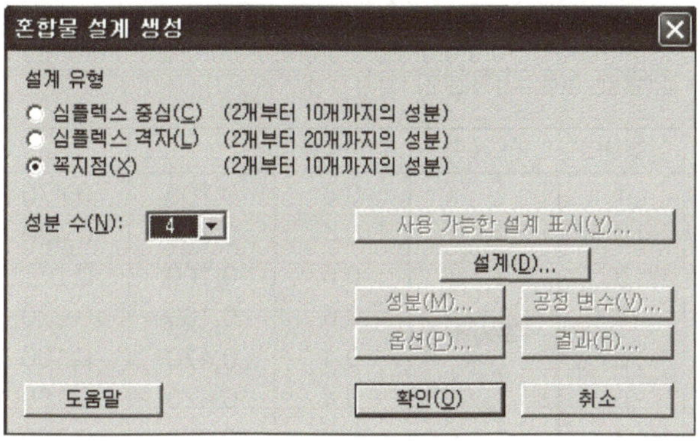

▶ 설계

- 설계차수: 3
- 중앙점을 추가하여 실험 확대
- 축점을 추가하여 실험 확대

▶ 성분

- : 하한: 0.40 상한: 0.60
- : 하한: 0.10 상한: 0.50
- : 하한: 0.10 상한: 0.50
- : 하한: 0.03 상한: 0.08

▶ 확인

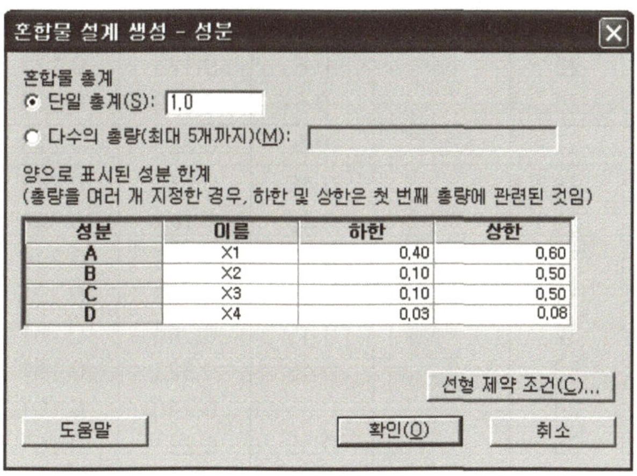

▶ MINITAB 결과

조명탄 실험의 실험점

실험번호	점 유형	x_1	x_2	x_3	x_4
1	꼭지점	0.4	0.100	0.470	0.030
2		0.4	0.100	0.420	0.080
3		0.6	0.100	0.270	0.030
4		0.6	0.100	0.220	0.080
5		0.4	0.470	0.100	0.030
6		0.4	0.420	0.100	0.080
7		0.6	0.270	0.100	0.030
8		0.6	0.220	0.100	0.080
9	변 중심점	0.4	0.100	0.445	0.055
10		0.4	0.445	0.100	0.055
11		0.4	0.285	0.285	0.030
12		0.4	0.260	0.260	0.080
13		0.5	0.100	0.370	0.030
14		0.6	0.100	0.245	0.055
15		0.5	0.100	0.320	0.080
16		0.5	0.370	0.100	0.030
17		0.6	0.245	0.100	0.055
18		0.5	0.320	0.100	0.080
19		0.6	0.185	0.185	0.030
20		0.6	0.160	0.160	0.080
21	면 중심점	0.4	0.273	0.273	0.055
22		0.5	0.100	0.345	0.055
23		0.5	0.345	0.100	0.055
24		0.5	0.235	0.235	0.030
25		0.6	0.173	0.173	0.055
26		0.5	0.210	0.210	0.080
27	중심점	0.5	0.223	0.223	0.055
28	축점	0.45	0.161	0.346	0.043
29		0.45	0.161	0.321	0.068
30		0.55	0.161	0.246	0.043
31		0.55	0.161	0.221	0.068
32		0.45	0.346	0.161	0.043
33		0.45	0.321	0.161	0.068
34		0.55	0.246	0.161	0.043
35		0.55	0.221	0.161	0.068

해설:

MINITAB으로 실험을 계획하면 모두 35개의 실험점이 만들어 진다. 35개 실험점은 꼭지점 8개, 변점 12개, 면 중심점 6개, 축점 8개, 전체중심점 1개로 구성되었다. 예제에서는 35개의 실험점에서 모두 실험을 하지 않고 축점, 중심점, 전체 중심점 만 선택하여 모두 15회의 실험을 하였다.

▣ MINITAB 혼합물 실험분석

▶ 통계분석 > 실험계획법>혼합 > 혼합설계 분석

▶ 항

- 2차

▶ MINITAB 결과

혼합물 실험분석 결과

Scheffe 2차 다항 모델

y(성분 비율)에 대한 추정된 회귀 계수

항	계수	SE 계수	T	P	VIF
x1	-1345	734.9	*	*	855.5
x2	-2106	817.8	*	*	258.8
x3	-2181	817.8	*	*	258.8
x4	12318	43959.4	*	*	41042.2
x1*x2	7389	3111.3	2.37	0.064	835.1
x1*x3	7165	3111.3	2.30	0.070	835.1
x1*x4	-5079	48968.7	-0.10	0.921	13080.0
x2*x3	2944	1616.6	1.82	0.128	28.6
x2*x4	-14541	49425.9	-0.29	0.780	3051.0
x3*x4	-14671	49425.9	-0.30	0.779	3051.0

S = 49.3022 PRESS = 178951
R-제곱 = 89.17% R-제곱(예측) = 0.00% R-제곱(수정) = 69.68%

y에 대한 분산 분석(성분 비율)

출처	DF	Seq SS	Adj SS	Adj MS	F	P
회귀분석	9	10086	10086.5	11120.72	4.58	0.054
선형	3	67206	7321.9	2440.62	1.00	0.463
2차	6	32881	32880.9	5480.15	2.25	0.195
잔차 오차	5	12154	12153.5	2430.70		
총계	14	112240				

해설:

x_1과 x_2의 혼합에 의한 효과와 x_1과 x_3 혼합에 의한 효과가 유의수준 ($\alpha=0.1$)에서 유의하다. 성분 x_4는 다른 성분과 혼합되면 반응값을 작게 하며, 단일성분으로 쓰일 경우 반응값을 크게 하는 성질을 갖는다.

▶ MINITAB 그래프 분석

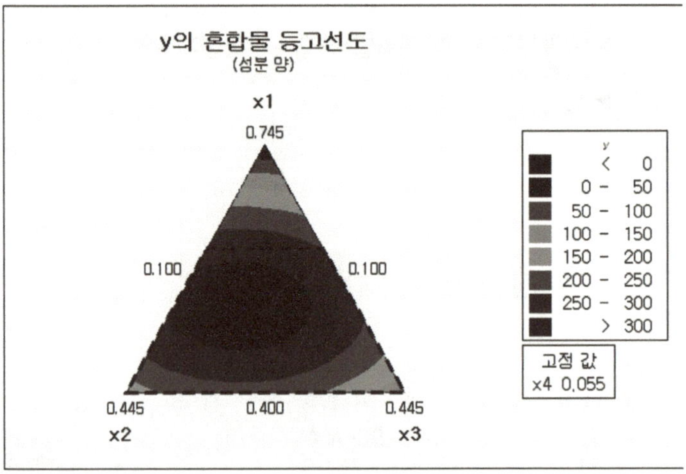

해설:

성분 x_4는 0.055로 고정하고, 나머지 성분 비율을 변화 시켰을 때의 반응 등고선도이다. 실험 중심점 부근에서 반응값이 가장 큼을 알 수 있다.

▣ MINITAB 반응최적화 도구

▶ 통계분석 > 실험계획법>혼합 > 혼합설계 분석

▶ 반응최적화 도구

- 선택됨: y

▶ 설정

- 목적: 최대화

  하한: 380

  목표값: 390

  가중치: 1

  중요도: 1

▶ 확인

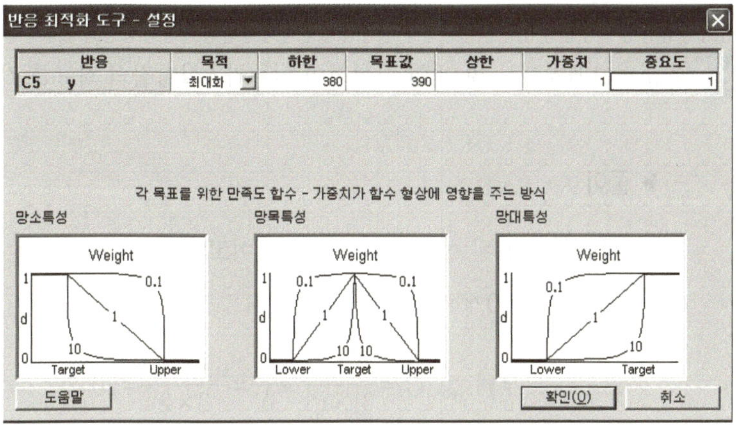

▶ MINITAB 결과

반응 최적화

모수

	목적	하한	목표값	상한	가중치	중요도
y	최대값	380	390	390	1	1

글로벌 솔루션

성분

x1 = 0.510821
x2 = 0.239711
x3 = 0.169468
x4 = 0.08

예측 반응

y = 383.219 , 만족도 = 0.321890

종합 만족도 = 0.321890

해설:

반응최적화 분석 결과 네 개 성분의 최적 혼합비율은 (x_1, x_2, x_3, x_4) = (0.51, 0.24, 0.17, 0.08)이며, 이때 예측되는 최적 반응값은 383.219이다.

연습문제

13 1 {4, 3}격자배열에는 몇 개의 실험점이 있는가? 실험점의 좌표를 작성 하시오.

▶ 풀이

실험에 사용된 성분개수(k)는 4개 이고 격자도(m)가 3인 격자실험의 실험점은 모두 20개 이다.

$_{m+k-1}C_m$로부터 $_{3+4-1}C_2 = \frac{6!}{3! \times (6-3)!} = \frac{6 \times 5 \times 4}{3 \times 2} = 20$

MINITAB으로 구한 20개 실험점은 다음과 같다.

▶ MINITAB 결과

심플렉스 격자 설계

행	표준 순서	점 유형	A	B	C	D
1	1	1	1.00000	0.00000	0.00000	0.00000
2	2	2	0.66667	0.33333	0.00000	0.00000
3	3	2	0.66667	0.00000	0.33333	0.00000
4	4	2	0.66667	0.00000	0.00000	0.33333
5	5	2	0.33333	0.66667	0.00000	0.00000
6	6	3	0.33333	0.33333	0.33333	0.00000
7	7	3	0.33333	0.33333	0.00000	0.33333
8	8	2	0.33333	0.00000	0.66667	0.00000
9	9	3	0.33333	0.00000	0.33333	0.33333
10	10	2	0.33333	0.00000	0.00000	0.66667
11	11	1	0.00000	1.00000	0.00000	0.00000
12	12	2	0.00000	0.66667	0.33333	0.00000
13	13	2	0.00000	0.66667	0.00000	0.33333
14	14	2	0.00000	0.33333	0.66667	0.00000
15	15	3	0.00000	0.33333	0.33333	0.33333
16	16	2	0.00000	0.33333	0.00000	0.66667
17	17	1	0.00000	0.00000	1.00000	0.00000
18	18	2	0.00000	0.00000	0.66667	0.33333
19	19	2	0.00000	0.00000	0.33333	0.66667
20	20	1	0.00000	0.00000	0.00000	1.00000

13 2 $k=4$인 경우에 심플렉스 중심배열법을 사용하려고 한다. 실험점은 모두 몇 개인가? 이들의 좌표를 모두 구하시오.

▶ 풀이

성분수가 k개인 심플렉스 중심배열 실험의 실험점 수$=2^k-1$이다.

$k=4$이므로 실험점은 모두 15개 있다. 15개의 실험점 좌표를 정리하면 다음과 같다.

▶ MINITAB 결과

심플렉스 중심 배열 설계

행	표준 순서	점 유형	A	B	C	D
1	1	1	1.00000	0.00000	0.00000	0.00000
2	2	1	0.00000	1.00000	0.00000	0.00000
3	3	1	0.00000	0.00000	1.00000	0.00000
4	4	1	0.00000	0.00000	0.00000	1.00000
5	5	2	0.50000	0.50000	0.00000	0.00000
6	6	2	0.50000	0.00000	0.50000	0.00000
7	7	2	0.50000	0.00000	0.00000	0.50000
8	8	2	0.00000	0.50000	0.50000	0.00000
9	9	2	0.00000	0.50000	0.00000	0.50000
10	10	2	0.00000	0.00000	0.50000	0.50000
11	11	3	0.33333	0.33333	0.33333	0.00000
12	12	3	0.33333	0.33333	0.00000	0.33333
13	13	3	0.33333	0.00000	0.33333	0.33333
14	14	3	0.00000	0.33333	0.33333	0.33333
15	15	0	0.25000	0.25000	0.25000	0.25000

13 3 {3, 3} 심플렉스 격자배열법을 사용하여 다음의 데이터를 얻었다.

x_1	x_2	x_3	y
1	0	0	85
0	1	0	70
0	0	1	60
0	$\frac{1}{3}$	$\frac{2}{3}$	65
0	$\frac{2}{3}$	$\frac{1}{3}$	68
$\frac{1}{3}$	0	$\frac{2}{3}$	72
$\frac{1}{3}$	$\frac{2}{3}$	0	76
$\frac{2}{3}$	0	$\frac{1}{3}$	80
$\frac{2}{3}$	$\frac{1}{3}$	0	82
$\frac{1}{3}$	$\frac{1}{3}$	$\frac{1}{3}$	75

(1) Scheffe 2차 회귀모형을 행렬표현을 사용하여 구하시오.

▶ 풀이

행렬식 $\hat{\beta}=(X'X)^{-1}X'y$을 이용하여 Scheffe 2차 다항모델을 추정하면 다음과 같다.

$$
\begin{array}{cccccc} x_1 & x_2 & x_3 & x_1x_2 & x_1x_3 & x_2x_3 \end{array}
$$

$$
X=\begin{bmatrix}
1.0000 & 0.0000 & 0.0000 & 0.0000 & 0.0000 & 0.0000 \\
0.6667 & 0.3333 & 0.0000 & 0.2222 & 0.0000 & 0.0000 \\
0.6667 & 0.0000 & 0.3333 & 0.0000 & 0.2222 & 0.0000 \\
0.3333 & 0.6667 & 0.0000 & 0.2222 & 0.0000 & 0.0000 \\
0.3333 & 0.3333 & 0.3333 & 0.1111 & 0.1111 & 0.1111 \\
0.3333 & 0.0000 & 0.6667 & 0.0000 & 0.2222 & 0.0000 \\
0.0000 & 1.0000 & 0.0000 & 0.0000 & 0.0000 & 0.0000 \\
0.0000 & 0.6667 & 0.3333 & 0.0000 & 0.0000 & 0.2222 \\
0.0000 & 0.3333 & 0.6667 & 0.0000 & 0.0000 & 0.2222 \\
0.0000 & 0.0000 & 1.0000 & 0.0000 & 0.0000 & 0.0000
\end{bmatrix}
$$

$$y=\begin{bmatrix} 85 \\ 82 \\ 80 \\ 76 \\ 75 \\ 72 \\ 70 \\ 68 \\ 65 \\ 60 \end{bmatrix}$$ 이고,

$$(X'X)^{-1}=\begin{bmatrix} 0.88571 & 0.02857 & 0.02857 & -1.9286 & -1.9286 & 1.5E-16 \\ 0.02857 & 0.88571 & 0.02857 & -1.9286 & -1E-16 & -1.9286 \\ 0.02857 & 0.02857 & 0.88571 & -3E-16 & -1.9286 & -1.9286 \\ -1.9286 & -1.9286 & -1E-16 & 17.3571 & 2.89286 & 2.89286 \\ -1.9286 & -1E-16 & -1.9286 & 2.89286 & 17.3571 & 2.89286 \\ 1.8E-16 & -1.9286 & -1.9286 & 2.89286 & 2.89286 & 17.3571 \end{bmatrix}$$

이다.

$$X'y=\begin{bmatrix} 267.333 \\ 240.000 \\ 225.667 \\ 43.444 \\ 42.111 \\ 37.889 \end{bmatrix}$$ 이므로 회귀계수 $\hat{\beta}$는

$$\hat{\beta}=(X'X)^{-1}X'y=\begin{bmatrix} 85.086 \\ 69.800 \\ 60.086 \\ 7.071 \\ 15.429 \\ 7.071 \end{bmatrix}\begin{matrix} \beta_1 \\ \beta_2 \\ \beta_3 \\ \beta_{12} \\ \beta_{13} \\ \beta_{23} \end{matrix}$$

(2) 2차 회귀방정식의 결정계수(R^2) 값은 얼마인가?

▶ 풀이

회귀모델에 대한 분산분석표로부터 구할 수 있다.

▶ MINITAB 결과

y에 대한 분산 분석(성분 비율)

출처	DF	Seq SS	Adj SS	Adj MS	F	P
회귀분석	5	553.548	553.548	110.710	801.69	0.000
선형	2	537.733	370.619	185.310	1341.90	0.000
2차	3	15.814	15.814	5.271	38.17	0.002
잔차 오차	4	0.552	0.552	0.138		
총계	9	554.100				

해설:

결정계수 $(R^2) = \dfrac{SS_{모델}}{SST} = \dfrac{553.548}{554.1} = 99.90\%$이다.

13 4 4개의 성분 A, B, C, D 로 심플렉스 선별계획법을 이용하여 실험을 계획하시오.

▶ MINITAB 결과

설계 표

실행	점유형	A	B	C	D
1	1(꼭지점)	1.0000	0.0000	0.0000	0.0000
2	1(꼭지점)	0.0000	1.0000	0.0000	0.0000
3	1(꼭지점)	0.0000	0.0000	1.0000	0.0000
4	1(꼭지점)	0.0000	0.0000	0.0000	1.0000
5	3(변점)	0.3333	0.3333	0.3333	0.0000
6	3(변점)	0.3333	0.3333	0.0000	0.3333
7	3(변점)	0.3333	0.0000	0.3333	0.3333
8	3(변점)	0.0000	0.3333	0.3333	0.3333
9	0(중심점)	0.2500	0.2500	0.2500	0.2500
10	-1(내부점)	0.6250	0.1250	0.1250	0.1250
11	-1(내부점)	0.1250	0.6250	0.1250	0.1250
12	-1(내부점)	0.1250	0.1250	0.6250	0.1250
13	-1(내부점)	0.1250	0.1250	0.1250	0.6250

해설:

심플렉스 선별실험계획은 꼭지점, 변중심점, 내부점, 중심점으로 구성된다.

실험점의 개수는 모두 $3k+1=3\times4+1=13$개이다.

MINITAB 으로 구한 13개의 실험점을 나열하면 위와 같다.

13 5 $k=3$인 혼합물의 실험에서 각 성분의 제한조건으로

$$0.40 \leq x_1 \leq 0.60$$

$$0.10 \leq x_2 \leq 0.50$$

$$0.10 \leq x_3 \leq 0.50$$

이 있다.

(1) 제한조건을 만족시키는 실험영역을 도시하시오.

▶ 풀이

상한제약조건과 하한제약조건이 있는 혼합물실험의 계획은 MINITAB의 꼭지점 실험법으로 설계한다. 제약조건에 의해 새롭게 형성된 실험영역은 MINITAB의 심플렉스 설계도로 확인할 수 있다. 새로운 실험영역은 꼭지점이 네 개인 사각형이다.

▶ MINITAB 그래프 분석

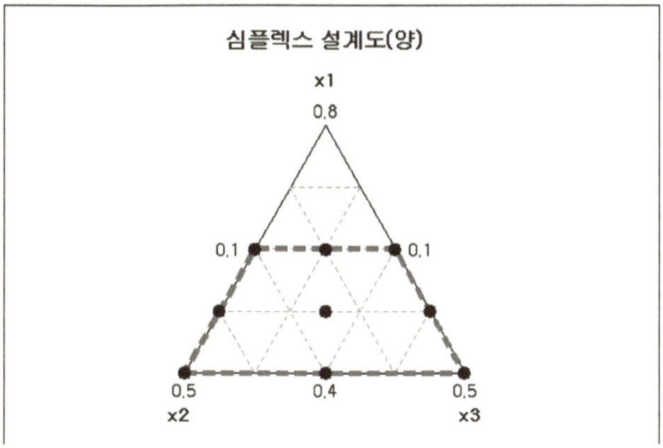

(2) 위의 (1)에서 구한 실험영역에서 꼭지점 계획법을 짜보고 싶다. 모든 꼭지점과, 꼭지점과 꼭지점을 연결하는 모든 변상의 중심점과, 그리고 실험영역의 중

심점(이 점은 모든 꼭지점 좌표들의 평균으로 구하라)으로 구성된 실험계획을 작성하시오.

▶ MINITAB 결과

꼭지점 실험(꼭지점, 변점, 중심점)

여기서 점유형 1 = 꼭지점, 2 = 변 중심점, 0 = 전체 중심점이다.

데이터 표시

NO	점유형	X1	X2	X3
1	1	0.4	0.10	0.50
2	1	0.6	0.10	0.30
3	1	0.4	0.50	0.10
4	1	0.6	0.30	0.10
5	2	0.4	0.30	0.30
6	2	0.5	0.10	0.40
7	2	0.5	0.40	0.10
8	2	0.6	0.20	0.20
9	0	0.5	0.25	0.25

해설:

제약조건에 의해 만들어진 실험영역은 꼭지점 4개, 변 중심점 4개, 전체 중심점 1개로 구성되며, 실험점 합계는 9이다.

14

다구찌 실험계획

학습목표

1. Taguchi 실험계획법의 개념과 특징을 이해한다.
2. 망소, 망대, 망목특성에 대한 SN비 개념을 이해한다.
3. 계량치 데이터와 계수치 데이터에 대한 SN비를 계산할 수 있다.
4. 파라메타 설계절차에 따라 실험을 하고 최적조건을 구할 수 있다.
5. 손실함수 개념을 이해하고 경제적 이득을 분석할 수 있다.

1. 다구찌 실험계획이란?

근대 품질관리분야에서 획기적 기여를 한 일본의 다구찌(1976)는 실험계획법을 "실험에 의하여 기술정보의 획득효율을 높여주기 위한 일반적인 기술의 전체"라고 정의하였다. 즉, 실험에 의한 정보관리행위를 실험계획법으로 광범위하게 정의하고 있으며, 특히 기술정보의 획득효율에 초점을 맞추고 있다. 이러한 다구찌 실험계획법의 정의는 과학기술이 발전하면서 실험계획법의 정의도 이에 따라 변모해 가고 있다는 것을 나타낸다. 종래의 전통적인 실험계획법에 비해 다구찌 실험계획법의 역할이 더욱 넓어지고 있으며, 그 응용범위가 확장되어 가고 있는데 몇 가지 예를 들면 다음과 같다.

① 종래에는 제어 불가능한 환경조건이나 제어하기 어려운 생산조건과 공정조건 등의 원인(이를 잡음인자라 한다)들이 자료에 주는 영향의 정도를 평가하기 어려웠으나, 차츰 객관적이면서 계량적으로 평가할 수 있는 방법이 제시되고 있다. 또한 품질 산포의 크기를 손실함수나 SN비 등의 계량특성치로 변환하여, 산포를 작게 하는 인자들의 조건을 찾아가는 로버스트 실험계획법(robust design)이 주로 사용된다. 로버스트 실험계획법의 핵심적인 방법은 파라미터 설계(parmeter design)와 허용차 설계(tolerance design)이다.

② 직교배열표를 광범위하게 사용하고 있으며, 이를 이용하여 인자의 수가 많을 경우에도 실험횟수를 크게 증가시키지 않고 실험할 수 있는 일부실시법이 주로 사용된다.

③ 종래에는 생산라인 내(on-line)에서의 실험계획법이 주종을 이루었으나, 다구찌 실험계획법에서는 그 응용범위가 확장되어 연구소 등에서의 신제품 개발을 위한 품질설계, 파라미터 설계, 허용차 설계 등의 라인 외(off-line) 품질관리를 위하여 유용하게 사용하고 있다.

④ 종래에는 계량치에 관한 실험계획법이 대부분이었으나, 다구찌 실험계획법에서는 계수치에 관한 특성치 분석이 가능한 실험계획법이 많이 제안되어 사용되고 있다.

⑤ 종래에는 인자를 크게 모수인자와 변량인자로만 구분하여 사용하였으나, 다구찌 실험계획법에서는 다음과 같이 더 세분하여 사용방법에 차이를 두고 있다. 자세한 내용은 박성현(1990, 2003)을 참고하기 바란다.

모수인자	변량인자
제어인자 표시인자 신호인자	잡음인자 보조인자 블록인자 집단인자

2. 에너지 전환의 사고

다구찌 실험계획법이 종래의 실험계획법과 구별되는 핵심개념 중하나는 "에너지 전환의 사고(energy transformation)"이다. 예를 들어 선풍기는 전기에너지를 입력요소로 하고 바람을 출력 요소로 하는 시스템이라 할 수 있다. 품질과 효율 측면에서 이상적인 선풍기는 입력된 전기에너지 모두를 선풍기 사용자에게 유용한 특성치인 바람으로 전환하는 선풍기이다. 하지만 대부분의 선풍기는 전기에너지로 모터를 구동시켜 출력요소인 바람을 만드는 과정(에너지 전환과정)에서 열, 소음 등이 발생하는데 이들은 선풍기 사용자에게 유용하지 않은 출력물(harmful effect)이고 결과적으로 선풍기 사용자에게 쓸모없는 출력물을 만드는데 에너지를 소모한 것이므로 낭비이다. 이와 같이 엔지니어가 설계하는 대부분의 시스템에는 입력에너지를 출력에너지로 전환하는 과정에서 에너지 손실이 발생한다. 다구찌는 입력 에너지와 출력 에너지를 비교하여 그 값의 차이가 작을수록 감도는 높고 출력산포는 작아져서 처음 의도한 기능이 오랫동안 유지되므로 제품 신뢰성이 높아진다고 보았다.

만일 제품설계 엔지니어가 제품을 설계 하기 전에 고객이 제품을 사용하는 환경을 조사하여 입력에너지 손실을 일으키는 노이즈인자(noise factor)를 명확히 하여 노이즈에 강한(노이즈에 의해 영향을 받지 않는) 실험인자들의 조합을 찾아 낸다면 효율이 높고, 신뢰성이 높은 좋은 제품을 설계 할 수 있을 것이다. 노이즈에 강한 제품(시스템)을 설계

한다는 점에서 다구찌 실험계획법을 "강건설계(robust design)"라 부르기도 한다.

다구찌는 제품이나 시스템이 노이즈에 얼마나 강한지 측정하는 지표로 통신공학에서 사용하는 SN비(Signal to Noise)를 사용하였다. SN비가 클수록 제품신뢰성이 높고 에너지 전환 효율이 높은 시스템이다.

SN비는 품질특성에 따라, 망소특성, 망대특성, 망목특성, 동특성으로 나누어지며 실험은 주로 직교배열표(othogonal array)를 사용하여 이루어진다.

3. 손실함수

1) 손실함수란

제품의 품질특성치 y가 목표치(target value) m으로부터 멀어질수록 불량률이 높아질 것이며 불량률이 높아질수록 제조회사의 손실은 높아지게 되는데, 이와 같은 손실을 최소화하기 위해 다구찌가 손실함수(loss function)를 품질관리에 도입하였다. 품질특성치는 특정한 목표가 주어져있는 망목특성(nominal-is-best characteristics), 작으면 작을수록 좋은 망소특성(smaller-the-better characteristics), 크면 클수록 좋은 망대특성(larger-the-better characteristics)의 3가지로 분류되는데 각각에 대한 손실 함수는 [도표1]과 같다.

도표1 | 손실함수

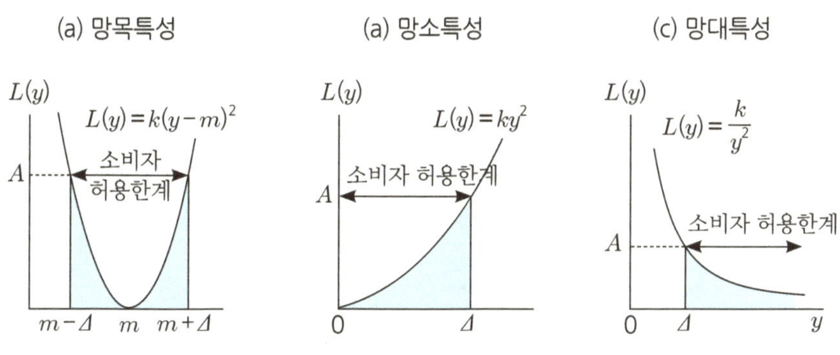

2) 망목특성인 경우

제품의 품질특성치 y의 목표치 m이 정해져 있는 경우로 길이, 무게, 두께 등과 같이 지정된 목표가 있는 경우로 손실함수를

$$L(y) = k(y-m)^2$$

으로 정의하여 사용한다. 여기서 k는 상수이다.

[도표1](a)에서와 같이 특성치의 소비자허용한계점 $m \pm \Delta$에서 소비자의 손실이 A원이라면

$$A = k(m \pm \Delta)^2 = k\Delta^2$$

이므로 $k = A/\Delta^2$을 얻게 된다. 따라서 망목특성의 손실함수는

$$L(y) = \frac{A}{\Delta^2}(y-m)^2$$

이 된다.

3) 망소특성인 경우

제품의 마모, 진동, 불량률 등과 같이 특성치가 작을수록 좋은 경우로, 망목특성의 손실함수에서 목표치 m이 0인 경우로 볼 수 있으므로 손실함수는

$$L(y) = ky^2$$

으로 정의한다.

[도표1](b)에서와 같이 특성치의 소비자허용한계점 Δ에서 소비자의 손실이 A원이라면 $k = A/\Delta^2$이므로 망소특성의 손실함수는

$$L(y) = \frac{A}{\Delta^2}y^2$$

이 된다.

4) 망대특성인 경우

제품의 강도, 수명, 혼합물의 수율, 연료의 효율 등과 같이 특성치가 클수록 좋은 경우로, 망소특성 손실함수의 역으로 손실함수를

$$L(y) = \frac{k}{y^2}$$

로 정의한다.

[도표1](c)에서와 같이 특성치의 소비자허용한계점 Δ에서 소비자의 손실이 A원이라면 $k = A/\Delta^2$이므로 망대특성의 손실함수는

$$L(y) = \frac{A\Delta^2}{y^2}$$

이 된다.

4. 신호 대 잡음(SN)비

1) SN비란

통신공학에서 기능적인 품질특성을 다룰 때 [도표2]와 같이 신호입력과 잡음이 시스템의 산출물에 어느 정도의 영향을 주는가를 조사하게 된다.

이 때 목적을 수행하기 위하여 전달된 신호입력이 산출물의 품질수준에 영향을 주며,

도표2 통신시스템의 기능관계

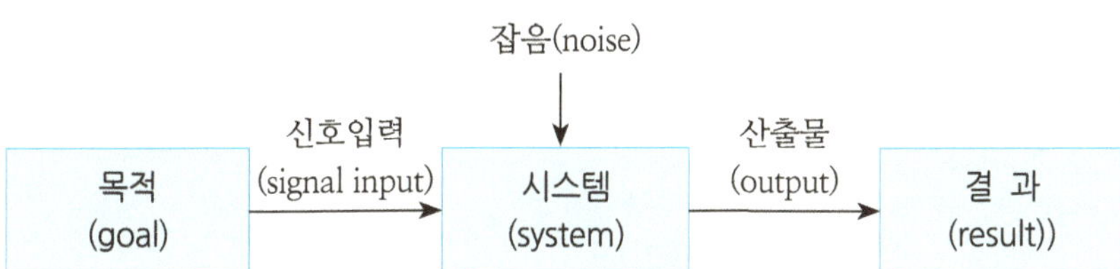

시스템에 가해지는 잡음이 산출물의 품질에 변동을 초래하게 되어 결과에 대한 신뢰성을 떨어뜨리게 된다. SN비는 신호 대 잡음의 비율(signal-to-noise ratio)을 의미하는 것으로, 다음과 같이 신호입력의 힘과 잡음이 주는 영향이 힘의 비율로 나타내진다.

$$\text{SN비} = \frac{\text{신호의 힘(power of signal)}}{\text{잡음의 힘(power of noise)}}$$

이 SN비는 품질특성치의 종류별로 다르게 정의하여 사용된다. 이들에 대해 살펴보자.

2) 망목특성의 SN비

신호 대 잡음의 비율인 SN비를 실험데이터로부터 추정할 때에 다구찌는

$$\text{SN비} = \frac{\text{신호의 힘}}{\text{잡음의 힘}} = \frac{\text{모평균의 제곱 } \mu^2 \text{의 추정값}}{\text{분산 } \sigma^2 \text{의 추정값}}$$

으로 하였다. 만약 n개의 데이터 $y_1, y_2, \cdots, y_n$이 얻어졌다면 σ^2의 불편추정량은

$$S^2 = \sum_{i=1}^{n}(y_i - \bar{y})/(n-1)$$

이므로, $S_m = (y_1 + y_2 + \cdots + y_n)^2/n$이라 하면 $E(S_m) = \sigma^2 + n\mu^2$으로부터 $S_m = S^2 + n\hat{\mu}^2$이 되어 μ^2의 추정량은

$$\hat{\mu}^2 = \frac{1}{n}(S_m - S^2)$$

이 된다. 따라서 μ^2과 σ^2의 추정량을 SN비의 식에 대입하여

$$\text{SN비} = \frac{\frac{1}{n}(S_m - S^2)}{S^2}$$

을 얻는다.

그러나 실제 사용되는 SN비의 값은 통신공학에서와 같이 위의 SN비에 상용대수를 취하고 10을 곱하여 데시벨(decibel; db)의 단위로 다음과 같이 나타낸다.

$$\mathrm{SN} = 10\log\left[\frac{\frac{1}{n}(S_m - S^2)}{S^2}\right]$$

그런데 $S_m = n\bar{y}^2$이므로, 위 식은

$$\mathrm{SN} = 10\log\left[\frac{(\bar{y}^2 - \frac{S^2}{n})}{S^2}\right]$$

으로 쓸 수 있으며, n이 충분히 크면 S^2/n은 무시될 수 있을 정도로 작아지므로

$$\mathrm{SN} \cong 10\log\left[\frac{\bar{y}^2}{S^2}\right] = 20\log\left[\frac{\bar{y}}{S}\right]$$

를 사용할 수도 있다.

SN비 값이 크면 클수록 신호의 힘이 크고 잡음의 힘이 적어지는 것으로, 이 SN값을 가장 크게 하는 조건이 최적조건이 된다.

3) 망소특성의 SN비

망소특성인 경우에는 목표치 m이 0이므로 μ^2의 추정값이 음수가 될 수도 있어, 망목특성의 SN값을 그대로 사용할 수 없다. 이런 이유로 망소특성인 경우에는 신호 대 잡음의 비율로 정의되는 SN비의 개념을 사용하지 않고, 손실함수의 기댓값

$$L = kE(y^2)$$

을 최소화시키는 SN비를 생각하여 준다.

반복 측정 자료 $y_1, y_2, \cdots, y_n$이 얻어졌을 때, 망소특성인 경우 목표치 m이 0이므로 $E(y_i) = 0$으로 보면, $E(y^2)$의 추정량은

$$\begin{aligned} MSD &= \frac{1}{n}\sum_{i=1}^{n}(y_i - 0)^2 \\ &= \frac{1}{n}\sum_{i=1}^{n}y_i^2 \end{aligned}$$

으로 볼 수 있다. 여기서 MSD는 0으로부터의 평균제곱편차(mean squared deviation)를 의미한다. 따라서 데시벨로 나타내는 SN비로 10log(MSD)를 사용할 수 있으나 SN 값이 클수록 좋은 것으로 하기 위하여

$$\mathrm{SN} = -10\log\left[\frac{1}{n}\sum_{i=1}^{n} y_i^2\right]$$

을 망소특성인 경우의 SN비로 한다. 이 SN의 값도 단위는 데시벨이며, SN비를 가장 크게 하는 실험인자의 조합이 최적 조건이다.

4) 망대특성의 SN비

망소특성인 경우처럼 손실함수의 기댓값

$$L = kE\left(\frac{1}{y^2}\right)$$

을 작게 해주는 SN비를 고려하는데, 망대특성인 경우에는 목표치 m을 ∞로 보면 $E(1/y_i) = 0$이므로, $E(1/y^2)$의 추정량으로

$$MSD = \frac{1}{n}\sum_{i=1}^{n}\left(\frac{1}{y_i} - 0\right)^2$$
$$= \frac{1}{n}\sum_{i=1}^{n}\frac{1}{y_i^2}$$

을 사용하여

$$SN = -10\log\left[\frac{1}{n}\sum_{i=1}^{n}\frac{1}{y_i^2}\right]$$

을 망대특성의 SN비로 계산한다. 이 SN의 값도 크면 클수록 좋으며, 단위는 데시벨이다.

이상에서 얻은 결론을 비교하기 위해 정리하면 [도표3]과 같다.

도표3 ¦ 손실함수와 SN비의 비교

특성치의 종류	1개 데이터 n의 손실함수	n개의 자료가 얻어진 경우의 개당 평균 손실함수	SN비
망목특성	$k_1(y-m)^2$	$k_1\left[\frac{1}{n}\sum_{i=1}^{n}(y_i-m)^2\right]$	$20\log\left[\frac{\bar{y}}{S}\right]$
망소특성	k_1y^2	$k_1\left[\frac{1}{n}\sum_{i=1}^{n}y_i^2\right]$	$-10\log\left[\frac{1}{n}\sum_{i=1}^{n}y_i^2\right]$
망대특성	$k_2\left[\frac{1}{y^2}\right]$	$k_2\left[\frac{1}{n}\sum_{i=1}^{n}\frac{1}{y^2}\right]$	$-10\log\left[\frac{1}{n}\sum_{i=1}^{n}\frac{1}{y^2}\right]$

단, $k_1=\frac{A}{\Delta^2}$. $k^2=A\Delta^2$. 여기서 A=품질문제로 인한 손실금액

5. 계량치 파라미터 설계

파라미터 설계(parameter design)는 제품설계와 공정설계에서 유용하게 사용되는 다구찌 실험계획법의 핵심이다. "파라미터(parameter)"는 제품성능의 특성치에 영향을 주는 제어 가능한 인자(controllable factor)를 의미하며, 파라미터 설계는 이들 인자들의 최적수준을 정하여 주는 것을 말한다. 파라미터를 설계변수(design variable)라고도 부르며, 파라미터 설계에서는 제품의 품질변동이 잡음에 둔감하면서 목표품질을 가질 수 있도록 설계변수들의 최적조건을 구하여 준다. 최적조건을 찾을 때 설계변수와 잡음을 주는 인자들을 포함시켜 실험하는 직교배열표 등이 주로 사용된다. 이때 목표품질을 만족시키는 범위 내에서 가능한 한 비용이 적게 드는 조건이나 부품을 이용한다.

1) 파라미터 설계의 특징

주로 직교배열표를 이용하여 설계되며, 제어인자들(control factors)의 한 실험조건(직교배열표의 한 행)에서 2개 이상의 특성치를 얻는다. 이처럼 반복 자료를 얻는 것은 성능특성치에 대한 잡음(외부, 내부 또는 제품간의 잡음)이나 제어하기 어려운 변량인자

(블록인자, 보조인자 등)의 영향을 파악하기 위해서이며, 특성치를 반복해서 얻는 방법으로 다음의 2가지가 있다.

① 잡음인자들(noise factors)을 그대로 둔 상태에서 반복하여 측정

② 잡음인자들의 수준을 정하여 이들 수준조합에서 측정

위와 같이 실험계획이 이루어지는 경우에 실험은 2개의 직교배열표가 교차(crossed)되는 형태로 주어지며, [도표4]가 그 하나의 예이다. 제어인자들로 이루어진 직교배열을 내측배열(inner array) 또는 설계변수행렬(matrix of design variables)이라고 부르고, 비제어인자들로 이루어진 직교배열을 외측배열(outer array) 또는 잡음인자행렬(matrix of noise factors)이라고 부른다.

도표4 ¦ 파라미터 설계의 기본구조

구 분		내측배열($L_8(7)$)							외측배열($L_4(3)$)	
요인배치		A	B	C	D	E	ⓔ	ⓔ	원 자료	SN비
인자이름										
수준	0								실험번호 1 2 3 4	비제어인자 배치
	0									
	1								0 0 1 1	U
열번호 실험번호		1	2	3	4	5	6	7	0 1 0 1 0 1 1 0	V W
1		0	0	0	0	0	0	0	y_{11} y_{12} y_{13} y_{14}	SN_1
2		0	0	0	1	1	1	1	y_{21} y_{22} y_{23} y_{24}	SN_2
3		0	1	1	0	0	1	1	⋮	⋮
4		0	1	1	1	1	0	0	⋮	⋮
5		1	0	1	0	1	0	1	⋮	⋮
6		1	0	1	1	0	1	0	⋮	⋮
7		1	1	0	0	1	1	0	⋮	⋮
8		1	1	0	1	0	0	0	y_{81} y_{82} y_{83} y_{84}	SN_8

비제어인자가 1개 또는 2개일 때는 일원배치나 이원배치를 외측배열에 배치시키는 것이 좋으나, 3개 이상인 경우에는 [도표4]에서와 같이 직교배열을 배치하는 것이 좋다.

분산분석을 할 때 성능특성치 y_{ij}(i번째 행의 j번째 자료)에 대하여 분석하지 않고 y_{ij}들

로부터 SN비를 계산하여 SN비를 새로운 특성치로 삼아 분석한다.

제품설계나 공정설계의 대상이 되는 시스템에 대하여 [도표 5]와 같은 인자-특성관계 그림을 만들어, 특성치에 영향을 주리라고 예상되는 가능한 모든 제어인자를 포함시키고, 비제어인자로서 잡음인자, 블록인자, 보조인자 또는 표시인자 등을 배치하되 가능한 한 너무 많지 않게 배치한다.

도표5 인자·특성관계 그림

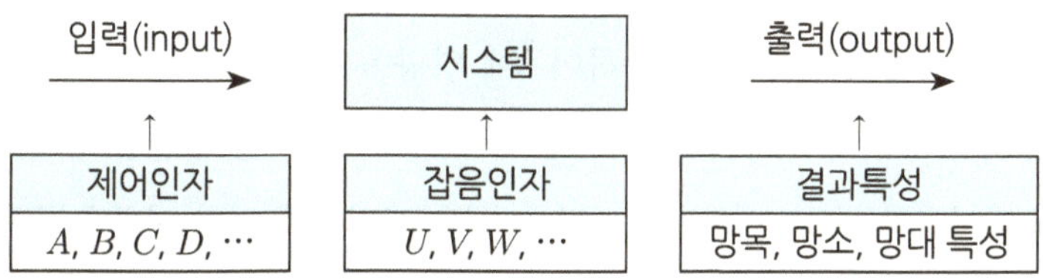

2) 파라미터 설계의 방법(망소특성과 망대특성인 경우)

망소특성과 망대특성인 경우에 파라미터 설계의 구체적인 방법은 다음과 같다.

① 제어인자들로 이루어진 실험을 구성한다. 이 때 주로 직교배열표가 사용되며, [도표 5]에서와 같이 각 실험조건에서 반복측정치가 있도록 한다.

② 각 실험조건의 반복측정치로부터 SN비를 계산한다.

③ SN비에 대한 분산분석을 통하여 SN비에 영향을 미치는 제어인자를 찾는다.

④ 위의 ③에서 찾은 유의한 제어인자들의 최적수준은 SN비를 최대로 하는 수준조합이 된다. SN비에 유의한 영향을 못주는 제어인자는 경제성, 작업성 등을 고려하여 적절한 수준을 선택한다.

⑤ 위의 ④에서 구한 최적 수준조합에서 특성치의 모평균을 추정하여 보고, 확인실험을 실시하여 재현성이 있는가를 조사한다.

3) 파라미터 설계의 방법(망목특성인 경우)

① 위의 ①과 동일.

② 각 실험조건의 반복측정치로부터 SN비와 Sn을 계산한다. 여기서 Sn은 민감도(sensitivity)를 나타내는 양으로 평균 $\bar{y}$에 유의한 인자를 찾기 위하여

$$Sn = 10\log(n\bar{y}^2) = 20\log(\sqrt{n}\,\bar{y})$$

로 정의된 통계량이다.

③ SN비에 대한 분산분석을 통해 SN비에 유의한 영향을 주는 제어인자를 찾아낸다.

④ SN비에 대한 분산분석 등을 통하여 $\bar{y}$에 영향을 주는 제어인자를 찾아낸다. ③과 ④의 분석을 실시하여 다음과 같이 세 가지로 제어인자를 분류할 수 있다.

- 산포제어인자(dispersion control factor): SN비에 유의한 영향을 주는 인자
- 평균조정인자(mean adjustment factor): $\bar{y}$에만 유의한 영향을 주는 인자
- 기타 제어인자: SN비나 $\bar{y}$에 동시에 영향을 주지 못하는 인자 만약 하나의 제어인자가 SN비와 $\bar{y}$가 동시에 영향을 준다면 이는 산포제어인자로 분류한다.

⑤ 산포제어인자는 SN비를 최대로 하는 수준에 놓고, $\bar{y}$가 목표치에 접근하도록 평균조정인자의 수준을 조정한다. 기타 제어인자에 대해서는 경제성, 작업성 등을 고려하여 적절한 수준을 선택한다.

⑥ 위의 ⑤에서 구한 최적수준조합에서 특성치의 모평균을 추정하여 보고, 확인실험을 실시하여 재현성이 충분한가를 조사한다.

위의 ⑤에서 보는 바와 같이 인자의 최적수준을 선택할 때, 산포를 작게 해주는 조건이 가장 우선하며, 그 다음으로 평균치를 목표치에 근접시키는 조건이 따르게 된다. 이 원리가 파라미터 설계에서는 잡음인자에 의한 산포를 최소화시키는 것이 가장 중요함을 말하여 주고 있으며, 따라서 파라미터 설계를 로버스트 설계(robust design)라고도 부른다.

4) 계량치 파라메타설계 적용예제

어떤 수지(resin)를 생산하는 한 화학업체에서는 이 수지에 포함되는 불순물의 함량률을 줄이기 위한 실험을 실시하고자 한다. 규격상한은 4.0%이고, 이 규격이 만족되지 않으면 10kg당 50,000원의 손실이 발생한다. 불순물에 영향을 주리라고 예상되는 4가지 제어인자를 다음과 같이 취해 주었다.

A : 본드의 배합비 3수준(A_1, A_2, A_3)

B : 본딩방법 3수준(B_1, B_2, B_3)

C : 표면처리방법 3수준(C_1, C_2, C_3)

D : 열처리방법 3수준(D_1, D_2, D_3)

비제어인자로서

U : 작업자 2수준(비숙련공, 숙련공)

V : 수지 생산라인 2수준

을 선택해 주고, 생산된 수지를 실험실에서 분석하여 불순물의 함량 %를 얻었다.

이 실험은 망소특성실험이다. 분석을 실시하여 보자. 현재 사용하고 있는 생산조건은 $A_2B_2C_2D_2$이다.

인자배치	A	B	C	D	불순물함량(%)				$SN = -10\log\left[\frac{1}{n}\sum_j y_{ij}^2\right]$
열번호	1	2	3	4	U_1		U_2		
실험번호					V_1	V_2	V_1	V_2	
1	1	1	1	1	6.80	5.52	2.27	3.75	−13.80
2	1	2	2	2	3.43	2.58	2.49	2.11	−8.62
3	1	3	3	3	2.17	2.50	1.57	1.98	−6.37
4	2	1	2	3	1.79	2.81	1.33	1.76	−6.01
5	2	2	3	1	1.98	2.38	2.57	2.00	−7.03
6	2	3	1	2	2.93	2.78	2.61	2.17	−8.43
7	3	1	3	2	2.43	2.18	1.70	1.56	−6.02
8	3	2	1	3	4.25	3.90	1.91	1.63	−9.95
9	3	3	2	1	4.05	3.28	1.50	2.12	−9.28

▣ MINITAB Taguchi 설계분석

▶ 통계분석>실험계획법> Taguchi 설계 > Taguchi 설계분석

- 반응 데이터 열: $U_0V_0 - U_1V_1$

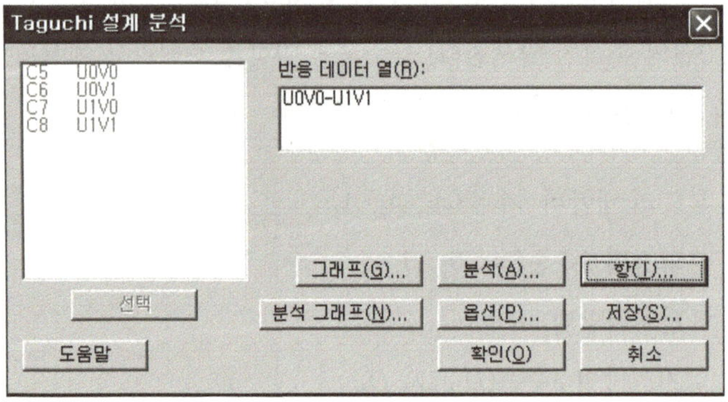

▶ 분석

- 반응 표 표시대상 통계량: 신호대 잡음비 평균

▶ 옵션

- 신호 대 잡음 비: 망소특성

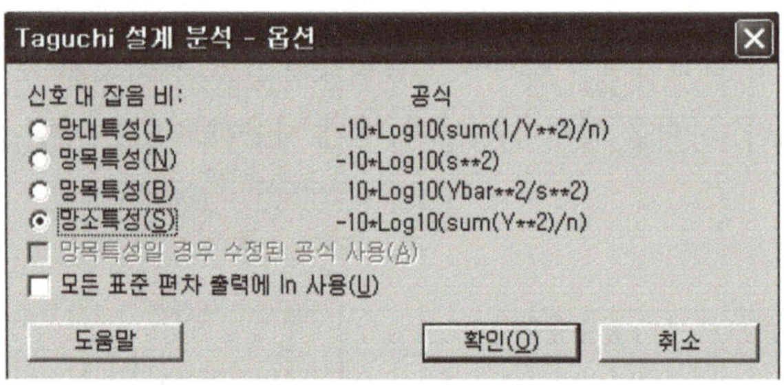

▶ 확인

MINITAB Taguchi 설계분석 결과

↓	C1	C2	C3	C4	C5	C6	C7	C8	C9	C10
	A	B	C	D	U0V0	U0V1	U1V0	U1V1	신호 대 잡음 비	평균
1	1	1	1	1	6.80	5.52	2.27	3.75	-13.7988	4.5850
2	1	2	2	2	3.43	2.58	2.49	2.11	-8.6144	2.6525
3	1	3	3	3	2.17	2.50	1.57	1.98	-6.3709	2.0550
4	2	1	2	3	1.79	2.81	1.33	1.76	-6.0116	1.9225
5	2	2	3	1	1.98	2.38	2.57	2.00	-7.0307	2.2325
6	2	3	1	2	2.93	2.78	2.61	2.17	-8.4252	2.6225
7	3	1	3	2	2.43	2.18	1.70	1.56	-6.0154	1.9675
8	3	2	1	3	4.25	3.90	1.91	1.63	-9.9539	2.9225
9	3	3	2	1	4.05	3.28	1.50	2.12	-9.2821	2.7375

해설:

위의 순서 대로 MINITAB을 지정하면, 워크시트의 C9과 C10 열에 망소특성의 신호 대 잡음비(SN비)와 불순물 반응 평균값이 계산되어 저장된다.

1) 반응평균 값에 대한 주효과도

■ MINITAB 반응 평균 분석(주효과도)

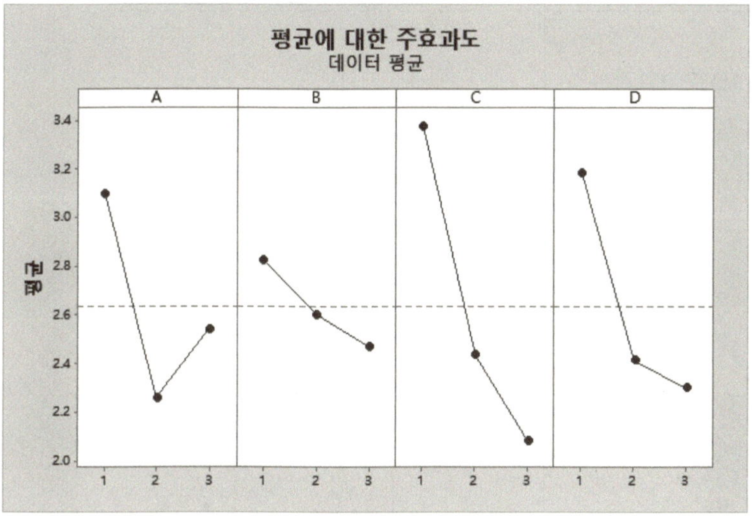

해설:

반응(불순물 함량) 평균값에 대한 주효과도 분석결과 불순물 함량이 최소가 되는 실험인자 A, B, C, D의 수준 조합은 $A_2B_3C_3D_3$이다. 4개 실험인자 사이에 유의한 교호작용이 존재 하지 않는다면 $A_2B_3C_3D_3$가 불순물을 최소로 하는 최적조건이다.

■ MINITAB SN비 그래프 분석

▶ 통계분석>분산분석

- 주효과도
- 반응: 신호 대 잡음비
- 요인: A B C D

▶ 확인

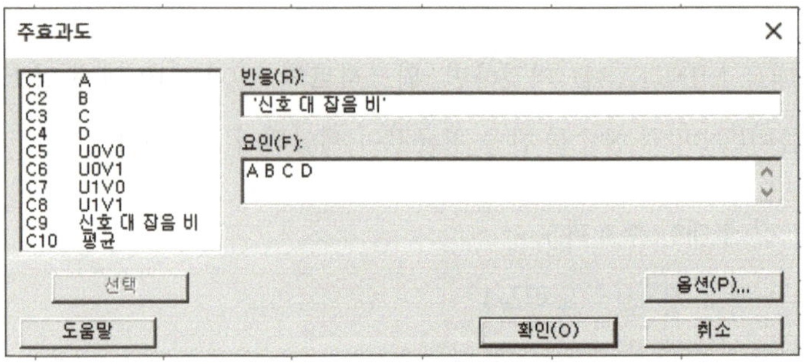

▶ MINITAB 분석결과

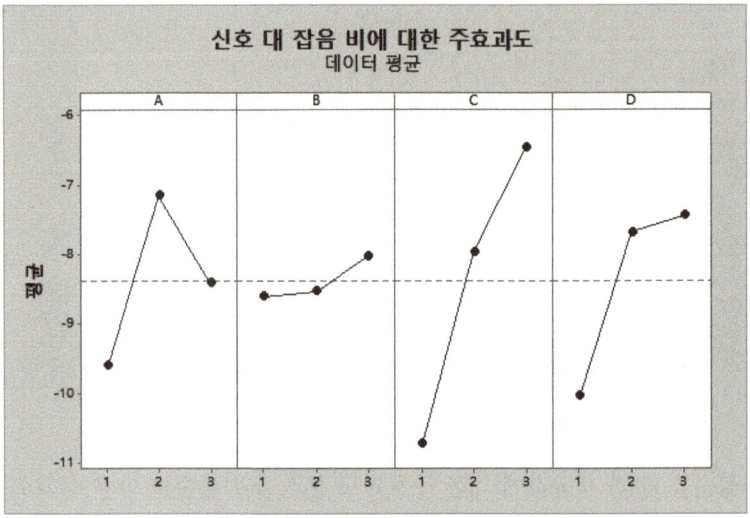

해설:

SN비가 가장 큰 실험인자 수준조합은 $A_2B_3C_3D_3$이다. 이 결과는 불순물 함유량 데이터로 분석한 주효과 그래프 분석결과와 같다.

통계적으로 유의한 실험인자 분석을 위해 SN비 데이터를 이용하여 분산분석을 하면 다음과 같다.

▣ MINITAB 일반선형 모형

▶ 통계분석>분산분석> 일반선형 모형

– 반응: 신호 대 잡음비

- 모형: A B C D

▶ 확인

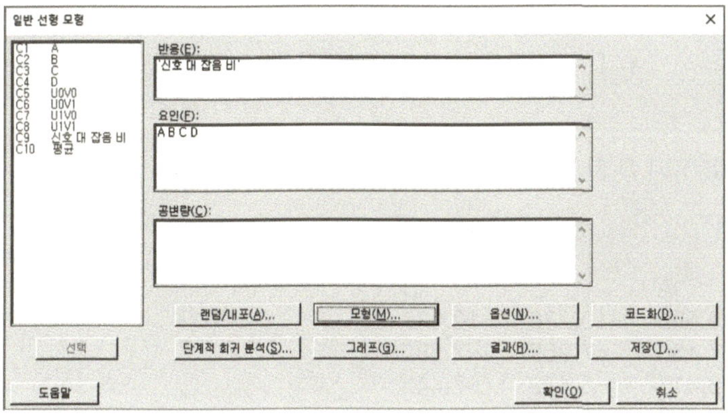

▶ MINITAB 분석 결과

분산 분석

출처	DF	Adj SS	Adj MS	F-값	P-값
A	2	8.9257	4.4628	*	*
B	2	0.6020	0.3010	*	*
C	2	27.9330	13.9665	*	*
D	2	12.3071	6.1536	*	*
오차	0	*	*		
총계	8	49.7677			

해설:

실험횟수가 부족하여 오차를 구할 수 없어 F-검정을 할 수 없다. 효과를 무시할 수 있을 정도로 변동(제곱합)이 작은 인자 B를 오차항으로 하여 분산분석을 다시 한다.

▶ MINITAB 일반선형모형 분산분석과

분산 분석

출처	DF	Adj SS	Adj MS	F-값	P-값
A	2	8.9257	4.4628	14.83	0.063
C	2	27.9330	13.9665	46.40	0.021
D	2	12.3071	6.1536	20.44	0.047
오차	2	0.6020	0.3010		
총계	8	49.7677			

해설:

B를 풀링한 후의 분산분석 결과이다. 인자 A, C, D 모두 유의수준($\alpha = 0.1$) 에서 유의하다.

▶ MINITAB 결과

신호 대 잡음비에 대한 반응표

망소특성

수준	A	C	D
1	-9.595	-10.726	-10.037
2	-7.156	-7.969	-7.685
3	-8.417	-6.472	-7.445
델타	2.439	4.254	2.592
순위	3	1	2

해설:

SN비가 가장 큰 수준 조합은 $A_2C_3D_3$이다. SN비에 크게 영향을 주는 인자는 $C > D > A$ 순이다. 유의하지 않은 인자 B는 현재수준(B_2)으로 하면, 최적조합은 $A_2B_2C_3D_3$가 된다.

최적조합에서 SN비를 추정하면,

$$\begin{aligned}\hat{\mu}(A_2B_2C_3D_3) &= \overline{\mu + a_2 + b_2 + c_3 + d_3} \\ &= \widehat{\mu + a_2} + \widehat{\mu + b_2} + \widehat{\mu + c_3} + \widehat{\mu + d_3} - 3\hat{\mu} \\ &= (-7.16) + (-8.53) + (-6.47) + (-7.45) - 3(-8.39) \\ &= -4.52\text{db}\end{aligned}$$

최적조합에서 SN비가 얼마나 개선되었는지 알아보기 위해 $A_2B_2C_2D_2$를 현재 조건으로 가정하고 SN비를 추정하여 비교하면 다음과 같다.

현재조건에서의 SN비는,

$$\begin{aligned}\hat{\mu}(A_2B_2C_3D_3) &= \overline{\mu + a_2 + b_2 + c_2 + d_2} \\ &= \widehat{\mu + a_2} + \widehat{\mu + b_2} + \widehat{\mu + c_2} + \widehat{\mu + d_2} - 3\hat{\mu}\end{aligned}$$

$$= (-7.16) + (-8.53) + (-7.97) + (-7.69) - 3(-8.39)$$
$$= -6.18\text{db}$$

이다.

▶현수준과 최적수준에서의 SN비 비교

현수준($A_2B_2C_2D_2$)	최적수준($A_2B_2C_3D_3$)	차이(이득)
-6.18db	-4.52 db	1.66 db

최적수준은 현재수준 보다 SN비가 1.66db 높고 노이즈에 더 강한 조건(robust)임을 알 수 있다.

참고로 MINITAB으로 관심있는 인자의 수준조합에서 예측값을 구할 수 있는데, 분석 절차는 아래와 같다.

■ MINITAB: 최적수준 조합에서 SN비 예측

▶ 통계분석 > Taguchi 설계 > Taguchi 결과 예측

- 예측: 평균, 신호 대 잡음비
- 항: A B C D

▶ 수준

- 새 요인 수준 지정방법
- 리스트에서 수준 선택: $A_2B_2C_3D_3$

▶ 확인

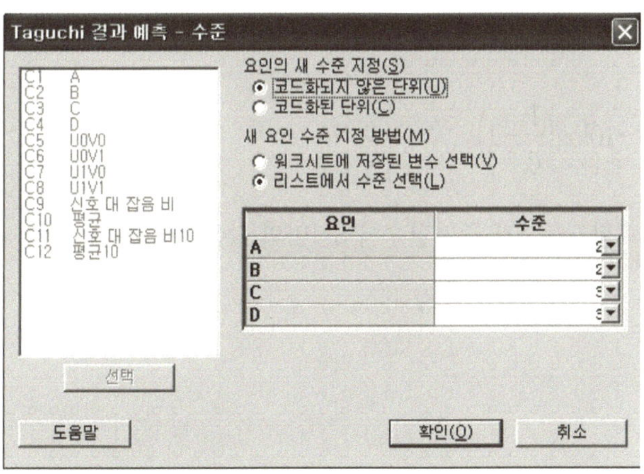

▶ MINITAB 분석결과

최적수준 조합($A_2B_2C_3D_3$)에서 SN비 예측

```
예측 값

   신호 대잡음비      평균
      -4.43898   1.3475

설정

A    B    C    D
2    2    3    3
```

해설:

최적수준 조합($A_2B_2C_3D_3$)에서 SN비는 −4.44(db) 으로 예측된다.

6. 계수치 파라미터 설계

1) 0, 1 자료의 실험

실무에서는 특성치가 계수치로 나타나는 경우가 매우 흔하다. 가장 간단한 예로서, 어떤 실험조건에서 제품을 n개를 만들어 품질검사를 실시한 결과, i번째 제품의 결과가

$$y_i = \begin{cases} 0: \text{불합격품인 경우} \\ 1: \text{합격품인 경우} \end{cases}$$

로 얻어진다고 하자. 이와 같은 0, 1 자료에 대해서는 시료합격률을 p라고 할 때 SN비를

$$SN = -10\log\left(\frac{1}{p} - 1\right)$$

로 정의하여 사용한다. 시료합격률 p가 증가할수록 SN비의 값은 커지며, SN비의 값이 크면 클수록 좋다.

2) 0, 1 자료 파라미터 설계의 적용예제

자동판매기의 신뢰도(동전을 넣었을 때 물품이 올바르게 나오는 비율)는 신제품개발 초기단계에서 85%정도로 추정되어 있다. 이 신뢰도를 향상시키기 위해 4가지 대책 A, B, C, D를 직교배열표 L_9에 배치하여 실험하고 100회 중 정확한 동작 횟수를 조사하여 [도표6]과 같이 정리하였다. 이는 직교배열표 $L_9(4)$를 사용한 것이다.

도표6 100회 중 정확한 동작 횟수

인자	수준
A : 부품	A_0 : 현, A_1 : 신I, A_2 : 신II
B : 부품	B_0 : 현, B_1 : 신I, B_2 : 신II
C : 회로	C_0 : 현, C_1 : 신I, C_2 : 신II
D : 사용전력	D_0 : -20%, D_1 : 현, D_2 : +20%

인자배치	A	B	C	D	자료	
실험번호 \ 열번호	1	2	3	4	100회 중 정확한 동작 횟수	$SN = -10\log(\frac{1}{p} - 1)$
1	0	0	0	0	82	6.585
2	0	1	1	1	94	11.950
3	0	2	2	2	72	4.102
4	1	0	1	2	90	9.542
5	1	1	2	0	96	13.802
6	1	2	0	1	76	5.006
7	2	0	2	1	80	6.021
8	2	1	0	2	89	9.080
9	2	2	1	0	77	5.248
합계					756	

[도표6]에서 SN비의 값은 실험번호 1번의 경우에는 $p = 0.82$이므로 이를 SN비 공식에 대입하여 계산한 것이다. 이 SN비 자료에 대하여 인자 A, B, C, D의 최적조건을 구하여 보자.

[도표6]에서 주효만의 자유도 합이 8이고 총 자유도도 8이라 주효과 중 하나를 오차항으로 해야 F 검정이 가능하다. 먼저 제곱합을 구해 본 결과 인자 D의 평균제곱이 가장 작아 이를 오차항으로 하여 분산분석을 하면 다음 [도표7]과 같다.

도표7 ¦ 풀링한 분산분석표

요인	제곱합	자유도	평균제곱	F	유의확률
A	11.325	2	5.662	6.531	.133
B	71.210	2	35.605	41.065	.024
C	6.148	2	3.074	3.546	.220
D	1.734	2	.867		
E	90.416	8			

분산분석결과 인자 B만 유의수준 5%에서 수준별로 유의차가 있고 인자 A, C는 유의하지 않음을 알 수 있다. 그러나 인자 A, C가 유의하지는 않지만 수준차를 무시할 정도는 아니고, 통계패키지를 사용하여 인자 수준별 SN비 모평균의 신뢰구간을 구한 다음 [도표8]을 보면 다른 수준들보다 신I 수준(A_1, C_1)에서 SN비 평균 추정값이 상당히 높고, 인자 B도 신I 수준(B_1)에서 SN비 평균 추정값이 가장 높아 최적수준을 $A_1B_1C_1$으로 하는 것이 타당하겠다.

도표8 ¦ 인자 수준별 SN비 모평균의 신뢰구간

인자	수준	SN비 평균 추정값	표준오차	95% 신뢰구간	
				하한값	상한값
A	0	7.546	.538	5.233	9.859
	1	9.450	.538	7.137	11.763
	2	6.783	.538	4.470	9.096
B	0	7.383	.538	5.070	9.696
	1	11.611	.538	9.298	13.924
	2	4.785	.538	2.472	7.098
C	0	6.890	.538	4.577	9.204
	1	8.913	.538	6.600	11.226
	2	7.975	.538	5.662	10.288

추가적으로 인자 D는 유의하지 않으나 현재 사용하고 있는 D_1 수준을 사용하기로 하면 최적조건은 $A_1B_1C_1D_1$이다. 그런데 최적조건에서 SN비 모평균 $\mu(A_1B_1C_1D_1)$를 분해

하면

$$\mu(A_1B_1C_1D_1) = \mu + a_1 + b_1 + c_1 + d_1$$
$$= (\mu + a_1) + (\mu + b_1) + (\mu + c_1) + (\mu + d_1) - 3\mu$$

이므로 위 식의 각 항의 추정치를 **[도표8]**에서 찾아 대입하면 SN 비의 추정치는

$$\hat{\mu}(A_1B_1C_1D_1) = 9.450 + 11.611 + 8.0913 + 7.659 - 3 \times 7.926$$
$$= 13.855(\text{db})$$

가 된다.

최적조건에서 자동판매기의 신뢰도를 추정해 보기 위하여 위의 SN비 추정값을 공식

$$SN = -10\log\left(\frac{1}{p} - 1\right) = 13.855$$

에 대입하면

$$\frac{1}{p} = 10^{\left(\frac{13.855}{-10}\right)} + 1$$

이므로 $p = 0.9695$를 얻을 수 있다. 즉, 초기단계의 85% 신뢰도를 11% 정도 향상시키는 방안이 마련된 셈이다.

7. 계수분류치 파라미터 설계

1) 계수분류치의 실험

계수분류치가 3조 이상으로 분류되어 '상, 중, 하'. '우, 양, 가' 등으로 나누어져 있는 경우에는 각 조에 적절한 가중치를 주어 다음과 같이 계산하는 방법을 사용한다. 일반적으로 이 가중치는 좋은 것으로부터 나쁜 것의 순서로 0, 1, 2, 3, …, r(또는 1, 2, 3, …, r)의 무게를 준다. 이와 같이 평가할 경우 특성치는 망소특성이 된다.

일반적으로 k개의 조로 나누어진 계수분류치가 있고 그 합이 n일 때, 각 조에 속하는 계수치 데이터를 n_i(단, $n_1+n_2+\cdots+n_k=n$)라 하고, 각 조의 가중치를 w_i라 하면 SN비는

$$SN=-10\log\left[\frac{\sum_{i=1}^{k} w_i^2 n_i}{n}\right]$$

로 얻어진다.

위 식에서 $\sum_{i=1}^{k} w_i^2 n_i$의 의미는 다음과 같다. 모든 $i=1, 2, \cdots, k$와 $j=1, 2, \cdots, n$에 대하여

$$y_{ij}=\begin{cases} 1: i\text{조에 } j\text{번째 제품이 } i\text{조의 특성을 갖는 경우} \\ 0: \text{그렇지 못한 경우} \end{cases}$$

로 하면

$$\sum_{i=1}^{k}\sum_{j=1}^{n}(w_i n_{ij})^2=\sum_{i} w_i^2 \sum_{j} y_{ij}^2=\sum_{i} w_i^2 n_i$$

이다.

예를 들어 제품을 150개 만들어서 상품, 중품, 하품으로 분류하여 보니 각각 80, 55, 15개이었다고 하자. 상, 중, 하에 각각 0, 1, 2의 가중치를 주어 SN비를 계산하면

$$\begin{aligned} SN&=-10\log\left[\frac{\sum_{i=1}^{3} w_i^2 n_i}{n}\right] \\ &=-10\log\left[\frac{0^2\times 80+1^2\times 55+2^2\times 15}{150}\right] \\ &=-10\log(7.67\times 10^{-1}) \\ &=1.15(db) \end{aligned}$$

가 된다. 하품보다는 상품이 많아지면 로그 안의 값이 작아지며 결과적으로 SN비가 커진다. SN비는 큰 것이 좋은 것이므로 SN비가 커지면 커질수록 상품 쪽의 비율이 커지는 것이다.

2) 계수분류치 파라미터 설계의 적용예제

최적 주조(mold) 조건을 구하기 위해 2수준 인자 5개를 다음과 같이 선정하여 직교배열표 L_8에 배치하고, 각 조건에서 20개씩의 물품을 만든 후 그 물품을 4등급으로 나눈 자료가 [도표9]이다.

도표9 ┆ 계수분류치의 자료

인자	수준
A : 수분 량	A_0 : 소, A_1 : 현
B : 게이트 위치	B_0 : 현, B_1 : 신
C : 게이트 수	C_0 : 현, C_1 : 4
D : 모래의 종류	D_0 : 현, D_1 : 신
F : 첨가제 유무	F_0 : 무, F_1 : 유

인자배치	A	B	C	D	F	자료					
실험번호 \ 열번호	1	2	3	4	5	우	양	가	불가	합계	$SN=-10\log\left[\frac{\sum_{i=1}^{k} w_i^2 n_i}{n}\right]$
1	0	0	0	0	0	14	3	2	1	20	0.00
2	0	0	0	1	1	16	2	2	0	20	3.01
3	0	1	1	0	0	15	3	1	1	20	0.97
4	0	1	1	1	1	19	1	0	0	20	13.01
5	1	0	1	0	1	17	1	0	2	20	0.22
6	1	0	1	1	0	17	2	1	0	20	5.23
7	1	1	0	0	1	4	6	6	4	20	-5.18
8	1	1	0	1	0	16	2	2	0	20	3.01

[도표9]의 SN비들은 "우"를 0점, "양"을 1점, "가"를 2점, "불가"를 3점으로 평가하여 계산한 것이다. 여기서 n_1, n_2, n_3, n_4는 각각 우, 양, 가, 불가의 개수를 나타내는 변수이다. SN비 계산의 예를 들면 실험번호 1번에 대해서는

$$SN=-10\log\left(\frac{\sum w_i^2 n_i}{n}\right)$$

$$= -10\log\left(\frac{0^2 \times 14 + 1^2 \times 3 + 2^2 \times 2 + 3^2 \times 1}{20}\right)$$

$$= -10\log\left(\frac{20}{20}\right) = 0$$

과 같이 계산된다.

이제 상품일수록 평가점수를 낮게 한 위 예제의 망소특성의 SN비를 해석하고 최적조건을 구하여 현행조건 $A_1B_0C_0D_0F_0$에 비하여 얼마만큼의 이득이 있는지 알아보자.

분산분석표를 작성하면 [도표10]이 얻어진다. 여기서 인자의 자유도 합이 5이고 총 자유도는 7이므로 모든 인자의 F 검정이 가능하다.

도표10 분산분석표

요인	제곱합	자유도	평균제곱	F	유의확률
A	23.506	1	23.506	2.050	.289
B	1.397	1	1.397	.122	.760
C	43.224	1	43.224	3.770	.192
D	99.779	1	99.779	8.702	.098
F	.428	1	.428	.037	.865
E	22.932	2	11.466		
T	191.265	7			

분산분석결과 F 값이 1 미만인 인자 B, F를 오차항에 풀링시켜 다시 분석하면 다음 [도표11]이 얻어진다.

도표11 풀링한 분산분석표

요인	제곱합	자유도	평균제곱	F	유의확률
A	23.506	1	23.506	3.798	.123
C	43.224	1	43.224	6.984	.057
D	99.779	1	99.779	16.121	.016
E	24.757	4	6.189		
T	191.265	7			

분산분석표를 보면 인자 C, D가 유의수준 5%에서 유의하고 A는 유의하지 않으나 수준차를 무시할 정도는 아님을 알 수 있다. 최적조건을 구하기 위해 인자 수준별 SN비 평균의 추정값을 구해 정리하면 [도표12]와 같다.

도표12 인자 수준별 SN비 평균 추정값

인자	수준	SN비 평균	인자	수준	SN비 평균
A	0	4.247	D	0	-.998
	1	.819		1	6.065
B	0	2.115	F	0	2.302
	1	2.951		1	2.765
C	0	.209	총 평균	2.533	
	1	4.858			

[도표12]로부터 최적조건은 $A_0C_1D_1$임을 알 수 있다. 또 유의하지 않은 인자 B, F에 대해서는 현재의 조건 B_0F_0를 그대로 사용하기로 하면 최적조건은 $A_0B_0C_1D_1F_0$가 된다. 최적조건에서 SN비 모평균 를 분해하여 SN비의 추정값을 구하면

$$\hat{\mu}(A_0B_0C_1D_1F_0) = 4.247 + 2.115 + 4.858 + 6.065 + 2.302 - 4 \times 2.534$$
$$= 9.451(db)$$

로 아주 양호하다.

이 경우는 n_1, n_2, n_3, n_4를 각각 우, 양, 가, 불가의 개수라고 할 때, SN비의 공식

$$SN = -10\log\left(\frac{n_2 + 4n_3 + 9n_4}{2}\right) = 9.451$$

로부터

$$n_2 + 4n_3 + 9n_4 = 2 \times 10^{\left(\frac{9.451}{-10}\right)} = 0.222$$

이므로, 위 식과 $n_1 + n_2 + n_3 + n_4 = 20$을 만족하는 n_1, n_2, n_3, n_4에 가장 가까운 값을 구하면

$$n_1 = 20,\ n_2 = 0,\ n_3 = 0,\ n_4 = 0$$

로 “우” 만 있어 매우 양호하다.

현행조건 $A_1B_0C_0D_0F_0$에서의 SN비 추정값을 구하면

$$\hat{\mu}(A_1B_0C_0D_0F_0) = 0.819 + 2.115 + 0.209 - 0.998 + 2.302 - 4 \times 2.534$$
$$= -5.685(db)$$

로 매우 나쁜 상태이다. 이 정도라면 최적조건에서와 같은 방법으로 계산하여

$$n_2 + 4n_3 + 9n_4 = 7.41$$

을 얻을 수 있으므로 대략

$$n_1 = 16,\ n_2 = 3,\ n_3 = 1,\ n_4 = 0$$

이 된다. 최적조건에서는 “우” 만 20개 이었으므로 현행조건보다 개선되었음을 알 수 있다.

연습문제

14 1 배기가스 가운데 CO의 양을 줄이기 위하여 관련이 있는 인자 $A \sim H$를 다음과 같이 직교배열표 L_8에 배치하고, 잡음인자로 세종류의 도로(R_1, R_2, R_3)에서 어떤 정하여진 방법으로 주행했을 때 CO의 양을 구하였다. 단위는 그램(g)이다.

인자열 \ NO.	A	B	C	D	F	G	H	원래의 데이터		
	1	2	3	4	5	6	7	R_1	R_2	R_3
1	1	1	1	1	1	1	1	1.04	1.20	1.54
2	1	1	1	2	2	2	2	1.42	1.76	2.10
3	1	2	2	1	1	2	2	1.01	1.23	1.52
4	1	2	2	2	2	1	1	1.50	1.87	2.25
5	2	1	2	1	2	1	2	1.28	1.34	2.05
6	2	1	2	2	1	2	1	1.14	1.26	1.88
7	2	2	1	1	2	2	1	1.33	1.42	2.10
8	2	2	1	2	1	1	2	1.33	1.52	2.13

(1) CO의 양을 망소특성으로 하여 SN비를 구하시오.

▶ MINITAB 결과

Taguchi 분석: SN비

행	A	B	C	D	F	G	H	신호 대 잡음 비
1	1	1	1	1	1	1	1	-2.12472
2	1	1	1	2	2	2	2	-5.01698
3	1	2	2	1	1	2	2	-2.08029
4	1	2	2	2	2	1	1	-5.56680
5	2	1	2	1	2	1	2	-4.05773
6	2	1	2	2	1	2	1	-3.30522
7	2	2	1	1	2	2	1	-4.36444
8	2	2	1	2	1	1	2	-4.58195

(2) SN비를 데이터로 하여 분산분석표를 작성하시오.

▶ MINITAB 결과

신호 대 잡음 비에 대한 분산 분석

출처	DF	Seq SS	Adj SS	Adj MS	F	P
A	1	0.2890	0.28901	0.28901	*	*
B	1	0.5454	0.54540	0.54540	*	*
C	1	0.1453	0.14527	0.14527	*	*
D	1	4.2687	4.26871	4.26871	*	*
F	1	5.9750	5.97504	5.97504	*	*
G	1	0.3059	0.30587	0.30587	*	*
H	1	0.0177	0.01765	0.01765	*	*
잔차 오차	0	*	*	*		
총계	7	11.5469				

해설:

실험횟수가 충분하지 않아서 오차를 구하지 못해 F-검정을 할 수 없다. 이러한 경우 변동(제곱합)이 작은 인자를 오차로 하여 분산분석을 하거나 반응표를 작성하여 간이법 으로 중요인자의 수준을 정할 수 있다.

▶ MINITAB 결과

신호 대 잡음 비에 대한 반응 표

망소특성

수준	A	B	C	D	F	G	H
1	-3.697	-3.626	-4.022	-3.157	-3.023	-4.083	-3.840
2	-4.077	-4.148	-3.753	-4.618	-4.751	-3.692	-3.934
델타	0.380	0.522	0.270	1.461	1.728	0.391	0.094
순위	5	3	6	2	1	4	7

해설:

MINITAB으로 구한 반응표이다. 개별인자의 수준간 반응값 차이(델타)가 큰 인자를 중요인자로 정하고 SN비가 큰 수준 조합을 정하면, $A_1B_1C_2$ $D_1F_1G_2H_1$이다.

(3) 최적조건을 지적하고 효과가 큰 요인을 사용하여 최적조건에서의 SN비를 구하시오.

▶ MINITAB 결과

최적조건($A_1B_1C_2D_1F_1G_2H_1$)에서 SN비 예측

```
예측 값

  신호 대
  잡음 비
-1.46414

예측에 대한 요인 수준

A  B  C  D  F  G  H
1  1  2  1  1  2  1
```

해설:

최적조건 $A_1B_1C_2D_1F_1G_2H_1$에서 예측되는 SN비 평균은 −1.464(db)이다.

14 2 자동차의 leaf spring의 free height에 영향을 주는 공정설계변수는 다음의 4가지가 중요하다.

변수	변수설명	변수수준	
		1	2
	열처리로의 온도	1840	1880
	열처리로에서의 walking beam 이동속도	25	13
	열처리된 walking beam이 곡면형성기계에 도달하는 소요시간	12	10
	곡면성형시간	2	3

교호작용으로 $A\times B$, $A\times C$, $B\times C$를 조사하고자 하고, 잡음인자로는 quench oil의 온도(V)와 작업조(W)로서 다음의 수준으로 실험하려고 한다.

$V_1 = 30℃$, $V_2 = 40℃$

W_1, W_2, W_3 = 각각 오전, 오후, 저녁 작업조

요인배치	A	B	$A \times B$	C	$A \times C$	$B \times C$	D	free height 데이터(인치)					
열번호 / 실험번호	1	2	3	4	5	6	7	V_1			V_2		
								W_1	W_2	W_3	W_1	W_2	W_3
1	1	1	1	1	1	1	1	7.78	7.78	7.81	7.50	7.25	7.12
2	1	1	1	2	2	2	2	7.94	8.00	7.88	7.32	7.44	7.44
3	1	2	2	1	1	2	2	7.50	7.56	7.50	7.50	7.56	7.50
4	1	2	2	2	2	1	1	7.56	7.62	7.44	7.18	7.18	7.25
5	2	1	2	1	2	1	2	8.15	8.18	7.88	7.88	7.88	7.44
6	2	1	2	2	1	2	1	7.69	8.09	8.06	7.56	7.69	7.62
7	2	2	1	1	2	2	1	7.59	7.56	7.75	7.63	7.75	7.56
8	2	2	1	2	1	1	2	7.56	7.81	7.69	7.81	7.50	7.59

Free height의 길이는 목표치가 8인치로서 망목특성이다. SN비와 에 대한 분산분석을 각각 실시하고, 최적조건을 구하시오.

▶ 풀이

망목특성치에 대한 인자의 최적수준 결정은 두 단계로 나누어 이루어진다. 즉, SN비가 큰 실험인자들의 수준을 먼저 정한 다음(1차 최적화) SN비에는 크게 영향을 주지 않지만 반응평균에 크게 영향을 주는 인자(조정인자)를 찾아 반응평균을 목표값에 조정(2차최적화)한다.

(1) 1단계: SN비가 최대가 되는 인자들의 수준 조합 결정

▶ MINITAB 결과

MINITAB의 Taguchi 실험분석으로 SN비와 반응평균을 구한 후 각각에 대해 분산분석을 하였다.

```
신호 대 잡음 비에 대한 분산 분석

출처     DF    Seq SS    Adj SS    Adj MS    F    P
A         1     0.224     0.224     0.224    *    *
B         1   171.801   171.801   171.801    *    *
AB        1    10.582    10.582    10.582    *    *
```

C	1	41.741	41.741	41.741	*	*
AC	1	23.827	23.827	23.827	*	*
BC	1	53.859	53.859	53.859	*	*
D	1	17.295	17.295	17.295	*	*
잔차 오차	0	*	*	*		
총계	7	319.330				

해설:

실험횟수가 충분하지 않아서 오차를 구할 수 없고 F-검정이 불가능하나 제곱합(반응변동)이 작은 인자 A는 통계적으로 유의하지 않을 것으로 판단 된다. 하지만 교호작용 $A\times B$, $A\times C$의 제곱합이 무시할 수 없을 정도이므로 인자 A를 오차항에 풀링할 수 없다. 교호작용이 유의할 경우 교호작용을 우선고려하여 최적 수준조합이 정해져야 하나 여기서는 간편 계산법인 SN비 반응표를 이용하기로 한다.

▶ MINITAB 결과

SN비 반응표

신호 대 잡음 비에 대한 반응 표

망목특성(10*Log10(Ybar**2/s**2))

수준	A	B	C	D
1	33.84	29.04	35.96	32.20
2	33.51	38.31	31.39	35.15
델타	0.33	9.27	4.57	2.94
순위	4	1	2	3

해설:

SN비 반응표에서 SN비가 큰 수준 조합은 $A_1B_2C_1D_2$이고, 이것을 1차 최적화된 수준조합으로 한다. 1차 최적수준 조합에서 MINITAB 으로 구한 SN비 예측값은 42.23(db)이고, 반응평균은 7.50(인치)이다.

▶ MINITAB 결과

예측 값

신호 대 잡음 비	평균
42.2310	7.50354

예측에 대한 요인 수준

A	B	C	D
1	2	1	2

(2) 2단계: 조정인자를 정하여 반응 평균값을 목표값에 조정한다.

▶ MINITAB 결과

반응평균(leaf spring의 free height 길이)에 대한 분산분석

평균에 대한 분산 분석

출처	DF	Seq SS	Adj SS	Adj MS	F	P
A	1	0.097903	0.097903	0.097903	*	*
B	1	0.062128	0.062128	0.062128	*	*
AB	1	0.000584	0.000584	0.000584	*	*
C	1	0.001653	0.001653	0.001653	*	*
AC	1	0.000767	0.000767	0.000767	*	*
BC	1	0.002509	0.002509	0.002509	*	*
D	1	0.021528	0.021528	0.021528	*	*
잔차 오차	0	*	*	*		
총계	7	0.187072				

해설:

실험횟수가 충분하지 않아서 오차를 구할 수 없고 F-검정이 불가능 하나 교호작용 $A \times B$와 $A \times C$의 제곱합이 매우 작아서 유의하지 않을 것으로 판단된다.

주효과 A, B, C, D의 반응표를 이용하여 최적 수준을 정하기로 한다.

▶ MINITAB 결과

신호 대 잡음 비에 대한 반응 표

수준	A	B	C	D
1	7.525	7.724	7.650	7.584
2	7.747	7.548	7.622	7.688
델타	0.221	0.176	0.029	0.104
순위	1	2	4	3

해설:

평균에 대한 반응표로부터 반응평균에 주는 영향도는 $A>B>C>D$순이다. 인자 A와 B를 평균 조정인자로 하여 1차 최적화 조건에서 A_1을 A_2로, B_2를 B_1으로 수정한다. 이렇게 하면 1단계에서 최적 수준조합 $A_1B_2C_1D_2$는 $A_2B_1C_1D_2$로 된다. MINITAB으로 $A_2B_1C_1D_2$조건에서 SN비와 반응평균을 예측해 보면 다음과 같다.

▶ MINITAB 분석결과

예측 값

신호 대 잡음 비	평균
32.6283	7.90104

예측에 대한 요인 수준

A	B	C	D
2	1	1	2

해설:

2단계 최적화 후 SN비와 반응평균 값은 각각 32.63(db), 7.90(인치)이다. 1단계 최적화 때 보다 목표값 8.0 인치에 더 근접한 것이다.

2차 최적화 수준에서 SN비와 반응평균값이 얼마나 개선 되었는지 알아보기 위해 현재수준($A_2B_2C_2D_2$)에서의 SN비와 반응 평균을 구한다.

▶ MINITAB 결과

현재수준($A_2B_2C_2D_2$)의 SN비와 반응평균

```
예측 값

  신호 대
  잡음 비        평균
  37.3281     7.69604

예측에 대한 요인 수준

A  B  C  D
2  2  2  2
```

해설:

현수준에서 SN비는 37.33(db)이고 반응평균은 7.7(인치)이다.

▶ 현수준과 최적수준 비교

	반응평균 (인치)	SN비(db)
현수준	7.7	37.33
최적수준	7.9	32.63
이득	0.2	-4.7

▶ 결론

2단계 최적화 후의 SN비는 현재 조건 대비 4.7(db) 낮아 졌으나 반응 평균값은 0.2인치 개선되어 목표값 8인치에 근접한 7.90 인치가 되었다. 최적조건은 SN비를 희생하여 반응 평균값을 개선한 경우가 된다. 이러한 경우 2단계 최적화 후의 조건은 현재 조건보다 노이즈에 약해졌다고 볼 수 있고 노이즈에 의해 반응값 산포가 커질 우려가 있다. 실무 적용시 반응 평균값이 개선된 조건에서 산포의 크기가 우려할 정도는 아닌지 확인 해 볼 필요가 있다.

14 3 어떤 자동차 부품의 인장강도 규격값은 50kg 이상이다.

제어 인자	1	2	3
A(온도 ℃)	500	600	700
B(1차 작동시간, sec)	10	15	20
C(힘, psi)	40	50	60
D(2차 작동시간, sec)	5	10	15

직교표 L_8에 할당하여 9종류의 조건에서 부품을 10개씩 만들어 인장 강도를 조사한 데이터(단위 kg)는 다음과 같다.

No. \ 인자열	A 1	B 2	C 3	D 4	데이터	η(db)
1	1	1	1	1	46 50 ⋯ 42	33.3
2	1	2	2	2	52 51 ⋯ 54	34.4
3	1	3	3	3	52 52 ⋯ 56	34.9
4	2	1	2	3	52 59 ⋯ 52	34.7
5	2	2	3	1	50 54 ⋯ 55	34.2
6	2	3	1	2	60 55 ⋯ 50	34.7
7	3	1	3	2	50 56 ⋯ 50	34.6
8	3	2	1	3	60 58 ⋯ 63	35.2
9	3	3	2	1	56 56 ⋯ 49	34.8

10개의 데이터에서 망대특성의 데시벨값 η를, 예를 들면 No.1일 때 다음과 같이 구한다.

$$\eta = -10\log\text{MSD},\ MSD = \frac{1}{10}\left(\frac{1}{46^2} + \frac{1}{50^2} + \cdots + \frac{1}{42^2}\right)$$

(1) 데시벨 단위의 SN비에 대해 분산분석표를 작성하시오.

▶ MINITAB 결과

y에 대한 분산 분석(검정을 위해 수정된 제곱합 사용)

출처	DF	Seq SS	Adj SS	Adj MS	F	P
A	2	0.66667	0.66667	0.33333	**	
B	2	0.56000	0.56000	0.28000	**	
C	2	0.08667	0.08667	0.04333	**	
D	2	1.04667	1.04667	0.52333	**	
오류	0	*	*	*		
총계	8	2.36000				

** F-검정의 분모는 0입니다.
S = *

해설:

실험횟수가 충분치 않아서 오차를 구할 수 없고 F-검정을 할 수 없다. 제곱합이 가장 작은 C를 오차로 하여 분산분석을 다시 한다.

▶ MINITAB 결과

C를 오차로 하여 실행한 분산분석표

y에 대한 분산 분석(검정을 위해 수정된 제곱합 사용)

출처	DF	Seq SS	Adj SS	Adj MS	F	P
A	2	0.66667	0.66667	0.33333	7.69	0.115
B	2	0.56000	0.56000	0.28000	6.46	0.134
D	2	1.04667	1.04667	0.52333	12.08	0.076
오류	0	0.08667	0.08667	0.04333		
총계	8	2.36000				

해설:

인자 D가 유의수준($\alpha=0.1$)에서 유의하다. A, B는 유의하지는 않으나 F 값이 무시할 수 없을 정도여서 풀링하지 않았다.

▶ MINITAB 그래프 분석

A B D에 대한 SN비 주효과도

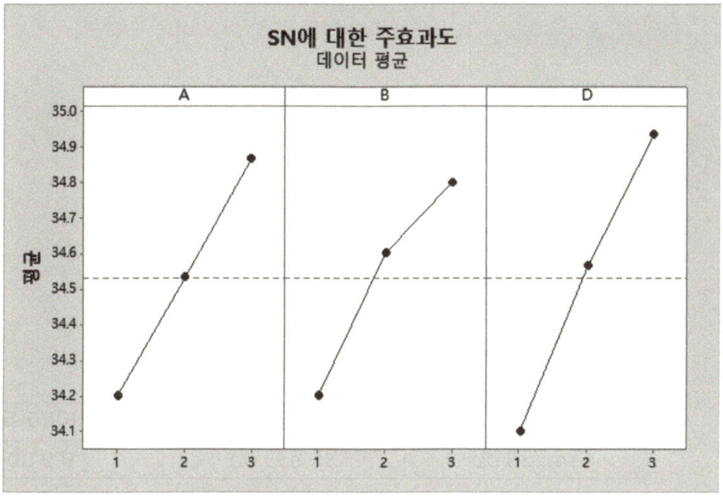

해설:

SN비가 큰 최적 조건은 $A_3B_3D_3$이다. 통계적으로 유의하지 않은 인자 C를 현행조건 C_2로 하고 최적수준 조합을 정하면 $A_3B_3C_2D_3$이다.

(2) 최적조건과 현행조건의 SN비를 비교하시오. 단, 현행조건은 모두 제2수준이다.

• **최적수준과 현수준과의 비교**

▶ MINITAB 결과

최적수준 $A_3B_3C_2D_3$의 SN비 예측

예측 값

SN비: 35.633

예측에 대한 요인 수준

A	B	C	D
3	3	2	3

현재수준 $A_2B_2C_2D_2$의 SN비 예측

예측 값

SN비: 34.733

예측에 대한 요인 수준

```
A  B  C  D
2  2  2  2
```

해설:

현수준과 최적수준에서의 SN비 비교

현수준($A_2B_2C_2D_2$)	최적수준($A_3B_3C_2D_3$)	차이(이득)
34.733 db	35.633 db	0.9 db

현 수준과 비교해 볼 때 최적조건 $A_3B_3C_2D_3$에서 얻을 수 있는 이득은 약 0.9(db)이다. SN비가 개선되었으므로 반응값 산포가 현재 조건보다 작아져서 보다 안정적인 품질수준을 유지 할 수 있을 것으로 기대된다.

14 4 PC(personal computer) 개발단계에서 스위치를 켰을 때 화면이 착오없이 기능을 잘 발휘하도록 하는 신뢰도를 높이기 위하여 다음의 PC제어인자를 가지고 실험하고자 한다.

A: 부품의 종류 A_1 = 현재 사용하는 것,
A_2 = 신제품 Ⅰ, A_3 = 신제품 Ⅱ

B: 회로의 종류 B_1 = 현재 사용하는 것,
B_2 = 회로 M형, B_3 = 회로 N형

C: 사용전력 C_1 = 현재 사용전력의 −50%,
C_2 = 현재 사용전력, C_3 = 현재 사용전력의 +50%

D: 방진방법 D_1 = 현재 방법, D_2 = 개선안 Ⅰ, D_3 = 개선안 Ⅱ

실험은 까다로운 사용조건을 만든 상태에서 200회 실험을 실시한 중에 올바로 작동한 횟수를 세어 기록한 것이다. 인자들의 최적조건을 구하고, 이 조건에서 올바르게 작동하는 비율 p를 추정하시오.

인자배치	A	B	C	D	데이터
열번호 / 실험번호	1	2	3	4	200회 중 작동한 횟수
1	1	1	1	1	164
2	1	2	2	2	194
3	1	3	3	3	160
4	2	1	2	3	158
5	2	2	3	1	197
6	2	3	1	2	160
7	3	1	3	2	183
8	3	2	1	3	188
9	3	3	2	1	170
합계					1574

해설:

작동 횟수를 작동률로 환산한 다음 $SN=-10\log\left(\frac{1}{p}-1\right)$로 변환한 후 분산분석을 한다.

▶ MINITAB 결과

```
일반 선형 모형: SN비에 대한 분산 분석

SN(-10log(1/p-1))에 대한 분산 분석(검정을 위해 수정된 제곱합 사용)
출처      DF    Seq SS     Adj SS    Adj MS    F    P
A          2     1.053      1.053     0.526    *    *
B          2   130.684    130.684    65.342    *    *
C          2    16.822     16.822     8.411    *    *
D          2    14.847     14.847     7.423    *    *
오류       0         *          *         *
총계       8   2.36000
** F-검정의 분모는 0입니다.
S = *
```

해설:

실험횟수가 충분하지 않아 오차를 구할 수 없어서 F-검정을 할 수 없으나 인자 A의 변동이 1.053으로 가장 작으므로 오차항으로 풀링하여 다시 분산분석을 해 보면 다음과 같다.

▶ MINITAB 결과

일반 선형 모형: SN비에 대한 분산 분석

SN(−10log(1/p−1))에 대한 분산 분석(검정을 위해 수정된 제곱합 사용)

출처	DF	Seq SS	Adj SS	Adj MS	F	P
B	2	130.684	130.684	65.342	124.12	0.008
C	2	16.822	16.822	8.411	15.98	0.059
D	2	14.847	14.847	7.423	14.10	0.066
오류	2	1.053	1.053	0.526		
총계	8	163.406				

해설:

실험인자 B, C, D가 유의수준($\alpha=0.1$)에서 유의하다.

최적 수준 조합을 구하기위해 유의한 인자들에 대한 주효과도를 그려서 SN비가 큰 수준을 정하면 다음과 같다.

▶ MINITAB 그래프 분석

B, C, D 에 대한 SN비 주효과도

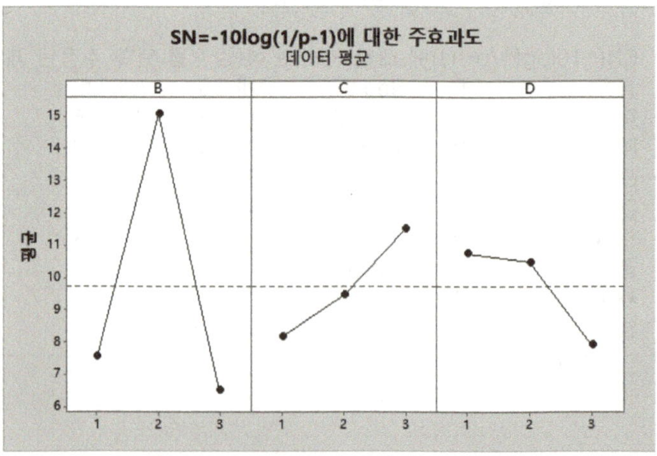

B_2, C_3, D_1에서 SN비가 가장 높다.

▶ MINITAB 결과

Taguch: 최적조건에서의 SN비 결과 예측

```
예측 값

평균: 17.9078
예측에 대한 요인 수준
B   C   D
2   3   1
```

해설:

$B_2C_3D_1$조건에서 작동률(p) 예상치는 $17.91 = -10\log(1/p-1)$으로부터, $\frac{1}{p}-1=10^{-1.791}$과 같으므로 $p=98.41\%$이다. 즉, 최적조건에서 작동률은 98.41%로 예측된다.

부록

〈표 A-1〉 표준정규분포표

$$P[Z \geq z] = \int_{-\infty}^{\infty} \frac{1}{\sqrt{2\pi \exp(-t^2/2)dt}}$$

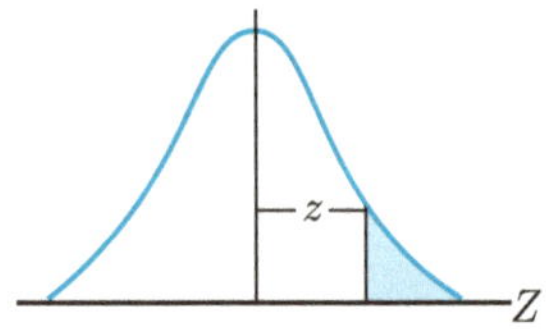

z	0.00	0.01	0.02	0.03	0.04	0.05	0.06	0.07	0.08	0.09
0.0	0.5000	0.4960	0.4920	0.4880	0.4840	0.4801	0.4761	0.4721	0.4681	0.4641
0.1	0.4602	0.4562	0.4522	0.4483	0.4443	0.4404	0.4364	0.4325	0.4286	0.4247
0.2	0.4207	0.4168	0.4129	0.4090	0.4052	0.4013	0.3974	0.3936	0.3897	0.3859
0.3	0.3821	0.3783	0.3745	0.3707	0.3669	0.3632	0.3594	0.3557	0.3520	0.3483
0.4	0.3446	0.3409	0.3372	0.3336	0.3300	0.3264	0.3228	0.3192	0.3156	0.3121
0.5	0.3085	0.3050	0.3015	0.2981	0.2946	0.2912	0.2877	0.2843	0.2810	0.2776
0.6	0.2743	0.2709	0.2676	0.2643	0.2611	0.2578	0.2546	0.2514	0.2483	0.2451
0.7	0.2420	0.2389	0.2358	0.2327	0.2296	0.2266	0.2236	0.2206	0.2177	0.2148
0.8	0.2119	0.2090	0.2061	0.2033	0.2005	0.1977	0.1949	0.1922	0.1894	0.1867
0.9	0.1841	0.1814	0.1788	0.1762	0.1736	0.1711	0.1685	0.1660	0.1635	0.1611
1.0	0.1587	0.1562	0.1539	0.1515	0.1492	0.1469	0.1446	0.1423	0.1401	0.1379
1.1	0.1357	0.1335	0.1314	0.1292	0.1271	0.1251	0.1230	0.1210	0.1190	0.1170
1.2	0.1151	0.1131	0.1112	0.1093	0.1075	0.1056	0.1038	0.1020	0.1003	0.0985
1.3	0.0968	0.0951	0.0934	0.0918	0.0901	0.0885	0.0869	0.0853	0.0838	0.0823
1.4	0.0808	0.0793	0.0778	0.0764	0.0749	0.0735	0.0721	0.0708	0.0694	0.0681
1.5	0.0668	0.0655	0.0643	0.0630	0.0618	0.0606	0.0594	0.0582	0.0571	0.0559
1.6	0.0548	0.0537	0.0526	0.0516	0.0505	0.0495	0.0485	0.0475	0.0465	0.0455
1.7	0.0446	0.0436	0.0427	0.0418	0.0409	0.0401	0.0392	0.0384	0.0375	0.0367
1.8	0.0359	0.0351	0.0344	0.0336	0.0329	0.0322	0.0314	0.0307	0.0301	0.0294
1.9	0.0287	0.0281	0.0274	0.0268	0.0262	0.0256	0.0250	0.0244	0.0239	0.0233
2.0	0.0228	0.0222	0.0217	0.0212	0.0207	0.0202	0.0197	0.0192	0.0188	0.0183
2.1	0.0179	0.0174	0.0170	0.0166	0.0162	0.0158	0.0154	0.0150	0.0146	0.0143
2.2	0.0139	0.0136	0.0132	0.0129	0.0125	0.0122	0.0119	0.0116	0.0113	0.0110
2.3	0.0107	0.0104	0.0102	0.0099	0.0096	0.0094	0.0091	0.0089	0.0087	0.0084
2.4	0.0082	0.0080	0.0078	0.0075	0.0073	0.0071	0.0069	0.0068	0.0066	0.0064
2.5	0.0062	0.0060	0.0059	0.0057	0.0055	0.0054	0.0052	0.0051	0.0049	0.0048
2.6	0.0047	0.0045	0.0044	0.0043	0.0041	0.0040	0.0039	0.0038	0.0037	0.0036
2.7	0.0035	0.0034	0.0033	0.0032	0.0031	0.0030	0.0029	0.0028	0.0027	0.0026
2.8	0.0026	0.0025	0.0024	0.0023	0.0023	0.0022	0.0021	0.0021	0.0020	0.0019
2.9	0.0019	0.0018	0.0018	0.0017	0.0016	0.0016	0.0015	0.0015	0.0014	0.0014
3.0	0.0013	0.0013	0.0013	0.0012	0.0012	0.0011	0.0011	0.0011	0.0010	0.0010
3.1	0.0010	0.0009	0.0009	0.0009	0.0008	0.0008	0.0008	0.0008	0.0007	0.0007
3.2	0.0007	0.0007	0.0006	0.0006	0.0006	0.0006	0.0006	0.0005	0.0005	0.0005
3.3	0.0005	0.0005	0.0005	0.0004	0.0004	0.0004	0.0004	0.0004	0.0004	0.0003
3.4	0.0003	0.0003	0.0003	0.0003	0.0003	0.0003	0.0003	0.0003	0.0003	0.0002
3.5	0.0002	0.0002	0.0002	0.0002	0.0002	0.0002	0.0002	0.0002	0.0002	0.0002
3.6	0.0002	0.0002	0.0001	0.0001	0.0001	0.0001	0.0001	0.0001	0.0001	0.0001
3.7	0.0001	0.0001	0.0001	0.0001	0.0001	0.0001	0.0001	0.0001	0.0001	0.0001
3.8	0.0001	0.0001	0.0001	0.0001	0.0001	0.0001	0.0001	0.0001	0.0001	0.0001
3.9	0.0000	0.0000	0.0000	0.0000	0.0000	0.0000	0.0000	0.0000	0.0000	0.0000

〈표 A-2〉 t-분포표

$P[t(\phi) \leqq t(\phi\,;\alpha)] = 1-\alpha$

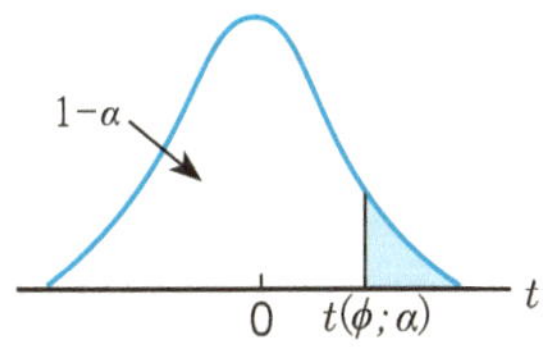

자유도 □ \ α	0.45	0.40	0.35	0.30	0.25	0.20	0.15
1	0.158	0.325	0.510	0.727	1.000	1.376	1.963
2	0.142	0.289	0.445	0.617	0.816	1.061	1.386
3	0.137	0.277	0.424	0.584	0.765	0.978	1.250
4	0.134	0.271	0.414	0.569	0.741	0.941	1.190
5	0.132	0.267	0.408	0.559	0.727	0.920	1.156
6	0.131	0.265	0.404	0.553	0.718	0.906	1.134
7	0.130	0.263	0.402	0.549	0.711	0.896	1.119
8	0.130	0.262	0.399	0.546	0.706	0.889	1.108
9	0.129	0.261	0.398	0.543	0.703	0.883	1.100
10	0.129	0.260	0.397	0.542	0.700	0.879	1.093
11	0.129	0.260	0.396	0.540	0.697	0.876	1.088
12	0.128	0.259	0.395	0.539	0.695	0.873	1.083
13	0.128	0.259	0.394	0.538	0.694	0.870	1.079
14	0.128	0.258	0.393	0.537	0.692	0.868	1.076
15	0.128	0.258	0.393	0.536	0.691	0.866	1.074
16	0.128	0.258	0.392	0.535	0.690	0.865	1.071
17	0.128	0.257	0.392	0.534	0.689	0.863	1.069
18	0.127	0.257	0.392	0.534	0.688	0.862	1.067
19	0.127	0.257	0.391	0.533	0.688	0.861	1.066
20	0.127	0.257	0.391	0.533	0.687	0.860	1.064
21	0.127	0.257	0.391	0.532	0.686	0.859	1.063
22	0.127	0.256	0.390	0.532	0.686	0.858	1.061
23	0.127	0.256	0.390	0.532	0.685	0.858	1.060
24	0.127	0.256	0.390	0.531	0.685	0.857	1.059
25	0.127	0.256	0.390	0.531	0.684	0.856	1.058
26	0.127	0.256	0.390	0.531	0.684	0.856	1.058
27	0.127	0.256	0.389	0.531	0.684	0.855	1.057
28	0.127	0.256	0.389	0.530	0.683	0.855	1.056
29	0.127	0.256	0.389	0.530	0.683	0.854	1.055
30	0.127	0.256	0.389	0.530	0.683	0.854	1.055
40	0.126	0.255	0.388	0.529	0.681	0.851	1.050
60	0.126	0.254	0.387	0.527	0.679	0.848	1.046
120	0.126	0.254	0.386	0.526	0.677	0.845	1.041
∞	0.126	0.253	0.385	0.524	0.674	0.842	1.036

〈표 A-2〉의 계속

자유도 □ \ α	0.10	0.05	0.025	0.01	0.005	0.0005
1	3.078	6.314	12.706	31.821	63.657	636.619
2	1.886	2.920	4.303	6.965	9.925	31.598
3	1.638	2.353	3.182	4.541	5.841	12.924
4	1.533	2.132	2.776	3.747	4.604	8.610
5	1.476	2.015	2.571	3.365	4.032	6.869
6	1.440	1.943	2.447	3.143	3.707	5.959
7	1.415	1.895	2.365	2.998	3.499	5.408
8	1.397	1.860	2.306	2.896	3.355	5.041
9	1.383	1.833	2.262	2.821	3.250	4.781
10	1.372	1.812	2.228	2.764	3.169	4.587
11	1.363	1.796	2.201	2.718	3.106	4.437
12	1.356	1.782	2.179	2.681	3.055	4.318
13	1.350	1.771	2.160	2.650	3.012	4.221
14	1.345	1.761	2.145	2.624	2.977	4.140
15	1.341	1.753	2.131	2.602	2.947	4.073
16	1.337	1.746	2.120	2.583	2.921	4.015
17	1.333	1.740	2.110	2.567	2.898	3.965
18	1.330	1.734	2.101	2.552	2.878	3.922
19	1.328	1.729	2.093	2.539	2.861	3.833
20	1.325	1.725	2.086	2.528	2.845	3.850
21	1.323	1.721	2.080	2.518	2.831	3.819
22	1.321	1.717	2.074	2.508	2.819	3.792
23	1.319	1.714	2.069	2.500	2.807	3.767
24	1.318	1.711	2.064	2.492	2.797	2.745
25	1.316	1.708	2.060	2.485	2.787	3.725
26	1.315	1.706	2.056	2.479	2.779	3.707
27	1.314	1.703	2.052	2.473	2.771	3.690
28	1.313	1.701	2.048	2.467	2.763	3.674
29	1.311	1.699	2.045	2.462	2.756	3.659
30	1.310	1.697	2.042	2.457	2.750	3.646
40	1.303	1.684	2.021	2.423	2.704	3.551
60	1.296	1.671	2.004	2.390	2.660	3.460
120	1.289	1.658	1.980	2.358	2.617	3.373
∞	1.282	1.645	1.960	2.326	2.576	3.291

〈표 A-3〉 χ^2-분포표

$$P[\chi^2(\phi) \leq \chi^2(\phi;\alpha)] = 1-\alpha$$

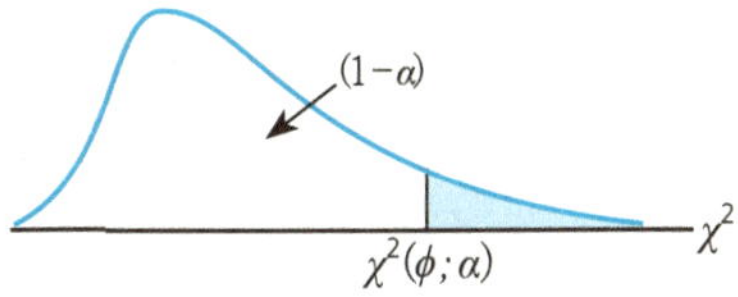

자유도 ϕ \ α	0.995	0.990	0.975	0.950	0.900	0.100	0.050	0.025	0.010	0.005
1	0.0^4393	0.0^3157	0.0^3982	0.0^2393	0.0158	2.71	3.84	5.02	6.63	7.88
2	0.0100	0.0201	0.0506	0.103	0.211	4.61	5.99	7.38	9.21	10.60
3	0.072	0.115	0.216	0.352	0.584	6.25	7.81	9.35	11.34	12.84
4	0.207	0.297	0.484	0.711	1.064	7.78	9.49	11.14	13.28	14.86
5	0.412	0.554	0.831	1.145	1.61	9.24	11.07	12.83	15.09	16.75
6	0.676	0.872	1.24	1.64	2.20	10.64	12.59	14.45	16.81	18.55
7	0.989	1.24	1.69	2.17	2.83	12.02	14.07	16.01	18.48	20.28
8	1.34	1.65	2.18	2.73	3.49	13.36	15.51	17.53	20.09	21.96
9	1.73	2.09	2.70	3.33	4.17	14.68	16.92	19.02	21.67	23.59
10	2.16	2.56	3.25	3.94	4.87	15.99	18.31	20.48	23.21	25.19
11	2.60	3.05	3.82	4.57	5.58	17.28	19.68	21.92	24.73	26.76
12	3.07	3.57	4.40	5.23	6.30	18.55	21.03	23.34	26.22	28.30
13	3.57	4.11	5.01	5.89	7.04	19.81	22.36	24.74	27.69	29.82
14	4.07	4.66	5.63	6.57	7.79	21.06	23.68	26.12	29.14	31.32
15	4.60	5.23	6.26	7.26	8.55	22.31	25.00	27.49	30.58	32.80
16	5.14	5.81	6.91	7.96	9.31	23.54	26.30	28.85	32.00	34.27
17	5.70	6.41	7.56	8.67	10.09	24.77	27.59	30.19	33.41	35.72
18	6.26	7.01	8.23	9.39	10.86	25.99	28.87	31.53	34.81	37.16
19	6.84	7.63	8.91	10.12	11.65	27.20	30.14	32.85	36.19	38.58
20	7.43	8.26	9.59	10.85	12.44	28.41	31.41	34.17	37.57	40.00
21	8.03	8.90	10.28	11.59	13.24	29.62	32.67	35.48	38.93	41.40
22	8.64	9.54	10.98	12.34	14.04	30.81	33.92	36.78	40.29	42.80
23	9.26	10.20	11.69	13.09	14.85	32.01	35.17	38.08	41.64	44.18
24	9.89	10.86	12.40	13.85	15.66	33.20	36.42	39.36	42.98	45.56
25	10.52	11.52	13.12	14.61	16.47	34.38	37.65	40.65	44.31	46.93
26	11.16	12.20	13.84	15.38	17.29	35.56	38.89	41.92	45.64	48.29
27	11.81	12.88	14.57	16.15	18.11	36.74	40.11	43.19	46.96	49.64
28	12.46	13.56	15.31	16.93	18.94	37.92	41.34	44.46	48.28	50.99
29	13.12	14.26	16.05	17.71	19.77	39.09	42.56	45.72	49.59	52.34
30	13.79	14.95	16.79	18.49	20.60	40.26	43.77	46.98	50.89	53.67
40	20.71	22.16	24.43	26.51	29.05	51.81	55.76	59.34	63.69	66.77
50	27.99	29.71	32.36	34.76	37.69	63.17	67.50	71.42	76.15	79.49
60	35.53	37.48	49.48	43.19	46.46.	74.40	79.08	83.30	88.38	91.95
70	43.28	45.44	48.76	51.74	55.33	85.53	90.53	95.02	100.4	104.2
80	51.17	53.54	57.15	60.39	64.28	96.58	101.9	106.6	112.3	113.6
90	59.20	61.75	65.65	69.13	73.29	107.6	113.1	118.1	124.1	128.3
100	67.33	70.06	74.22	77.93	82.36	118.5	124.3	129.6	153.8	140.2

〈표 A-4〉 F-분포표

$$P[F(\phi_1, \phi_2) \leqq F(\phi_1, \phi_2\,;\alpha)] = 1-\alpha$$

$$F(\phi_1, \phi_2\,;\alpha) = \frac{1}{F(\phi_2, \phi_1\,;1-\alpha)}$$

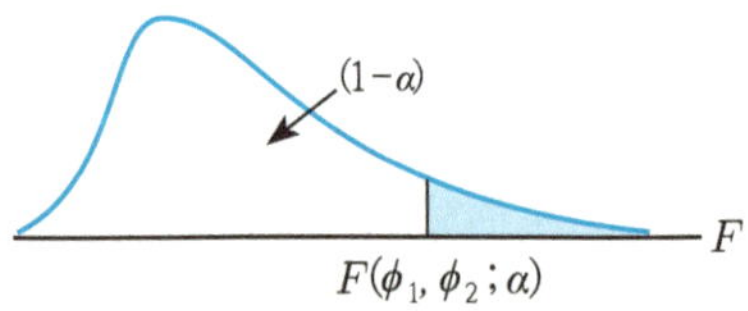

Φ_2	α	Φ_1 = 1	2	3	4	5	6	7	8	9
1	0.10	39.9	49.5	53.6	55.8	57.2	58.2	58.9	59.4	59.9
	0.05	161	200	216	225	230	234	237	239	241
	0.025	648	800	864	900	922	937	948	957	963
	0.01	4,052	5,000	5,403	5,625	5,764	5,859	5,928	5,981	6,022
2	0.10	8.53	9.00	9.16	9.24	9.29	9.33	9.35	9.37	9.38
	0.05	18.5	19.0	19.2	19.2	19.3	19.3	19.4	19.4	19.4
	0.025	38.5	39.0	39.2	39.3	39.3	39.3	39.4	39.4	39.4
	0.01	88.5	99.0	99.2	99.2	99.3	99.3	99.4	99.4	99.4
3	0.10	5.54	5.46	5.39	5.34	5.31	5.28	5.27	5.25	5.24
	0.05	10.1	9.55	9.28	9.12	9.01	8.94	8.89	8.85	8.81
	0.025	17.4	16.0	15.4	15.1	14.9	14.7	14.6	14.5	14.5
	0.01	34.1	30.8	29.5	28.7	28.2	27.9	27.7	27.5	27.3
4	0.10	4.54	4.32	4.19	4.11	4.05	4.01	3.98	3.95	3.94
	0.05	7.71	6.94	6.59	6.39	6.26	6.16	6.09	6.04	6.00
	0.025	12.2	10.7	9.98	9.60	9.36	9.20	9.07	8.98	8.90
	0.01	21.2	18.0	16.7	16.0	15.5	15.2	15.0	14.8	14.7
5	0.10	4.06	3.78	3.62	3.52	3.45	3.40	3.37	3.34	3.32
	0.05	6.61	5.79	5.41	5.19	5.05	4.95	4.88	4.82	4.77
	0.025	10.0	8.43	7.76	7.39	7.15	6.98	6.85	6.76	6.68
	0.01	16.3	13.3	12.1	11.4	11.0	10.7	10.5	10.3	10.2
6	0.10	3.78	3.46	3.29	3.18	3.11	3.05	3.01	2.98	2.96
	0.05	6.99	5.14	4.76	4.53	4.39	4.28	4.21	4.15	4.10
	0.025	8.81	7.26	6.60	6.23	5.99	5.82	5.70	5.60	5.52
	0.01	13.7	10.9	9.78	9.15	8.75	8.47	8.26	8.10	7.98
7	0.10	3.59	3.26	3.07	2.96	2.88	2.83	2.78	2.75	2.72
	0.05	5.59	4.74	4.35	4.12	3.97	3.87	3.79	3.73	3.68
	0.025	8.07	6.54	5.89	5.52	5.29	5.12	4.99	4.90	4.82
	0.01	12.2	9.55	8.45	7.85	7.46	7.19	6.99	6.84	6.72
8	0.10	3.46	3.11	2.92	2.81	2.73	2.67	2.62	2.59	2.56
	0.05	5.32	4.46	4.07	3.84	3.69	3.58	3.50	3.44	3.39
	0.025	7.57	6.06	5.42	5.05	4.82	4.65	4.53	4.43	4.36
	0.01	11.3	8.65	7.59	7.01	6.63	6.37	6.18	6.03	5.91
9	0.10	3.36	3.01	2.81	2.69	2.61	2.55	2.51	2.47	2.44
	0.05	5.12	4.26	3.86	3.63	3.48	3.37	3.29	3.23	3.18
	0.025	7.21	5.71	5.08	4.72	4.48	4.32	4.20	4.10	4.03
	0.01	10.6	8.02	6.99	6.42	6.06	5.80	5.61	5.47	5.35
10	0.10	3.29	2.92	2.73	2.61	2.52	2.46	2.41	2.38	2.35
	0.05	4.96	4.10	3.71	3.48	3.33	3.22	3.14	3.07	3.02
	0.025	6.94	5.46	4.83	4.47	4.24	4.07	3.95	3.85	3.78
	0.01	10.0	7.56	6.55	5.99	5.64	5.39	5.20	5.06	4.94
11	0.10	3.23	2.86	2.66	2.54	2.45	2.39	2.34	2.30	2.27
	0.05	4.84	3.98	3.59	3.36	3.20	3.09	3.01	2.95	2.90
	0.025	6.72	5.26	4.63	4.28	4.04	3.88	3.76	3.66	3.59
	0.01	9.65	7.21	6.22	5.67	5.32	5.07	4.89	4.74	4.63
12	0.10	3.18	2.81	2.61	2.48	2.39	2.33	2.28	2.24	2.21
	0.05	4.75	3.89	3.49	3.26	3.11	3.00	2.91	2.85	2.80
	0.025	6.55	5.10	4.47	4.12	3.89	3.73	3.61	3.51	3.44
	0.01	9.33	6.93	5.95	5.41	5.06	4.82	4.64	4.50	4.39

<표 A-4>의 계속

Φ_2	α	Φ_1								
		1	2	3	4	5	6	7	8	9
13	0.10	3.14	2.76	2.56	2.43	2.35	2.28	2.23	2.20	2.16
	0.05	4.67	3.81	3.41	3.18	3.03	2.92	2.83	2.77	2.71
	0.025	6.41	4.97	4.35	4.00	3.77	3.60	3.48	3.39	3.31
	0.01	9.07	6.70	5.74	5.21	4.86	4.62	4.44	4.30	4.19
14	0.10	3.10	2.73	2.52	2.39	2.31	2.24	2.19	2.15	2.12
	0.05	4.60	3.74	3.34	3.11	2.96	2.85	2.76	2.70	2.65
	0.025	6.30	4.86	4.24	3.89	3.66	3.50	3.36	3.29	3.26
	0.01	8.86	6.51	5.56	5.04	4.69	4.46	4.28	4.14	4.03
15	0.10	3.07	2.70	2.49	2.36	2.27	2.21	2.16	2.12	2.09
	0.05	4.54	3.68	3.29	3.06	2.90	2.79	2.71	2.64	2.59
	0.025	6.20	4.77	4.15	3.80	3.58	3.41	3.29	3.20	3.12
	0.01	8.68	6.36	5.42	4.89	4.56	4.32	4.14	4.00	3.89
16	0.10	3.05	2.67	2.46	2.33	2.24	2.18	2.13	2.09	2.06
	0.05	4.49	3.63	3.24	3.01	2.85	2.74	2.66	2.59	2.54
	0.025	6.12	4.69	4.08	3.73	3.50	3.34	3.22	3.12	3.05
	0.01	8.53	6.23	5.29	4.77	4.44	4.20	4.03	3.89	3.78
17	0.10	3.03	2.64	2.44	2.31	2.22	2.15	2.10	2.06	2.03
	0.05	4.45	3.59	3.20	2.96	2.81	2.70	2.61	2.55	2.49
	0.025	6.04	4.62	4.01	3.66	3.44	3.28	3.16	3.06	2.98
	0.01	8.40	6.11	5.18	4.67	4.34	4.10	3.93	3.79	3.68
18	0.10	3.01	2.62	2.42	2.29	2.20	2.13	2.08	2.04	2.00
	0.05	4.41	3.55	3.16	2.93	2.77	2.66	2.58	2.51	2.46
	0.025	5.98	4.56	3.95	3.61	3.38	3.22	3.10	3.01	2.93
	0.01	8.29	6.01	5.09	4.58	4.25	4.01	3.84	3.71	3.60
19	0.10	2.99	2.61	2.40	2.27	2.18	2.11	2.06	2.02	1.98
	0.05	4.38	3.52	3.13	2.90	2.74	2.63	2.54	2.48	2.42
	0.025	5.92	4.51	3.90	3.56	3.33	3.17	3.05	2.96	2.88
	0.01	8.18	5.93	5.01	4.50	4.17	3.94	3.77	3.63	3.52
20	0.10	2.97	2.59	2.38	2.25	2.16	2.09	2.04	2.00	1.96
	0.05	4.35	3.49	3.10	2.87	2.71	2.60	2.51	2.45	2.39
	0.025	5.87	4.46	3.86	3.51	3.29	3.13	3.01	2.91	2.84
	0.01	8.10	5.85	4.94	4.43	4.10	3.87	3.70	3.56	3.46
24	0.10	2.93	2.54	2.33	2.19	2.10	2.04	1.98	1.94	1.91
	0.05	4.26	3.40	3.01	2.78	2.62	2.51	2.42	2.36	2.30
	0.025	5.72	4.32	3.72	3.38	3.15	2.99	2.87	2.78	2.70
	0.01	7.82	5.61	4.72	4.22	3.90	3.67	3.50	3.36	3.26
30	0.10	2.88	2.49	2.28	2.14	2.05	1.98	1.93	1.88	1.85
	0.05	4.17	3.32	2.92	2.69	2.53	2.42	2.33	2.27	2.21
	0.025	5.57	4.18	3.59	3.25	3.03	2.87	2.75	2.65	2.57
	0.01	7.56	5.39	4.51	4.02	3.70	3.47	3.30	3.17	3.07
60	0.10	2.79	2.39	2.18	2.04	1.95	1.89	1.82	1.77	1.74
	0.05	4.00	3.15	2.76	2.53	2.37	2.25	2.17	2.10	2.04
	0.025	5.29	3.93	3.34	3.01	2.79	2.63	2.51	2.41	2.33
	0.01	7.08	4.98	4.13	3.65	3.34	3.12	2.95	2.82	2.72
120	0.10	2.75	2.36	2.13	1.99	1.90	1.82	1.77	1.72	1.68
	0.05	3.92	3.07	2.68	2.45	2.29	2.18	2.09	2.02	1.96
	0.025	5.15	3.80	3.23	2.89	2.67	2.52	2.39	2.30	2.22
	0.01	7.08	4.98	4.13	3.65	3.34	3.12	2.95	2.82	2.72
∞	0.10	2.71	2.30	2.08	1.94	1.85	1.77	1.72	1.67	1.63
	0.05	3.84	3.00	2.60	2.37	2.21	2.10	2.01	1.94	1.88
	0.025	5.02	3.69	3.12	2.79	2.57	2.41	2.29	2.19	2.11
	0.01	6.63	4.61	3.78	3.32	3.02	2.80	2.64	2.51	2.41

〈표 A-4〉의 계속

Φ_2	α	Φ_1									
		10	11	12	15	20	24	30	60	120	∞
1	0.10	60.2	60.5	60.7	61.2	61.7	62.0	62.3	62.8	63.1	63.3
	0.05	242	243	244	246	248	249	250	252	253	254
	0.025	969	973	977	985	993	997	1,001	1,010	1,014	1,018
	0.01	6,056	6,082	6,106	6,157	6,209	6,235	6,261	6,313	6,339	6,366
2	0.10	9.39	9.40	9.41	9.42	9.44	9.45	9.46	9.47	9.48	9.49
	0.05	19.4	19.4	19.4	19.4	19.4	19.5	19.5	19.5	19.5	19.5
	0.025	39.4	39.4	39.4	39.4	39.5	39.5	39.5	39.5	39.5	39.5
	0.01	99.4	99.4	99.4	99.4	99.4	99.5	99.5	99.5	99.5	99.5
3	0.10	5.23	5.22	5.22	5.20	5.18	5.18	5.17	5.15	5.14	5.13
	0.05	8.79	8.76	8.74	8.70	8.66	8.64	8.62	8.57	8.55	8.53
	0.025	14.4	14.4	14.3	14.3	14.2	14.1	14.1	14.0	14.0	13.9
	0.01	27.2	27.1	27.1	26.9	26.7	26.6	26.5	26.3	26.2	26.1
4	0.10	3.92	3.91	3.90	3.87	3.84	3.83	3.82	3.79	3.78	3.76
	0.05	5.96	5.94	5.91	5.85	5.80	5.77	5.75	5.69	5.66	5.63
	0.025	8.84	8.80	8.75	8.66	8.56	8.51	8.46	8.36	8.31	8.26
	0.01	14.5	14.4	14.4	14.2	14.0	13.9	13.8	13.7	13.6	13.5
5	0.10	3.30	3.28	3.27	3.24	3.21	3.19	3.17	3.14	3.12	3.11
	0.05	4.74	4.71	4.68	4.62	4.56	4.53	4.50	4.43	4.40	4.37
	0.025	6.62	6.57	6.52	6.43	6.33	6.28	6.23	6.12	6.07	6.02
	0.01	10.1	9.96	9.89	9.72	9.55	9.47	9.38	9.20	9.11	9.02
6	0.10	2.94	2.92	2.90	2.87	2.84	2.82	2.80	2.76	2.74	2.72
	0.05	4.06	4.03	4.00	3.94	3.87	3.84	3.81	3.74	3.70	3.67
	0.025	5.46	5.41	5.27	5.27	5.17	5.12	5.07	4.96	4.90	4.85
	0.01	7.87	7.79	7.72	7.56	7.40	7.31	7.23	7.06	6.97	6.88
7	0.10	2.70	2.68	2.67	2.63	2.59	2.58	2.56	2.51	2.49	2.47
	0.05	3.64	3.60	3.57	3.51	3.44	3.41	3.38	3.30	3.27	3.23
	0.025	4.76	4.71	4.67	4.57	4.47	4.42	4.36	4.25	4.20	4.14
	0.01	6.62	6.54	6.47	6.31	6.16	6.07	5.99	5.82	5.74	5.65
8	0.10	2.54	2.52	2.50	2.46	2.42	2.40	2.38	2.34	2.32	2.29
	0.05	3.35	3.31	3.28	3.22	3.15	3.12	3.08	3.01	2.97	2.93
	0.025	4.30	4.25	4.20	4.10	4.00	3.95	3.89	3.78	3.73	3.67
	0.01	5.81	5.73	5.67	5.52	5.36	5.28	5.20	5.03	4.95	4.86
9	0.10	2.42	2.40	2.38	2.34	2.30	2.28	2.25	2.21	2.18	2.16
	0.05	3.14	3.10	3.07	3.01	2.94	2.90	2.86	2.79	2.75	2.71
	0.025	3.96	3.91	3.87	3.77	3.67	3.61	3.56	3.45	3.39	3.33
	0.01	5.26	5.18	5.11	4.96	4.81	4.73	4.65	4.48	4.40	4.31
10	0.10	2.32	2.30	2.28	2.24	2.20	2.18	2.16	2.11	2.08	2.06
	0.05	2.98	2.94	2.91	2.84	2.77	2.74	2.70	2.62	2.58	2.54
	0.025	3.72	3.67	3.62	3.52	3.42	3.37	3.31	3.20	3.14	3.08
	0.01	4.85	4.77	4.71	4.56	4.41	4.33	4.25	4.08	4.00	3.91
11	0.10	2.25	2.23	2.21	2.17	2.12	2.10	2.08	2.03	1.99	1.97
	0.05	2.85	2.82	2.79	2.72	2.65	2.61	2.57	2.49	2.43	2.40
	0.025	3.53	3.48	3.43	3.33	3.23	3.17	3.12	3.00	2.94	2.88
	0.01	4.54	4.46	4.40	4.25	4.10	4.02	3.94	3.78	3.66	3.60
12	0.10	2.19	2.17	2.15	2.10	2.06	2.04	2.01	1.96	1.93	1.90
	0.05	2.75	2.72	2.69	2.62	2.54	2.51	2.47	2.38	2.34	2.30
	0.025	3.37	3.32	3.28	3.18	3.07	3.02	2.96	2.85	2.79	2.72
	0.01	4.30	4.22	4.16	4.01	3.86	3.78	3.70	3.54	3.45	3.36
13	0.10	2.14	2.12	2.10	2.05	2.01	1.98	1.96	1.90	1.86	1.85
	0.05	2.67	2.63	2.60	2.53	2.46	2.42	2.38	2.30	2.23	2.21
	0.025	3.25	3.20	3.15	3.05	2.95	2.89	2.84	2.72	2.66	2.60
	0.01	4.10	4.02	3.96	3.82	3.66	3.59	3.51	3.34	3.22	3.17

〈표 A-4〉의 계속

Φ_2	α	Φ_1									
		10	11	12	15	20	24	30	60	120	∞
14	0.10	2.10	2.08	2.05	2.01	1.96	1.94	1.91	1.86	1.83	1.80
	0.05	2.60	2.57	2.53	2.46	2.39	2.35	2.31	2.22	2.18	2.13
	0.025	3.15	3.10	3.05	2.95	2.84	2.79	2.73	2.61	2.55	2.49
	0.01	3.94	3.86	3.38	3.66	3.51	3.43	3.35	3.18	3.09	3.00
15	0.10	2.06	2.04	2.02	1.97	1.92	1.90	1.87	1.82	1.79	1.76
	0.05	2.54	2.51	2.48	2.40	2.33	2.29	2.25	2.16	2.11	2.07
	0.025	3.06	3.01	2.96	2.86	2.76	2.70	2.64	2.52	2.46	2.40
	0.01	3.80	3.73	3.67	3.52	3.37	3.29	3.21	3.05	2.96	2.87
16	0.10	2.03	2.01	1.99	1.94	1.89	1.87	1.84	1.78	1.75	1.72
	0.05	2.49	2.46	2.42	2.35	2.28	2.24	2.19	2.11	2.06	2.01
	0.025	2.99	2.94	2.89	2.79	2.68	2.63	2.57	2.45	2.38	2.32
	0.01	3.69	3.62	3.55	3.41	3.26	3.18	3.10	2.93	2.84	2.75
17	0.10	2.00	1.98	1.96	1.91	1.86	1.84	1.81	1.75	1.72	1.69
	0.05	2.45	2.41	2.38	2.31	2.23	2.19	2.15	2.06	2.01	1.96
	0.025	2.92	2.87	2.82	2.72	2.62	2.56	2.50	2.38	2.32	2.25
	0.01	3.59	3.52	3.46	3.31	3.16	3.08	3.00	2.83	2.75	2.65
18	0.10	1.98	1.96	1.93	1.89	1.84	1.81	1.78	1.72	1.69	1.66
	0.05	2.41	2.37	2.34	2.27	2.19	2.15	2.11	2.02	1.97	1.92
	0.025	2.87	2.82	2.77	2.67	2.56	2.50	2.44	2.32	2.26	2.19
	0.01	3.51	3.43	3.37	3.23	3.08	3.00	2.92	2.75	2.66	2.57
19	0.10	1.96	1.94	1.91	1.86	1.81	1.79	1.76	1.70	1.67	1.63
	0.05	2.38	2.34	2.31	2.23	2.16	2.11	2.07	1.98	1.93	1.88
	0.025	2.82	2.77	2.72	2.62	2.51	2.45	2.39	2.27	2.20	2.13
	0.01	3.43	3.36	3.30	3.15	3.00	2.92	2.84	2.67	2.58	2.49
20	0.10	1.94	1.92	1.89	1.84	1.79	1.77	1.74	1.68	1.64	1.61
	0.05	2.35	2.31	2.28	2.20	2.12	2.08	2.04	1.95	1.90	1.84
	0.025	2.77	2.72	2.68	2.57	2.46	2.41	2.35	2.22	2.16	2.09
	0.01	3.37	3.29	3.23	3.09	2.94	2.86	2.78	2.61	2.52	2.42
24	0.10	1.88	1.85	1.83	1.78	1.73	1.70	1.67	1.61	1.57	1.53
	0.05	2.25	2.21	2.18	2.11	2.03	1.98	1.94	1.84	1.79	1.73
	0.025	2.64	2.59	2.54	2.44	2.33	2.27	2.21	2.08	2.01	1.94
	0.01	3.17	3.09	3.03	2.89	2.74	2.66	2.58	2.40	2.31	2.21
30	0.10	1.82	1.79	1.77	1.72	1.67	1.64	1.61	1.54	1.50	1.46
	0.05	2.16	2.13	2.09	2.01	1.93	1.89	1.84	1.74	1.68	1.62
	0.025	2.51	2.46	2.41	2.31	2.20	2.14	2.07	1.94	1.87	1.79
	0.01	2.98	2.91	2.84	2.70	2.55	2.47	2.39	2.21	2.11	2.01
60	0.10	1.71	1.68	1.66	1.60	1.54	1.51	1.48	1.40	1.35	1.29
	0.05	1.99	1.95	1.92	1.84	1.75	1.70	1.65	1.53	1.47	1.39
	0.025	2.27	2.22	2.17	2.06	1.94	1.88	1.82	1.67	1.58	1.48
	0.01	2.63	2.56	2.50	2.35	2.20	2.12	2.03	1.84	1.73	1.60
120	0.10	1.65	1.62	1.60	1.55	1.48	1.45	1.41	1.32	1.26	1.19
	0.05	1.91	1.87	1.83	1.75	1.66	1.61	1.55	1.43	1.35	1.25
	0.025	2.16	2.11	2.05	1.94	1.82	1.76	1.69	1.53	1.43	1.31
	0.01	2.47	2.40	2.34	2.19	2.03	1.95	1.86	1.66	1.53	1.38
∞	0.10	1.60	1.57	1.55	1.49	1.42	1.38	1.34	1.24	1.17	1.00
	0.05	1.83	1.79	1.75	1.67	1.57	1.52	1.46	1.32	1.22	1.00
	0.025	2.05	2.00	1.94	1.83	1.71	1.64	1.57	1.39	1.27	1.00
	0.01	2.32	2.25	2.18	2.04	1.88	1.79	1.70	1.47	1.32	1.00

〈표 A-5〉 난수표(1)

83 28	78 05	18 98	49 22	54 11	92 37	45 11	63 60	19 05	91 26
84 73	82 58	01 90	55 37	85 68	98 15	99 52	99 84	51 91	73 81
00 79	20 99	42 57	55 67	93 39	99 25	65 10	94 54	84 65	16 23
94 48	02 99	71 08	50 84	66 10	10 34	92 30	89 28	30 74	24 24
54 37	52 43	87 22	21 34	20 15	07 67	64 98	36 01	33 34	04 42
47 68	59 90	98 90	27 71	89 89	98 20	24 19	85 02	34 38	26 71
76 16	58 55	51 85	44 00	28 28	38 91	70 70	16 81	13 49	46 54
37 64	90 35	64 45	47 72	82 03	01 65	05 97	13 90	90 57	51 97
92 78	39 12	48 01	83 46	39 29	98 71	39 56	97 66	97 70	05 77
24 50	29 02	71 28	53 99	75 07	13 18	76 97	72 54	85 79	71 60
01 72	71 23	86 40	70 05	35 36	15 64	11 01	11 18	90 14	95 05
43 28	52 77	22 80	49 89	79 65	91 17	80 94	34 02	17 61	00 42
29 09	19 54	67 67	88 54	62 09	07 97	35 19	31 25	06 92	25 02
27 95	74 89	62 45	75 39	06 89	58 96	64 65	81 84	85 20	01 47
52 43	54 97	75 80	00 38	20 38	57 46	57 33	87 19	66 06	40 32
78 11	60 42	09 83	28 40	93 57	61 22	27 27	47 80	44 34	47 27
03 74	36 27	13 19	14 76	35 73	66 29	95 65	12 87	61 91	34 30
82 25	35 57	16 29	21 27	51 23	06 52	40 00	28 11	47 23	63 01
09 91	87 20	33 76	61 55	79 21	74 36	21 36	05 47	28 42	92 51
19 82	00 40	15 52	45 35	13 48	74 10	97 36	22 85	44 57	91 72
69 41	17 07	11 54	36 81	57 38	55 39	85 74	48 05	06 43	10 63
48 80	36 26	28 95	03 79	54 31	41 55	48 84	78 63	09 05	69 07
80 02	51 78	94 07	88 62	85 82	80 37	56 15	59 30	46 42	84 02
19 51	95 22	72 72	95 51	57 73	04 68	00 95	04 30	66 52	60 74
50 36	31 76	75 39	04 95	69 47	95 23	01 70	95 04	04 18	68 14
60 03	34 57	41 76	35 06	75 60	21 58	86 36	02 33	00 59	63 13
59 40	60 83	61 73	45 18	08 23	54 86	64 57	76 70	00 89	43 24
29 51	12 43	14 24	35 78	76 22	82 50	68 02	13 19	07 00	19 07
57 07	34 86	57 96	99 57	44 54	90 87	33 76	71 71	23 28	88 37
81 73	29 08	96 62	34 26	52 32	23 74	17 49	45 62	17 88	50 50
40 20	21 54	17 65	99 31	09 72	67 87	16 34	00 76	26 23	42 40
81 26	86 30	79 17	93 45	74 50	50 24	65 52	06 59	04 60	73 63
13 65	31 57	36 88	98 35	04 96	41 37	45 87	57 57	21 15	34 59
23 41	47 66	24 73	31 96	72 07	09 43	88 63	33 80	54 79	84 18
79 62	53 27	85 43	51 69	83 81	90 85	84 72	18 48	41 20	81 59
13 40	75 73	19 92	12 01	91 95	23 99	99 30	30 58	46 22	64 41
54 87	97 55	83 91	42 61	41 02	40 18	39 20	56 19	56 35	04 32
09 29	30 63	75 86	85 29	15 34	68 92	34 06	81 60	32 16	05 37
61 99	27 99	73 18	94 29	25 74	22 20	70 46	30 38	26 91	59 16
31 84	93 27	40 23	25 86	68 30	10 11	91 59	61 07	41 97	10 39
35 86	11 25	98 38	27 14	79 68	77 60	63 34	23 80	75 43	48 79
40 42	68 85	23 40	27 56	54 56	75 65	70 49	24 08	10 44	75 59
25 14	94 00	99 80	81 44	49 08	98 93	71 74	11 14	54 69	71 69
56 18	75 63	56 68	25 36	75 98	00 18	19 15	24 28	56 80	75 97
79 61	54 67	58 38	93 69	45 95	61 19	17 35	89 90	98 70	26 20
92 91	81 49	33 32	46 67	28 20	40 99	88 73	56 33	29 13	41 89
01 79	85 45	45 36	05 67	56 17	59 77	59 34	35 01	15 21	00 35
55 84	71 36	40 39	47 25	25 73	69 14	55 73	35 86	61 17	98 69
38 36	66 66	19 40	90 83	06 31	24 67	91 74	54 14	87 24	61 80
01 69	50 70	31 02	98 86	42 01	94 98	07 85	28 38	37 30	72 76

<표 A-5> 난수표(2)

87 08	83 09	40 14	39 15	99 24	21 85	00 45	54 19	36 18	03 88
88 33	78 20	40 40	24 73	77 70	00 31	84 59	26 06	50 30	95 96
22 50	09 11	00 37	36 51	55 95	83 97	13 75	46 22	77 50	11 72
48 70	56 57	16 24	21 74	91 53	18 05	59 61	74 97	31 82	77 68
93 45	40 93	12 80	88 63	26 93	85 05	19 87	84 37	59 76	16 65
50 76	72 02	39 19	40 69	57 23	09 33	20 70	86 45	13 94	98 39
91 64	01 34	67 13	11 00	32 09	39 76	21 64	29 85	65 14	51 74
33 20	63 71	95 94	13 77	12 44	12 94	91 04	41 83	79 72	44 08
90 59	65 46	78 82	16 45	97 85	57 75	79 96	79 08	16 83	43 99
05 10	93 57	80 32	86 65	26 90	27 54	34 94	46 33	65 35	56 84
92 85	63 26	69 69	81 54	70 56	17 62	43 17	86 78	99 62	34 15
08 50	36 55	82 11	26 54	76 88	85 67	82 21	65 00	83 89	06 09
59 36	77 09	83 87	81 77	93 77	48 44	88 30	37 21	74 02	93 10
05 85	86 43	25 50	76 70	36 32	26 68	54 92	84 90	02 38	77 40
13 46	99 31	30 29	71 70	91 10	99 84	55 31	95 20	90 28	49 78
56 27	09 33	66 79	32 29	50 54	76 94	27 01	45 87	29 66	23 15
54 15	62 11	22 33	39 39	58 30	73 43	59 32	26 43	76 12	99 10
83 01	86 58	89 77	68 87	29 71	49 50	46 53	56 53	41 53	52 20
00 28	17 33	81 42	24 33	55 75	42 70	73 65	16 96	47 17	42 69
52 29	68 59	32 69	40 30	89 12	11 07	18 53	27 13	46 54	85 40
64 43	09 80	68 29	86 65	60 27	87 70	77 45	31 69	12 31	21 79
80 68	13 48	80 84	25 33	70 89	76 61	03 41	57 89	87 07	56 12
28 72	57 80	54 05	80 92	82 65	25 01	74 58	89 39	25 05	57 66
23 48	49 96	00 17	88 90	63 67	02 64	71 12	21 02	29 86	88 54
04 41	27 70	10 49	13 76	99 38	64 14	90 60	69 75	10 97	16 60
21 31	95 96	89 48	65 14	12 02	94 50	35 64	58 43	92 07	74 08
52 08	13 32	36 45	39 54	82 26	46 60	04 19	34 61	36 12	46 15
90 57	88 69	61 05	22 76	90 79	01 74	22 08	26 13	95 13	75 53
76 50	49 80	25 61	81 96	19 92	33 14	60 41	27 06	05 98	51 49
06 84	76 10	54 41	54 56	15 96	49 19	65 51	93 32	54 54	95 67
47 92	60 37	45 39	67 64	70 05	06 54	84 10	88 68	33 60	77 81
71 87	94 13	64 75	18 17	76 80	95 10	33 33	35 31	30 47	53 74
38 30	36 79	74 83	61 91	56 22	83 73	15 54	63 39	50 33	88 83
09 80	50 48	23 26	05 85	68 97	06 78	00 17	76 05	95 31	03 37
82 52	08 00	33 76	29 14	18 59	98 12	89 34	50 70	13 07	60 38
14 18	02 28	72 80	85 72	09 59	05 26	05 26	90 65	47 12	85 65
62 60	63 74	20 31	60 66	90 87	09 41	59 73	60 00	21 96	38 40
15 02	56 81	29 34	90 99	07 57	80 24	92 41	88 41	01 88	05 62
23 32	03 76	20 25	96 68	01 99	79 82	58 06	89 54	74 06	01 39
96 66	81 45	01 09	18 35	41 97	70 37	94 95	48 64	01 75	04 39
12 41	98 35	82 38	49 91	71 57	83 06	55 84	38 04	70 18	75 19
70 78	63 95	94 82	54 88	47 69	63 32	79 75	31 56	38 92	54 43
30 43	70 43	70 32	73 47	49 64	23 54	59 17	80 48	61 66	45 66
36 58	96 32	60 46	60 87	52 75	53 13	39 19	41 52	24 14	88 93
17 35	36 91	90 59	48 78	99 31	64 40	84 05	79 00	53 03	64 02
73 30	27 77	44 50	07 79	27 66	42 39	97 64	84 36	18 13	59 61
92 15	47 21	82 54	76 05	54 10	40 93	71 96	66 52	83 98	17 85
05 02	28 36	50 64	47 21	36 25	80 01	43 41	36 58	97 15	29 95
51 22	04 71	06 37	31 45	69 62	30 84	20 28	14 41	70 05	56 88
23 28	85 05	96 40	37 56	52 60	65 75	21 47	84 15	99 92	02 41

<표 A-6> 오메가 변환표 $\mathrm{db} = -10\log\left(\frac{1}{p} - 1\right)$

p(%)	db	p(%)	db	p(%)	db	p(%)	db	p(%)	db	p(%)	db
0.0	∞*	5.0	-12.787	10.0	-9.541	15.0	-7.532	20.0	-6.020	25.0	-4.770
0.1	-29.995	5.1	-12.696	10.1	-9.493	15.1	-7.498	20.1	-5.993	25.1	-4.747
0.2	-26.980	5.2	-12.607	10.2	-9.446	15.2	-7.465	20.2	-5.966	25.2	-4.724
0.3	-25.215	5.3	-12.520	10.3	-9.399	15.3	-7.431	20.3	-5.939	25.3	-4.701
0.4	-23.961	5.4	-12.434	10.4	-9.352	15.4	-7.397	20.4	-5.912	25.4	-4.678
0.5	-22.988	5.5	-12.350	10.5	-9.305	15.5	-7.364	20.5	-5.885	25.5	-4.655
0.6	-22.191	5.6	-12.267	10.6	-9.259	15.6	-7.331	20.6	-5.859	25.6	-4.632
0.7	-21.518	5.7	-12.185	10.7	-9.214	15.7	-7.298	20.7	-5.832	25.7	-4.610
0.8	-20.933	5.8	-12.105	10.8	-9.168	15.8	-7.266	20.8	-5.806	25.8	-4.587
0.9	-20.417	5.9	-12.026	10.9	-9.124	15.9	-7.233	20.9	-5.779	25.9	-4.564
1.0	-19.955	6.0	-11.949	11.0	-9.079	16.0	-7.201	21.0	-5.753	26.0	-4.542
1.1	-19.537	6.1	-11.872	11.1	-9.035	16.1	-7.168	21.1	-5.727	26.1	-4.519
1.2	-19.155	6.2	-11.797	11.2	-8.991	16.2	-7.136	21.2	-5.701	26.2	-4.497
1.3	-18.803	6.3	-11.723	11.3	-8.947	16.3	-7.104	21.3	-5.675	26.3	-4.474
1.4	-18.476	6.4	-11.650	11.4	-8.904	16.4	-7.073	21.4	-5.649	26.4	-4.452
1.5	-18.172	6.5	-11.578	11.5	-8.861	16.5	-7.041	21.5	-5.623	26.5	-4.429
1.6	-17.888	6.6	-11.507	11.6	-8.819	16.6	-7.010	21.6	-5.598	26.6	-4.407
1.7	-17.620	6.7	-11.437	11.7	-8.777	16.7	-6.978	21.7	-5.572	26.7	-4.385
1.8	-17.367	6.8	-11.368	11.8	-8.735	16.8	-6.947	21.8	-5.547	26.8	-4.363
1.9	-17.128	6.9	-11.300	11.9	-8.693	16.9	-6.916	21.9	-5.521	26.9	-4.341
2.0	-16.901	7.0	-11.233	12.0	-8.652	17.0	-6.885	22.0	-5.496	27.0	-4.319
2.1	-16.685	7.1	-11.167	12.1	-8.611	17.1	-6.855	22.1	-5.470	27.1	-4.297
2.2	-16.478	7.2	-11.101	12.2	-8.570	17.2	-6.824	22.2	-5.445	27.2	-4.275
2.3	-16.281	7.3	-11.037	12.3	-8.530	17.3	-6.794	22.3	-5.420	27.3	-4.253
2.4	-16.091	7.4	-10.973	12.4	-8.490	17.4	-6.763	22.4	-5.395	27.4	-4.231
2.5	-15.910	7.5	-10.910	12.5	-8.450	17.5	-6.733	22.5	-5.370	27.5	-4.209
2.6	-15.735	7.6	-10.848	12.6	-8.410	17.6	-6.703	22.6	-5.345	27.6	-4.187
2.7	-15.566	7.7	-10.786	12.7	-8.371	17.7	-6.673	22.7	-5.321	27.7	-4.166
2.8	-15.404	7.8	-10.725	12.8	-8.332	17.8	-6.644	22.8	-5.296	27.8	-4.144
2.9	-15.247	7.9	-10.665	12.9	-8.293	17.9	-6.614	22.9	-5.271	27.9	-4.122
3.0	-15.096	8.0	-10.606	13.0	-8.255	18.0	-6.584	23.0	-5.427	28.0	-4.101
3.1	-14.949	8.1	-10.547	13.1	-8.216	18.1	-6.555	23.1	-5.222	28.1	-4.079
3.2	-14.806	8.2	-10.489	13.2	-8.178	18.2	-6.526	23.2	-5.198	28.2	-4.058
3.3	-14.668	8.3	-1.0432	13.3	-8.141	18.3	-6.497	23.3	-5.173	28.3	-4.036
3.4	-14.534	8.4	-10.375	13.4	-8.103	18.4	-6.468	23.4	-5.149	28.4	-4.015
3.5	-14.404	8.5	-10.319	13.5	-8.066	18.5	-6.439	23.5	-5.125	28.5	-3.994
3.6	-14.277	8.6	-10.263	13.6	-8.029	18.6	-6.410	23.6	-5.101	28.6	-3.972
3.7	-14.153	8.7	-10.209	13.7	-7.992	18.7	-6.381	23.7	-5.077	28.7	-3.951
3.8	-14.033	8.8	-10.154	13.8	-7.955	18.8	-6.353	23.8	-5.053	28.8	-3.930
3.9	-13.916	8.9	-10.100	13.9	-7.919	18.9	-6.325	23.9	-5.029	28.9	-3.909
4.0	-13.801	9.0	-10.047	14.0	-7.883	19.0	-6.296	24.0	-5.005	29.0	-3.888
4.1	-13.689	9.1	-9.994	14.1	-7.847	19.1	-6.268	24.1	-4.981	29.1	-3.867
4.2	-13.580	9.2	-9.942	14.2	-7.811	19.2	-6.240	24.2	-4.958	29.2	-3.846
4.3	-13.473	9.3	-9.890	14.3	-7.775	19.3	-6.212	24.3	-4.934	29.3	-3.825
4.4	-13.369	9.4	-9.839	14.4	-7.740	19.4	-6.184	24.4	-4.910	29.4	-3.804
4.5	-13.267	9.5	-9.788	14.5	-7.705	19.5	-6.157	24.5	-4.887	29.5	-3.783
4.6	-13.167	9.6	-9.738	14.6	-7.670	19.6	-6.129	24.6	-4.863	29.6	-3.762
4.7	-13.069	9.7	-9.688	14.7	-7.635	19.7	-6.101	24.7	-4.840	29.7	-3.741
4.8	-12.973	9.8	-9.639	14.8	-7.601	19.8	-6.074	24.8	-4.817	29.8	-3.720
4.9	-12.879	9.9	-9.590	14.9	-7.566	19.9	-6.047	24.9	-4.793	29.9	-3.699

<표 A-6>의 계속

p(%)	db	p(%)	db	p(%)	db	p(%)	db	p(%)	db	p(%)	db
30.0	-3.679	35.0	-2.687	40.0	-1.760	45.0	-0.871	50.0	0.000	55.0	0.872
30.1	-3.658	35.1	-2.668	40.1	-1.742	45.1	-0.853	50.1	0.017	55.1	0.889
30.2	-3.637	35.2	-2.649	40.2	-1.724	45.2	-0.835	50.2	0.035	55.2	0.907
30.3	-3.617	35.3	-2.630	40.3	-1.706	45.3	-0.818	50.3	0.052	55.3	0.924
30.4	-3.593	35.4	-2.611	40.4	-1.688	45.4	-0.800	50.4	0.069	55.4	0.942
30.5	-3.576	35.5	-2.592	40.5	-1.670	45.5	-0.783	50.5	0.087	55.5	0.959
30.6	-3.555	35.6	-2.573	40.6	-1.652	45.6	-0.765	50.6	0.104	55.6	0.977
30.7	-3.535	35.7	-2.554	40.7	-1.634	45.7	-0.748	50.7	0.122	55.7	0.995
30.8	-3.515	35.8	-2.536	40.8	-1.616	45.8	-0.730	50.8	0.139	55.8	1.012
30.9	-3.494	35.9	-2.517	40.9	-1.598	45.9	-0.713	50.9	0.156	55.9	1.030
31.0	-3.474	36.0	-2.498	41.0	-1.580	46.0	-0.695	51.0	0.174	56.0	1.047
31.1	-3.454	36.1	-2.479	41.1	-1.562	46.1	-0.678	51.1	0.191	56.1	1.065
31.2	-3.433	36.2	-2.460	41.2	-1.544	46.2	-0.660	51.2	0.209	56.2	1.083
31.3	-3.413	36.3	-2.441	41.3	-1.526	46.3	-0.643	51.3	0.226	56.3	1.100
31.4	-3.393	36.4	-2.423	41.4	-1.508	46.4	-0.625	51.4	0.243	56.4	1.118
31.5	-3.373	36.5	-2.404	41.5	-1.490	46.5	-0.608	51.5	0.261	56.5	1.136
31.6	-3.353	36.6	-2.385	41.6	-1.472	46.6	-0.591	51.6	0.278	56.6	1.153
31.7	-3.333	36.7	-2.366	41.7	-1.454	46.7	-0.573	51.7	0.295	56.7	1.171
31.8	-3.313	36.8	-2.348	41.8	-1.436	46.8	-0.556	51.8	0.313	56.8	1.189
31.9	-3.293	36.9	-2.329	41.9	-1.419	46.9	-0.538	51.9	0.330	56.9	1.206
32.0	-3.273	37.0	-2.310	42.0	-1.401	47.0	-0.521	52.0	0.348	57.0	1.224
32.1	-3.253	37.1	-2.292	42.1	-1.383	47.1	-0.503	52.1	0.365	57.1	1.242
32.2	-3.233	37.2	-2.273	42.2	-1.365	47.2	-0.486	52.2	0.382	57.2	1.260
32.3	-3.213	37.3	-2.255	42.3	-1.347	47.3	-0.468	52.3	0.400	57.3	1.277
32.4	-3.193	37.4	-2.236	42.4	-1.330	47.4	-0.451	52.4	0.417	57.4	1.295
32.5	-3.173	37.5	-2.217	42.5	-1.312	47.5	-0.434	52.5	0.435	57.5	1.313
32.6	-3.153	37.6	-2.199	42.6	-1.294	47.6	-0.416	52.6	0.452	57.6	1.331
32.7	-3.134	37.7	-2.180	42.7	-1.276	47.7	-0.399	52.7	0.469	57.7	1.348
32.8	-3.114	37.8	-2.162	42.8	-1.259	47.8	-0.381	52.8	0.487	57.8	1.366
32.9	-3.094	37.9	-2.144	42.9	-1.241	47.9	-0.364	52.9	0.504	57.9	1.384
33.0	-3.075	38.0	-2.125	43.0	-1.223	48.0	-0.347	53.0	0.522	58.0	1.402
33.1	-3.055	38.1	-2.107	43.1	-1.205	48.1	-0.329	53.1	0.539	58.1	1.420
33.2	-3.035	38.2	-2.088	43.2	-1.188	48.2	-0.312	53.2	0.557	58.2	1.437
33.3	-3.016	38.3	-2.070	43.3	-1.170	48.3	-0.294	53.3	0.574	58.3	1.455
33.4	-2.996	38.4	-2.051	43.4	-1.152	48.4	-0.277	53.4	0.592	58.4	1.473
33.5	-2.977	38.5	-2.033	43.5	-1.135	48.5	-0.260	53.5	0.609	58.5	1.491
33.6	-2.957	38.6	-2.015	43.6	-1.117	48.6	-0.242	53.6	0.626	58.6	1.509
33.7	-2.938	38.7	-1.996	43.7	-1.099	48.7	-0.225	53.7	0.644	58.7	1.527
33.8	-2.918	38.8	-1.978	43.8	-1.082	48.8	-0.208	53.8	0.661	58.8	1.545
33.9	-2.899	38.9	-1.960	43.9	-1.064	48.9	-0.190	53.9	0.679	58.9	1.563
34.0	-2.880	39.0	-1.942	44.0	-1.046	49.0	-0.173	54.0	0.696	59.0	1.581
34.1	-2.860	39.1	-1.923	44.1	-1.029	49.1	-0.155	54.1	0.714	59.1	1.599
34.2	-2.841	39.2	-1.905	44.2	-1.011	49.2	-0.138	54.2	0.731	59.2	1.617
34.3	-2.822	39.3	-1.887	44.3	-0.994	49.3	-0.121	54.3	0.749	59.3	1.635
34.4	-2.802	39.4	-1.869	44.4	-0.976	49.4	-0.103	54.4	0.766	59.4	1.653
34.5	-2.783	39.5	-1.851	44.5	-0.958	49.5	-0.086	54.5	0.784	59.5	1.671
34.6	-2.764	39.6	-1.832	44.6	-0.941	49.6	-0.068	54.6	0.801	59.6	1.689
34.7	-2.745	39.7	-1.814	44.7	-0.923	49.7	-0.051	54.7	0.819	59.7	1.707
34.8	-2.726	39.8	-1.796	44.8	-0.906	49.8	-0.034	54.8	0.836	59.8	1.725
34.9	-2.707	39.9	-1.778	44.9	-0.888	49.9	-0.016	54.9	0.854	59.9	1.743

〈표 A-6〉의 계속

p(%)	db	p(%)	db	p(%)	db	p(%)	db	p(%)	db	p(%)	db
60.0	1.761	65.0	2.688	70.0	3.680	75.0	4.771	80.0	6.021	85.0	7.533
60.1	1.779	65.1	2.708	70.1	3.700	75.1	4.794	80.1	6.048	85.1	7.567
60.2	1.797	65.2	2.727	70.2	3.721	75.2	4.818	80.2	6.075	85.2	7.602
60.3	1.815	65.3	2.746	70.3	3.742	75.3	4.841	80.3	6.102	85.3	7.636
60.4	1.833	65.4	2.765	70.4	3.763	75.4	4.864	80.4	6.130	85.4	7.671
60.5	1.852	65.5	2.784	70.5	3.784	75.5	4.888	80.5	6.158	85.5	7.706
60.6	1.870	65.6	2.803	70.6	3.805	75.6	4.911	80.6	6.185	85.6	7.741
60.7	1.888	65.7	2.823	70.7	3.826	75.7	4.935	80.7	6.213	85.7	7.776
60.8	1.906	65.8	2.842	70.8	3.847	75.8	4.959	80.8	6.241	85.8	7.812
60.9	1.924	65.9	2.861	70.9	3.868	75.9	4.982	80.9	6.269	85.9	7.848
61.0	1.943	66.0	2.881	71.0	3.889	76.0	5.006	81.0	6.297	86.0	7.884
61.1	1.941	66.1	2.900	71.1	3.910	76.1	5.030	81.1	6.326	86.1	7.920
61.2	1.979	66.2	2.919	71.2	3.931	76.2	5.054	81.2	6.354	86.2	7.956
61.3	1.997	66.3	2.939	71.3	3.952	76.3	5.078	81.3	6.382	86.3	7.993
61.4	2.016	66.4	2.958	71.4	3.973	76.4	5.102	81.4	6.411	86.4	8.030
61.5	2.034	66.5	2.978	71.5	3.995	76.5	5.126	81.5	6.440	86.5	8.067
61.6	2.052	66.6	2.997	71.6	4.016	76.6	5.150	81.6	6.469	86.6	8.104
61.7	2.071	66.7	3.017	71.7	4.037	76.7	5.174	81.7	6.498	86.7	8.142
61.8	2.089	66.8	3.036	71.8	4.059	76.8	5.199	81.8	6.527	86.8	8.179
61.9	2.108	66.9	3.056	71.9	4.080	76.9	5.223	81.9	6.556	86.9	8.217
62.0	2.126	67.0	3.076	72.0	4.102	77.0	5.248	82.0	6.585	87.0	8.256
62.1	2.145	67.1	3.095	72.1	4.123	77.1	5.272	82.1	6.615	87.1	8.294
62.2	2.163	67.2	3.115	72.2	4.145	77.2	5.297	82.2	6.645	87.2	8.333
62.3	2.181	67.3	3.135	72.3	4.167	77.3	5.322	82.3	6.674	87.3	8.372
62.4	2.200	67.4	3.154	72.4	4.188	77.4	5.346	82.4	6.704	87.4	8.411
62.5	2.218	67.5	3.174	72.5	4.210	77.5	5.371	82.5	6.734	87.5	8.451
62.6	2.237	67.6	3.194	72.6	4.232	77.6	5.396	82.6	6.764	87.6	8.491
62.7	2.256	67.7	3.214	72.7	4.254	77.7	5.421	82.7	6.795	87.7	8.531
62.8	2.274	67.8	3.234	72.8	4.276	77.8	5.446	82.8	6.825	87.8	8.571
62.9	2.293	67.9	3.254	72.9	4.298	77.9	5.471	82.9	6.856	87.9	8.612
63.0	2.311	68.0	3.274	73.0	4.320	78.0	5.497	83.0	6.886	88.0	8.653
63.1	2.330	68.1	3.294	73.1	4.342	78.1	5.522	83.1	6.917	88.1	8.694
63.2	2.349	68.2	3.314	73.2	4.364	78.2	5.548	83.2	6.948	88.2	8.736
63.3	2.367	68.3	3.334	73.3	4.386	78.3	5.573	83.3	6.979	88.3	8.778
63.4	2.386	68.4	3.354	73.4	4.408	78.4	5.599	83.4	7.011	88.4	8.820
63.5	2.405	68.5	3.374	73.5	4.430	78.5	5.624	83.5	7.042	88.5	8.862
63.6	2.424	68.6	3.394	73.6	4.453	78.6	5.650	83.6	7.074	88.6	8.905
63.7	2.442	68.7	3.414	73.7	4.475	78.7	5.676	83.7	7.105	88.7	8.948
63.8	2.461	68.8	3.434	73.8	4.498	78.8	5.702	83.8	7.137	88.8	8.992
63.9	2.480	68.9	3.455	73.9	4.520	78.9	5.728	83.9	7.169	88.9	9.036
64.0	2.499	69.0	3.475	74.0	4.543	79.0	5.754	84.0	7.202	89.0	9.080
64.1	2.518	69.1	3.495	74.1	4.565	79.1	5.780	84.1	7.234	89.1	9.125
64.2	2.537	69.2	3.516	74.2	4.588	79.2	5.807	84.2	7.267	89.2	9.169
64.3	2.555	69.3	3.536	74.3	4.611	79.3	5.833	84.3	7.299	89.3	9.215
64.4	2.574	69.4	3.556	74.4	4.633	79.4	5.860	84.4	7.332	89.4	9.260
64.5	2.593	69.5	3.577	74.5	4.656	79.5	5.886	84.5	7.365	89.5	9.306
64.6	2.612	69.6	3.597	74.6	4.679	79.6	5.913	84.6	7.398	89.6	9.353
64.7	2.631	69.7	3.618	74.7	4.702	79.7	5.940	84.7	7.432	89.7	9.400
64.8	2.650	69.8	3.638	74.8	4.725	79.8	5.967	84.8	7.466	89.8	9.447
64.9	2.669	69.9	3.659	74.9	4.748	79.9	5.994	84.9	7.499	89.9	9.494

〈표 A-6〉의 계속

p(%)	db	p(%)	db	p(%)	db	p(%)	db	p(%)	db	p(%)	db
90.0	9.542	92.0	10.607	94.0	11.950	96.0	13.802	98.0	16.902	100.0	∞*
90.1	9.591	92.1	10.666	94.1	12.027	96.1	13.917	98.1	17.129		
90.2	9.640	92.2	10.726	94.2	12.106	96.2	14.034	98.2	17.368		
90.3	9.689	92.3	10.787	94.3	12.186	96.3	14.154	98.3	17.621		
90.4	9.739	92.4	10.849	94.4	12.268	96.4	14.278	98.4	17.889		
90.5	9.789	92.5	10.911	94.5	12.351	96.5	14.405	98.5	18.173		
90.6	9.840	92.6	10.974	94.6	12.435	96.6	14.535	98.6	18.477		
90.7	9.891	92.7	11.038	94.7	12.521	96.7	14.669	98.7	18.804		
90.8	9.943	92.8	11.102	94.8	12.608	96.8	14.807	98.8	19.156		
90.9	9.995	92.9	11.168	94.9	12.697	96.9	14.950	98.9	19.538		
91.0	10.048	93.0	11.234	95.0	12.788	97.0	15.097	99.0	19.956		
91.1	10.111	93.1	11.301	95.1	12.880	97.1	15.248	99.1	20.418		
91.2	10.155	93.2	11.369	95.2	12.974	97.2	15.405	99.2	20.934		
91.3	10.210	93.3	11.438	95.3	13.070	97.3	15.567	99.3	21.519		
91.4	10.264	93.4	11.508	95.4	13.168	97.4	15.736	99.4	22.192		
91.5	10.320	93.5	11.579	95.5	13.268	97.5	15.911	99.5	22.989		
91.6	10.376	93.6	11.651	95.6	13.370	97.6	16.092	99.6	23.962		
91.7	10.433	93.7	11.724	95.7	13.474	97.7	16.282	99.7	25.216		
91.8	10.490	93.8	11.798	95.8	13.581	97.8	16.479	99.8	26.981		
91.9	10.548	93.9	11.873	95.9	13.690	97.9	16.686	99.9	29.996		

참조: 만약 p의 값이 0.1% 이하이거나 99.9% 이상인 경우에는 p의 값을 $\eta=\frac{1}{1-p}$로 바꾸어 얻은 후에 db=logη을 이용하여 데시벨(db) 값을 구하면 된다.

〈표 A-7〉 데시벨표 　db = 10logη

η	Decibels	η	Decibels	η	Decibels	η	Decibels	η	Decibels	η	Decibels
1.00	0.00	1.50	1.76	2.00	3.01	2.50	3.98	3.00	4.77	3.50	5.44
01	0.04	51	1.79	01	3.03	51	4.00	01	4.79	51	5.45
02	0.09	52	1.81	02	3.05	52	4.01	02	4.80	52	5.47
03	0.13	53	1.85	03	3.08	53	4.03	03	4.81	53	5.48
04	0.17	54	1.88	04	3.10	54	4.05	04	4.83	54	5.49
1.05	0.21	1.55	1.90	2.05	3.12	2.55	4.06	3.05	4.84	3.55	5.50
06	0.25	56	1.93	06	3.14	56	4.08	06	4.86	56	5.51
07	0.29	57	1.96	07	3.16	57	4.10	07	4.87	57	5.53
08	0.33	58	1.99	08	3.18	58	4.12	08	4.89	58	5.54
09	0.37	59	2.01	09	3.20	59	4.13	09	4.90	59	5.55
1.10	0.41	1.60	2.04	2.10	3.22	2.60	4.15	3.10	4.91	3.60	5.56
11	0.45	61	2.07	11	3.24	61	4.17	11	4.93	61	5.58
12	0.49	62	2.10	12	3.26	62	4.18	12	4.94	62	5.59
13	0.53	63	2.12	13	3.28	63	4.20	13	4.96	63	5.60
14	0.57	64	2.15	14	3.30	64	4.22	14	4.97	64	5.61
1.15	0.61	1.65	2.18	2.15	3.32	2.65	4.23	3.15	4.98	3.65	5.62
16	0.64	66	2.20	16	3.34	66	4.25	16	5.00	66	5.64
17	0.68	67	2.23	17	3.36	67	4.27	17	5.01	67	5.65
18	0.72	68	2.25	18	3.38	68	4.28	18	5.02	68	5.66
19	0.76	69	2.28	19	3.40	69	4.30	19	5.04	69	5.67
1.20	0.79	1.70	2.30	2.20	3.42	2.70	4.31	3.20	5.05	3.70	5.68
21	0.83	71	2.33	21	3.44	71	4.33	21	5.07	71	5.69
22	0.86	72	2.36	22	3.46	72	4.35	22	5.08	72	5.71
23	0.90	73	2.38	23	3.48	73	4.36	23	5.09	73	5.72
24	0.93	74	2.40	24	3.50	74	4.38	24	5.11	74	5.73
1.25	0.97	1.75	2.43	2.25	3.52	2.75	4.39	3.25	5.12	3.75	5.74
26	1.00	76	2.46	26	3.54	76	4.41	26	5.13	76	5.75
27	1.04	77	2.48	27	3.56	77	4.42	27	5.14	77	5.76
28	1.07	78	2.50	28	3.58	78	4.44	28	5.16	78	5.77
29	1.11	79	2.53	29	3.60	79	4.46	29	5.17	79	5.79
1.30	1.14	1.80	2.55	2.30	3.62	2.80	4.47	3.30	5.18	3.80	5.80
31	1.17	81	2.58	31	3.64	81	4.49	31	5.20	81	5.81
32	1.21	82	2.60	32	3.66	82	4.50	32	5.21	82	5.82
33	1.24	83	2.62	33	3.67	83	4.52	33	5.22	83	5.83
34	1.27	84	2.65	34	3.69	84	4.53	34	5.24	84	5.84
1.35	1.30	1.85	2.67	2.35	3.71	2.85	4.55	3.35	5.25	3.85	5.85
36	1.34	86	2.70	36	3.73	86	4.56	36	5.26	86	5.87
37	1.37	87	2.72	37	3.75	87	4.58	37	5.28	87	5.88
38	1.40	88	2.74	38	3.77	88	4.59	38	5.29	88	5.89
39	1.43	89	2.76	39	3.78	89	4.61	39	5.30	89	5.90
1.40	1.46	1.90	2.79	2.40	3.80	2.90	4.62	3.40	5.32	3.90	5.91
41	1.49	91	2.81	41	3.82	91	4.64	41	5.33	91	5.92
42	1.52	92	2.83	42	3.84	92	4.65	42	5.34	92	5.93
43	1.55	93	2.86	43	3.86	93	4.67	43	5.35	93	5.94
44	1.58	94	2.88	44	3.87	94	4.68	44	5.37	94	5.96
1.45	1.61	1.95	2.90	2.45	3.89	2.95	4.70	3.45	5.38	3.95	5.97
46	1.64	96	2.92	46	3.91	96	4.71	46	5.39	96	5.98
47	1.67	97	2.94	47	3.93	97	4.73	47	5.40	97	5.99
48	1.70	98	2.97	48	3.94	98	4.74	48	5.42	98	6.00
49	1.73	99	2.99	49	3.96	99	4.76	49	5.43	99	6.01

〈표 A-7〉의 계속

η	Decibels	η	Decibels	η	Decibels	η	Decibels	η	Decibels	η	Decibels
4.00	6.02	4.50	6.53	5.00	6.99	5.50	7.40	6.00	7.78	6.50	8.13
01	6.03	51	6.54	01	7.00	51	7.41	01	7.79	51	8.14
02	6.04	52	6.55	02	7.01	52	7.42	02	7.80	52	8.14
03	6.05	53	6.56	03	7.02	53	7.43	03	7.80	53	8.15
04	6.06	54	6.57	04	7.02	54	7.44	04	7.81	54	8.16
4.05	6.07	4.55	6.58	5.05	7.03	5.55	7.44	6.05	7.82	6.55	8.16
06	6.09	56	6.59	06	7.04	56	7.45	06	7.83	56	8.17
07	6.10	57	6.60	07	7.05	57	7.46	07	7.83	57	8.18
08	6.11	58	6.61	08	7.06	58	7.47	08	7.84	58	8.18
09	6.12	59	6.62	09	7.07	59	7.47	09	7.85	59	8.19
4.10	6.13	4.60	6.63	5.10	7.08	5.60	7.48	6.10	7.85	6.60	8.19
11	6.14	61	6.64	11	7.08	61	7.49	11	7.86	61	8.20
12	6.15	62	6.65	12	7.09	62	7.50	12	7.87	62	8.21
13	6.16	63	6.66	13	7.10	63	7.50	13	7.87	63	8.21
14	6.17	64	6.67	14	7.11	64	7.51	14	7.88	64	8.22
4.15	6.18	4.65	6.68	5.15	7.12	5.65	7.52	6.15	7.89	6.65	8.23
16	6.19	66	6.68	16	7.12	66	7.53	16	7.90	66	8.23
17	6.20	67	6.69	17	7.13	67	7.54	17	7.90	67	8.24
18	6.21	68	6.70	18	7.14	68	7.54	18	7.91	68	8.25
19	6.22	69	6.71	19	7.15	69	7.55	19	7.92	69	8.25
4.20	6.23	4.70	6.72	5.20	7.16	5.70	7.56	6.20	7.92	6.70	8.26
21	6.24	71	6.73	21	7.17	71	7.57	21	7.93	71	8.27
22	6.25	72	6.74	22	7.18	72	7.57	22	7.94	72	8.27
23	6.26	73	6.75	23	7.18	73	7.58	23	7.94	73	8.28
24	6.27	74	6.76	24	7.19	74	7.59	24	7.95	74	8.29
4.25	6.28	4.75	6.77	5.25	7.20	5.75	7.60	6.25	7.96	6.75	8.29
26	6.29	76	6.78	26	7.21	76	7.60	26	7.97	76	8.30
27	6.30	77	6.78	27	7.22	77	7.61	27	7.97	77	8.31
28	6.31	78	6.79	28	7.23	78	7.62	28	7.98	78	8.31
29	6.32	79	6.80	29	7.23	79	7.63	29	7.99	79	8.32
4.30	6.33	4.80	6.81	5.30	7.24	5.80	7.63	6.30	7.99	6.80	8.32
31	6.34	81	6.82	31	7.25	81	7.64	31	8.00	81	8.33
32	6.35	82	6.83	32	7.26	82	7.65	32	8.01	82	8.34
33	6.36	83	6.84	33	7.27	83	7.66	33	8.01	83	8.34
34	6.37	84	6.85	34	7.28	84	7.66	34	8.02	84	8.35
4.35	6.38	4.85	6.85	5.35	7.28	5.85	7.67	6.35	8.03	6.85	8.36
36	6.39	86	6.87	36	7.29	86	7.68	36	8.04	86	8.36
37	6.40	87	6.88	37	7.30	87	7.69	37	8.04	87	8.37
38	6.41	88	6.88	38	7.31	88	7.69	38	8.05	88	8.37
39	6.42	89	6.89	39	7.32	89	7.70	39	8.06	89	8.38
4.40	6.43	4.90	6.90	5.40	7.32	5.90	7.71	6.40	8.06	6.90	8.39
41	6.44	91	6.91	41	7.33	91	7.72	41	8.07	91	8.39
42	6.45	92	6.92	42	7.34	92	7.72	42	8.08	92	8.40
43	6.46	93	6.93	43	7.35	93	7.73	43	8.08	93	8.41
44	6.47	94	6.94	44	7.36	94	7.74	44	8.09	94	8.41
4.45	6.48	4.95	6.95	5.45	7.36	5.95	7.75	6.45	8.10	6.95	8.42
46	6.49	96	6.95	46	7.37	96	7.75	46	8.10	96	8.43
47	6.50	97	6.96	47	7.38	97	7.76	47	8.11	97	8.43
48	6.51	98	6.97	48	7.39	98	7.77	48	8.12	98	8.44
49	6.52	99	6.98	49	7.40	99	7.77	49	8.12	99	8.44

〈표 A-7〉의 계속

η	Decibels	η	Decibels	η	Decibels	η	Decibels	η	Decibels	η	Decibels
7.00	8.45	7.50	8.75	8.00	9.03	8.50	9.29	9.00	9.54	9.50	9.78
01	8.46	51	8.76	01	9.04	51	9.30	01	9.55	51	9.79
02	8.46	52	8.76	02	9.04	52	9.30	02	9.55	52	9.79
03	8.47	53	8.77	03	9.05	53	9.31	03	9.56	53	9.80
04	8.48	54	8.77	04	9.05	54	9.31	04	9.56	54	9.80
7.05	8.48	7.55	8.78	8.05	9.06	8.55	9.32	9.05	9.57	9.55	9.80
06	8.49	56	8.79	06	9.06	56	9.32	06	9.57	56	9.81
07	8.49	57	8.79	07	9.07	57	9.33	07	9.58	57	9.81
08	8.50	58	8.80	08	9.07	58	9.33	08	9.58	58	9.82
09	8.51	59	8.80	09	9.08	59	9.34	09	9.59	59	9.82
7.10	8.51	7.60	8.81	8.10	9.08	8.60	9.34	9.10	9.59	9.60	9.82
11	8.52	61	8.81	11	9.09	61	9.35	11	9.60	61	9.83
12	8.53	62	8.82	12	9.10	62	9.35	12	9.60	62	9.83
13	8.53	63	8.83	13	9.10	63	9.36	13	9.61	63	9.84
14	8.54	64	8.83	14	9.11	64	9.36	14	9.61	64	9.84
7.15	8.54	7.65	8.84	8.15	9.11	8.65	9.37	9.15	9.61	9.65	9.84
16	8.55	66	8.84	16	9.12	66	9.37	16	9.62	66	9.85
17	8.56	67	8.85	17	9.12	67	9.38	17	9.62	67	9.85
18	8.56	68	8.85	18	9.13	68	9.38	18	9.63	68	9.86
19	8.57	69	8.86	19	9.13	69	9.39	19	9.63	69	9.86
7.20	8.57	7.70	8.86	8.20	9.14	8.70	9.39	9.20	9.64	9.70	9.87
21	8.58	71	8.87	21	9.14	71	9.40	21	9.64	71	9.87
22	8.59	72	8.88	22	9.15	72	9.40	22	9.65	72	9.88
23	8.59	73	8.88	23	9.15	73	9.41	23	9.65	73	9.88
24	8.60	74	8.89	24	9.16	74	9.41	24	9.66	74	9.89
7.25	8.60	7.75	8.89	8.25	9.16	8.75	9.42	9.25	9.66	9.75	9.89
26	8.61	76	8.90	26	9.17	76	9.42	26	9.67	76	9.89
27	8.62	77	8.90	27	9.18	77	9.43	27	9.67	77	9.90
28	8.62	78	8.91	28	9.18	78	9.43	28	9.68	78	9.90
29	8.63	79	8.92	29	9.19	79	9.44	29	9.68	79	9.91
7.30	8.63	7.80	8.92	8.30	9.19	8.80	9.44	9.30	9.68	9.80	9.91
31	8.64	81	8.93	31	9.20	81	9.45	31	9.69	81	9.92
32	8.64	82	8.93	32	9.20	82	9.45	32	9.69	82	9.92
33	8.65	83	8.94	33	9.21	83	9.46	33	9.70	83	9.93
34	8.66	84	8.94	34	9.21	84	9.46	34	9.70	84	9.93
7.35	8.66	7.85	8.95	8.35	9.22	8.85	9.47	9.35	9.71	9.85	9.93
36	8.67	86	8.95	36	9.22	86	9.47	36	9.71	86	9.94
37	8.68	87	8.96	37	9.23	87	9.48	37	9.72	87	9.94
38	8.68	88	8.97	38	9.23	88	9.48	38	9.72	88	9.95
39	8.69	89	8.97	39	9.24	89	9.49	39	9.72	89	9.95
7.40	8.69	7.90	8.98	8.40	9.24	8.90	9.49	9.40	9.73	9.90	9.96
41	8.70	91	8.98	41	9.25	91	9.50	41	9.74	91	9.96
42	8.70	92	8.99	42	9.25	92	9.50	42	9.74	92	9.96
43	8.71	93	8.99	43	9.26	93	9.51	43	9.74	93	9.97
44	8.72	94	9.00	44	9.26	94	9.51	44	9.75	94	9.97
7.45	8.72	7.95	9.00	8.45	9.27	8.95	9.52	9.45	9.75	9.95	9.98
46	8.73	96	9.01	46	9.27	96	9.52	46	9.76	96	9.99
47	8.73	97	9.01	47	9.28	97	9.53	47	9.76	97	9.99
48	8.74	98	9.02	48	9.28	98	9.53	48	9.77	98	9.99
49	8.74	99	9.02	49	9.29	99	9.54	49	9.77	99	9.99
7.50	8.75	8.00	9.03	8.50	9.29	9.00	9.54	9.50	9.78	10.00	10.00

찾아보기

ㅈ

기타

저자 박성현

서울대학교 공과대학 화학공학과 졸업
ROTC 6기 예편
미국 노스캐롤라이나 주립대학교 산업공학 석사, 통계학 박사
미국 미시시피 주립대학교 경영대학 조교수
서울대학교 통계학과 조교수, 부교수, 교수
한국통계학회 회장
서울대학교 학생처장
한국품질경영학회 회장
서울대학교 자연과학대학 학장
한국연구재단 기초연구본부장
건국대학교 경영대학 석좌교수
한국과학기술한림원 원장

현재 : 서울대학교 통계학과 명예교수
사회적책임경영품질원 회장
대한민국 학술원 회원

저자 김종욱

동국대학교 산업공학과 졸업
미국 뉴저지공과대학교(NJIT) 경영공학 석사
LG전자 주임연구원
삼일 PwC를 비롯한 경영컨설팅 회사에서 전자, 기계, 화학, 식품산업의 경영혁신, Six Sigma, DFSS 컨설턴트로 활동하는 동안 SKC, 삼성전자, 현대.기아 자동차, LG화학, LS 전선, 롯데 중앙연구소, ㈜대상, MKE, 삼성 SDI, GS 칼텍스의 혁신을 위한 교육과 컨설팅을 수행하였다.
2012년 캐나다 온타리오주로 이주하여 자동차 산업의 토요타 생산시스템(TPS) 전문가로 활동하고 있다.

현재 : 토요타 생산시스템(TPS) 엔지니어
Toyoda Gosei Minto Canada

저서 : 마하라노비스-다구찌 시스템, 이레테크.

연락처 : joenmaple@yahoo.ca

◉ MINITAB을 활용한 현대실험계획법(개정판)에서 사용한 예제, 사례, 연습문제 데이터 파일은 스탯솔루션즈 홈페이지 www.statsolutions.co.kr과 도서출판 민영사의 홈페이지 www.minyoungsa.com에서 다운로드 할 수 있습니다. 스탯솔루션즈는 본 교재를 이용한 실험계획법(DOE) 컨설팅과 교육 프로그램을 제공합니다.

MINITAB을 활용한

현대실험계획법(제3판)

펴낸날 | 2010년 2월 25일 초판
2013년 2월 25일 개정판
2019년 8월 15일 제3판 2쇄

지은이 | 박성현, 김종욱

펴낸이 | 김동현

펴낸곳 | 민영사

주 소 | 서울시 성동구 독서당로 39길 43 1층

전 화 | (02) 711-1224~5

팩 스 | (02) 711-1226

등 록 | 2014년 1월 1일 제2014-000001호

Home | http://www.minyoungsa.com

E-mail | myspub@hanmail.net

ISBN | **979-11-86378-23-6 93410**

정 가 | **30,000원**